Zeitpfad

Jörg Resag

Zeitpfad

Die Geschichte unseres Universums
und unseres Planeten

 Springer

Jörg Resag
Leverkusen, Deutschland

ISBN 978-3-662-57979-4   ISBN 978-3-662-57980-0   (eBook)
https://doi.org/10.1007/978-3-662-57980-0

Die Deutsche Nationalbibliothek verzeichnet diese Publikation in der Deutschen Nationalbibliografie; detaillierte bibliografische Daten sind im Internet über http://dnb.d-nb.de abrufbar.

Verantwortlich im Verlag: Dr. Andreas Rüdinger
Einbandgestaltung: deblik unter Verwendung eines Bildes von © Adobe Stock

Springer ist ein Imprint der eingetragenen Gesellschaft Springer-Verlag GmbH, DE und ist ein Teil von Springer Nature
Die Anschrift der Gesellschaft ist: Heidelberger Platz 3, 14197 Berlin, Germany

Für Karen, Kevin, Tim und Jan

Inhalt

Vorwort

Als Kind erscheint einem ein Jahr wie eine Ewigkeit. Wenn man dann älter wird und beispielsweise 40 Jahre oder mehr gesehen hat, dann beginnt man langsam ein Gefühl für etwas längere Zeiträume zu entwickeln. Die eigenen Kinder gehen womöglich mittlerweile in die Schule, und man denkt an die eigene Schulzeit zurück, die nun bereits viele Jahre zurückliegt. An manches kann und mag man sich erinnern, aber sehr vieles haben die letzten Jahrzehnte bereits ausgelöscht – wie sahen nochmal die Lehrer und Mitschüler in der Grundschule aus?

An den Zweiten Weltkrieg können sich nur noch wenige lebende Menschen erinnern; er liegt bereits über 60 Jahre zurück und ist den meisten von uns nur aus Berichten und Filmaufnahmen bekannt. Damals lebten unsere Eltern, Großeltern oder Urgroßeltern – bereits Letztere haben nur wenige von uns noch persönlich kennengelernt. Gehen wir noch weiter in der Zeit zurück, so verschwindet diese sehr schnell im Dunkel der Vergangenheit, und man kann nur noch anhand von geschichtlichen Quellen erschließen, wie es damals gewesen sein muss. So schrieb bereits der römische Kaiser Mark Aurel (121 bis 180 n. Chr.) in seinen Selbstbetrachtungen vor mehr als 1 800 Jahren:

„Einst gebräuchliche Worte sind jetzt unverständliche Ausdrücke. So geht es auch mit den Namen ehemals hochgepriesener Männer wie Camillus, Kaeso, Volesus, Leonnatus, und in kurzer Zeit wird das auch mit einem Scipio und Cato, nachher mit Augustus und dann mit Hadrian und Antoninus der Fall sein. Alles vergeht und wird bald zum Märchen und sinkt rasch in völlige Vergessenheit…"

Auch unseren Vorfahren war also durchaus bewusst, wie kurz die Zeiträume sind, die wir selbst überblicken können. So sind beispielsweise zur Zeit Mark Aurels die ägyptischen Pyramiden von Gizeh bereits altehrwürdige Gebäude, die rund 2 500 Jahre zuvor von Pharaonen erbaut wurden, deren Namen nur sehr wenigen Zeitgenossen Mark Aurels noch bekannt gewesen sein dürften. Wie wäre es wohl, wenn diese Pyramiden uns von den letzten 4 500 Jahren berichten könnten, einem Zeitraum, in dem bereits an die 200 Menschengenerationen gelebt haben?

Und selbst dieser Zeitraum ist winzig im Vergleich zu der Zeitspanne, seit der Menschen wie wir existieren – gut 100 000 Jahre. Gehen wir noch weiter zurück, so verlieren wir schnell jegliche Vorstellung von den Zeiträumen, die wir betrachten, und sprechen einfach zusammenfassend von der *Urzeit*. Ich erinnere mich an manche alten Filmszenen, in denen sich Steinzeitmenschen vor blutrünstigen Dinosauriern in Acht nehmen mussten, obwohl diese beim Erscheinen der ersten Menschen bereits seit mehr als 60 Millionen Jahren ausgestorben waren. Nie hat jemals irgendein Mensch einen lebenden Dinosaurier zu Gesicht bekommen!

Ich möchte mit diesem Buch versuchen, zumindest eine gewisse Vorstellung von den Zeiträumen zu entwickeln, die seit der Entstehung unseres Universums vergangen sind. Wann und wie entstanden die ersten Menschen? Wann lebten die Dinosaurier, und welche heutigen Lebewesen sind mit ihnen am engsten verwandt? Wann entstanden Sonne, Erde und Mond? Wie alt ist unser Universum eigentlich insgesamt, und wie kann man sich seinen Ursprung und seine Zukunft nach heutigem Wissen vorstellen?

Um die entsprechenden Zeiträume besser überblicken zu können, wollen wir uns die Zeit als langen Pfad vorstellen – als *Zeitpfad*. Versuchen wir es mit einem Maßstab, bei dem ein Millimeter einem Jahr entspricht. Ein typisches Menschenleben auf diesem Pfad ist also etwa acht Zentimeter lang. In diesem Maßstab liegt die Lebenszeit Mark Aurels fast zwei Meter zurück, und der Bau der Pyramiden erfolgte vor gut vier Metern. Das sind überschaubare Größenordnungen, die man sich gut vorstellen kann! Doch wie lang ist dieser Pfad eigentlich insgesamt?

Nach allem, was wir heute über die Welt wissen, lautet die Antwort mit hoher Sicherheit: Unser Universum entstand vor etwa 13,7 Milliarden Jahren mit dem sogenannten Urknall, d. h. der Zeitpfad ist rund 13 700 Kilometer lang. Das ist zwar eine sehr lange Strecke, doch auch sie können wir uns immer noch als Reiseweg auf unserer Erde veranschaulichen. Dazu wollen wir zunächst den Endpunkt des Zeitpfades festlegen, der unserer Gegenwart entspricht. Da ich selbst im Großraum Köln wohne, war es für mich naheliegend, die Stadt Köln als Endpunkt zu wählen. Für die letzten Kilometer und Meter des Zeitpfades müssen wir es noch genauer wissen; was also wäre naheliegender, als den bekannten Kölner Dom als Endpunkt auszuwählen, und zwar ganz präzise den Schnittpunkt seines kreuzförmigen Grundrisses in seinem Inneren.

Die genaue Lage des Anfangspunktes ist dagegen nicht ganz so wichtig, da wir die Länge des Zeitpfades heute nur auf rund 100 Kilometer genau kennen – was eine bemerkenswert gute Genauigkeit ist, an die noch im letzten Jahrhundert kaum zu denken war. Die Stadt *Darwin* im Norden Australiens ist etwa 13 400 Kilometer von Köln entfernt, sodass wir in der Umgebung dieser Stadt den Anfangspunkt unseres Zeitpfades positionieren können. Darwin ist nach dem britischen Naturforscher *Charles Darwin* benannt, dessen Hauptwerk *On the Origin of Species (Über die Entstehung der Arten)* im Jahr 1859 die Basis für die Evolutionstheorie legte, die in diesem Buch noch eine wichtige Rolle spielen wird. Was könnte passender sein, als den Startpunkt unseres Zeitpfades in die Nähe der nach ihm benannten Stadt zu verlegen!

Damit haben wir die riesigen Zeiträume der Vergangenheit in für uns Menschen vorstellbare Entfernungen übersetzt. Mit dieser Vorstellung im Gepäck wollen wir uns nun an den Zeitpfad heranwagen und diesen von seinem Startpunkt nahe der australischen Stadt Darwin bis zu seinem heutigen Endpunkt im Kölner Dom entlanggehen.

Wir werden zu Beginn dieser Reise in Kapitel 1 sehen, wie unser Universum im Urknall entsteht und was diesen Urknall hervorgerufen haben könnte – und dabei auf die Frage stoßen, ob es noch andere Universen als das für uns sichtbare geben könnte. Wir werden sehen, wie sich die Energie des Urknalls in Form von Elementarteilchen materialisiert und wie sich daraus schließlich nur knapp 400 Meter nach dem Startpunkt des Zeitpfades neutrale Wasserstoff- und Heliumatome bilden. Die Wärmestrahlung dieser frühen Epoche ist noch heute am Himmel als kosmische Hintergrundstrahlung messbar und liefert uns unschätzbar wertvolle Informationen über das sehr frühe Universum.

Unter dem Einfluss der Schwerkraft ballt sich das Wasserstoff- und Heliumgas innerhalb der ersten 200 bis 300 Zeitpfad-Kilometer lokal zu den ersten Sternen und den ersten noch kleinen Galaxien zusammen (siehe Kapitel 2). Im Laufe der Zeit verschmelzen viele dieser Galaxien zu größeren Galaxien, und ständig bilden sich aus ihrem Gas neue Sterne, während ältere Sterne wieder vergehen und an ihrem Lebensende einen großen Teil ihrer Materie wieder in den Weltraum hinausschleudern. In diesen Sternen entstehen alle schwereren Elemente jenseits von Helium – auch Elemente wie beispielsweise Kohlenstoff, Sauerstoff oder Silizium, aus denen unsere Erde und wir selbst zu großen Teilen bestehen.

Erst nach rund 9 100 Zeitpfad-Kilometern, also ungefähr 4 600 Kilometer vor Köln, bilden sich schließlich unsere Sonne, ihr Planetensystem und damit auch unsere Erde (siehe Kapitel 3). Rund 1 000 Kilometer später entsteht das erste einzellige Leben, aber erst auf den letzten rund 600 Zeitpfad-Kilometern gehen aus ihm komplexe mehrzellige Lebewesen hervor, die zunächst die Ozeane und später auch das Festland erobern (siehe Kapitel 4 und 5). Die Vielfalt des Lebens blüht auf: Schnecken, Quallen, Würmer, Fische, Amphibien, Reptilien, Dinosaurier, Säugetiere und viele andere Lebewesen entstehen im Lauf der Jahrmillionen, während die Kontinente über den Erdball driften und neue Gebirge sich auffalten, die anschließend wieder von der Erosion abgetragen und in Form von ausgedehnten Sedimentschichten abgelagert werden.

Fünf große Massensterben werfen auf diesen letzten 600 Zeitpfad-Kilometern das Leben immer wieder zurück, eröffnen ihm aber dadurch zugleich auch die Chance für die Entwicklung neuer Lebensformen. Das letzte dieser Massensterben löscht nur 65 Kilometer vor Köln die Dinosaurier und viele andere Tiergruppen aus und gibt damit den Säugetieren die Möglichkeit, die frei werdenden Lebensräume neu zu besiedeln (siehe Kapitel 6). So gelingt es schließlich auch unserer eigenen Menschenart, nur gut 100 Meter vor dem Endpunkt des Zeitpfades das Licht der Welt zu erblicken. Wie es mit der Welt auf dem Zeitpfad der Zukunft jenseits von Köln weitergehen wird, davon handelt Kapitel 7.

Auf unserer Reise entlang des Zeitpfades werden uns viele Bereiche der modernen Naturwissenschaft begegnen. Physik, Kosmologie und Astronomie werden ebenso berührt wie Geowissenschaften und Biologie. Ich habe daher versucht, alle diese Bereiche in diesem Buch in angemessener Weise zu berücksichtigen, wobei es mir wichtig war, oberflächliche Vereinfachungen zu vermeiden und den aktuellen Stand des Wissens möglichst präzise und anschaulich darzustellen. Dabei werden zum Teil auch englischsprachige Originalgrafiken verwendet – für die meisten Leser dürfte das in einer Welt, in der Englisch mittlerweile zur globalen Sprache geworden ist, sicher kein Problem darstellen.

Gerade in den letzten Jahrzehnten ist unser Wissen über die Vergangenheit unserer Welt enorm angewachsen. Wir wissen heute recht genau, wann unsere Welt entstanden ist, wie unser Universum expandiert, wie viel Materie es enthält, wie Erde und Mond sich gebildet haben, wie der Stammbaum des Lebens aussieht und wie wir selbst entstanden sind. Diese modernen Erkenntnisse über unsere Welt im Zusammenhang darzustellen, ist das wesentliche Ziel dieses Buches.

Bei der Erstellung des Buches haben viele Menschen mitgewirkt, denen ich hier ganz herzlich dafür danken möchte. Die wunderbaren Grafiken von Nobu Tamura lassen für uns die Tiere der Vergangenheit lebendig werden, und die Darstellungen von Christopher R. Scotese führen uns vor Augen, wie sehr sich die Lage der Kontinente im Laufe der letzten 600 Millionen Jahre verändert hat. Andreas Rüdinger von Springer Spektrum hat das Buchmanuskript gelesen und mit seinen vielen konstruktiven Vorschlägen sehr zum Gelingen dieses Buches beigetragen. Bettina Saglio (ebenfalls von Springer Spektrum) hat bei den vielen Textseiten und Grafiken den Überblick behalten und auch manche schöne Grafik für das Buch entdeckt. Die Redaktion hat

Annette Heß übernommen und mit ihrem Sachverstand als Biologin dafür gesorgt, dass mir als Physiker keine allzu groben Versehen in diesem Bereich unterlaufen sind. Nicht zuletzt möchte ich meiner Frau Karen und meinen Söhnen Kevin, Tim und Jan für ihre Unterstützung und ihre Geduld danken, wenn die Arbeit an diesem Buch an manchen Abenden oder Wochenenden wieder einmal viel mehr Zeit in Anspruch nahm als gedacht.

Jörg Resag
Leverkusen, im Oktober 2011

Die Geburt des Universums

Ewiges Firmament,
mit den feurigen Spielen
deiner Gestirne,
wie bist du entstanden?
(aus Christian Morgenstern: In Phanta's Schloss – Kosmogonie)

Wenn wir wie Christian Morgenstern in einer klaren Nacht den Blick zum Himmel richten, so ist dieser erfüllt mit unzähligen Sternen, die scheinbar ewig gleich an denselben Positionen des Firmaments verharren. Die Menschen der Antike haben sie daher *Fixsterne* genannt, im Gegensatz zu den wandernden Planeten, deren Bahn wir am Himmel verfolgen können. Das Universum scheint statisch zu sein, zumindest was die Sterne betrifft, und da auch in sehr weiter Ferne noch Sterne zu finden sind und nirgends ein Rand zu entdecken ist, scheint es außerdem unendlich groß zu sein.

Nachdem Nikolaus Kopernikus im Jahr 1543 die Sonne anstelle der Erde in den Mittelpunkt der Welt gerückt hatte und damit unser Weltbild entscheidend veränderte, entstand in den nächsten Jahrzehnten genau dieses Bild eines unendlichen ewigen Universums, in dem die Fixsterne ferne Sonnen sind. Giordano Bruno wurde für diese Weltsicht im Jahr 1600 noch als Ketzer auf dem Scheiterhaufen verbrannt, denn wo ist in diesem Universum noch Platz für die Schöpfung, das Jüngste Gericht oder das Jenseits?

Doch kann ein statisches, ewiges, unendliches und gleichförmig mit Sternen angefülltes Universum tatsächlich existieren? Wenn man darüber genauer nachdenkt, so stellt man fest, dass man in einem solchen Universum an *jedem* Punkt des Himmels einen Stern sehen würde. Zwar werden die Sterne optisch kleiner, je weiter man in die Ferne schaut, aber auch zahlreicher, sodass das optische Schrumpfen der Sterne dadurch genau ausgeglichen wird. Der Himmel wäre hell wie die Sonne, und auf der Erde würden Temperaturen wie auf den Oberflächen der Sterne herrschen, also mehrere 1 000 Grad. Dieses Problem wurde noch vor dem Jahr 1595 von Thomas Digges und etwas später (1610) von Johannes Kepler erkannt. Man bezeichnet es auch als das *Olbers'sche Paradoxon.*

Nun könnten natürlich Staubwolken zwischen den Sternen deren Licht absorbieren, und tatsächlich gibt es solche Staubwolken. Doch in einem ewigen Universum mit ewigen Sternen hätte deren Licht diese Wolken längst auf Sterntemperatur aufgeheizt, sodass die Wolken selbst hell wie Sterne strahlen würden. Wir säßen in einem stellaren Backofen.

Auch die Gesetze der Gravitation erlauben kein statisches Universum. Die Sterne ziehen sich gegenseitig an, sodass zunächst ruhende Sterne beginnen würden, aufeinander zuzustürzen. Als Albert Einstein im Jahr 1916 seine allgemeine Relativitätstheorie formulierte, welche die Gesetze der Gravitation bis heute mit hoher Präzision beschreibt, musste er feststellen, dass diese Gesetze kein statisches Universum zulassen. Da er jedoch wie seine Zeitgenossen zunächst an ein statisches Universum glaubte, fügte er einen abstoßend wirkenden Gravitationsterm zu seinen Gleichungen hinzu, um die anziehende Gravitation zwischen den Sternen zu kompensieren. Diese sogenannte *kosmologische Konstante* wird uns in diesem Buch noch öfter begegnen. Dabei übersah Einstein, dass das Gleichgewicht zwischen Anziehung und Abstoßung instabil ist: Das Universum bleibt auch bei Einbeziehung abstoßender Gravitationskräfte dynamisch.

Das Bild eines ewigen, unendlichen, statischen Universums bekommt also langsam Risse. Den Todesstoß versetzte ihm in den Jahren 1927 und 1929 die Beobachtung von Georges Lemaître und Edwin Hubble, dass sich weit von uns entfernte Galaxien von uns wegbewegen, und zwar umso schneller, je weiter sie von uns entfernt sind. Das Universum ist also gar nicht statisch; der erste Blick zum Nachthimmel täuscht! Schaut man weit genug ins Weltall hinaus, so sieht man, dass unser Universum expandiert. Albert Einstein soll daraufhin seine kosmologische Konstante als *größte Eselei seines Lebens* bezeichnet haben – zu Unrecht, wie wir noch sehen werden.

Da das Universum expandiert, kann es auch nicht seit ewiger Zeit existieren, zumindest so wie wir es kennen. Verfolgen wir die Bewegungen der Galaxien rückwärts in der Zeit, so kommen sie einander immer näher, je weiter wir in die Vergangenheit zurückgehen. Die mittlere Materiedichte wird immer größer, und schließlich kommt der Zeitpunkt, bei dem sie unendlich groß werden müsste und alle Sternabstände auf null zu schrumpfen scheinen. Diesen Zeitpunkt bezeichnen wir mit dem Wort *Urknall.* Er stellt die Geburt der Welt dar, wie wir sie kennen, und legt damit den Anfang unseres Zeitpfades fest. Aufgrund der heute möglichen präzisen Beobachtungen des Kosmos wissen wir, dass der Urknall vor 13,7 Milliarden Jahren stattfand. Unser Zeitpfad vom Urknall bis heute, bei dem ein Jahr einem Millimeter entspricht, ist also 13 700 Kilometer lang.

1.1 Der Urknall

Mit dem Urknall beginnen wir ausgerechnet mit dem schwierigsten Thema dieses Buches, denn je weiter wir uns ihm nähern, umso mehr entfernen wir uns von der Welt, die uns anschaulich zugänglich ist und deren physikalische Gesetze wir zuverlässig kennen. Je näher wir ihm kommen, umso dichter ist die Materie im Raum zusammengedrängt und umso höher sind Temperatur und Energie der vorhandenen Materieteilchen.

Wie sah unsere Welt zum Zeitpunkt des Urknalls selbst aus? Um ehrlich zu sein: Wir wissen es nicht, denn die heute etablierten physikalischen Theorien erlauben es uns nicht, den Lauf der Welt bis zum Urknall zurückzuverfolgen. Allerdings kommen wir mit diesen Theorien immerhin schon recht nahe an den Urknall heran, nämlich bis auf mindestens eine millionstel Sekunde (10^{-6} Sekunden). Zu dieser Zeit ist das Universum von einem sehr dichten und heißen Gas (genauer: Plasma) durchdrungen, dessen Temperatur bei etwa zehn Billionen Grad (10^{13} Kelvin) liegt (die Temperatur in Kelvin erhält man, indem man von der Temperatur in Grad Celsius rund 273 Grad abzieht, sodass die Temperatur am absoluten Nullpunkt null Kelvin beträgt; für die hohen Temperaturen in der Nähe des Urknalls macht das allerdings kaum einen Unterschied). Möglicherweise kann man mit den etablierten Theorien sogar noch etwas weiter in der Zeit zurückrechnen, vielleicht bis zu einer Temperatur von 10^{15} Kelvin etwa 10^{-10} Sekunden nach dem Urknall. Die Rechnungen werden dabei allerdings immer aufwendiger und die Ergebnisse unsicherer. Will man noch weiter in der Zeit zurückrechnen, so steigen Dichte und Temperatur dieses Plasmas weiter an und unsere Theorien werden immer spekulativer, bis sie schließlich beginnen, zu versagen. Doch worin genau liegt das Problem?

Um das verstehen zu können, müssen wir einen Ausflug bis zu den Grenzen der heute bekannten Physik unternehmen. Im Detail darauf einzugehen, würde den Rahmen dieses Kapitels sprengen – eine ausführliche Einführung dazu findet der Leser beispielsweise in meinem Buch *Die Entdeckung des Unteilbaren*. Wir benötigen aber hier auch nur einige zentrale Aspekte der modernen physikalischen Theorien, und je weiter wir uns im Verlauf dieses Buches vom Urknall entfernen, umso mehr treten die ungewohnten Aspekte der modernen Physik in den Hintergrund und wir können die Welt anschaulich immer besser begreifen.

Die heutigen physikalischen Theorien ruhen auf zwei Grundpfeilern, die beide im ersten Drittel des 20. Jahrhunderts entdeckt wurden: der *speziellen Relativitätstheorie* und der *Quantenmechanik*. Schauen wir uns die Grundprinzipien dieser beiden Theorien zumindest so weit an, wie sie für uns hier wichtig sind:

Die spezielle Relativitätstheorie wurde von Albert Einstein im Jahr 1905 formuliert. Sie löste ein Grundproblem, das die Physiker damals intensiv beschäftigte: Licht bewegt sich in jedem Inertialsystem, also in jedem sich gleichförmig bewegenden Bezugssystem, mit derselben Geschwindigkeit, unabhängig von der Eigengeschwindigkeit des Bezugssystems. Ein Raumschiff, das antriebslos im leeren Weltall dahingleitet, ist genau ein solches Bezugssystem. Wenn die Insassen in diesem Raumschiff die Lichtgeschwindigkeit relativ zu den Wänden des Raumschiffs messen, so erhalten sie immer denselben Wert, nämlich knapp 300 000 Kilometer pro Sekunde, egal wie schnell sich das Raumschiff selbst bewegt. Das ist sehr ungewöhnlich! Wenn man beispielsweise die Geschwindigkeit von Wasserwellen in einem See misst, so kann man auf einem Schiff sehr wohl feststellen, dass sich die Wasserwellen relativ zum Schiff mit anderer Geschwindigkeit bewegen, wenn das Schiff fährt. Das Schiff kann sich sogar mit derselben Geschwindigkeit wie die Wasserwellen bewegen und einen Wellenzug auch überholen. Bei Licht geht das nicht – einen Lichtstrahl kann man nicht überholen, und nichts kann sich schneller als Licht fortbewegen.

Nun ist Licht ein elektromagnetisches Phänomen, nämlich eine Welle aus schwingenden elektrischen und magnetischen Feldern (eine sogenannte *elektromagnetische Welle*). Nicht nur für Licht, sondern für alle elektrischen und magnetischen Phänomene spielt die Geschwindigkeit des Raumschiffs keine Rolle. Jedes elektromagnetische Experiment, das wir im Raumschiff ausführen, hat dasselbe Ergebnis, egal ob sich das Raumschiff gleichförmig bewegt oder stillsteht. Das erschien den Physikern Anfang des 20. Jahrhunderts recht mysteriös, zumal es sich nicht gut mit den bekannten Gesetzen der Mechanik vertrug, wie Isaac Newton sie begründet hatte. Man erfand allerlei Mechanismen, um der Schwierigkeiten Herr zu werden, ohne jedoch zum Kern des Problems vorzudringen. Erst Albert Einstein hatte die Idee, dieses merkwürdige Verhalten elektromagnetischer Phänomene zu einem allgemeinen physikalischen Prinzip für *alle* physikalischen Gesetze zu machen, indem er die folgenden beiden Postulate formulierte:

- Die physikalischen Gesetze gelten in allen Inertialsystemen (beispielsweise unser antriebslos dahingleitendes Raumschiff) in der gleichen Form (Relativitätsprinzip).
- Es gibt eine endliche maximale Ausbreitungsgeschwindigkeit für physikalische Wirkungen: die Lichtgeschwindigkeit.

Diese beiden harmlos aussehenden Postulate haben sehr weitreichende Konsequenzen. So kann man sich überlegen, dass eine bewegte Uhr langsamer läuft als eine ruhende Uhr, wobei ein mit der Uhr mitfliegender Beobachter keine

Verlangsamung der Uhr feststellt. Man spricht hier von der *Zeitdilatation*. Ähnlich verhält es sich mit Raumabständen oder mit der Gleichzeitigkeit von Ereignissen, die von relativ zueinander gleichförmig bewegten Beobachtern unterschiedlich beurteilt werden. Es würde hier zu weit führen, genauer darauf einzugehen, da wir diese Aspekte der speziellen Relativitätstheorie kaum benötigen werden. Es genügt für uns, zu wissen, dass sich keine Information oder sonstige physikalische Wirkung schneller als mit Lichtgeschwindigkeit fortbewegen kann.

Eine wichtige Folgerung aus Einsteins Postulaten brauchen wir allerdings noch: die *Äquivalenz von Masse und Energie*. Jede in einem Raumbereich befindliche Energiemenge besitzt eine Trägheit wie eine Masse, und umgekehrt bedeutet jede Energieabgabe eines Körpers einen Massenverlust für diesen Körper. Masse ist demnach nichts anderes als gespeicherte Energie. So weiß man heute beispielsweise, dass der größte Teil der Masse eines Protons oder eines Neutrons durch die Energie des starken Kraftfeldes entsteht, das die drei Quarks zusammenschweißt, aus denen Proton und Neutron bestehen (mehr dazu später).

Man bezeichnet die in der Masse gespeicherte Energie eines Objekts oder Teilchens auch als *Ruheenergie*, denn diese Energie ist auch vorhanden, wenn das Teilchen ruht. Misst man die Energie in Joule und die Masse in Kilogramm, so kann man die Masse eines Objekts über die berühmte Formel $E = mc^2$ in seine Ruheenergie umrechnen; dabei ist c die Lichtgeschwindigkeit. Oft gibt man die Masse eines Teilchens gleich in Energieeinheiten an, um sich die Umrechnung zu ersparen.

Bewegt sich das Teilchen, so kommt zu seiner Ruheenergie die Bewegungsenergie hinzu, und beide zusammen ergeben die relativistische Gesamtenergie des Teilchens. Wer es genau wissen will: Die Formel für die Gesamtenergie E eines Teilchens, das sich mit Impuls p bewegt, lautet $E^2 = (mc^2)^2 + (pc)^2$. Dabei ist der Impuls so etwas wie ein gespeicherter Kraftstoß, denn wenn eine konstante Kraft F über einen Zeitraum t auf ein anfangs ruhendes Teilchen einwirkt, so hat es anschließend den Impuls $p = Ft$. Ein ruhendes Teilchen hat den Impuls null, also gar keinen Impuls. Wir brauchen diese Formeln aber hier nicht weiter.

Was geschieht nun, wenn man zwei Teilchen auf sehr hohe Bewegungsenergie beschleunigt und sie dann miteinander kollidieren lässt? Genau das macht man mit Protonen am derzeit größten Beschleuniger der Welt, dem *Large Hadron Collider (LHC)* am CERN bei Genf. Die bei der Kollision verfügbare relativistische Gesamtenergie der Protonen kann dabei neue Teilchen entstehen lassen, denn sie muss sich dafür ja nur in die Ruhe- und Bewegungsenergien der Teilchen nach der Kollision neu aufteilen. Auf diese Weise entstehen bei solchen Proton-Proton-Kollisionen Dutzende neuer Teilchen, die fast alle sehr instabil sind und in Sekundenbruchteilen in leichtere Teilchen zerfallen. Aus Energie können also neue Teilchen entstehen, und Teilchen können ihre Energie bei ihrem Zerfall auch wieder abgeben.

Man bezeichnet Teilchen, deren Bewegungsenergie deutlich kleiner als ihre Ruheenergie (Masse) ist, oft als *nicht-relativistische Teilchen*. Diese Teilchen bewegen sich sehr viel langsamer als das Licht. Ist dagegen die Bewegungsenergie sehr viel größer als die Ruheenergie, so spricht man von hochenergetischen oder *relativistischen Teilchen*; sie bewegen sich annähernd mit Lichtgeschwindigkeit (aber nie schneller).

Die spezielle Relativitätstheorie erlaubt nun sogar Teilchen, die gar keine Masse und somit auch keine Ruheenergie besitzen, sondern nur Bewegungsenergie aufweisen. Diese *masselosen Teilchen* bewegen sich immer mit Lichtgeschwindigkeit. Ein Beispiel für ein masseloses Teilchen ist das *Photon*, also das Teilchen des Lichts. Ja, richtig: *Licht besteht aus Teilchen*!

Nun hatten wir weiter oben gesagt, Licht sei eine elektromagnetische Welle, in der sich schwingende elektrische und magnetische Felder durch den Raum fortbewegen und gegenseitig am Leben erhalten. Wie passt das mit der Aussage zusammen, Licht bestehe aus Teilchen?

An dieser Stelle kommt die zweite Säule der modernen Physik ins Spiel: die *Quantenmechanik*. Man fand nämlich heraus, dass die Beschreibung von Licht als elektromagnetische Welle nicht alle physikalischen Phänomene erklären kann. So kann Licht einzelne Teilchen (Elektronen) aus einer Alkalimetalloberfläche im Vakuum herausschlagen, wobei diese Teilchen mit umso mehr Wucht herausgeschlagen werden, je kürzer die Wellenlänge des Lichts ist. Man nennt dies den *Photoeffekt*. Bei einer elektromagnetischen Welle müsste das Herausschlagen eigentlich umso heftiger ausfallen, je stärker deren elektromagnetische Felder sind, also je heller das Licht ist. In Wirklichkeit schlägt helleres Licht aber einfach nur mehr Elektronen aus der Metalloberfläche heraus.

Wenn Licht nun aus Photonen, also masselosen Teilchen, besteht, so kann man dieses Phänomen problemlos erklären. Es sind die Photonen, die die Elektronen aus der Metalloberfläche herausschlagen. Dabei enthält helleres Licht einfach mehr Photonen, und die Energie der Photonen wächst mit kürzerer Wellenlänge. Albert Einstein erhielt für diese Erkenntnis aus dem Jahr 1905 später den Nobelpreis. Übrigens ist dieses Jahr 1905 dasselbe Jahr, in dem Einstein auch seine spezielle Relativitätstheorie veröffentlichte – er war damals gerade einmal 26 Jahre alt. Es kommt selten vor, dass es einem Menschen gelingt, im selben Jahr gleich mehrere solche bahnbrechenden Erkenntnisse zu gewinnen (darüber hinaus veröffentlichte Einstein in diesem Jahr noch eine wichtige Arbeit zur Brown'schen Bewegung und zur spezifischen

Wärme von Festkörpern). Man spricht daher auch vom *annus mirabilis*, also dem Wunderjahr Einsteins.

Bei der Erklärung des Photoeffekts durch Photonen sind wir einen entscheidenden Schritt gegangen: Wir haben eine Teilcheneigenschaft mit einer Welleneigenschaft verknüpft, indem wir die Energie der Photonen abhängig von der Wellenlänge des Lichts gemacht haben. Licht kann also nicht einfach aus klassischen Teilchen bestehen, die sich auf bestimmten Flugbahnen bewegen, sondern es muss auch Wellencharakter besitzen. Aber wie kann man sich das genauer vorstellen?

Die Grundidee besteht darin, den Begriff der Flugbahn aufzugeben und durch die Ausbreitung einer Welle zu ersetzen. Diese Welle ist dabei eine *Wahrscheinlichkeitswelle*: Je größer ihre Intensität ist, desto höher ist die Wahrscheinlichkeit, dort ein Teilchen anzutreffen, also bei einer Lichtwelle ein Photon vorzufinden. Hier kommt ein wesentlicher Grundaspekt der Quantenmechanik zum Vorschein: Sie arbeitet mit Wahrscheinlichkeiten, sagt also beispielsweise mithilfe einer Wahrscheinlichkeitswelle, wie hoch die Chance ist, an einem bestimmten Ort ein Photon zu messen. Sie macht dagegen keine Aussage darüber, wo sich ein Photon generell aufhält (das wäre vergleichbar mit einer Flugbahn). Sie sagt nur: Möglicherweise ist es am Ort x, vielleicht aber auch am Ort y. Bei mehreren Photonen in einer Welle kann man noch nicht einmal sagen, *welches* Photon man an einem Ort vorgefunden hat – die Photonen in der Welle sind *ununterscheidbar*.

Es sieht heute so aus, als ob sich die Natur nicht genauer beschreiben lässt und als ob der Wahrscheinlichkeitscharakter der Quantenmechanik fundamentaler Natur ist. Jeder Versuch, beispielsweise einen ständig wohldefinierten Photonenort in der Theorie unterzubringen, führt zu Widersprüchen mit experimentellen Ergebnissen oder weist andere Unzulänglichkeiten auf. Das Photon weiß gewissermaßen selbst nicht, wo es sich ständig befindet. Für uns Menschen ist diese Erkenntnis sehr unbefriedigend, und Albert Einstein konnte sich auch nie damit abfinden. *„Gott würfelt nicht!"*, soll er gesagt haben. Anscheinend ist es aber so, ob es uns gefällt oder nicht. Irgendwie habe ich den Verdacht, dass hier noch ein sehr tiefes Geheimnis unserer Welt verborgen liegt und dass wir das Wesen der Realität erst dann begreifen werden, wenn wir den Wahrscheinlichkeitscharakter der Quantenmechanik in aller Tiefe verstanden haben (mehr dazu etwas später). Noch sind wir anscheinend nicht so weit.

Die Lichtwellen in unserer Umwelt sind normalerweise so intensiv, dass sie extrem viele Photonen enthalten. Ein einzelnes Photon fällt dabei nicht ins Gewicht, und die Vielzahl der Photonen wirkt sich in der Summe gerade so aus, dass man sie zusammen auch gut durch ein elektromagnetisches Feld beschreiben kann. Auf diese Weise geht die Wahrscheinlichkeitswelle bei vielen Photonen in eine elektromagnetische Welle über.

Die Objekte in unserer Umwelt sind meist so groß, dass man die Ausbreitung von Licht gar nicht durch Wellen beschreiben muss, sondern sie vereinfacht durch Lichtstrahlen beschreiben kann. In diesem Fall kann man sich einen Lichtstrahl auch gut als Flugbahn von Photonen vorstellen. Sobald aber die Objekte sehr klein werden, kommt man um eine Beschreibung durch Lichtwellen nicht herum, und sobald die Lichtintensität zu gering wird oder subatomare Teilchen ins Spiel kommen, muss man schließlich zur präzisen quantenmechanischen Beschreibung von Licht durch Photonen übergehen, deren Ausbreitung durch eine Wahrscheinlichkeitswelle beschrieben wird.

Wenn Licht eine Welle ist, die die Ausbreitung von Teilchen beschreibt, was ist dann mit der Ausbreitung anderer Teilchen, beispielsweise Elektronen? Haben Elektronen noch eine Flugbahn? Es zeigt sich, dass die Natur hier sehr konsequent ist, denn für Elektronen und allgemein für jedes beliebige Teilchen gilt dasselbe wie für Licht: Die Ausbreitung und Fortbewegung *jedes* Teilchens wird durch eine Wahrscheinlichkeitswelle beschrieben, deren Intensität die Wahrscheinlichkeit dafür angibt, dort ein solches Teilchen anzutreffen. Flugbahnen entstehen dann als Grenzfall, wenn die betrachteten Abmessungen viel größer als die Wellenlänge sind, analog zu Lichtstrahlen.

Was geschieht nun, wenn wir Quantenmechanik und spezielle Relativitätstheorie beide zugleich berücksichtigen? Man spricht in diesem Fall von sogenannten *Quantenfeldtheorien*, doch wir brauchen hier nur zwei Aspekte dieser Theorien: das *Pauli-Prinzip* und die Existenz von *Antiteilchen*. Beide Aspekte ergeben sich zwangsläufig aus der Synthese von Quantenmechanik und spezieller Relativitätstheorie, lassen sich aber nur schwer anschaulich begründen, sodass wir sie hier einfach als Naturgesetze akzeptieren wollen.

Das Pauli-Prinzip betrifft Teilchen mit sogenanntem halbzahligem Spin, also alle Teilchen, aus denen sich Materie zusammensetzt, insbesondere Elektronen, Protonen und Neutronen (auf den Spin wollen wir hier nicht näher eingehen). Es sagt, dass sich beispielsweise zwei Elektronen nicht im selben quantenmechanischen Zustand aufhalten können, was dazu führt, dass sich Elektronen nicht gerne nahe beieinander aufhalten. Elektronen meiden sich! Letztlich führt das Pauli-Prinzip dazu, dass Atome und die aus ihnen bestehende Materie stabil sind und nicht einfach zusammengedrückt werden können. Das Pauli-Prinzip wird später noch wichtig werden, wenn Sternzentren am Ende eines Sternenlebens in sich zusammenfallen. Wir gehen in Abschnitt 2.3 noch genauer darauf ein.

Nun zu den Antiteilchen: Jedes Teilchen besitzt ein Antiteilchen, das die entgegengesetzte elektrische Ladung trägt, aber ansonsten dieselben Eigenschaften wie das Teilchen hat. So ist das Antiteilchen des negativ geladenen

Elektrons das gleich schwere, aber positiv geladene *Positron*. Teilchen und Antiteilchen können paarweise aus Energie entstehen, und umgekehrt zerstrahlen sie wieder zu Energie, wenn sie aufeinandertreffen. Photonen sind dabei ihre eigenen Antiteilchen, da sie elektrisch neutral sind und auch sonst keine Eigenschaften besitzen, die eine Unterscheidung zwischen Teilchen und Antiteilchen ermöglichen würde.

Damit haben wir die beiden Grundpfeiler der modernen Physik – also die spezielle Relativitätstheorie und die Quantenmechanik – zumindest kurz angerissen. Wir merken uns:

- Nichts kann sich schneller als mit Lichtgeschwindigkeit bewegen.
- Masse ist gleichsam eingesperrte Energie, sodass aus Energie Teilchen entstehen können und Teilchen wieder zu Energie zerfallen können.
- Licht besteht aus Photonen, deren Energie umgekehrt proportional zur Lichtwellenlänge anwächst. Allgemein wird die Fortbewegung jedes Teilchens durch eine Wahrscheinlichkeitswelle beschrieben.
- Das quantenmechanische Pauli-Prinzip sorgt für die Stabilität der Materie, da beispielsweise Elektronen sich gegenseitig meiden.
- Jedes Teilchen besitzt ein entgegengesetzt geladenes Antiteilchen. Teilchen und Antiteilchen können paarweise aus Energie entstehen und wieder zu Energie zerstrahlen.

Wir kennen heute zwölf Teilchen, aus denen Materie bestehen kann: sechs Quarks und sechs Leptonen. Aus den leichtesten beiden Quarks bestehen die Protonen und Neutronen, aus denen sich die Kerne der Atome zusammensetzen, während das leichteste geladene Lepton – das Elektron – die Hülle der Atome bildet. Wir gehen später noch genauer darauf ein.

Zwischen diesen Teilchen können vier verschiedene Kräfte wirken, die allgemein als *Wechselwirkungen* bezeichnet werden. Zwei dieser Kräfte kennen wir gut: die *Gravitation* (Schwerkraft) und die *elektromagnetische Wechselwirkung*, die alle elektrischen und magnetischen Phänomene umfasst. Hinzu kommen die *starke Wechselwirkung*, die die Quarks zu Protonen und Neutronen oder anderen Teilchen zusammenschweißt, sowie die sehr kurzreichweitige *schwache Wechselwirkung*, die bestimmte radioaktive Zerfälle hervorruft. Auch auf diese Kräfte gehen wir später noch genauer ein.

Wichtig ist nun Folgendes: Mit Ausnahme der Gravitation lassen sich die anderen drei dieser Kräfte gut mit den beiden Grundpfeilern der modernen Physik in Einklang bringen, vertragen sich also mit der speziellen Relativitätstheorie und der Quantenmechanik. Die so entstehende Theorie ist das sogenannte *Standardmodell der Teilchenphysik*. Im Prinzip ist diese Theorie in der Lage, fast alle heute experimentell zugänglichen Phänomene im Bereich der Atome und Elementarteilchen sehr genau zu beschreiben. So kann man mit dem Standardmodell beispielsweise ausrechnen, aus welchen Teilchen das zehn Billionen Grad heiße Plasma zusammengesetzt war, das eine millionstel Sekunde nach dem Urknall das Universum ausfüllte.

Die einzige Kraft, die im Standardmodell nicht enthalten ist, ist die *Gravitation*, also die Schwerkraft. Albert Einstein ist es im Jahr 1916 unter großen Mühen gelungen, die Gravitation immerhin mit einer der beiden Säulen – der speziellen Relativitätstheorie – in Einklang zu bringen. Seine relativistische Gravitationstheorie wird als *allgemeine Relativitätstheorie* bezeichnet. Die allgemeine Relativitätstheorie ist dabei mathematisch und auch begrifflich deutlich komplexer als die spezielle Relativitätstheorie, und Albert Einstein hatte damit so seine Mühe. So schrieb er am 29. Oktober 1912 in einem Brief an den Physiker Sommerfeld:

„Ich beschäftige mich jetzt ausschließlich mit dem Gravitationsproblem und glaube nun, mit Hilfe eines hiesigen befreundeten Mathematikers aller Schwierigkeiten Herr zu werden. Aber das eine ist sicher, dass ich mich im Leben noch nicht annähernd so geplagt habe und dass ich große Hochachtung für die Mathematik eingeflößt bekommen habe, die ich bis jetzt in ihren subtileren Teilen in meiner Einfalt für puren Luxus ansah! Gegen dies Problem ist die ursprüngliche Relativitätstheorie eine Kinderei."

Der befreundete Mathematiker war übrigens Einsteins Studienfreund Marcel Grossmann.

Warum war die Aufstellung der allgemeinen Relativitätstheorie für Einstein so schwierig? Weil es bei Einbeziehung der speziellen Relativitätstheorie nicht mehr gelingt, die Gravitation über ein Kraftfeld zu beschreiben. Isaac Newton konnte im Jahr 1687 noch sagen, dass sich zwei Massen mit einer Kraft anziehen, die sich proportional dem Produkt ihrer Massen und umgekehrt proportional zum Quadrat ihres Abstands verhält, wobei die Kraft entlang der Verbindungslinie zwischen den beiden Massen wirkt (*Newtons Gravitationsgesetz*). Doch dieses Gesetz widerspricht der speziellen Relativitätstheorie, denn die Gravitationskraft auf eine der beiden Massen reagiert bei Newton ohne jede Zeitverzögerung auf den momentanen Aufenthaltsort der jeweils anderen Masse. Wenn sich aber nichts schneller als mit Lichtgeschwindigkeit bewegen kann, so gilt dies auch für die Information über den Aufenthaltsort der gravitationserzeugenden Masse.

Bei der elektrischen Kraft gelingt es noch, sie relativ einfach in Einklang mit der speziellen Relativitätstheorie zu bringen und Informationsübertragung mit Überlichtgeschwindigkeit auszuschließen. Dafür muss man sie in Zusammenhang mit der magnetischen Kraft setzen. Das Ergebnis sind die so-

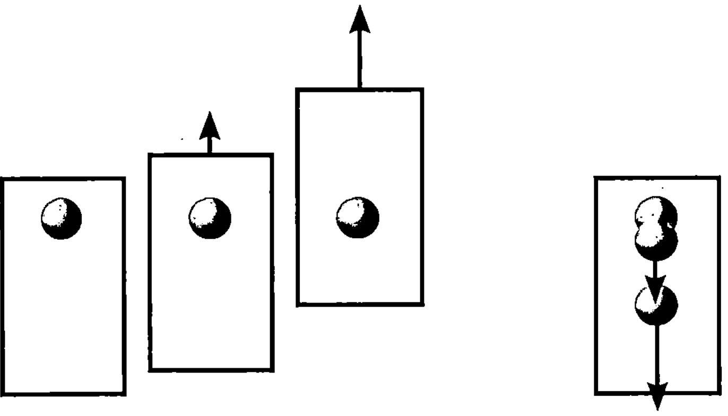

Abb. 1.1 In einer fensterlosen Raumkapsel kann man nicht herausfinden, ob die Kapsel im schwerelosen Weltraum beschleunigt wird (links) oder ob sich die Kapsel bewegungslos in einem Gravitationsfeld befindet (rechts).

genannten *Maxwell-Gleichungen*, die James Clerk Maxwell im Jahr 1864 aufstellte. Diese Gleichungen sagen beispielsweise, dass eine elektrische Ladung ein elektrisches Feld erzeugt, dass eine bewegte elektrische Ladung zusätzlich ein Magnetfeld erzeugt und dass ein veränderliches Magnetfeld ein elektrisches Feld erzeugt und umgekehrt. Gerade dieser letzte Zusammenhang ist es, der die Existenz elektromagnetischer Wellen erlaubt, denn veränderliche elektrische und magnetische Felder können sich im leeren Raum gegenseitig am Leben erhalten und als Welle mit Lichtgeschwindigkeit durch den Raum bewegen.

Bei der Gravitation ist es deutlich schwieriger, die endliche Ausbreitungsgeschwindigkeit physikalischer Wirkungen zu berücksichtigen. Kraftfelder wie bei der elektromagnetischen Kraft funktionieren hier nicht. Einstein gelang es aber dennoch, durch folgende geniale Idee Gravitation und spezielle Relativitätstheorie zu verknüpfen: *Wenn man sich fallen lässt, spürt man die Gravitation nicht!* Genau das geschieht beispielsweise im Inneren einer Raumkapsel, die antriebslos die Erde umkreist. Im Inneren dieser Raumkapsel ist es so, als ob es keine Gravitation gäbe; daher gelten in ihrem Inneren die Gesetze der speziellen Relativitätstheorie, die wir oben angesprochen hatten. Lässt man die Raumkapsel nicht frei fallen, sondern stellt sie beispielsweise auf die Erdoberfläche, so ist die darin wirkende Gravitation nicht von der Scheinkraft zu unterscheiden, die man in der Kapsel spürt, wenn man sie im leeren Weltraum durch Raketen beschleunigt (Abb. 1.1). Man nennt dies das *Äquivalenzprinzip*.

Das Problem besteht nun darin, diese Idee mathematisch zu formulieren. Welche Begriffe kann man verwenden, um die Gravitation mathematisch zu erfassen? Einstein drückte es in seiner „Kyoto-Vorlesung" (Dezember 1922) so aus:

> „Wir müssen nach Worten suchen, ehe wir Gedanken darstellen können. Wonach müssen wir nun an dieser Stelle suchen? Dieses Problem blieb für mich bis 1912 unlösbar, als ich plötzlich erkannte, dass der Schlüssel zur Lösung des Mysteriums in der Gauß'schen Flächentheorie zu finden war."

Damit meint Einstein die Theorie gekrümmter Flächen und Räume, die beispielsweise die Geometrie einer Kugeloberfläche beschreiben kann. Aber wieso kann die Mathematik gekrümmter Räume hier weiterhelfen?

Hintergrund ist, dass man die Gravitation immer nur lokal neutralisieren kann, indem man sich fallen lässt. In einer Raumkapsel, die antriebslos die Erde umkreist, herrscht Schwerelosigkeit, d. h. alle sich kräftefrei bewegenden Körper schweben in ihr mit konstanter Geschwindigkeit durch den Raum. Auch in der Nähe der Raumkapsel gilt das, beispielsweise wenn ein Astronaut die Raumkapsel verlässt und sich nicht zu weit von ihr entfernt. Doch in größerer Entfernung von der Raumkapsel gilt dieses Gesetz nicht mehr. Ein weit entfernter antriebsloser Satellit bewegt sich nicht ständig geradlinig-gleichförmig relativ zu unserer Raumkapsel, wenn er die Erde auf einer ganz anderen Umlaufbahn umrundet. Genau dieses Verhalten kann man mithilfe der Krümmung von Raum und Zeit mathematisch erfassen. Die Raumzeitkrümmung sagt: Man kann nicht eine einzige riesige Raumkapsel einfach frei fallen lassen und dadurch in ihr überall zugleich Schwerelosigkeit herstellen. Spätestens wenn die Raumkapsel erdgroß wird, geht das schief; es funktioniert nur im Inneren kleiner antriebsloser Raumkapseln.

Als Analogon zur Flugbahn einer antriebslosen Raumkapsel kann man sich eine Linie auf einer möglicherweise gekrümmten Oberfläche vorstellen. Diese Linie soll möglichst gerade sein, sodass sie die kürzeste Verbindung für die auf ihr liegenden Punkte bildet (man nennt solche Linien auch *Geodäten*). Dabei darf die Linie die Fläche aber nicht verlassen. Bei einer ebenen Fläche sind diese Linien einfach Geraden, wobei sich der Winkel zwischen zwei Geraden auf der Fläche niemals ändert. Diese Situation entspricht einem Raum ohne Gravitation, in der sich antriebslose Körper mit konstanter Geschwindigkeit relativ zueinander bewegen. Wenn die Fläche aber gekrümmt ist, so kann sich das ändern. Die Linien können auseinanderlaufen, sich wieder einander annähern und sich sogar mehrfach schneiden. Ein Beispiel für solche Linien sind Großkreise auf einer Kugeloberfläche, die die Kugelmitte als Kreismittelpunkt haben. Lokal ist dabei auch eine Kugeloberfläche fast flach – auch die Erde könnte man ja für eine flache Scheibe halten, wenn man die eigene Stadt nie verlässt. Dem entspricht die Tatsache, dass die Gravitation in einer

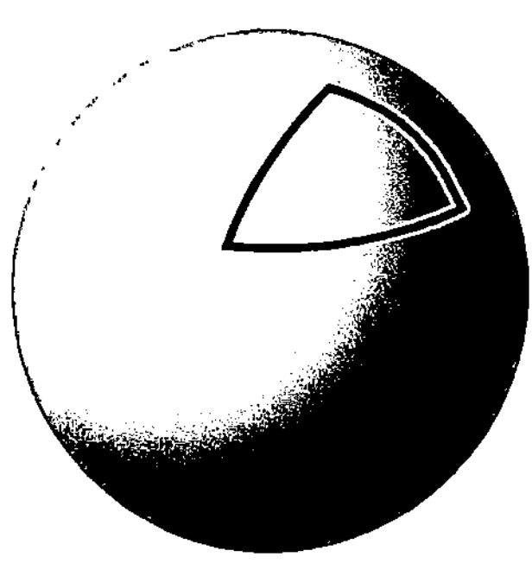

Abb. 1.2 Die Winkelsumme in einem Dreieck beträgt auf einer gekrümmten Oberfläche im Allgemeinen nicht 180 Grad.

kleinen frei fallenden Raumkapsel nicht sichtbar ist, d. h. im Kleinen ist auch die Raumzeit flach.

Man muss die Gravitation also durch die Krümmung von Raum und Zeit beschreiben, um sie mit der speziellen Relativitätstheorie in Einklang zu bringen. Das hört sich ehrfurchtgebietend an und ist für uns auch nicht ganz einfach vorstellbar. Die Krümmung des Raumes bedeutet beispielsweise, dass die Winkelsumme in einem großen Dreieck von 180 Grad abweichen kann (Abb. 1.2), während die Krümmung der Zeit bedeutet, dass relativ zueinander ruhende Uhren nicht gleich schnell laufen müssen. So läuft eine Uhr im Gravitationsfeld der Erde in 300 Kilometer Höhe um etwa eine Millisekunde pro Jahr schneller als eine Uhr auf Meereshöhe. Mit den heutigen Präzisionsuhren ist es kein Problem, diesen winzigen Effekt nachzuweisen. Man muss ihn sogar unbedingt berücksichtigen, wenn man beispielsweise die Atomuhren von GPS-Satelliten mit Uhren auf der Erde synchronisiert.

Wie schafft es eine gekrümmte Raumzeit nun, den Flug beispielsweise eines in die Luft geworfenen Steins zu beeinflussen? Schauen wir uns dazu folgende Situation an: Wir wollen, dass der Stein an einem Punkt A auf der Erdoberfläche startet und zehn Sekunden später an einem einige Meter entfernten Punkt B wieder auf der Erdoberfläche ankommt, wobei sich die zehn Sekunden auf eine am Erdboden ruhende Uhr beziehen. Der Stein soll eine hochpräzise Uhr mit sich führen, auf der wir ablesen können, wie lang der Stein aus seiner Sicht für den Flug von A nach B benötigt. Wir wollen den Stein nun so von A nach B bewegen, dass die mitgeführte Uhr eine möglichst lange Zeit für den Flug anzeigt, also mehr als zehn Sekunden. Da die Zeit in einem Gravitationsfeld weiter oben etwas schneller verstreicht, wird es nützlich sein, den Stein nicht auf geradem Weg von A nach B zu bewegen, sondern die Flugbahn weiter oben verlaufen zu lassen. Dadurch wird die Flugbahn allerdings auch länger, sodass wir den Stein schneller bewegen müssen, denn aus unserer Sicht soll er ja nach zehn Sekunden bei B ankommen. Eine höhere

Geschwindigkeit verlangsamt allerdings den Lauf der mitgeführten Uhr, wie wir aus der speziellen Relativitätstheorie wissen (Stichwort Zeitdilatation, siehe weiter oben).

Die maximale Zeit auf der mitgeführten Uhr erreichen wir, indem wir den Stein auf einer nach unten geöffneten Parabel von A nach B bewegen. Er steigt dabei zunächst schnell in die Höhe und wird weiter oben langsamer, sodass er sich möglichst lange mit möglichst geringer Geschwindigkeit im Bereich der schneller laufenden Zeit weiter oben befindet. Schließlich muss er wieder nach unten, denn er soll ja aus unserer Sicht nach zehn Sekunden bei B eintreffen.

Was müssen wir tun, damit der Stein sich genau so auf einer Parabelbahn von A nach B bewegt? Nun, wir müssen ihn einfach mit der passenden Startgeschwindigkeit schräg nach oben werfen, sodass er nach zehn Sekunden bei B aufschlägt. Den Rest übernimmt die Gravitation. Damit haben wir das Bewegungsgesetz für frei fallende Körper in der durch die Gravitation gekrümmten Raumzeit gefunden: Diese Körper bewegen sich so, dass eine mitgeführte Uhr eine möglichst große Zeit anzeigt, wenn wir Start- und Zielpunkt sowie die erlaubte Zeitdauer auf unserer ruhenden Uhr vorgeben. Man nennt dies auch das *Prinzip der maximalen Eigenzeit*. Eleganter kann man ein Naturgesetz kaum formulieren! Dabei sehen wir auch, dass der Haupteffekt durch die Krümmung der Zeit zustande kommt, also durch die oben schneller laufende Zeit. Die Raumkrümmung spielt bei einem Steinwurf auf der Erdoberfläche kaum eine Rolle.

Die Gravitation wird also durch die Krümmung von Raum und Zeit beschrieben. Dabei gelingt es dieser Theorie, alle heute beobachtbaren Phänomene der Gravitation mit hoher Präzision zu beschreiben. Es ist jedoch bis heute nicht gelungen, bei der Beschreibung der Gravitation auch den zweiten Grundpfeiler einzubeziehen, also die Quantenmechanik. Genau hier steckt das Problem, wenn wir den Urknall selbst physikalisch beschreiben wollen.

Kehren wir nun zurück zu unserer Reise in Richtung Urknall: Ab etwa einer millionstel Sekunde nach dem Urknall können wir die Physik des Universums mit den heute etablierten Theorien gut verstehen. Für die Gravitation sind Quanteneffekte zu dieser Zeit bereits unwichtig, sodass sie sehr gut durch die allgemeine Relativitätstheorie beschrieben werden kann. Die Physik des heißen Plasmas, das das Universum zu dieser Zeit erfüllt, wird gut durch das Standardmodell beschrieben, das wir bereits oben kurz angesprochen haben. Allgemeine Relativitätstheorie und Standardmodell lassen sich problemlos nebeneinander verwenden, um die Physik des Universums ab diesem Zeitpunkt mit guter Genauigkeit zu beschreiben, was wir später auch tun wollen.

Gehen wir jedoch zu deutlich früheren Zeiten und damit höheren Temperaturen über, so verliert zunächst das Standardmodell seine Gültigkeit. Es muss neue physikalische Phänomene geben, die das Standardmodell nicht mehr korrekt beschreibt. So vermutet man beispielsweise, dass es neben den sechs Quarks und sechs Leptonen weitere Teilchen geben muss, die die sogenannte *dunkle Materie* im Universum bilden – wir gehen später noch genauer darauf ein. Am größten Teilchenbeschleuniger der Welt, dem Large Hadron Collider (LHC) am CERN bei Genf, versucht man seit dem Jahr 2010, genau diese Physik jenseits des Standardmodells aufzuspüren.

Wenn wir uns nun in der Zeit weiter rückwärts in Richtung Urknall bewegen, ab wann werden Quanteneffekte für die Gravitation wichtig, sodass die allgemeine Relativitätstheorie nicht mehr ausreicht?

Wie wir bereits wissen, wird die Fortbewegung von Teilchen in der Quantenmechanik durch Wellen beschrieben, deren Wellenlänge bei höheren Teilchenenergien und damit höheren Temperaturen abnimmt. Die Temperatur wird nun immer größer, wenn wir uns in Richtung Urknall bewegen, sodass parallel dazu die Wellenlänge der Materie im Universum schrumpft.

Eine millionstel Sekunde nach dem Urknall beträgt die Temperatur etwa 10^{13} Kelvin, also 100 000 Milliarden Kelvin, wie wir bereits wissen. Die Wellenlänge der Materie und der Strahlung liegt dann bei gut einem *Fermi* – das entspricht ungefähr der Größe eines Protons und ist rund 100 000-mal kleiner als ein Atom (ein *Fermi* oder kurz *fm* sind 10^{-15} Meter).

Um den Einfluss der Gravitation bei dieser Temperatur auf die Physik der Teilchenkollisionen im heißen Plasma abzuschätzen, kann man sich modellhaft vorstellen, dass bei den Teilchenkollisionen für sehr kurze Zeiten aus den kollidierenden Teilchenenergien mikroskopisch kleine *schwarze Löcher* entstehen können. Schwarze Löcher bilden sich nach der allgemeinen Relativitätstheorie immer dann, wenn die Materiedichte in einem Raumgebiet einen kritischen Wert überschreitet. Die Gravitation lässt dann die Materie immer weiter kollabieren, ohne dass dieser Kollaps noch aufzuhalten ist. Es bildet sich um die kollabierte Materie ein kugelförmiger Raumbereich, aus dem nichts mehr dem Sog der Gravitation entkommen an, auch Licht nicht. Diesen Raumbereich bezeichnet man auch oft als die *Größe* des schwarzen Lochs. Den entsprechenden Radius nennt man *Schwarzschildradius*.

Der Schwarzschildradius einer Erdmasse liegt bei rund einem Zentimeter, d. h. würde man die Erde auf einen Radius von rund einem Zentimeter zusammendrücken, so würde sie durch ihre Eigengravitation endgültig kollabieren und es entstünde ein schwarzes Loch von der Größe einer Murmel. Dennoch wäre die Gravitationswirkung dieser schwarzen Murmel dieselbe wie die der ganzen Erde, d. h. in einem Abstand von knapp 6 400 Kilometern von ihr ist ihre Gravitation genauso groß wie auf der Erdoberfläche (der Erdradius beträgt nämlich knapp 6 400 Kilometer). Halbiert man den Abstand, so vervierfacht sich die Gravitationskraft. Man kann sich vorstellen, dass die

Gravitation am Rand der kleinen Murmel gigantisch sein muss, sogar so groß, dass auch Licht nicht mehr entkommen kann.

Die schwarzen Mikrolöcher, die bei der Kollision von Teilchen bei 100 000 Milliarden Kelvin denkbar wären, hätten einen Schwarzschildradius von nur rund 10^{-39} Fermi, sind also 39 Zehnerpotenzen kleiner als die Wellenlänge der Materie bei dieser Temperatur. Nun sind schwarze Löcher nicht absolut stabil, denn sie strahlen Wärmestrahlung ab, die umso heißer wird, je kleiner das schwarze Loch ist. Ein schwarzes Loch zerstrahlt also mit der Zeit, und zwar umso schneller, je kleiner es ist. Stephen Hawking hat dieses Phänomen im Jahr 1974 als Erster berechnet. Es handelt sich bei diesem Zerstrahlen schwarzer Löcher um einen Quanteneffekt, den die allgemeine Relativitätstheorie nicht erklären kann. Hawking hat damit die erste und bis heute einzige etablierte Verbindung zwischen Quantentheorie und Gravitation entdeckt.

Ein schwarzes Loch mit einer Sonnenmasse lebt fast ewig (etwa 10^{66} Jahre), aber ein schwarzes Mikroloch lebt nur für winzige Sekundenbruchteile. Die extrem winzigen Mikrolöcher, die bei 100 000 Milliarden Kelvin nach der allgemeinen Relativitätstheorie denkbar sind, kann man damit aus Quantensicht kaum ernst nehmen. Sie wären viel kleiner als die Wellenlänge der Materie und lebten nur einen Augenblick. Daher wollen wir sie lediglich als Zeichen werten, dass bei dieser Temperatur die Gravitation für die Physik von Teilchenkollisionen keine Rolle spielt. Die Gravitation ist für solche Teilchenkollisionen unwichtig.

Je weiter wir aber in Richtung Urknall vorangehen, umso höher wird die Energie der kollidierenden Teilchen und umso größer müssten nach der allgemeinen Relativitätstheorie die bei ihrer Kollision erzeugten schwarzen Mikrolöcher werden. Zugleich wird die Quantenwellenlänge der Teilchen kleiner, und die mittleren Teilchenabstände schrumpfen ebenfalls, da sie ungefähr der Wellenlänge entsprechen (wir werden das später beim sogenannten Stefan-Boltzmann-Gesetz noch genauer kennenlernen). Zwischen 10^{32} und 10^{33} Kelvin erreichen wir schließlich den Punkt, bei dem die schwarzen Mikrolöcher dieselbe Größe erreichen wie die Wellenlänge der Teilchen und damit wie der mittlere Teilchenabstand, nämlich rund 10^{-20} Fermi. Das bedeutet, dass die Gravitation nun für Teilchenkollisionen genauso wichtig geworden ist wie die Quantenmechanik, die sich in der Wellenlänge ausdrückt. Wir müssen die schwarzen Mikrolöcher nun ernst nehmen. Zugleich liegen auch die Teilchenabstände in dieser Größenordnung, d. h. die Teilchen liegen nun so dicht beieinander und haben so hohe Energien, dass bei ihren Kollisionen häufig schwarze Löcher entstehen müssen, die den Raum nun relativ dicht ausfüllen können. Es entsteht das Bild eines wabernden Schaums, in dem die Blasen schwarze Mikrolöcher darstellen, die ständig neu erzeugt werden und wieder zerstrahlen. Auch ihre Dynamik muss nun durch Quantenwellen beschrieben werden, deren Wellenlänge ungefähr ihrer eigenen Größe entspricht. Alles ist nun sehr eng miteinander verwoben: Teilchen, Quantenwellen und schwarze Mikrolöcher. Letztlich ist weder die relativistische Quantenmechanik noch die allgemeine Relativitätstheorie alleine in der Lage, die Physik dieses mit schwarzen Mikrolöchern durchsetzten Quantenschaums noch angemessen zu beschreiben. Das ist die Stelle, an der wir eine Quantentheorie der Gravitation brauchen.

Die typische Größe der Raumbläschen bzw. der schwarzen Mikrolöcher liegt bei rund 10^{-20} Fermi, wie wir gesehen haben. Kennzeichnend für diese Längenskala ist die sogenannte *Planck-Länge*, die sich aus den fundamentalen Naturkonstanten der Gravitation, der speziellen Relativitätstheorie und der Quantentheorie bilden lässt. Die Planck-Länge beträgt ungefähr $1{,}6 \cdot 10^{-20}$ Fermi, wobei die etwas krumme Zahl dadurch zustande kommt, dass man die Naturkonstanten auf möglichst einfache Weise zu einer Länge kombiniert. Das ist eine extrem kleine Zahl; sie liegt um 20 Zehnerpotenzen unterhalb der Größe eines Protons oder Neutrons, aus denen sich die Atomkerne zusammensetzen! Wenn man die Strecke von 100 Kilometern um 20 Zehnerpotenzen verkleinert, so erhält man die Größe eines Protons. Dieses muss man nochmals um *denselben Faktor* verkleinern, um bei einer Planck-Länge anzukommen, und ein Proton ist bereits 100 000-mal kleiner als ein Atom.

Die Teilchenenergien bei 10^{32} Kelvin liegen bei rund 10^{19} GeV, wobei ein GeV (Giga-Elektronenvolt) gleich eine Milliarde Elektronenvolt ist. Das Elektronenvolt ist in der Teilchenphysik die gängige Energieeinheit. Die Umrechnungsformel von Joule (J) in Elektronenvolt lautet 1 eV $= 1{,}602176 \cdot 10^{-19}$ J. Ein Elektron, das bei einer Fünf-Volt-Batterie über ein Stromkabel von einem Batteriepol zum anderen wandert, gewinnt genau fünf Elektronenvolt Energie und kann diese beispielsweise in einer Glühlampe wieder abgeben. Bei Zimmertemperatur (300 Kelvin) haben Luftmoleküle eine mittlere Bewegungsenergie von rund $0{,}03$ eV. Die Photonen des sichtbaren Lichts haben Energien zwischen $1{,}5$ und 3 eV. Das ist zugleich auch der Energiebereich, der für chemische Reaktionen charakteristisch ist, sodass die Photonen des Lichts in der Lage sind, solche chemischen Reaktionen auch anzustoßen – man denke an die Photosynthese. Kernenergien sind dagegen millionenfach größer als chemische Energien und liegen bei einigen MeV (Mega-Elektronenvolt, Millionen Elektronenvolt) pro Atomkern. Die Atombombe macht diesen Unterschied auf drastische Weise deutlich, wenn man ihre enorme Sprengkraft mit derjenigen chemischer Sprengstoffe vergleicht.

Analog zur Planck-Länge verwendet man zur Kennzeichnung der Energieskala für die Teilchenenergien bei 10^{32} Kelvin die sogenannte *Planck-Energie*. Sie beträgt $1{,}2 \cdot 10^{19}$ GeV und ist damit um etwa 16 Zehnerpotenzen höher als die angestrebte Teilchenenergie von 7 000 GeV im Large Hadron Collider

(LHC). Solche Teilchenenergien treten in der Natur wohl nur im Urknall auf. Man kann die Planck-Energie auch in Masseneinheiten umrechnen, indem man durch das Quadrat der Lichtgeschwindigkeit dividiert. Auf diese Weise erhält man die sogenannte *Planck-Masse*, die etwa der Masse eines winzigen Staubteilchens entspricht. Die Masse der schwarzen Mikrolöcher bei 10^{32} Kelvin liegt dann im Bereich von ungefähr einer Planck-Masse. Schwarze Mikrolöcher sind also im Vergleich zu den aus der Astrophysik bekannten schwarzen Löchern, die ganze Sternmassen enthalten, absolut winzig.

Was man also braucht, um den Anfang der Welt zu verstehen, ist eine physikalische Theorie, die sowohl die Gravitation als auch die Quantentheorie umfasst. Letztlich braucht man sogar eine Theorie, die sämtliche Naturgesetze konsistent beschreibt und die man oft auch als *Weltformel* bezeichnet. Leider kennt man bis heute diese Theorie nicht, auch wenn es mit der sogenannten *Stringtheorie* und der darauf basierenden *M-Theorie* durchaus einen ernst zu nehmenden Kandidaten dafür gibt.

Nun ist die M-Theorie noch keine präzise ausgearbeitete Theorie wie das Standardmodell oder die allgemeine Relativitätstheorie, sodass wir mit ihr den Urknall selbst noch nicht beschreiben können. Sie besitzt aber immerhin das mathematische Potenzial, das Standardmodell der Teilchenphysik als Grenzfall zu umfassen, und sie ist die einzige bekannte Theorie, die nachweislich eine Quantenbeschreibung der Gravitation enthält. Daher halten viele Physiker die M-Theorie zurzeit für das beste Pferd im Stall, auch wenn es dazu sicher auch andere Meinungen gibt und vieles noch ungeklärt ist.

Soweit wir wissen, muss es in einer Quantentheorie aller Naturgesetze einschließlich der Gravitation für räumliche und zeitliche Abstände eine Minimalgröße geben. Unsere obige Überlegung mit der schaumigen Blasenstruktur aus schwarzen Mikrolöchern weist bereits in diese Richtung. Man vermutet, dass es in diesem Schaum keinen Sinn macht, von Abständen zu sprechen, die kleiner als die Größe der Bläschen sind. Die Wellenlänge der Quantenwellen beschränkt zusammen mit der Größe der schwarzen Mikrolöcher die maximal mögliche Ortsauflösung in diesem Schaum. Nur bei noch höherer Temperatur ließe sich die Wellenlänge verkleinern, doch dann würden noch mehr und noch größere schwarze Mikrolöcher entstehen und diesen Vorteil wieder zunichtemachen. Unsere Reise zurück in der Zeit zu immer höheren Temperaturen, Materie- und Energiedichten ist damit möglicherweise an eine natürliche Grenze gestoßen: Es ist gut möglich, dass der Quantenschaum schwarzer Mikrolöcher den dichtesten Zustand darstellt, den Raum und Materie bilden können. Seine Energiedichte liegt bei rund einer Planck-Energie pro Planck-Länge hoch drei.

Zu diesem Bild passt, dass man in der M-Theorie ebenfalls starke Hinweise darauf findet, dass es eine Minimalausdehnung gibt, unterhalb der räumliche

Abstände nicht mehr die gewohnte anschauliche Bedeutung haben. Versucht man, bestimmte Abstände kleiner als diese Minimalausdehnung zu machen, so kommt überraschenderweise heraus, dass das so beschriebene Universum physikalisch identisch ist mit einem Universum, bei dem diese Abstände größer als die Minimalausdehnung sind.

Nun hängen räumliche Abstände über die Lichtgeschwindigkeit eng mit zeitlichen Intervallen zusammen. Wie lange braucht ein Lichtstrahl, um eine winzige Planck-Länge zurückzulegen? Die entsprechende Zeitspanne nennt man *Planck-Zeit*. Sie liegt bei $5 \cdot 10^{-44}$ Sekunden – eine in menschlichen Maßstäben unfassbar kleine Zeit, gleichsam nicht mehr als ein Augenblick. Wenn räumliche Abstände unterhalb der Planck-Länge physikalisch bedeutungslos sind, so muss dies auch für Zeitintervalle gelten, die kleiner als die Planck-Zeit sind, denn ansonsten könnte man diese kleineren Zeitintervalle dazu nutzen, um über die zugehörige Lichtstrecke auch Abständen unterhalb der Planck-Länge eine physikalische Bedeutung zu geben.

Es gibt also vermutlich minimale räumliche und zeitliche Abstände, unterhalb denen Raum und Zeit keine physikalische Bedeutung mehr tragen. Die räumlichen Abstände entsprechen der Größe der Raumbläschen, und die zeitlichen Intervalle könnten etwas mit dem Entstehen und Vergehen dieser Bläschen zu tun haben. Die Zeit verläuft in diesem Bild nicht kontinuierlich, sondern sprungartig: Das Entstehen und Platzen der Bläschen entspricht gleichsam dem Ticken einer Uhr, deren Zeiger in kleinen Sprüngen weiterspringt. Raum und Zeit sind in diesem Bild keine grundlegenden Konzepte mehr, sondern sie entstehen erst durch Mittelung über sehr viele Raumzeit-Bläschen. Niemand weiß allerdings bis heute, wie man dieses Bild in eine etablierte physikalische Theorie übersetzen soll – es gibt lediglich erste Ansätze dazu, beispielsweise im Rahmen der sogenannten *Schleifen-Quantengravitationstheorie*.

Vielleicht kann man sich nach diesem Bild das Universum zu Beginn als eine Art fluktuierenden chaotischen Raumzeit-Quantenschaum vorstellen mit Raumbläschen von der Größe der Planck-Länge. Was dieser Quantenschaum genau sein soll, wo er herkommt und ob die Begriffe von Raum und Zeit in diesem Schaum überhaupt noch eine Bedeutung haben, das kann heute niemand sagen, denn dafür braucht man eine endgültige Theorie aller Naturgesetze, die auch die Physik dieses Quantenschaums beschreiben kann. Die M-Theorie und die Schleifen-Quantengravitation sind erste Ansätze in diese Richtung.

Diese Theorien legen es sogar nahe, dass es mehr als nur unser sichtbares Universum geben könnte. Man kann sich beispielsweise vorstellen, dass die brodelnde Quantenschaumsuppe die Grundlage für ein Über-Universum (*Multiversum*) darstellt. Immer wieder könnte es kleinen Bereichen in

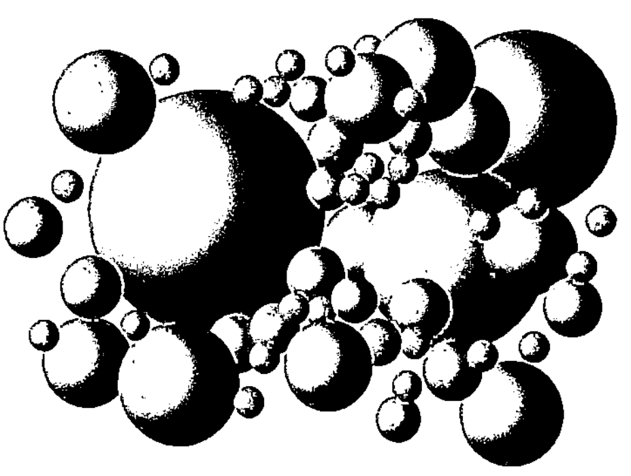

Abb. 1.3   Darstellung des Raumzeit-Schaums mit kleineren und größeren Raumzeit-Bläschen. Diese Raumzeit-Bläschen kann man sich grob als mikroskopisch kleine, stark gekrümmte Raumbereiche vorstellen, ähnlich wie schwarze Mikrolöcher, die ständig neu entstehen und wieder vergehen. Der Urknall unseres sichtbaren Universums könnte nun darin bestanden haben, dass sich ein kleiner Bereich dieser fluktuierenden Ur-Quantensuppe unter bestimmten Bedingungen plötzlich extrem aufblähte. Dies könnte auch mehrfach geschehen sein und vielleicht immer noch geschehen, sodass die Welt eine Art Multiversum wäre, in dem sich immer wieder neue Universen bilden, die kausal voneinander entkoppelt sind.

dieser Suppe gelingen, plötzlich extrem zu wachsen und so neue Universen wie das unsere zu begründen, wobei das explosionsartige Anwachsen zu Beginn gleichsam der Urknall des zugehörigen Universums ist (Abb. 1.3). Unser sichtbares Universum wäre dann lediglich ein solcher aufgeblähter Bereich inmitten eines viel größeren *Multiversums*. Dabei sorgt das extreme Aufblähen dafür, dass sich das für uns sichtbare Universum kausal vom restlichen Multiversum abkoppelt, sodass wir dieses nicht mehr erreichen oder sehen können. Der Raumbereich wächst dabei so schnell, dass selbst Licht nicht mehr schnell genug ist, um die wachsenden Abstände zwischen Punkten im Raumbereich und dem restlichen Multiversum zu überbrücken (mehr dazu später).

Nach der M-Theorie könnten die physikalischen Gesetze in den einzelnen Universen durchaus voneinander abweichen, denn diese Theorie erlaubt nach neueren Erkenntnissen ein riesiges Spektrum möglicher Welten. Das liegt daran, dass die M-Theorie neben den drei bekannten Raumdimensionen sechs weitere Raumdimensionen erzwingt, die in unserem Universum auf engstem Raum ineinander eingerollt sein müssen, sodass sie uns nicht weiter auffallen. An jedem Raumpunkt unseres dreidimensionalen Raumes befindet sich demnach ein winziges Knäuel aus eingerollten Raumdimensionen, auch wenn wir uns das sicher nur schwer anschaulich vorstellen können. Je nachdem, wie dieses Einrollen im Detail geschieht, ergeben sich unterschiedliche physikalische Gesetze und Parameter für das entsprechende Universum. Es könnte daher tatsächlich der Fall sein, dass viele Parameter unserer Welt

(z. B. die Ladung des Elektrons) sich nicht tiefer begründen lassen, sondern dass sie sich in unserem Universum einfach zufällig so ergeben haben, dass unsere eigene Entstehung möglich wurde. Die berühmte *Feinabstimmung* der physikalischen Parameter unseres Universums, die gerade so gewählt zu sein scheinen, dass die Entstehung von Leben begünstigt wird, wäre dann nichts weiter als ein Zufall, ohne den es uns einfach nicht gäbe. Wir finden uns eben zwangsläufig in einem derjenigen Universen wieder, deren physikalische Parameter und Gesetze Leben ermöglichen. Analog lässt sich ja auch der Abstand der Erde von der Sonne nicht aus tieferen Prinzipien ableiten, sondern er ist ein zufälliger Umgebungsparameter, der in einem engen Bereich liegen muss, wenn Leben auf der Erde existieren soll. Man bezeichnet diese Sichtweise auch als *anthropisches Prinzip*.

Wie sicher können wir sein, tatsächlich in einem Multiversum zu leben, das viele voneinander entkoppelte Universen enthält? Die Meinungen dazu gehen weit auseinander. Der Physiker und Nobelpreisträger Steven Weinberg erzählt in seinem Aufsatz *Living in the Multiverse* (siehe z. B. Steven Weinberg (2009): *Lake Views*, Harvard University Press) dazu sinngemäß die folgende kleine Geschichte: Auf einem Kongress in Stanford wurde die Frage gestellt, wie sehr die Anwesenden von der Existenz eines Multiversums überzeugt seien. Der britische Astronom Martin Rees sagte daraufhin, er sei ausreichend zuversichtlich, um das Leben seines Hundes darauf zu verwetten, während Andrei Linde (russischer Physiker und Mitbegründer der Inflationstheorie) sogar sein eigenes Leben darauf verwetten würde. Steven Weinberg selbst ist da zurückhaltender: Er hat lediglich genügend Vertrauen in das Multiversum, um das Leben der beiden Hunde von Martin Rees und Andrej Linde zu setzen. Arme Hunde!

Wie auch immer man dazu steht: Die Idee des Multiversums ist aus heutiger Sicht deutlich mehr als nur irgendeine verrückte Idee irgendwelcher Wissenschaftler. Der Physiker Brian Greene (vielen Menschen durch seine populären Bücher zur Stringtheorie bekannt, z. B: sein Buch *Das elegante Universum*) hat es in einem Interview ungefähr so ausgedrückt (siehe physicsworld.com: *„Many universes, many theories"*, 3. Mai 2011, eigene sinngemäße Übersetzung):

> „Die Physiker, die die innersten Gesetze der Natur zu ergründen versuchen, stoßen wiederholt auf die Idee, dass es andere Universen geben könnte. Es ist nicht so, dass irgendeine einseitig ausgerichtete physikalische Betrachtungsweise diese Möglichkeit vorgeschlagen hat. Wenn man sich mit Kosmologie, Relativitätstheorie, Quantenmechanik oder Stringtheorie befasst und diesen Theorien weit genug folgt, so stoßen sie alle auf irgendeine Spielart zum Thema paralleler Universen."

Ein Multiversum könnte sogar noch sehr viel bizarrer sein, als es unser obiges Bild verschiedener expandierender Raumbereiche inmitten einer Art Raumzeit-Quantenschaum nahelegt. Besonders faszinierend finde ich in diesem Zusammenhang eine Idee, die aus der Quantenmechanik heraus entstanden ist und die in Hugh Everetts *Viele-Welten-Interpretation* der Quantenmechanik zum Ausdruck kommt. Wir erinnern uns: Die Quantenmechanik beschreibt die Ausbreitung von Teilchen durch Wahrscheinlichkeitswellen, deren Intensität an einer Stelle die Wahrscheinlichkeit dafür angibt, dort ein Teilchen zu finden. Sie erklärt nicht, warum sich das Teilchen bei einer Ortsmessung spontan und zufällig mal für diesen und mal für jenen Ort entscheidet. Es scheint keinen Mechanismus zu geben, der diese Entscheidung herbeiführt. Die Viele-Welten-Interpretation sagt nun, dass sich die Realität bei der Ortsmessung gleichsam aufspaltet: In einem Realitätszweig (einem Universum, wenn man so will) wählt das Teilchen diesen Ort, in einem anderen Realitätszweig jenen Ort. Jeder mögliche Messwert erschafft also einen neuen Realitätszweig, in dem dann der Messwert selbst nicht weiter erklärt werden kann, sondern als zufällig erscheint. Das Multiversum würde dann aus einem fast unendlich verzweigten Baum einzelner Realitätszweige bestehen, in dem alles, was physikalisch möglich ist, auch in irgendeinem Zweig tatsächlich geschieht.

Kein Wunder, dass eine solch bizarre Weltsicht kaum Anhänger fand, als Hugh Everett sie im Jahr 1957 in seiner Doktorarbeit vorschlug. Everett war vermutlich ziemlich enttäuscht über die fehlende Akzeptanz seiner Arbeit und verließ die theoretische Physik – er arbeitete danach lieber für das Pentagon. Seine Viele-Welten-Interpretation ruft bei mir ein mulmiges Gefühl hervor: Sollte unsere Realität wirklich so aussehen? Entstehen tatsächlich ständig Kopien von uns selbst, die alle gleich real sind?

Mittlerweile hat sich bei vielen Physikern die Einstellung zu Everetts Sichtweise deutlich geändert. Ein Hauptgrund dafür dürfte darin bestehen, dass man bei Everetts Ansatz die Quantentheorie auf das gesamte Universum beziehen kann. Bei vielen anderen (meist älteren) Interpretationen geht das nicht, da man in ihnen ein Messinstrument benötigt, das beispielsweise eine Ortsmessung an einer Quantenwelle vornimmt und dabei selbst außerhalb der Quantenmechanik steht, also nach den Regeln der klassischen Physik beschrieben werden muss, damit es einen eindeutigen Messwert anzeigen kann. Eine solche künstliche Trennung zwischen Quantenwelt und klassischem Messinstrument, wie man sie in den Anfängen der Quantenmechanik oft postuliert hat, scheint heute vielen Forschern nicht mehr angemessen zu sein. In der Viele-Welten-Interpretation umfasst die Wahrscheinlichkeitswelle auch das Messinstrument (das genauer zu erklären, würde den Rahmen sprengen, zumal es hier auch noch viele offene Fragen gibt, die Gegenstand der Forschung sind; mehr dazu auf den Webseiten zu diesem Buch).

Kommen wir nach diesem etwas phantastischen Ausflug wieder zurück zum Hauptthema dieses Kapitels: dem Urknall. Wie konnte unser sichtbares Universum überhaupt entstehen? Warum sollte es so etwas wie einen Urknall überhaupt geben?

Eine endgültige Antwort ist dazu heute sicher noch nicht möglich, aber es gibt eine sehr interessante Idee dazu, die durch unser heutiges Wissen zumindest motiviert wird: die sogenannte *inflationäre Expansion*, wobei das englische Wort *inflate* so viel wie „aufblasen" bedeutet. Es gibt eine wohlbekannte physikalische Kraft, die zu einer solchen Expansion eines ehemals winzigen Raumbereichs zu einem ganzen Universum führen kann, nämlich die Gravitation! Nebenbei löst die inflationäre Expansion eine ganze Reihe von Problemen, die man sonst kaum in den Griff bekommen würde. Daher ist die inflationäre Expansion zwar nach heutigem Wissensstand immer noch spekulativ, aber sie wird mittlerweile weitgehend akzeptiert.

Schauen wir uns also im nächsten Abschnitt genauer an, wie die inflationäre Expansion unser sichtbares Universum geboren haben könnte. Oder anders ausgedrückt: *Was knallte damals im Urknall eigentlich?*

1.2 Die inflationäre Expansion: Das Universum bläht sich auf

Nach heutigem Wissen dehnt sich das Universum seit seiner Entstehung vor 13,7 Milliarden Jahren ständig aus. Doch was ist die Ursache für diese Ausdehnung, oder anders gefragt: *Was führte zum Urknall?*

Es gibt dazu eine sehr interessante Idee, die in den letzten Jahrzehnten viele weitere Eigenschaften des Universums erklären konnte und deshalb mittlerweile eine breite Akzeptanz gefunden hat. Der Urknall wird demnach durch die gravitative Abstoßung eines sogenannten *Inflatonfeldes* verursacht.

Was das Inflatonfeld genau sein soll und wie es sich in eine Erweiterung des Standardmodells der Teilchenphysik einfügen könnte, ist bis heute weitgehend ungeklärt. Alan Guth, Andrei Linde und andere stießen in den Jahren 1980 bis 1983 auf diese Idee, als sie Modelle untersuchten, die die Kräfte des Standardmodells zu einer einzigen Superkraft vereinigen sollten. Man spricht in diesem Zusammenhang auch von *Grand Unified Theories* (GUT). In diesen Theorien treten Felder auf, die genau die Rolle eines Inflatonfeldes spielen könnten. Auch im Standardmodell der Teilchenphysik gibt es ein solches Feld: das *Higgs-Feld.* Es durchdringt wie ein unsichtbarer Ozean den leeren

Raum und verleiht den Teilchen der Materie (Quarks und Leptonen) ihre Masse, wie wir noch sehen werden.

Versuchen wir zu verstehen, was ein Inflatonfeld ausmacht. Zum Vergleich wollen wir uns ein elektromagnetisches Feld ansehen: An jedem Punkt im Raum können wir einen Pfeil für das elektrische und einen Pfeil für das magnetische Feld anbringen, die jeweils Betrag und Richtung des Feldes angeben. Mithilfe dieser Felder kann man beispielsweise die elektrische Kraft auf ein elektrisch geladenes Teilchen ausrechnen. Beim Inflatonfeld in seiner einfachsten Version brauchen wir dagegen gar keinen Pfeil, sondern es genügt eine reelle Zahl. An jedem Punkt im Raum können wir damit angeben, wie stark das Inflatonfeld dort ist. Das Inflatonfeld verhält sich also wie der Wasserpegel eines Ozeans, bei dem wir an jedem Punkt auf der Meereskarte angeben, wie hoch das Wasser dort steht. Übertragen auf den dreidimensionalen Raum können wir uns auch einen Inflatonnebel vorstellen, bei dem das Inflatonfeld angibt, wie dicht der Nebel ist.

Man stellt sich nun vor, dass sich in einem sehr kleinen Raumbereich des ursprünglichen fluktuierenden Raumzeit-Quantenschaums eine bestimmte Konfiguration dieses Inflatonfeldes einstellt: Das Inflatonfeld muss diesen Raumbereich relativ gleichmäßig durchdringen, und der Raumbereich muss deutlich größer sein als die Bläschen des Raumzeit-Quantenschaums, sodass sowohl für das Inflatonfeld als auch für die Gravitation keine Quanteneffekte mehr berücksichtigt werden müssen und beide weitgehend klassisch beschrieben werden können. Zudem muss das Inflatonfeld eine sehr hohe Energiedichte besitzen, um eine genügend starke gravitative Abstoßung entwickeln zu können (Abb. 1.4).

Ein solches Inflatonfeld könnte im Prinzip zufällig entstehen, denn auch das Inflatonfeld wird in dem ursprünglichen Raumzeit-Quantenschaum wild fluktuieren und zufällig alle möglichen Werte annehmen. Dabei können sich auch einmal Bereiche bilden, in denen das Feld kurzzeitig relativ gleichmäßig ist und genügend Energie trägt, so wie sich auf einer stürmischen Wasserfläche auch einmal hohe ausgedehnte Wellenberge bilden können.

Wir groß die Wahrscheinlichkeit für eine solche Konfiguration des Inflatonfeldes ist, wissen wir nicht, da uns dazu wieder eine detaillierte physikalische Theorie dieses Feldes fehlt. In typischen Modellen findet man, dass bereits ein Raumbereich einer Größe von nur 10^{-26} Zentimetern ausreichen könnte (siehe z. B. Brian Greenes Buch *Der Stoff, aus dem der Kosmos ist*). Das sind 10^{-11} Fermi, also etwa ein Hundertmilliardstel des Protonendurchmessers. Der Raumbereich ist also absolut winzig, sodass es nicht unwahrscheinlich erscheint, dass in einem derart kleinen Bereich ein passendes Inflatonfeld zufällig auftreten kann. Andererseits sind 10^{-11} Fermi zugleich auch immerhin etwa eine Milliarde Planck-Längen ($1{,}6 \cdot 10^{-20}$ Fermi), d. h. der Raumbereich

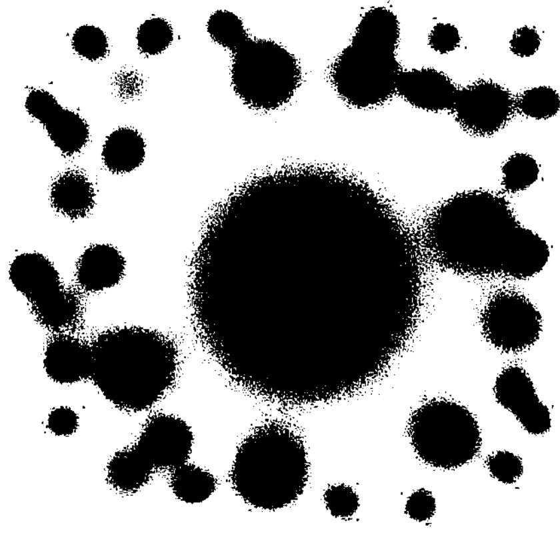

Abb. 1.4 Ein winziger Raumbereich, den ein hochenergetisches Inflatonfeld gleichmäßig durchdringt, kann sich exponentiell aufblähen und so die Keimzelle für ein neues Universum bilden. Der Wert des Inflatonfeldes ist hier durch verschiedene Grautöne dargestellt, wobei ein dunkler Grauton einer hohen Energiedichte entspricht.

ist wie gefordert etwa eine Milliarde Mal größer als die Bläschen des Raumzeit-Quantenschaums. Die Energie des Inflatonfeldes in diesem Raumbereich entspricht einer Ruheenergie von wenigen Kilogramm, was im Vergleich zur Gesamtmasse im heute sichtbaren Universum verschwindend wenig ist, aber andererseits auch deutlich über der *Planck-Masse* liegt, die etwa der Masse eines winzigen Staubteilchens entspricht und die Massenskala für die Raumzeit-Bläschen bestimmt (wie wir von oben bereits wissen, ist die Planck-Masse die Planck-Energie, umgerechnet in Masseneinheiten, indem man durch das Quadrat der Lichtgeschwindigkeit teilt).

Entscheidend ist nun, dass das Inflatonfeld seine gleichmäßige energiereiche Konfiguration in dem kleinen Raumbereich für einen kurzen Zeitraum beibehält. Das Feld könnte beispielsweise analog zu einer unterkühlten Flüssigkeit in einem hochenergetischen metastabilen Zustand gefangen sein, bis es seine Energie schließlich abgibt und in einen energieärmeren Zustand übergeht. Die Feldenergie hängt in diesem Zustand nur schwach vom Wert des Inflatonfeldes ab, sodass es eine Weile dauert, bis das Feld gleichsam den Energieberg herunterrollt.

Aufgrund recht allgemeiner Überlegungen weiß man, dass ein solches unterkühltes Inflatonfeld einen sehr starken *negativen Druck* ausübt. Das Feld möchte sich mit enormer Kraft zusammenziehen, analog zu einem extrem gespannten dreidimensionalen Gummi. Und das hat extreme Auswirkungen auf die Gravitationswirkung, die von diesem Feld ausgeht. Das Einstein'sche

Gravitationsgesetz der allgemeinen Relativitätstheorie sagt nämlich im Wesentlichen Folgendes:

Einsteins Gravitationsgesetz: Die Gravitationswirkung, die von einem kleinen Volumenbereich einer Materieverteilung ausgeht, ist proportional zur Energiedichte plus dem dreifachen Druck im betrachteten Volumenbereich.

Die Energiedichte umfasst dabei auch die Massendichte, die man durch Multiplikation mit dem Quadrat der Lichtgeschwindigkeit in eine Energiedichte umrechnet gemäß der berühmten Formel $E = m\,c^2$. Wir werden in Zukunft deshalb auch häufig zusammenfassend von der Massen-/Energiedichte sprechen, die wir wahlweise in Massen- oder in Energieeinheiten ausdrücken können. Die Massen-/Energiedichte ist dabei immer positiv, sodass ihre Gravitationswirkung immer anziehend wirkt.

Interessant ist, dass offenbar auch der *Druck* eine Gravitationswirkung ausübt, wobei positiver Druck (wie bei einem Gas) eine anziehende Gravitationswirkung ergibt, negativer Druck (wie bei einem gespannten Gummi, das sich zusammenziehen will) dagegen eine abstoßende Gravitation erzielt. Wirklich anschaulich verstehen kann man das nicht gut, aber es ergibt sich eindeutig aus Einsteins Gravitationsgesetz! Die Verdreifachung des Drucks hat dabei ihre Ursache in den drei Raumrichtungen: Jede Raumrichtung muss einmal gezählt werden.

Bei normaler Materie spielt der Druck im Vergleich zur Massen-/Energiedichte für die Gravitation keine Rolle. Anders ist das beispielsweise bei einem *Neutronenstern*. In einem Neutronenstern ist eine komplette Sonnenmasse auf eine Kugel von nur wenigen Kilometern Durchmesser zusammengequetscht. Es gibt keine Atome mehr, sondern die Elektronen der Atomhüllen werden in die Protonen der Atomkerne gleichsam hineingedrückt, sodass der gesamte Stern aus Neutronen besteht. Seine Dichte ist unglaublich groß, und es herrscht ein extrem starkes Gravitationsfeld, das beinahe in der Lage ist, den Neutronenstern zu einem schwarzen Loch zusammenzudrücken. Damit das nicht passiert, müssen die Neutronen einen sehr starken Gegendruck erzeugen. Sie tun dies mithilfe des quantenmechanischen *Pauli-Prinzips*, das dafür sorgt, dass sich Neutronen (und alle Teilchen mit halbzahligem Spin, z. B. auch Elektronen) gegenseitig meiden. Mehr dazu werden wir in Abschnitt 2.3 kennenlernen.

Der extreme positive (also abstoßende) Druck der Neutronen führt nach Einsteins Gravitationsgesetz zu einer starken gravitativen Anziehungskraft. Ein relativ großer Teil der anziehenden Gravitationskraft eines Neutronensterns kommt daher durch den großen abstoßenden Druck in seinem Inneren zustande.

Bei einem unterkühlten Inflatonfeld ist es genau umgekehrt: Es besitzt einen sehr starken negativen Druck, d. h. das Feld selbst möchte sich zusammenziehen. Einsteins Gravitationsgesetz sagt nun, dass ein negativer Druck eine abstoßende Gravitationswirkung zur Folge hat, während Massen und Energien immer gravitativ anziehend wirken. Der negative Druck des Inflatonfeldes ist dabei so stark, dass seine abstoßende Gravitationswirkung die anziehende Gravitationswirkung der Inflaton-Energiedichte überwiegt (der Druck wird ja dreifach gezählt). Insgesamt übt das unterkühlte Inflatonfeld also eine sehr starke *abstoßende Gravitationswirkung* aus!

Diese abstoßende Gravitation treibt nun das winzige Raumvolumen mit dem unterkühlten Inflatonfeld auseinander und beginnt, es aufzublähen. Man könnte nun vermuten, dass dadurch das Inflatonfeld schnell ausgedünnt wird und seine abstoßende Gravitationswirkung verliert, doch das ist nicht der Fall. Da das Inflatonfeld einen starken negativen Druck aufweist und sich gerne zusammenziehen will, kostet es Energie, das Raumvolumen aufzublähen, so wie es Energie kostet, ein Gummi auseinanderzuziehen. Diese Energie fließt in das Inflatonfeld und dient zu seiner Aufrechterhaltung bei der Expansion des Raumvolumens. Es bildet sich gleichsam ständig genug Inflatonfeld nach, um den Raum auszufüllen.

Man kann es auch umgekehrt ausdrücken: Da das Inflatonfeld in einem hochenergetischen metastabilen Zustand gefangen ist und seine Energiedichte auch im expandierenden Raumvolumen weitgehend konstant bleibt, muss es einen starken negativen Druck aufweisen, sodass bei der Raumexpansion Energie zu seiner Aufrechterhaltung zugeführt werden muss.

Woher kommt nun diese Energie? Sie stammt aus der abstoßenden Gravitationswirkung, die das Inflatonfeld ausübt. Die abstoßende Gravitation treibt den Raum und das Inflatonfeld darin auseinander und stellt die Energie zur Verfügung, um in diesem Raum ständig genug Inflatonfeld nachzubilden. Dabei wirkt die Gravitation wie eine unerschöpfliche Energiequelle.

Das unterkühlte Inflatonfeld verhält sich wie eine *kosmologische Konstante.* Dieser Begriff ist uns am Beginn des Kapitels bereits kurz begegnet. Erinnern wir uns: Die Bezeichnung *kosmologische Konstante* geht historisch auf einen entsprechenden Term in Einsteins Gravitationsgesetz zurück. Einstein wollte mit diesem Term im Jahr 1917 die gravitative Anziehung der Materie im Universum durch eine gleich große gravitative Abstoßung kompensieren und so ein statisches Universum erzwingen, wobei er übersah, dass dieses statische Gleichgewicht zwischen Anziehung und Abstoßung instabil ist. Als man später herausfand, dass das Universum gar nicht statisch ist, sondern sich ausdehnt, bezeichnete Einstein seine kosmologische Konstante als *größte Eselei seines Lebens.* Mittlerweile hat diese Eselei jedoch eine große Renaissance erlebt: Sie beschreibt die Wirkung des Inflatonfeldes und damit die infla-

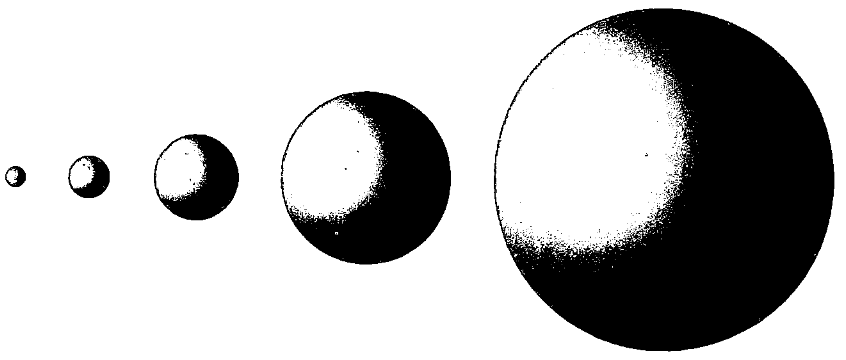

Abb. 1.5   Das unterkühlte Inflatonfeld besitzt einen sehr großen negativen Druck, der eine starke abstoßende Gravitation bewirkt. Der Raumbereich, der von diesem Inflatonfeld durchdrungen wird, bläht sich daher immer schneller auf, so wie die Oberfläche des Ballons in diesem Bild. Dabei wird ständig neues Inflatonfeld nachgebildet, was durch den gleichbleibenden Grauton der Ballonoberfläche dargestellt ist.

tionäre Expansion des Universums beim Urknall, und darüber hinaus weiß man mittlerweile, dass auch im heutigen Universum wieder eine (wenn auch schwache) abstoßende Gravitation wirkt und dieses zunehmend beschleunigt auseinandertreibt.

Die abstoßende Gravitation des unterkühlten Inflatonfeldes wirkt umso stärker, je größer das Raumvolumen mit diesem Inflatonfeld bereits ist. Daher braucht man zu Beginn einen entsprechenden Raumbereich mit einer kritischen Mindestgröße, um die Expansion zu starten (siehe oben). Was dann passiert, ist klar: Der Raumbereich bläht sich immer schneller auf, und da sich das unterkühlte Inflatonfeld ständig nachbildet und dabei einen konstanten negativen Druck besitzt, wird die abstoßende Gravitationswirkung immer stärker, und dies verstärkt wiederum die Expansion des Raumbereichs.

Um sich diese Ausdehnung besser vorzustellen, kann man den sich ausdehnenden dreidimensionalen Raumbereich mit einer zweidimensionalen Ballonoberfläche vergleichen: So wie sich die Oberfläche beim Aufblasen des Ballons vergrößert, so vergrößert sich auch der dreidimensionale Raumbereich (Abb. 1.5). Dabei spielt in dieser Analogie das Balloninnere keine Rolle; nur die Ballonoberfläche interessiert uns. Uns selbst müssen wir uns als flächenhafte winzige Wesen vorstellen, die auf der Ballonoberfläche leben und sich nur zweidimensionale Flächen vorstellen können.

Man nimmt an, dass die inflationäre Expansion unseres eigenen sichtbaren Universums über den winzigen Zeitraum von rund 10^{-35} Sekunden angehalten hat. In diesem winzigen Sekundenbruchteil hat sich das Universum etwa alle 10^{-37} Sekunden verdoppelt und damit insgesamt um einen Faktor zwischen 10^{30} und 10^{50} ausgedehnt. Diese enorme Expansion des ursprünglich winzigen Raumbereichs kann man vollkommen zu Recht als Urknall bezeichnen. Die Zahlen sind dabei alle mit großen Unsicherheiten behaftet und hängen im Detail von den Annahmen ab, die man über das Inflatonfeld macht. Wichtig ist alleine, dass die Ausdehnung extrem groß war und in einem sehr kurzen Zeitraum stattfand. Ein Vergrößerungsfaktor von 10^{30} bedeutet beispielsweise, dass sich ein Atom (etwa 10^{-10} Meter) auf etwa 10 000 Lichtjahre ausdehnen würde. Ein Raumbereich von 10^{-26} Zentimetern, wie wir ihn für das unterkühlte Inflatonfeld angenommen hatten, würde sich auf etwa 100 Meter ausdehnen, aber man darf diese Zahlen insgesamt nicht zu genau nehmen.

Solange sich das unterkühlte Inflatonfeld in seinem hochenergetischen metastabilen Zustand befindet, solange hält auch sein negativer Druck an, und solange expandiert auch unser Universum mit zunehmender Geschwindigkeit, wobei immer mehr Gravitationsenergie in das Inflatonfeld übergeht. Nach etwa 10^{-35} Sekunden rutscht das Inflatonfeld schließlich aus seinem metastabilen Zustand heraus und geht in einen niederenergetischen Zustand über, wobei es seinen negativen Druck verliert. Die abstoßende Gravitationswirkung hört auf zu existieren, und die vom Inflatonfeld abgegebene Energie wandelt sich in die Teilchen um, die wir heute kennen (insbesondere Quarks und Leptonen), und wohl auch in Teilchen, die wir heute noch suchen (Stichwort dunkle Materie). Die genauen Details sind dabei unklar, denn die Physik des Inflatonfeldes und seine Ankopplung an die Teilchen des Standardmodells sind noch unbekannt.

Ab diesem Moment, den man auch als Aufheizung (engl. *reheating*) des Universums bezeichnet, ist das Universum mit extrem heißer dichter Strahlung und Materie angefüllt, deren Gravitationswirkung die weitere Expansion bestimmt. Anders als das Inflatonfeld zuvor wirkt diese Materie nun gravitativ anziehend, sodass sich die Ausdehnung nicht mehr weiter beschleunigt, sondern langsam abbremst.

Diese Abbremsung ist allerdings so gering, dass sich das Universum auch heute noch ausdehnt. Offenbar beschleunigt sich sogar die Expansion des Universums mittlerweile wieder langsam, so als ob es ein sehr schwaches unterkühltes Inflatonfeld oder irgendeine andere geheimnisvolle dunkle Energie gibt, die den Raum durchdringt und eine schwache abstoßende Gravitationswirkung ausübt. Was sich dahinter verbirgt, wissen wir heute nicht, aber diese dunkle Energie muss etwa 70 % der Materiedichte im heutigen Universum ausmachen. Wir kommen in den späteren Kapiteln noch mehrfach darauf zurück.

Wie heiß das Universum bei der Aufheizung am Ende der inflationären Expansion wurde, ist nicht ganz klar, da man die Energiedichte des Inflatonfeldes nicht kennt. Es könnten möglicherweise etwa 10^{29} Kelvin gewesen sein. Um das besser zu verstehen, müssen wir uns das Standardmodell genauer ansehen.

Wie wir bereits wissen, beschreibt das Standardmodell der Teilchenphysik die folgenden drei Kräfte (Wechselwirkungen) zwischen den Teilchen der Materie auf der Basis der beiden Säulen der modernen Physik: der speziellen Relativitätstheorie und der Quantenmechanik (die Gravitation bleibt dabei außen vor):

1. Die *elektromagnetische Wechselwirkung*, die für alle elektrischen und magnetischen Phänomene verantwortlich ist, beispielsweise auch für Licht.
2. Die *schwache Wechselwirkung*, die die radioaktive Umwandlung von Neutronen in Protonen bewirkt und als einzige Kraft auf die sogenannten Neutrinos einwirken kann.
3. Die *starke Wechselwirkung*, die die Quarks in den Protonen und Neutronen fest aneinanderkettet und die als Nebeneffekt Protonen und Neutronen zu Atomkernen verbinden kann.

Bei den heute im Universum vorherrschenden Teilchenenergien sind diese drei Kräfte sehr unterschiedlich. So ist die starke Wechselwirkung bei sehr kurzen Distanzen etwa 100-mal stärker als die beiden anderen Kräfte. Nur die elektromagnetische Wechselwirkung besitzt eine lange Reichweite und kann makroskopische Kraftfelder ausbilden, während starke und schwache Wechselwirkung auf den atomaren Bereich beschränkt sind.

Geht man nun zu sehr viel höheren Teilchenenergien über, wie sie im sehr frühen Universum auftreten, so werden die drei Wechselwirkungen einander immer ähnlicher. So sieht man in den Experimenten an Teilchenbeschleunigern, dass die Stärken (Ladungen) der drei Wechselwirkungen sich einander zunehmend angleichen, je höher die Teilchenenergien sind. Daher vermutet man, dass sich die drei Wechselwirkungen bei genügend hohen Energien zu einer einzigen Superwechselwirkung vereinen.

Bei Temperaturen von ungefähr 10^{16} Kelvin verschwindet zunächst der Unterschied zwischen elektromagnetischer und schwacher Wechselwirkung und beide verschmelzen zur *elektroschwachen Wechselwirkung* (Abb. 1.6). Die mathematische Formulierung dieser übergreifenden Wechselwirkung im Jahr 1967 ist einer der Kernpunkte des Standardmodells. Nur so lässt sich die schwache Wechselwirkung mit der speziellen Relativitätstheorie und der Quantentheorie in Einklang bringen. Man sieht, wie restriktiv die Forderung ist, die beiden Grundpfeiler der Physik konsistent zu berücksichtigen. Diese Anforderung erzwingt neue Einsichten in die Natur, ohne die man nicht vorankommt. Bei der Gravitation fehlen uns diese Einsichten noch, auch wenn

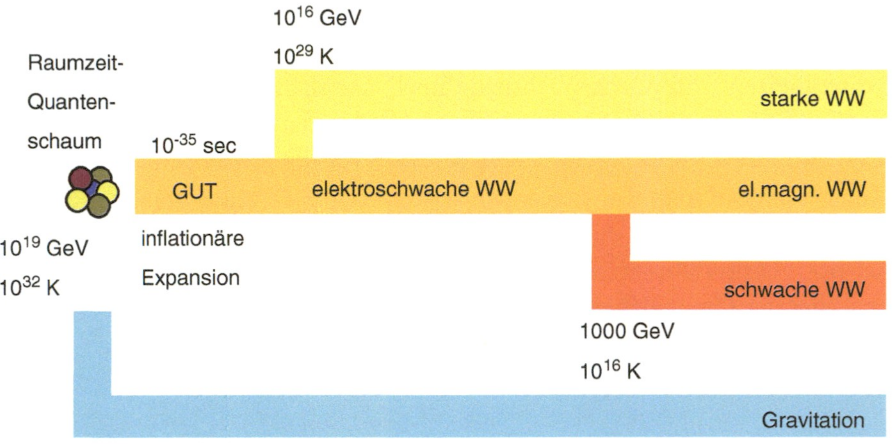

Abb. 1.6 Trennung der einzelnen Wechselwirkungen bei fortschreitender Expansion und Abkühlung unseres Universums.

erste Fortschritte zu sehen sind (siehe die M-Theorie und die Schleifen-Quantengravitation weiter oben).

Man kann die Temperatur von 10^{16} Kelvin in eine mittlere Teilchenenergie übersetzen, welche die Teilchen bei dieser Temperatur im Durchschnitt aufweisen, wobei Temperatur und mittlere Teilchenenergie proportional zueinander sind. Bei 10 000 Kelvin besitzen die Teilchen eine Energie von rund einem *Elektronenvolt* (abgekürzt eV; genau genommen sind es 0,86 eV). Diese in der Teilchenphysik gängige Energieeinheit hatten wir oben bereits kennengelernt.

Nun lässt sich nach der speziellen Relativitätstheorie Energie in Masse umwandeln und umgekehrt, wobei die Umrechnungsformel zwischen Masse und Energie durch Einsteins berühmte Formel $E = m\,c^2$ gegeben ist. Diese Umrechnung kann man sich aber ersparen, wenn man Teilchenmassen direkt in Energieeinheiten ausdrückt. Um ein Elektron aus Energie zu erzeugen, benötigt man 0,511 MeV, für ein Proton 938,272 MeV und für ein Neutron 939,565 MeV. Man sagt auch einfach, ein Elektron wiegt 0,511 MeV. Damit ist direkt ersichtlich, dass typische Kernenergien (einige MeV) ausreichen, um Elektronen zu erzeugen, und genau das geschieht auch im radioaktiven Betazerfall.

Die Temperatur von 10^{16} Kelvin entspricht nun einer Teilchenenergie von ungefähr 10^{12} eV oder 1 000 GeV, wobei 1 GeV gleich einer Milliarde Elektronenvolt ist. Das sind ungefähr die Teilchenenergien, bei denen die Vereinigung zur elektroschwachen Wechselwirkung sichtbar werden sollte. Nicht zuletzt deshalb erforscht man genau diesen Energiebereich am Large Hadron Collider (LHC).

Bei noch wesentlich höheren Teilchenenergien von etwa 10^{16} GeV sollten auch die elektroschwache und die starke Wechselwirkung miteinander verschmelzen und durch irgendeine noch unbekannte *Grand Unified Theory* (GUT) beschrieben werden. Die entsprechende Temperatur liegt bei 10^{29} Kelvin. Das ist die Temperatur, die wir oben für die Aufheizung am Ende der inflationären Expansion angegeben hatten. Man vermutet nämlich, dass das Inflatonfeld etwas mit der Trennung von starker und elektroschwacher Wechselwirkung im Rahmen der GUTs zu tun haben könnte, denn schließlich kam man bei der Untersuchung solcher GUTs überhaupt erst auf die Idee, dass es ein Inflatonfeld geben könnte. Wir kommen etwas weiter unten noch genauer auf diesen Punkt zurück.

Bei welchen Energien vereint sich die GUT-Superwechselwirkung schließlich auch mit der Gravitation? Dazu muss man vermutlich die Energie und Temperatur noch einmal um den Faktor 1 000 erhöhen bis zur *Planck-Energie*, die bei $1{,}2 \cdot 10^{19}$ GeV liegt, was unvorstellbaren 10^{32} Kelvin entspricht (das ist die sogenannte *Planck-Temperatur*). Wir kennen diese Energieskala bereits aus dem vorherigen Abschnitt: Sie ist die typische Energie für die Raumzeit-Bläschen im mysteriösen Raumzeit-Quantenschaum, aus dem unser Universum durch die inflationäre Expansion hervorgegangen sein könnte. Demnach hat es seit dem Beginn der inflationären Expansion nie wieder derart hohe Energien und Temperaturen in unserem Universum gegeben. Die höchste Temperatur von ungefähr 10^{29} Kelvin wurde danach vermutlich am Ende der inflationären Expansion erreicht, als das Inflatonfeld seine Energie abgab. Seitdem dehnt sich unser Universum aus und kühlt ab.

Wie kommt es, dass eine vereinheitlichte Wechselwirkung sich bei fortschreitender Abkühlung in einzelne Teilwechselwirkungen aufteilen kann? Schauen wir uns dazu das Standardmodell und seine Materieteilchen genauer an. Nach dem Standardmodell kann Materie aus den folgenden sechs *Quarks* und sechs *Leptonen* bestehen:

Quarks:

u	c	t
d	s	b

Leptonen:

ν_e	ν_μ	ν_τ
e	μ	τ

Quarks und Leptonen unterscheiden sich durch die starke Wechselwirkung: Nur Quarks unterliegen dieser Wechselwirkung, während Leptonen sie nicht spüren. Dabei schweißt die starke Wechselwirkung immer drei Quarks oder ein Quark plus ein Antiquark zusammen, d. h. einzelne freie Quarks gibt es nicht. Für die Materie in unserer Umgebung brauchen wir eigentlich nur die beiden leichtesten Quarks, also das *up*-Quark u und das *down*-Quark d, denn das Proton besteht aus der Quarkkombination *uud*, das Neutron aus *udd*, und aus Protonen und Neutronen setzen sich wiederum die Atomkerne zusammen. Die anderen Quarks c (*charm*), s (*strange*) sowie *top* (t) und *bottom* (b) sind letztlich nur schwerere Geschwister des u- und d-Quarks und zerfallen sehr schnell in leichtere Teilchen. Die Quarks in der oberen Zeile weisen dabei die elektrische Ladung $+2/3$, in der unteren Zeile die Ladung $-1/3$ auf (angegeben in *Elementarladungen*, also in Vielfachen der Protonladung).

Die Leptonen unterliegen nicht der starken Wechselwirkung, können also als freie Teilchen existieren. Für die Materie in unserer Umgebung brauchen wir zunächst nur das Elektron (e), während Myon (μ) und Tauon (τ) wieder nur schwerere instabile Geschwister des Elektrons sind. Das Elektron ist uns wohlbekannt: Es bildet die Hülle der Atome und bestimmt damit deren chemischen Eigenschaften.

Elektron, Myon und Tauon tragen die Ladung -1, also eine negative Elementarladung. Die drei Leptonen in der oberen Spalte sind dagegen elektrisch neutral; sie heißen Elektron-Neutrino (v_e), Myon-Neutrino (v_μ) und Tauon-Neutrino (v_τ). Neutrinos sind nahezu masselos und werden beispielsweise im Zentrum unserer Sonne bei der Kernfusion in großen Mengen erzeugt. Sie unterliegen weder der starken noch der elektromagnetischen Wechselwirkung, sondern einzig der schwachen Wechselwirkung, die auch auf alle anderen Quarks und Leptonen einwirkt. Da die schwache Wechselwirkung nur eine extrem kurze Reichweite hat, wechselwirken Neutrinos nur sehr schwach mit Materie und fliegen weitgehend durch uns und sogar durch die gesamte Erde hindurch, ohne dass wir das bemerken. Neutrinos sind wahre Geisterteilchen!

Wenn nun das Standardmodell bei Teilchenenergien oberhalb von etwa 10^{16} GeV in eine *Grand Unified Theory* (GUT) mit vereinheitlichter GUT-Wechselwirkung übergeht, so müssen die Unterschiede zwischen den einzelnen Teilchen und Wechselwirkungen verschwinden. Beispielsweise müssen die vier Teilchen der ersten Familie (Spalte), also *up*- und *down*-Quark sowie Elektron und Elektron-Neutrino vollkommen gleichwertige und austauschbare Teilchen sein. Die GUT-Wechselwirkung wirkt auf jedes dieser Teilchen gleich stark ein, und auch die Umwandlungswahrscheinlichkeiten jedes der vier Teilchen in jedes der anderen vier Teilchen muss gleich groß sein. Die Situation bezüglich dieser Teilchen muss also vollkommen *symmetrisch* sein. Sogar die Massen der Teilchen müssen gleich sein, und es stellt sich heraus, dass sie sogar masselos sein müssen (Abb. 1.7, links). Masselose Teilchen sind in der Natur aufgrund der speziellen Relativitätstheorie durchaus möglich, wie wir wissen. So wie andere Teilchen tragen auch sie Energie und Impuls, bewegen sich aber immer mit Lichtgeschwindigkeit und können nicht zum Stillstand gebracht werden. Das bekannteste masselose Teilchen ist das Photon, also das Teilchen des Lichts und anderer elektromagnetischer Strahlung; wir haben es bereits kennengelernt.

Beim Übergang zu niedrigeren Temperaturen muss diese symmetrische Situation aufgebrochen werden. Man spricht von einer *spontanen Symmetriebrechung*. Dabei erhalten die Teilchen unterschiedliche Massen. Aber nicht nur die Teilchen selbst, sondern auch die Umwandlungsmöglichkeiten und Wechselwirkungen ändern sich: Manche von ihnen werden stark oder sogar sehr stark unterdrückt (Abb. 1.7). Auch dies kann man als Generierung einer Teilchenmasse verstehen, denn in der relativistischen Quantentheorie wird jede Wechselwirkung über den Austausch sogenannter Wechselwirkungsteilchen (WW-Teilchen) vermittelt.

Das sollte uns nicht allzu sehr überraschen, denn wir wissen bereits, dass Licht aus Teilchen besteht: den Photonen. Die schwingenden elektromagnetischen Felder in einer Lichtwelle sind nur dann eine angemessene Beschreibung von Licht, wenn sehr viele Photonen zusammenwirken. Allgemein muss Licht durch Photonen beschrieben werden, deren Ausbreitung durch eine quantenmechanische Wahrscheinlichkeitswelle erfasst wird. Wenn aber die elektromagnetischen Felder des Lichts durch Photonen ersetzt werden müssen, was ist dann mit anderen elektromagnetischen Feldern, beispielsweise dem elektrischen Feld eines Elektrons? Es stellt sich heraus, dass auch hier die korrekte Beschreibung auf Photonen basiert, die mit entsprechenden quantenmechanischen Wahrscheinlichkeiten verknüpft sind. Ganz allgemein basiert die quantenmechanische Beschreibung *jeder* Wechselwirkung auf entsprechenden Wechselwirkungsteilchen analog zum Photon. Bei der starken Wechselwirkung nennt man sie *Gluonen*, bei der schwachen Wechselwirkung heißen sie *W-* und *Z-Bosonen*. Photonen und Gluonen sind masselos, während die W- und Z-Bosonen der schwachen Wechselwirkung 80- bzw. 90-mal schwerer als das Proton sind.

Oberhalb von 10^{16} GeV sind auch die Wechselwirkungsteilchen der übergreifenden GUT-Wechselwirkung masselos und einander gleichwertig (siehe die dünnen Pfeile in Abb. 1.7). Bei niedrigeren Energien erhalten diejenigen GUT-WW-Teilchen, die Umwandlungen zwischen Quarks und Leptonen bewirken können (die sogenannten *X-Teilchen*), eine sehr große Masse, vermutlich in der Größenordnung von 10^{16} GeV. Derart schwere WW-Teilchen können bei niedrigeren Energien aber nur mit einer recht kleinen Wahrscheinlichkeit auftreten und sie kommen auch nicht sehr weit, sodass die entsprechende Wechselwirkung schwach wird und nur eine sehr kurze Reich-

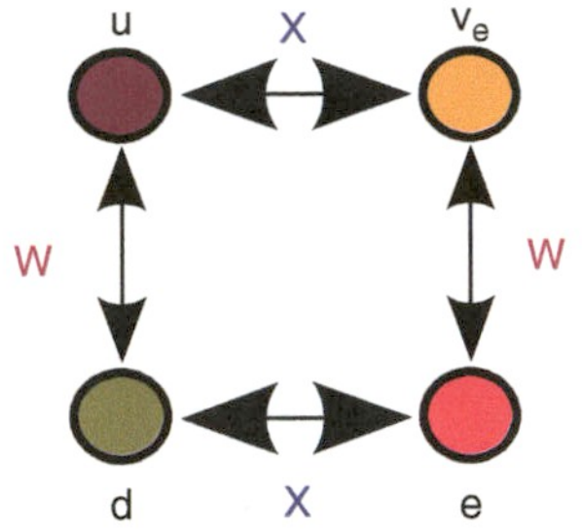

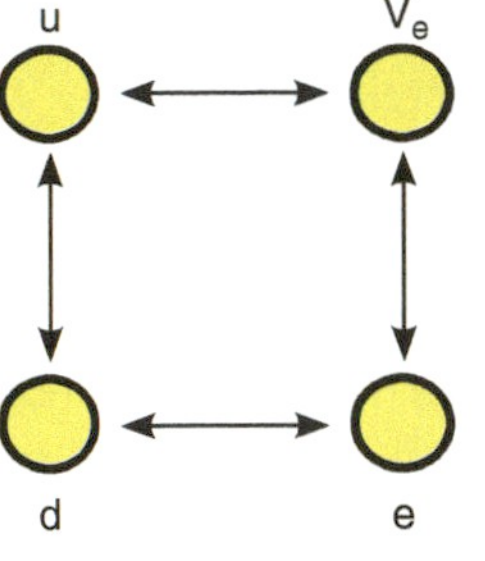

Abb. 1.7 Links: In *Grand Unified Theories* (GUTs) sind oberhalb von etwa 10^{16} GeV *up*- und *down*-Quark sowie Elektron und Elektron-Neutrino vollkommen gleichwertige masselose Teilchen, dargestellt durch gleich große Punkte. Die Umwandlungsmöglichkeiten zwischen ihnen sind ebenfalls gleichwertig, dargestellt durch gleich dicke Pfeile. Rechts: Bei kleineren Energien erhalten die vier Teilchen unterschiedliche Massen. Die Umwandlungsmöglichkeiten zwischen Quarks und Leptonen sind unterhalb von 10^{16} GeV sehr stark unterdrückt (dicke Pfeile, X-Teilchen), sodass sie im Standardmodell vernachlässigt werden. Unterhalb von etwa 100 bis 1 000 GeV ist sogar die Umwandlung zwischen *up*- und *down*-Quark sowie zwischen Elektron und Elektron-Neutrino deutlich unterdrückt (Pfeile mittlerer Dicke, W-Bosonen). Lediglich Gluonen und Photonen bleiben masselos (hier nicht dargestellt).

weite hat. Die Umwandlung von Quarks in Leptonen und umgekehrt muss also unterhalb von 10^{16} GeV stark unterdrückt sein.

Dennoch muss nach den GUTs selbst heute noch die Umwandlung von Quarks in Leptonen prinzipiell möglich sein und auch vorkommen, wenn auch sehr selten. Man hat daher nach solchen Umwandlungen intensiv gesucht, indem man nach Zerfällen des Protons Ausschau gehalten hat. Das Proton ist im Standardmodell das einzige stabile Teilchen, das aus Quarks zusammengesetzt ist (das freie Neutron ist instabil, wie wir noch sehen werden). Nach den GUTs könnten sich dagegen sehr selten ein *up*- und ein *down*-Quark im Proton in ein Anti-Elektron (Positron) und ein *up*-Antiquark umwandeln. Das Proton würde dadurch in ein Positron und ein sogenanntes neutrales Pion zerfallen, wobei Letzteres wiederum in zwei Photonen zerfällt. Alle drei Quarks des Protons wären damit vernichtet.

Man hat beispielsweise in großen unterirdischen Wassertanks, umgeben von vielen Detektoren, nach solchen Zerfällen gesucht, aber bisher keine Protonzerfälle entdeckt. Man vermutet zwar immer noch, dass Protonen letztlich instabil sind, aber sie müssen stabiler sein als von den GUTs zunächst vorhergesagt. Die GUTs sind damit in ihrer ursprünglichen Form weitgehend aus dem Rennen, aber ihre Grundidee (die Symmetrie zwischen allen Teilchen und Wechselwirkungen) bleibt aktuell. Vermutlich muss man den GUTs eine weitere wichtige Zutat hinzufügen: die sogenannte *Supersymmetrie*. Diese bewirkt, dass sich bei 10^{16} GeV nicht nur die Unterschiede zwischen den verschiedenen Materieteilchen und den verschiedenen WW-Teilchen auflösen, sondern auch eine Symmetrie zwischen Materieteilchen und WW-Teilchen entsteht. Zu jedem Materieteilchen muss es ein weiteres noch unbekanntes WW-Teilchen geben und umgekehrt. Die Zahl der Teilchensorten verdoppelt sich damit, denn es kommen die bisher unbekannten sogenannten *SUSY-Teilchen* hinzu. Dabei stellt sich heraus, dass das leichteste SUSY-Teilchen sehr wahrscheinlich stabil ist. Es muss im Universum von diesen stabilen SUSY-Teilchen nur so wimmeln, und tatsächlich wissen wir, dass ein großer Teil der Materie im heutigen Universum nicht aus Atomen bestehen kann. Der Verdacht liegt nahe, dass es sich bei dieser sogenannten *dunklen Materie* um die stabilen SUSY-Teilchen handeln könnte, doch ein Nachweis steht noch aus. Momentan wird am LHC-Beschleuniger intensiv nach den SUSY-Teilchen gesucht, und die Chancen stehen nicht schlecht, sie dort zu finden. Wir kommen später noch genauer auf die dunkle Materie zurück.

Unterhalb von 10^{16} GeV trennen sich also Quarks und Leptonen sowie starke und elektroschwache Wechselwirkung. Die elektroschwache Wechselwirkung spaltet sich unterhalb von 100 bis 1 000 GeV wiederum in die elektromagnetische und die schwache Wechselwirkung auf. In Abb. 1.7 (rechts) entspricht die schwache Wechselwirkung den Pfeilen mittlerer Dicke, die verschiedene Leptonen ineinander umwandeln kann (und analog bei den Quarks). Die entsprechenden WW-Teilchen sind die *W-Bosonen* (auf die *Z-Bosonen* wollen wir hier nicht genauer eingehen, da sie keine Teilchenumwandlungen bewirken können). Sie erhalten eine Masse von etwa 80 GeV und sind damit wesentlich leichter als die X-Teilchen (dicke Pfeile), aber auch rund 80-mal schwerer als das Proton. Die schwache Wechselwirkung ist daher bei typischen Kernenergien von einigen Mega-Elektronenvolt deutlich unterdrückt, was auch ihren Namen erklärt. Dennoch bleibt sie relevant, da sie Teilchen ineinander umwandeln kann und als einzige Wechselwirkung auf Neutrinos einwirkt.

Die WW-Teilchen der starken Wechselwirkung (die *Gluonen*) sowie der elektromagnetischen Wechselwirkung (die *Photonen*) bleiben masselos, wobei Gluonen nur auf Quarks wirken, während Photonen alle elektrisch geladenen Teilchen beeinflussen, also lediglich die Neutrinos ignorieren.

Damit wäre geklärt, wie sich eine universelle GUT-Wechselwirkung in einzelne Teilwechselwirkungen aufteilen kann: Die zugehörigen WW-Teilchen erhalten verschiedene Massen, wobei eine höhere Masse zu einer stärkeren Unterdrückung der zugehörigen Wechselwirkungsmöglichkeit führt. Bleibt die Frage: Was erzeugt eigentlich bei niedrigen Temperaturen diese Massen und zerstört damit die ursprüngliche Symmetrie?

Man benötigt für diese Symmetriebrechung vermutlich ein oder mehrere sogenannte *Higgs-Felder* (oder zumindest einen anderen vergleichbaren Mechanismus). Diese Felder sind die Vorbilder für das Inflatonfeld, und es ist gut möglich, dass das Inflatonfeld selbst ein Higgs-Feld ist. Allerdings braucht man für ein Higgs-Feld nicht nur eine Zahl an jedem Raumpunkt, sondern einen Pfeil analog zu einem Uhrzeiger. Der Pfeil zeigt dabei nicht in eine bestimmte Raumrichtung, sondern er zeigt wie ein Uhrzeiger auf eine bestimmte Zahl auf dem Ziffernblatt einer gedachten Uhr. Dabei darf er sogar seine Länge ändern, und er darf sich mit der Zeit beliebig auf dem Ziffernblatt vorwärts oder rückwärts drehen. Wie diese Uhr im Raum ausgerichtet ist, spielt dabei keine Rolle.

Analog zum Inflatonfeld durchdringt auch ein Higgs-Feld den leeren Raum in alle Richtungen, deshalb spricht man manchmal von einem *Higgs-Ozean*. Bei hohen Temperaturen rotieren die zugehörigen Higgs-Zeiger wild im Raum hin und her, sodass sich keine Vorzugsrichtung der Zeiger ausbilden kann. Bei niedrigeren Temperaturen erstarrt jedoch das Higgs-Feld, wobei sich die Zeiger spontan parallel zueinander ausrichten, und zwar in irgendeiner zufällig gewählten Richtung auf dem Ziffernblatt der gedachten Uhr. In genau diesem geordneten Zustand befinden sich die Higgs-Felder, die heute den leeren Raum durchdringen, ohne dass wir dies bemerken.

Wir wollen uns nun vorstellen, dass Quarks, Leptonen und WW-Teilchen alle einen Zeiger mit sich herumtragen, so wie auch das Higgs-Feld an jedem Raumpunkt durch einen Zeiger dargestellt werden kann. Dabei wollen wir davon ausgehen, dass der Teilchenzeiger immer eine *feste* Zeigerstellung hat und für die jeweilige Teilchensorte charakteristisch ist. Weiter stellen wir uns vor, dass es eine Wechselwirkung zwischen den Higgs-Zeigern und den Teilchenzeigern gibt: Higgs-Zeiger werden umso stärker von einem Teilchen angezogen, je mehr ihre Zeigerstellung mit der festen Zeigerstellung des Teilchens übereinstimmt. Im Prinzip könnte sich also eine Hülle aus parallelen Higgs-Zeigern um ein Teilchen herum bilden.

Solange die Temperatur im Higgs-Feld noch sehr hoch ist, haben die wild rotierenden Higgs-Zeiger noch keine Chance, eine stabile Hülle um ein Teilchen zu bilden. Alle Teilchensorten bleiben noch masselos und sind damit gleichwertig. Wenn aber nun die Temperatur während der starken Expansion des Raumes abnimmt, sodass sich schließlich die Higgs-Zeiger alle parallel in dieselbe (zufällige) Richtung ausrichten, dann ändert sich das Bild: Um die Teilchen bilden sich Hüllen aus parallelen Higgs-Zeigern. Dabei ist die Hülle dann besonders dick, wenn der Zeiger des Teilchens ungefähr in die Richtung der Higgs-Zeiger orientiert ist. Die Dicke der Hülle aus Higgs-Zeigern um die Teilchen hängt plötzlich von dessen fester Zeigerstellung ab. Teilchen mit Pfeilen parallel zu den Higgs-Zeigern erhalten eine dicke Higgs-Hülle und damit eine große Masse, Teilchen mit dazu senkrechten Zeigern haben da-

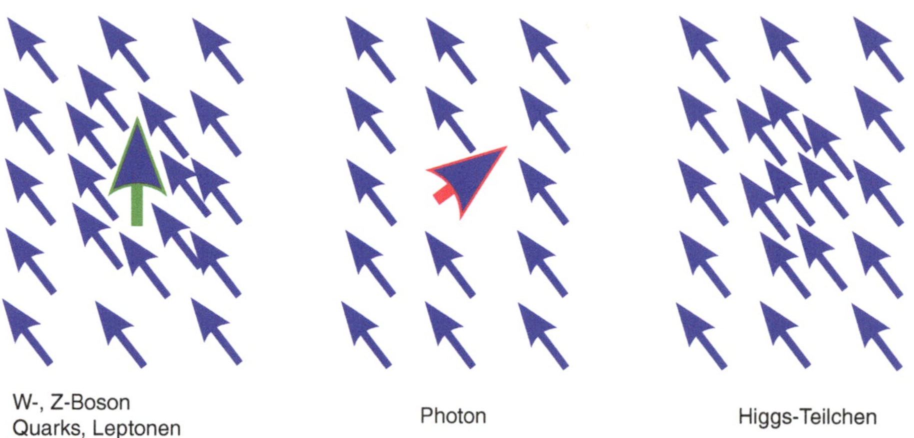

Abb. 1.8   Die Erzeugung von Teilchenmassen durch das Higgs-Feld kann man sich so vorstellen, dass sich verschieden dicke Higgs-Hüllen um die Teilchen bilden. Dabei veranschaulichen wir uns das Higgs-Feld durch parallel ausgerichtete Zeiger, die den Raum durchdringen. Das Higgs-Teilchen entspricht in diesem Bild einer lokalen Störung im Higgs-Feld.

gegen gar keine Hülle und bleiben masselos (Abb. 1.8). Nach der spontanen Ausrichtung der Higgs-Zeiger sind die Teilchen nicht mehr gleichwertig!

Das obige Gedankenmodell zeigt, welche physikalische Bedeutung das Higgs-Feld hat: Es wechselwirkt mit den nackten Teilchen und mit sich selbst. Bei niedriger Temperatur durchdringt es den gesamten Raum gleichmäßig, wobei sich die zugehörigen Higgs-Zeiger eine Vorzugszeigerstellung aussuchen. Durch die Wechselwirkung der nackten Teilchen mit diesem Higgs-Feld verändern sich die Eigenschaften der nackten Teilchen. Insbesondere erhalten sie eine Masse.

Das Higgs-Feld selbst können wir nicht wahrnehmen, da es den gesamten Raum gleichmäßig durchdringt – auch heute noch! Seine Existenz macht sich nur dadurch bemerkbar, dass andere Teilchen in ihm veränderte Eigenschaften haben. Wenn man allerdings eine lokale Störung im Higgs-Feld erzeugt, so kann man diese Ungleichmäßigkeit im sonst überall gleichen Higgs-Feld erkennen (siehe Abb. 1.8, rechts). So wie man elektromagnetische Felder in der Quantentheorie durch Photonen ersetzen muss, so muss man auch diese Störung im Higgs-Feld in der Quantentheorie durch ein Teilchen beschreiben. Man nennt es das *Higgs-Teilchen*. Das ist also das berühmte Higgs-Teilchen, das man beispielsweise am LHC-Beschleuniger erzeugen möchte, um damit die Existenz des Higgs-Feldes nachzuweisen.

Wie sieht unser Universum nach dem Zerfall des Inflatonfeldes und der dadurch bedingten Energiefreisetzung nun aus? Die Temperatur könnte möglicherweise ungefähr 10^{29} Kelvin betragen, wie wir bereits wissen. Das sind etwa 22 Größenordnungen mehr als die Temperatur im Sonneninneren (15 Millionen Kelvin), aber auch immerhin 1 000-mal weniger als die Planck-Temperatur (10^{23} Kelvin) im ursprünglichen Raumzeit-Quantenschaum. Die Gravitation ist schon seit Beginn der inflationären Expansion eine eigenständige Kraft, für die Quanteneffekte nicht mehr wichtig sind, sodass sie durch die allgemeine Relativitätstheorie beschrieben werden kann. Ebenso etabliert sich nach dem Ende der inflationären Expansion auch die starke Wechselwirkung zwischen den Quarks als eigenständige Kraft. Elektromagnetische und schwache Wechselwirkung sind dagegen noch in der elektroschwachen Wechselwirkung vereint.

Bei der Umwandlung der Inflatonenergie in die Teilchen des Standardmodells geschieht nun etwas Außergewöhnliches: Normalerweise können aus Energie immer nur Paare aus Teilchen und Antiteilchen gebildet werden, d. h. es müsste ein extrem dichtes heißes Gas (Plasma) aus gleich vielen Teilchen und Antiteilchen entstehen, in dem sich ständig Strahlungsenergie in Paare aus Teilchen und Antiteilchen umwandelt und umgekehrt (Antiteilchen kennen wir bereits aus Abschnitt 1.1). Es muss aber eine kleine Asymmetrie geben, d. h. es werden rund ein Milliardstel mehr Teilchen als Antiteilchen gebildet, sodass später, wenn sich bei fortschreitender Abkühlung Teilchen und Antiteilchen wieder gegenseitig vernichten und in Energie umwandeln, einige Teilchen übrig bleiben und die Materie bilden, aus der wir selbst bestehen. Die Größe dieser Asymmetrie kann man dabei recht gut abschätzen: Die Zahl der Teilchen-Antiteilchen-Paare im sehr heißen Plasma entspricht ungefähr der Zahl der Photonen darin, und das Verhältnis der Photonenzahl zu den überschüssigen Teilchen ändert sich bei der weiteren Entwicklung des Universums nur wenig, d. h. es entspricht zu diesem Zeitpunkt bereits ungefähr dem heutigen Verhältnis von *einem Nukleon (Proton oder Neutron) auf zwei Milliarden Photonen* (mehr dazu in Abschnitt 1.3).

Man konnte solche kleinen Asymmetrien zwischen Teilchen und Antiteilchen an verschiedenen Beschleunigern tatsächlich nachweisen, wobei die am Tevatron-Beschleuniger bei Chicago im Frühjahr 2010 gefundene Asymmetrie sogar deutlich größer war als vom Standardmodell vorhergesagt: In Proton-Antiproton-Kollisionen entstanden hier neben anderen Teilchen etwa 1 % häufiger zwei Myonen als zwei Antimyonen, während das Standardmodell nur einen Überschuss von etwa 0,02 % vorhersagt. Man ist hier also Phänomen jenseits des Standardmodells auf der Spur, und das ist auch gut so, denn die vom Standardmodell vorhergesagte Asymmetrie ist zu klein, um die Materie im Universum erklären zu können. Der Fachbegriff für die Asymmetrie zwischen Teilchen und Antiteilchen heißt übrigens *CP-Verletzung*.

Wir haben es also am Ende der Inflation mit einem sehr heißen dichten Plasma aus allen Teilchen und Antiteilchen zu tun, für deren Erzeugung die Temperatur ausreicht, wobei es etwas mehr Teilchen als Antiteilchen gibt. Insbesondere gibt es in diesem Plasma sehr viele Quarks und Gluonen, die aber aufgrund der hohen Temperatur und Dichte noch nicht zu Protonen und Neutronen verschmelzen können. Man spricht hier von einem *Quark-Gluon-Plasma*. Am LHC-Beschleuniger erforscht man momentan die Physik dieses Plasmas, indem man Blei-Atomkerne mit sehr hoher Energie kollidieren lässt und so für Sekundenbruchteile ein solches Plasma erzeugt.

Interessant ist nun: Dieses Plasma weist überall im neu entstandenen Universum ziemlich genau dieselbe Temperatur auf. Das weiß man beispielsweise aufgrund der gleichmäßigen Temperatur der kosmischen Hintergrundstrahlung, die nur etwa um ein Hunderttausendstel schwankt, egal aus welcher Richtung sie zu uns kommt. Diese kleinen Schwankungen werden dabei vermutlich durch winzige Quantenfluktuationen des Inflatonfeldes verursacht, die durch die inflationäre Expansion enorm vergrößert wurden. Die Temperaturschwankungen gehen mit kleinen Unregelmäßigkeiten in der Plasmadichte einher, die später die Keimzellen für die Bildung von Sternen und Galaxien bilden werden. Wir kommen in den nächsten Kapiteln noch genauer darauf zurück.

Die sehr gleichmäßige Temperatur konnte sich einstellen, da sich unser Universum aus einem winzigen Raumbereich entwickelt hat, der sich dann inflationär aufgeblähte. Dabei geht man davon aus, dass sich vor Beginn der inflationären Expansion ein Temperaturgleichgewicht in diesem winzigen Raumbereich einstellen konnte. Dieses Gleichgewicht wurde durch die anschließende Expansion nicht zerstört, sondern blieb erhalten. Ohne die inflationäre Expansion kann man dagegen dieses Temperaturgleichgewicht nicht erklären, denn man kann nachrechnen, dass bei sich langsam abbremsender Expansion (also ohne inflationäre Expansion zu Beginn) weit genug voneinander entfernte Teile des heute sichtbaren Universums damals kausal nicht miteinander verbunden waren: Selbst Licht hätte seit dem Urknall nicht genug Zeit gehabt, um die schnell wachsende Entfernung zwischen ihnen zu überbrücken. Man spricht hier vom sogenannten *Horizontproblem*. Die inflationäre Expansion ist in der Lage, dieses Problem zu lösen (mehr dazu in Abschnitt 1.6).

Schauen wir uns das noch etwas genauer an: Zu Beginn war unser Universum ein winziges Raumgebiet, womöglich innerhalb irgendeines umfassenderen Multiversums. Da sich dieses Raumgebiet zu Beginn noch nicht oder nur sehr langsam ausdehnte, konnte sich die Temperatur darin überall angleichen. Man sagt auch, das Raumgebiet war kausal zusammenhängend. Dann begann dieses Raumgebiet, aufgrund des Inflatonfeldes immer schneller zu expandieren und seine Größe in sehr kurzen Zeitabständen immer wieder zu verdoppeln, insgesamt vielleicht etwa 100-mal (siehe Abb. 1.5). Lichtstrahlen, die während dieser Expansion an einem Punkt ausgesendet wurden, konnten nicht mehr jeden anderen Punkt im Raum erreichen, da sich der Abstand zu etwas weiter entfernten Punkten immer schneller vergrößerte, sodass der Lichtstrahl sie nicht mehr überbrücken konnte. Raumpunkte und mit ihnen die dort befindliche Materie können sich in diesem Sinne mit Überlichtgeschwindigkeit voneinander entfernen! Das ist kein Widerspruch zur speziellen Relativitätstheorie, denn diese sagt nur aus, dass sich Licht (und jede physikalische Wirkung) *lokal* nur mit Lichtgeschwindigkeit bewegen kann. Stellen wir uns das Universum wieder als Ballonoberfläche vor, so gibt es eine Maximalgeschwindigkeit für Bewegungen auf der Ballonoberfläche. Den Ballon insgesamt können wir jedoch beliebig schnell aufblasen, sodass verschiedene Punkte auf seiner Oberfläche sehr schnell den Kontakt zueinander verlieren können. Die inflationäre Expansion ist sogar so stark, dass *die meisten* Punkte zueinander den Kontakt verlieren! Nachdem die inflationäre Expansion schließlich erloschen war, war das Universum derart angewachsen, dass seitdem nur ein sehr kleiner Teil des Universums wieder den Kontakt mit uns herstellen konnte und damit für uns sichtbar geworden ist. Das Licht der anderen Raumpunkte hatte seit dem Ende der Inflation bis heute einfach nicht genug Zeit, die immens angewachsene Entfernung zu überbrücken, zumal diese Entfernung auch nach dem Ende der inflationären Expansion weiterhin anwächst. Daher müssen wir wahrscheinlich davon ausgehen, dass das heute für uns sichtbare Universum nur ein winziger Teil desjenigen Universums ist, das durch die inflationäre Expansion aus dem winzigen Raumgebiet hervorgegangen ist! Es ist sehr gut möglich, dass wenn wir uns das Universum als Ballonoberfläche von der Größe der Erdoberfläche vorstellen, das sichtbare Universum nur so groß wie ein Sandkorn ist, also nur etwa einen Quadratmillimeter der erdgroßen Ballonoberfläche einnimmt.

Unser Platz im Kosmos wird offenbar immer unbedeutender, je mehr wir über die Welt wissen. Kopernikus entfernte die Erde aus der Mitte der Welt und setzte die Sonne an ihre Stelle, unsere Sonne erweist sich dann als ein Stern von unzähligen anderen in der Milchstraße, unsere Milchstraße ist wiederum nur eine von unzähligen anderen Galaxien im sichtbaren Universum, und nun ist vermutlich das riesige sichtbare Universum nur noch ein winziger Teil des Universums, dass bei der inflationären Expansion entstanden ist, möglicherweise sogar eingebettet in einem noch größeren Multiversum. Es kann einem da schon manchmal etwas schwindelig werden. Dieses aufkommende Unbehagen ist sicher einer der Gründe, warum man selbst heute noch immer wieder auf erbitterten Widerstand gegen solche Überlegungen stößt. Doch Denkverbote sind ein schlechter Ratgeber, wenn man das Wesen

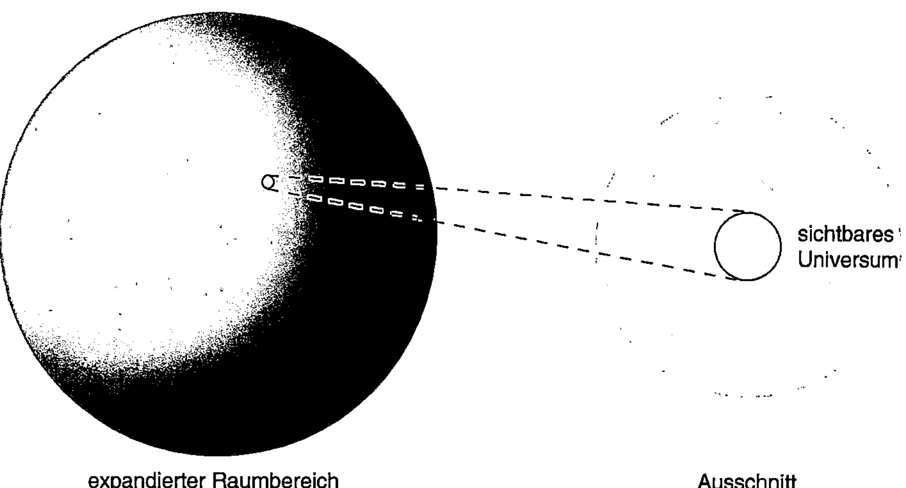

Abb. 1.9 Vermutlich ist das sichtbare Universum (kleiner Kreis) nur ein winziger Ausschnitt eines viel größeren Universums (dargestellt durch die Kugel links), das durch die inflationäre Expansion eines winzigen Raumgebietes entstanden ist. Daher erscheint uns das sichtbare Universum flach.

unserer Welt ergründen möchte. Der Physiker und Nobelpreisträger Richard Feynman hat in etwas anderem Zusammenhang einmal sinngemäß gesagt (Quantenelektrodynamik[QED]-Vorlesung an der Universität von Auckland, 1979): „*You don't like it..., go somewhere else! To another universe! Where the rules are simpler, philosophically more pleasing, more psychologically easy.* [Du magst es nicht..., geh' woanders hin! In ein anderes Universum! Wo die Regeln einfacher sind, philosophisch angenehmer, psychologisch bequemer.]" Nun, die Auswahl an Universen könnte womöglich größer sein, als es Feynman damals bewusst gewesen sein konnte.

Das obige Bild macht noch etwas anderes deutlich: Nach der allgemeinen Relativitätstheorie könnte der Raum unseres sichtbaren Universums in sich gekrümmt sein wie die Oberfläche des Ballons. Wenn der Universums-Ballon jedoch so groß wie die Erdoberfläche ist und das sichtbare Universum darauf nur einen Quadratmillimeter einnimmt, so sehen wir die Krümmung des Universums nicht (Abb. 1.9)! Das sichtbare Universum erscheint uns flach wie der gewohnte euklidische Raum zu sein. Genau das konnte man durch die Beobachtung der kosmischen Hintergrundstrahlung nachweisen. Mehr dazu in Abschnitt 1.6.

Ein flaches Universum besitzt eine Materiedichte, die gleich der sogenannten *kritischen Dichte* ist. Diese kritische Dichte besitzt auch eine anschauliche Bedeutung, wenn wir die gravitative Auswirkung des Drucks vernachlässigen, was bei gewöhnlicher Materie problemlos möglich ist: Die Gravitationskraft zwischen verschiedenen materiegefüllten Bereichen des Universums versucht dann, die Expansion des Universums abzubremsen. Diese Gravitationskraft ist umso stärker, je größer die mittlere Dichte der Materie im Universum ist. Bei der kritischen Dichte reicht die Gravitation gerade aus, um die Expansion immer langsamer werden zu lassen, sodass ihre Geschwindigkeit nach unendlich langer Zeit auf null fallen würde. Die klassische Bewegungsenergie der Materie ist dabei betragsmäßig gerade gleich der potenziellen Energie im Gravitationsfeld. In der Realität sieht es allerdings heute so aus, dass unser Universum zwar genau die kritische Dichte aufweist, dass diese Dichte aber zu etwa 70 % auf die sogenannte *dunkle Energie* entfällt, die wie ein Inflatonfeld einen negativen Druck und damit eine abstoßende Gravitationswirkung aufweist, sodass sich die Expansion des Universums seit einigen Milliarden Jahren wieder beschleunigt, statt abbremst – wir hatten diese Beobachtung bereits weiter oben kurz erwähnt und kommen am Ende des Buches in Kapitel 7 noch einmal darauf zurück.

Die Beobachtung, dass das sichtbare Universum flach ist und gerade die kritische Massen-Energie-Dichte aufweist, ist ohne die inflationäre Expansion kaum zu verstehen. Wenn unser Universum ohne inflationäre Expansion entstanden wäre, so hätte man eine Dichte erwarten müssen, die stark über oder unter der kritischen Dichte liegt, denn die schwächer werdende Expansion des Universums in den Jahrmilliarden nach dem Urknall vergrößert ständig jede Abweichung von der kritischen Dichte. Die Dichte muss daher zu Beginn extrem genau gleich der kritischen Dichte gewesen sein, sodass selbst heute noch keine Abweichung von der kritischen Dichte erkennbar ist. Berechnungen zeigen, dass die Dichte 10^{-12} Sekunden nach dem Urknall maximal um ein Zehn-Milliardstel-Milliardstel-Milliardstel (10^{-28}) von der kritischen Dichte abweichen darf, um mit dem heute beobachteten Dichtewert verträglich zu sein. Das ist zwar prinzipiell denkbar, erscheint aber ohne irgendeinen Mechanismus, der dies bewirkt, als sehr unwahrscheinlich. Man bezeichnet dies auch als das *Flachheitsproblem.*

Die inflationäre Expansion liefert nun einen dazu passenden Mechanismus: Sie stellt die Dichte sehr genau auf die kritische Dichte ein, sodass wir auch heute noch keine Abweichung davon feststellen können. So wie eine schwächer werdende Expansion die Dichte immer weiter von der kritischen Dichte entfernt, so bewirkt umgekehrt eine exponentiell anwachsende Expansion, dass die Dichte sich sehr schnell der kritischen Dichte annähert. Damit kann die inflationäre Expansion nicht nur das Horizontproblem, sondern auch das Flachheitsproblem lösen.

Vermutlich kann die inflationäre Expansion sogar ein weiteres Problem lösen oder zumindest zu seiner Lösung beitragen. Es handelt sich um das *Problem des Zeitpfeils.*

Woher erhält die Zeit ihre Richtung? Was unterscheidet Zukunft und Vergangenheit? Diese Frage erscheint uns kaum der Rede wert, so selbstverständlich ist für uns die Beobachtung, dass die Zeit eine Richtung hat und somit als Zeitpfeil betrachtet werden kann. Wenn man sich jedoch die grundlegenden Gesetze der Physik anschaut, so stellt man fest, dass in ihnen eine Zeitrichtung nicht vorkommt (von winzigen Effekten in der schwachen Wechselwirkung einmal abgesehen). Beide Zeitrichtungen sind gleichwertig. Würde man beispielsweise den Flug eines Planeten um die Sonne filmen und diesen Film rückwärts ablaufen lassen, so würde man wieder eine physikalisch mögliche Flugbewegung sehen.

Die Zeit erhält erst dann eine Richtung, wenn wir physikalische Systeme mit vielen Freiheitsgraden betrachten, also beispielsweise ein Gas mit sehr vielen Gasmolekülen. Solche Systeme entwickeln sich immer in Richtung des wahrscheinlichsten Makrozustands, wobei der Begriff *Makrozustand* bedeutet, dass man sich nicht für jedes winzige Detail interessiert, sondern nur für das großräumige Erscheinungsbild. Bei einem Gas würde man sich beispielsweise nicht jedes Gasmolekül einzeln ansehen, sondern Dichte, Druck und Temperatur des Gases betrachten, also Größen, die durch eine statistische Mittelung entstehen. Für diese makroskopischen Größen sind beide Zeitrichtungen *nicht* mehr gleichwertig. So wird sich bei einem Gas in einem abgeschlossenen Behälter im Laufe der Zeit immer ein Makrozustand einstellen, bei dem Dichte, Druck und Temperatur überall gleich groß sind. Man spricht hier vom *thermischen Gleichgewicht*. Die Bewegungen und Zusammenstöße der einzelnen Gasmoleküle erfolgen dabei weiterhin nach zeitsymmetrischen Gesetzen. Erst die statistische Mittelung über viele Gasmoleküle und kleine Volumina erzeugt eine Zeitrichtung für die gemittelten Größen wie Dichte oder Temperatur.

Bei der Bestimmung der Zeitrichtung ist entscheidend, wie viele mikroskopische Möglichkeiten (*Mikrozustände*) beim Mitteln denselben Makrozustand ergeben. Für eine Dichteverteilung kommt es beispielsweise nur auf die mittlere Teilchendichte in kleinen Raumvolumina an und nicht auf die genaue Position jedes einzelnen Gasmoleküls. Je mehr mikroskopische Teilchen-Verteilungsmuster nach der Mittelung über kleine Raumvolumina dieselbe Dichteverteilung ergeben, umso wahrscheinlicher ist diese Dichteverteilung. Am wahrscheinlichsten ist eine überall ungefähr gleiche Gasdichte, und daher stellt sich diese Dichteverteilung im Laufe der Zeit auch ein. Der Zeitpfeil zeigt also immer vom unwahrscheinlicheren Makrozustand zum wahrscheinlicheren Makrozustand, bis schließlich im thermischen Gleichgewicht der wahrscheinlichste Makrozustand erreicht ist. Im thermischen Gleichgewicht verliert der Zeitpfeil dann seine Richtung wieder! Daher können wir nur deshalb einen Zeitpfeil im Universum wahrnehmen, weil das Universum noch weit vom thermischen Gleichgewicht entfernt ist.

Nun ist die Zahl Ω der mikroskopischen Möglichkeiten für einen Makrozustand schon bei einigen Hundert Freiheitsgraden extrem groß, denn sie wächst ungefähr exponentiell mit der Zahl der Freiheitsgrade an. Man gibt daher nicht die Zahl Ω selbst an, sondern ihren natürlichen Logarithmus $ln\ \Omega$, der bei größeren Zahlen proportional zur Stellenanzahl der Zahl Ω ist. Außerdem multipliziert man aus historischen Gründen noch mit der sogenannten Boltzmann-Konstante k, was hier nicht weiter interessant ist. Diese Größe nennt man die *Entropie S* des Makrozustands: $S = k\ ln\ \Omega$. In einem abgeschlossenen System wird die Entropie S zeitlich immer zunehmen, bis sie im thermischen Gleichgewicht ihr Maximum erreicht. Die Entropiezunahme definiert damit die Richtung des Zeitpfeils. Man nennt dies den *zweiten Hauptsatz der Thermodynamik*.

Unser sichtbares Universum kann nur dann einen Zeitpfeil besitzen, wenn seine Entropie ständig zunimmt. Kurz nach dem Urknall muss es also eine sehr geringe Entropie besessen haben. Wir wissen nun, dass unser Universum kurz nach der inflationären Expansion von einem extrem heißen Plasma verschiedener Teilchen erfüllt war, das kaum räumliche Schwankungen in Dichte oder Temperatur aufwies. Nach dem oben Gesagten müsste ein solches gleichmäßiges Gas oder Plasma aber eigentlich fast schon die maximale Entropie aufweisen.

Das stimmt jedoch nur, solange wir die Gravitation außer Acht lassen. Die Gravitation möchte Materie zusammenziehen – deshalb ist eine gleichmäßige Verteilung des Plasmas im Universum *nicht* der Zustand mit der größten Entropie! Man kann ausrechnen, dass der Materiezustand mit der größten Entropie pro Raumvolumen ein *schwarzes Loch* ist, bei dem die Gravitation alle Materie zu einem fast punktförmigen Gebilde zusammenzieht. Der Makrozustand eines schwarzen Lochs wird durch nur drei physikalische Größen charakterisiert: seine Masse, seine elektrische Ladung und seinen Drehimpuls. Was immer sich sonst noch in einem schwarzen Loch im Detail abspielen mag, bleibt nach außen verborgen, sodass es eine riesige Zahl an Mikrozuständen geben kann, die alle dasselbe schwarze Loch ergeben.

Es ist tatsächlich im Jahr 1974 dem bekannten englischen Physiker Stephen Hawking gelungen, diese Anzahl an Mikrozuständen und damit die Entropie eines schwarzen Lochs auszurechnen: $S = k/4 \cdot A/l_p^{\,2}$. Dabei ist k die Boltzmann-Konstante, A ist die Oberfläche des Ereignishorizonts, der das schwarze Loch kugelförmig umgibt und aus dessen Inneren weder Materie noch Licht mehr nach draußen gelangen können, und $l_p = 1{,}6 \cdot 10^{-20}$ fm ist die Planck-Länge, also der ungefähre Durchmesser der Raumbläschen im Raumzeit-Quantenschaum. Die Entropie eines schwarzen Lochs ist also im Wesentlichen gleich der Anzahl an Raumbläschen, die man dicht an dicht auf die Ereignishorizontfläche A packen kann. Da die Raumbläschen unglaublich winzig sind und der Ereignishorizont viele Kilometer Durchmesser besitzen kann, kommen so sehr große Entropiewerte zustande. Sie stellen das Maximum der Entropiemenge dar, die man in dem Raumvolumen unterbringen kann, das der Ereignishorizont umschließt. Obwohl die Gravitation weit schwächer als die schwache, starke und elektromagnetische Wechselwirkung ist, bestimmt sie die maximal mögliche Entropie pro Raumvolumen und dient als gigantische Entropiequelle für die Entwicklung des Universums. Übrigens folgt aus Hawkings Entdeckung, dass schwarze Löcher eine Entropie besitzen, nach den Regeln der Thermodynamik unmittelbar die Tatsache, dass schwarze Löcher auch eine Temperatur besitzen müssen und Wärmestrahlung aussenden, die umso geringer ausfällt, je schwerer das schwarze Loch ist. Ein schwarzes Loch von einer Sonnenmasse hat eine Temperatur von nur einem millionstel Kelvin und braucht etwa 10^{66} Jahre, bis es seine komplette Masse durch Wärmestrahlung verloren hat. Schwarze Mikrolöcher, wie wir sie in Abschnitt 1.1 kennengelernt haben, zerstrahlen dagegen in Sekundenbruchteilen.

Der Zustand, in dem sich das Universum nach der inflationären Expansion befindet, besitzt also eine vergleichsweise geringe Entropie, wenn man die Gravitation berücksichtigt. Und das ist gut so, denn nur deshalb kann sich das Universum weiterentwickeln, wobei seine Entropie langsam, aber stetig anwächst. Nur so kann die Zeit eine Richtung erhalten, denn die mikroskopischen Gesetze der Physik kennen keine Zukunft und keine Vergangenheit. Erst ein Zustand niedriger Entropie, von dem aus die Entropie anwachsen kann, definiert eine Zeitrichtung.

Bleibt die Frage: Woher kommt diese niedrige Entropie? Die inflationäre Expansion gibt darauf die folgende Antwort: Als Start für ein neues Universum genügt ein sehr kleiner Raumbereich mit einem unterkühlten hochenergetischen Inflatonfeld, das diesen Raumbereich gleichmäßig durchdringt. Da dieser Anfangs-Raumbereich recht klein ist, kann sich in ihm dieses gleichmäßige Inflatonfeld mit entsprechend niedriger Entropie möglicherweise rein zufällig einstellen, wobei es in diesem Zusammenhang sicher noch viele ungeklärte Fragen gibt, die Gegenstand der Forschung sind. Durch die inflationäre Expansion wird dann dieser Raumbereich mit niedriger Entropie sehr stark vergrößert und vom restlichen Multiversum kausal abgekoppelt, sodass er fortan ein eigenständiges Universum mit niedriger Anfangsentropie und zugehörigem Zeitpfeil bildet. Es ist schon erstaunlich, in welche Tiefen die moderne Naturwissenschaft in den letzten Jahrzehnten vordringen konnte, auch wenn sicher noch viele Details zu klären sind!

Schauen wir uns im nächsten Abschnitt an, wie es nach der inflationären Expansion des Universums weitergeht. Wie bildet sich aus dem sehr heißen und dichten Plasma aus Quarks, Photonen, Gluonen und vielen weiteren Elementarteilchen schließlich die Materie, die wir heute kennen? Anders als bei der inflationären Expansion, die zwar den heute weitgehend akzeptierten, aber keineswegs schon abgesicherten Stand der Forschung widerspiegelt, können wir uns im nächsten Abschnitt auf gut bekannte und verifizierte physikalische Gesetze berufen. Wir wissen also recht genau, wie es nach der noch etwas spekulativen inflationären Expansion weitergegangen sein muss.

1.3 Die ersten drei Minuten: die Geburt der Atombausteine

Fassen wir noch einmal zusammen, wie das Universum am Ende der sehr kurzen, aber extrem heftigen inflationären Expansion vermutlich aussieht: Die Temperatur beträgt nach dem Zerfall des Inflatonfeldes möglicherweise bis zu 10^{29} Kelvin und fällt sehr schnell, während sich das Universum weiterhin ausdehnt, nun allerdings nicht mehr mit exponentiell wachsender, sondern mit leicht schrumpfender Expansionsgeschwindigkeit. Die Gravitation ist schon seit Beginn der inflationären Expansion eine eigenständige Kraft, die durch Einsteins allgemeine Relativitätstheorie beschrieben werden kann, da Quanteneffekte für sie nicht mehr wichtig sind. Ebenso hat sich die starke Wechselwirkung am Ende der inflationären Expansion als eigenständige Kraft etabliert (siehe Abb. 1.6), während die elektromagnetische und schwache Wechselwirkung noch in der elektroschwachen Wechselwirkung miteinander vereint sind.

Das extrem dichte und überall fast gleichmäßig heiße Teilchengemisch, das das Universum ausfüllt, enthält alle Teilchen, für deren Erzeugung die thermische Energie ausreicht. Das sind insbesondere alle Teilchen des Standardmodells: Quarks, Leptonen, Gluonen, Photonen, W- und Z-Bosonen sowie deren Antiteilchen. Die hypothetischen X-Teilchen der GUT-Wechselwirkung dürften dagegen bereits jetzt sehr schnell zerfallen. Noch ist das Teilchengemisch so heiß und dicht, dass sich die Quarks nicht zu Protonen und Neutronen zusammenfinden können, sondern vermutlich ein *Quark-Gluon-Plasma* bilden. Weiterhin gibt es in dem Teilchengemisch die Teilchen der *dunklen Materie*, deren wahre Natur wir heute noch nicht kennen. Ein Kandidat für diese dunklen Teilchen wäre das hypothetische leichteste SUSY-Teilchen, nach dem man heute intensiv an den großen Teilchenbeschleunigern sucht – wir sind bereits kurz darauf eingegangen.

In dem heißen dichten Teilchengemisch wandeln sich die verschiedenen Teilchensorten ständig ineinander um: Aus Energie (z. B. Photonen) entstehen Teilchen-Antiteilchen-Paare, und diese vernichten sich auch wieder unter Aussendung von Energie. Es herrscht thermisches Gleichgewicht zwischen den eng miteinander verkoppelten Teilchen. Solange die Teilchenenergie im thermischen Gleichgewicht deutlich über der in der Teilchenmasse gespeicherten Ruheenergie liegt, kommen alle Teilchensorten und deren Antiteilchen in ungefähr gleich großen Mengen vor, da ihre vergleichsweise kleine Masse noch keine Rolle spielt. Sehr hochenergetische Teilchen verhalten sich in diesem Sinne *strahlungsartig* analog zu Photonen, und man sagt daher auch, dass das frühe sehr heiße Universum *strahlungsdominiert* ist. Dabei wissen wir bereits aus Abschnitt 1.2, dass ein kleiner Überschuss von Teilchen gegenüber Antiteilchen von etwa einem Milliardstel entstanden sein muss, denn sonst hätten sich Teilchen und Antiteilchen bis heute wieder vollständig vernichtet und es gäbe keine Materie, wie wir sie kennen.

Je heißer es ist, umso mehr Photonen gibt es, und umso höher ist ihre Energie. Letztlich liegt das in der Quantenmechanik begründet: Wie wir bereits wissen, gehören Photonen zu elektromagnetischen Wellen, wobei die Wellenlänge umso größer wird, je kleiner Temperatur und damit Photonenenergie sind. Nun ist in einer thermischen Strahlung der mittlere Photonenabstand ungefähr so groß wie die mittlere Wellenlänge. Diese Wellenlänge wächst umgekehrt proportional zu fallender Temperatur, sodass sich die Photonendichte entsprechend proportional zur Temperatur hoch drei (wegen der drei Raumrichtungen) verhält. Da zusätzlich die mittlere Photonenenergie proportional zur Temperatur ist, verhält sich die Energiedichte der Photonen proportional zur Temperatur hoch vier, ist also sehr stark von der Temperatur abhängig (Abb. 1.10). Diesen Zusammenhang bezeichnet man auch als *Stefan-Boltzmann-Gesetz*. Er deckt sich mit unserer Erfahrung: Je heißer ein Körper ist, umso mehr Licht sendet er aus, und umso blauer ist dieses Licht. Ein Stück brennender Kohle glüht schwach rot, eine Kerzenflamme leuchtet gelblich, die Sonnenoberfläche strahlt mit ca. 6 000 Kelvin in hellem leicht gelblichem Weiß, und der doppelt so heiße Stern Rigel im Sternbild Orion sendet gleißendes bläuliches Licht aus (siehe Abschnitt 2.3). Im frühen sehr heißen Universum gibt es demnach sehr viele hochenergetische Photonen, also eine extrem harte und intensive Gammastrahlung. Im Detail lautet das Stefan-Boltzmann-Gesetz folgendermaßen:

Stefan-Boltzmann-Gesetz: Bei der Temperatur T ist die Teilchendichte N und die Energiedichte ρ der Photonen pro Kubikzentimeter gegeben durch die Formeln

$$N = 20{,}28/\text{cm}^3 \cdot T^3$$

$$\rho = 7{,}56464 \cdot 10^{-22}\,\text{J}/\text{cm}^3 \cdot T^4 = 0{,}00472148\ \text{eV}/\text{cm}^3 \cdot T^4$$

In diesen Formeln muss die Temperatur T in Kelvin angegeben werden.

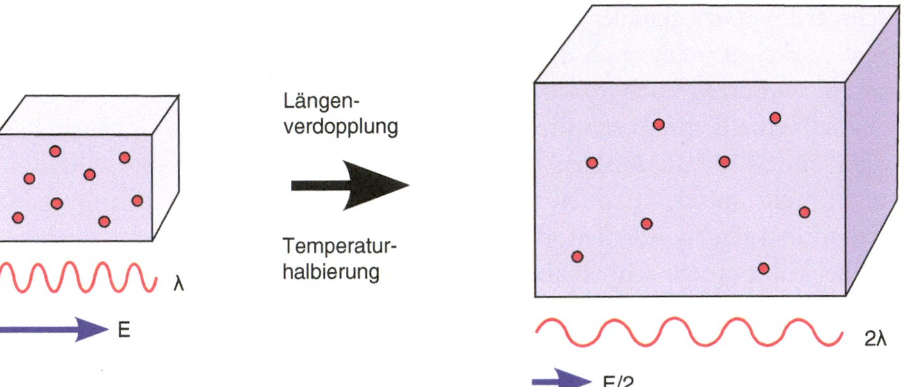

Abb. 1.10 Das Stefan-Boltzmann-Gesetz: Halbiert man die Temperatur einer thermischen Strahlung, so halbiert sich die mittlere Photonenenergie E, und es verdoppelt sich die zugehörige elektromagnetische Wellenlänge λ. Da der mittlere Photonenabstand ungefähr dieser Wellenlänge entspricht, verdoppelt er sich ebenfalls, sodass die Photonendichte um den Faktor 1/8 sinkt. Zusammen mit der halbierten mittleren Photonenenergie schrumpft die Photon-Energiedichte also um den Faktor $(1/2)^4 = 1/16$. Dies entspricht einer Verdoppelung der mittleren Abstände im Universum durch die kosmische Expansion.

Bei einem Kelvin haben wir also 20,28 Photonen pro Kubikzentimeter mit einer Energiedichte von rund 0,0047 eV pro Kubikzentimeter. Die kosmische Hintergrundstrahlung im heutigen Universum besitzt eine Temperatur von 2,73 Kelvin. Setzen wir diese Temperatur oben ein, so erhalten wir 413 Photonen pro Kubikzentimeter mit einer Energiedichte von 0,26 eV pro Kubikzentimeter. Unser gesamtes Universum ist heute mit dieser Photonendichte angefüllt. Mehr dazu in Abschnitt 1.6.

Solange die Energie noch hoch genug ist, dass auch die anderen Teilchen und Antiteilchen ständig aus Photonen entstehen und wieder in diese zerstrahlen können, gilt das Stefan-Boltzmann-Gesetz auch näherungsweise für diese Teilchen. Wir können es daher auch verwenden, um die Teilchen- und Energiedichte der anderen Teilchen im Plasma und damit die Energiedichte des Plasmas selbst abzuschätzen. Bei 10^{29} Kelvin ergibt sich der irrwitzige Wert von 10^{65} GeV/fm^3, der mit nichts vergleichbar ist, was wir heute kennen. Eine der dichtesten heutigen Materieformen ist die Dichte der Atomkerne. Die Nukleonen (also Protonen und Neutronen) sind in den Atomkernen eng nebeneinander gepackt und kommen so auf eine Anzahldichte von etwa 0,16 Nukleonen pro fm^3, was bei einer Nukleonenmasse von 0,94 GeV eine Massen-/Energiedichte von rund 0,15 GeV/fm^3 ergibt. Die Dichte im Inneren von Neutronensternen kann noch einmal um einen Faktor 10 höher liegen, was grob etwa 1 GeV/fm^3 ergibt (Neutronensterne werden wir in Abschnitt 2.3 noch genauer kennenlernen). Noch dichtere stabile Materie ist nicht bekannt – ein noch dichterer Neutronenstern würde beispielsweise zu einem schwarzen Loch kollabieren.

Zu Beginn dieses Abschnitts hatten wir gesagt, dass sich das Universum seit dem Ende der inflationären Expansion auch weiterhin ausdehnt, allerdings nicht mehr mit exponentiell wachsender, sondern mit leicht schrumpfender Expansionsgeschwindigkeit, da die Gravitation die Expansion nun abbremst. Dabei kühlt es sehr schnell ab – doch warum ist das eigentlich so?

Man muss sich die Expansion des Universums als Expansion des Raumes vorstellen, so wie sich in Abb. 1.5 die Ballonoberfläche ausdehnt, wenn man den Ballon aufbläst. Was geschieht nun mit elektromagnetischen Wellen auf ihrer Reise durch den Raum? Wenn wir uns diese Wellen auf der Ballonoberfläche vorstellen und den Ballon aufblasen, so vergrößern sich die Abstände zwischen den Wellenbergen. Dasselbe geschieht mit den elektromagnetischen Wellen in unserem Universum: Je länger sie unterwegs sind, umso mehr wird ihre Wellenlänge gedehnt, da der Raum sich ständig ausdehnt. Für das Licht ferner Galaxien interpretiert man dies oft als Dopplereffekt aufgrund der scheinbaren Fluchtbewegung der Objekte voneinander, aber das ist irreführend. Es ist die Ausdehnung des Raumes selbst, die zur Vergrößerung der Wellenlänge führt.

Wenn sich bei Licht die Wellenlänge vergrößert, verschieben sich die Farben in den roten Bereich. Man spricht daher auch von der *Rotverschiebung*. Das Licht entfernter Galaxien, das uns heute erreicht, ist tatsächlich rotverschoben, denn seine Wellenlänge wurde während seiner langen Reise zu uns durch die Raumexpansion gedehnt.

Was die Raumexpansion für eine elektromagnetische Wärmestrahlung bedeutet, macht Abb. 1.10 deutlich: Die Photonendichte schrumpft und die Wellenlänge der Photonen dehnt sich, sodass nach den Regeln der Quantenmechanik umgekehrt proportional zur Wellenlänge die Photonenenergie sinkt. Sinkende Photonendichte und Photonenenergie bedeuten sinkende Temperatur der zugehörigen Wärmestrahlung. Man kann im Detail nachrechnen, dass sich die statistische Energieverteilung der Photonen (die sogenannte *Planck-Verteilung*) bei der Expansion nicht ändert, sodass die Wärmestrahlung eine Wärmestrahlung bleibt, wenn auch mit niedrigerer Temperatur. Mit anderen Worten: Die Wärmestrahlung kühlt ab.

Wie wir aus Abschnitt 1.1 wissen, kann man nach der Quantenmechanik nicht nur Photonen, sondern allgemein *allen* Teilchen eine Welle zuordnen, die die Fortbewegung dieser Teilchen beschreibt. Alle diese Wellen werden bei der Expansion des Raumes gedehnt, solange sie sich frei im Raum ausbreiten können. Allgemein gilt für jedes beliebige freie Teilchen in der Quantenmechanik, dass sich umgekehrt proportional zur zunehmend gedehnten Wellenlänge λ der Teilchenimpuls p verkleinert (der Teilchenimpuls ist gleichsam ein gespeicherter Kraftstoß, siehe Abschnitt 1.1). Es gilt also $p \sim 1/\lambda$. Bei sehr hochenergetischen oder masselosen Teilchen (strahlungsartiger Materie) ist der Teilchenimpuls p proportional zur Teilchenenergie E, die im Mittel wiederum proportional zur Temperatur T ist, sodass die Temperatur umgekehrt proportional mit der Expansion des Universums fällt: $T \sim E \sim p \sim 1/\lambda$. Bei massiven Teilchen mit geringer Bewegungsenergie (sogenannter kalter oder nicht-relativistischer Materie) ist dagegen die Temperatur T proportional zur mittleren Bewegungsenergie E_{kin} (ohne die in der Teilchenmasse gespeicherte Ruheenergie), die wiederum proportional zum Impulsquadrat p^2 ist: $T \sim E_{kin} \sim p^2 \sim 1/\lambda^2$. Die Temperatur isolierter nicht-relativistischer Materie sinkt also quadratisch mit der expandierenden Wellenlänge und kühlt demnach deutlich schneller ab als beispielsweise bei Photonen.

Im hochenergetischen Plasma zu Beginn des Universums spielt nicht-relativistische Materie noch keine Rolle. Das Universum ist *strahlungsdominiert*. Erst unterhalb von 10 000 Kelvin wird die Dichte der nicht-relativistischen Materie die Dichte der Strahlung (Photonen und Neutrinos) überholen und ab diesem Zeitpunkt die Expansion des Universums dominieren (siehe später in Abschnitt 1.5). Dennoch bestimmen bis heute die Photonen die Temperatur im Universum, zumindest für diejenige Materie, die mit ihnen wechselwirkt. Jedes Teilchen trägt nämlich im Mittel gleich viel zur thermischen Energie bei, sodass die Teilchenzahl und nicht die Massen-/Energiedichte entscheidend ist. Photonen gibt es auch heute noch milliardenfach mehr als Protonen, Neutronen und Elektronen, sodass sie für die Temperatur des Universums den Ton angeben. Wir merken uns also:

Die Temperatur des Universums fällt umgekehrt proportional zu seiner Expansion ab.

Wenn wir nun wüssten, wie sich die Expansion des Universums unter der abbremsenden Wirkung der Gravitation genau entwickelt, so könnten wir demnach auch die zeitliche Entwicklung der Temperatur angeben. Wir werden uns das jedoch erst in Abschnitt 1.5 genauer ansehen. Für den Moment soll genügen, dass man für den Zusammenhang zwischen Temperatur und Weltalter für die ersten Jahrhunderte nach dem Urknall folgende recht brauchbare Näherungsformel angeben kann:

Die Temperatur T des Universums zur Zeit t ist ungefähr gleich zehn Milliarden Kelvin, dividiert durch die Wurzel aus der Zeit t in Sekunden:

$$T = 10^{10}/\sqrt{t}$$

Nach der Zeit freigestellt lautet diese Formel:

$$t = (10^{10}/T)^2$$

In diesen Formeln muss die Zeit t in Sekunden und die Temperatur T in Kelvin angegeben werden. Die Temperatur fällt mit fortschreitender Zeit also immer weiter ab, allerdings nicht antiproportional zur Zeit, sondern nur antiproportional zur Wurzel aus der Zeit. Wenn sich die Zeit seit dem Urknall vervierfacht, halbiert sich die Temperatur. Die Abkühlung erfolgt also mit der Zeit immer langsamer, denn die Expansion des Universums schwächt sich durch die anziehende Wirkung der Gravitation zunehmend ab.

Für Temperaturen zwischen 10^{12} und 10^{10} Kelvin (also Teilchenenergien zwischen 100 MeV und 1 MeV) gelten diese beiden Formeln sogar ziemlich genau. Für höhere und niedrigere Temperaturen bis herab zu 10^4 Kelvin liefern sie aber immer noch eine recht brauchbare Abschätzung. Eine etwas genauere Formel für Temperaturen zwischen 10^{10} Kelvin und 10^4 Kelvin werden wir etwas später noch nachliefern.

Etwa 10^{-12} Sekunden nach dem Ende der inflationären Expansion (die wir auch als „Urknall" bezeichnet hatten) ist die Temperatur nach dieser Formel auf etwa 10^{16} Kelvin gefallen. Das ist immer noch etwa eine Milliarde Mal heißer als die Temperatur im Inneren der Sonne, die etwa 15 Millionen Kelvin beträgt. Die Energiedichte liegt bei ungefähr 10^{14} GeV/fm³, also immer noch weit über den Energiedichten von Atomkernen oder Neutronensternen. Nun macht sich bemerkbar, dass es neben dem hypothetischen Higgs-Feld, das die Abspaltung der starken Wechselwirkung verursacht hat und möglicherweise mit dem Inflatonfeld zusammenhängt, gemäß dem Standardmodell der Teilchenphysik noch ein weiteres Higgs-Feld gibt: das *elektroschwache Higgs-Feld*. Unterhalb von rund 10^{16} Kelvin richten sich die Higgs-Zeiger dieses Feldes spontan parallel im gesamten Raum aus, und es kommt zu einer weiteren *spontanen Symmetriebrechung*. Dabei spaltet sich die elektroschwache Wechselwirkung in die elektromagnetische und die schwache Wechselwirkung auf, so wie wir das im vorherigen Abschnitt kennengelernt haben. Nach dieser Symmetriebrechung liegen die vier Grundkräfte der Natur und die zugehörigen Elementarteilchen nun so vor, wie wir sie heute kennen und wie sie im Standardmodell der Elementarteilchenphysik und in der allgemeinen Relativitätstheorie beschrieben werden.

Während die Temperatur durch die Expansion weiterhin stark abfällt und sich das dichte Teilchenplasma weiter verdünnt, macht sich die starke Wechselwirkung zwischen den Quarks zunehmend bemerkbar. Bei etwa einer millionstel Sekunde (10^{-6} Sekunden) nach dem Urknall ist die Temperatur mit rund 10^{13} Kelvin (also etwa 1 GeV Teilchenenergie und einigen 100 GeV/ fm³ Energiedichte) schließlich so niedrig, dass die starke Wechselwirkung beginnt, die Quarks und Gluonen zu sogenannten *Hadronen* zu vereinen – das sind Teilchen, die aus drei Quarks oder drei Antiquarks oder auch einem Quark-Antiquark-Paar bestehen, die durch Gluonen zusammengehalten werden. Die meisten dieser Hadronen sind instabil und zerfallen sehr schnell, sodass schließlich nur die stabilen *Protonen* und die fast stabilen *Neutronen* sowie deren Antiteilchen übrig bleiben. Zwar zerfallen auch die Neutronen mit der Zeit (Abb. 1.11), doch dieser Zerfall verläuft so langsam, dass er erst später wichtig wird, wenn keine neuen Neutronen mehr gebildet werden können. Die Halbwertszeit freier Neutronen beträgt etwa zehn Minuten, d. h. nach jeweils zehn Minuten ist im Durchschnitt die Hälfte der vorhandenen Neutronen zerfallen.

Wenige Sekundenbruchteile später, etwa eine zehntausendstel Sekunde (10^{-4} Sekunden) nach dem Urknall, beträgt die Temperatur noch etwa 10^{12} Kelvin, also 1000 Milliarden Kelvin. Die entsprechende mittlere Teilchenenergie von 0,1 GeV (also 100 MeV) reicht damit nicht mehr aus, um Paare aus Protonen und Antiprotonen bzw. Neutronen und Antineutronen zu bilden, denn dazu sind ungefähr zwei mal 1 GeV notwendig. Die vorhandenen Paare vernichten sich nun gegenseitig und wandeln sich in Energie (z. B. Photonen) um, wobei der vorhandene winzige Protonen- und Neutronen-Überschuss von etwa einem Milliardstel übrig bleibt.

Betrachten wir die Leptonen bei dieser Energie, so sind die schweren instabilen *Tauonen* (Masse: 1777 MeV) bereits zerfallen, während die deutlich leichteren instabilen *Myonen* (Masse: 106 MeV) zwar noch vorhanden sind, aber ebenfalls recht bald zerfallen werden, sodass wir sie nicht weiter beachten wollen. Die sehr leichten Elektronen und Positronen (Masse: 0,511 MeV) sind dagegen weiterhin in großer Zahl vorhanden, da sie sich zwar vernichten können, aber bei dieser Energie auch ständig neu gebildet werden. Die verschiedenen fast masselosen *Neutrinos* (und Antineutrinos) bleiben ebenfalls erhalten, wobei wir die Antineutrinos in Zukunft nicht immer extra erwähnen werden, wenn wir allgemein von Neutrinos sprechen. Die Anzahl der Elektronen, Positronen und Neutrinos liegt in derselben Größenordnung wie die Anzahl der Photonen, da sich diese leichten Teilchen bei dieser Temperatur strahlungsartig verhalten und ständig neu bilden können.

Das Teilchenplasma besteht etwa eine zehntausendstel Sekunde nach dem Urknall also nur noch aus den folgenden Teilchen: Protonen und Neutronen, Elektronen und Positronen, Photonen, Neutrinos und Antineutrinos sowie den noch unbekannten Teilchen der dunklen Materie. Diese Teilchen sind uns alle bereits öfter begegnet, aber es lohnt sich, dass wir uns noch einmal mit ihnen vertraut machen, da sie die weitere Entwicklung des Universums bestimmen.

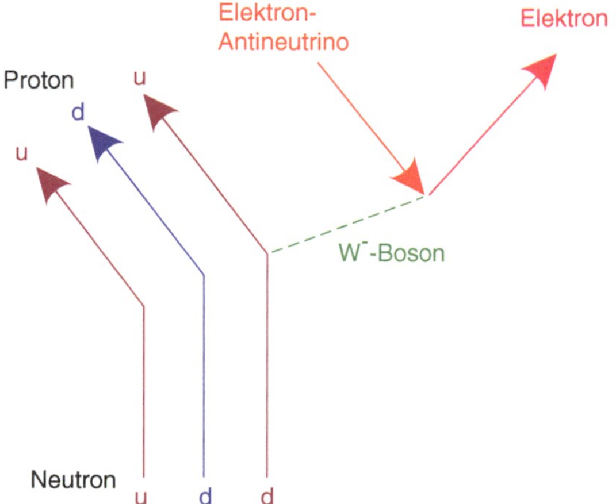

Abb. 1.11 Zerfall des Neutrons aufgrund der schwachen Wechselwirkung. Unten steht das Anfangsteilchen (das Neutron), oben die Zerfallsprodukte. Die Zeit läuft also von unten nach oben. Letztlich wandelt sich ein *down*-Quark im Neutron in ein *up*-Quark um, sodass ein Proton entsteht. Dabei wird ein negatives W-Boson emittiert, also ein Wechselwirkungsteilchen der schwachen Wechselwirkung. Dieses W-Boson zerfällt praktisch sofort in ein Elektron und ein Elektron-Antineutrino.

Protonen und Neutronen: Protonen und Neutronen bestehen aus jeweils drei Quarks: das Proton aus zwei *up*- und einem *down*-Quark (abgekürzt *uud*), das Neutron aus einem *up*- und zwei *down*-Quarks (abgekürzt *udd*). Während Protonen eine positive elektrische Elementarladung tragen, sind Neutronen elektrisch neutral. Das Proton besitzt eine Masse von 938,272 MeV, das Neutron eine etwas größere Masse von 939,565 MeV. Freie Neutronen sind aufgrund ihrer etwas größeren Masse nicht lange stabil: Sie zerfallen über die schwache Wechselwirkung mit einer Halbwertszeit von etwa zehn Minuten in ein Proton, ein Elektron und ein Elektron-Antineutrino (Abb. 1.11). Protonen und Neutronen sind die Bausteine der Atomkerne. Dabei können Neutronen innerhalb von Atomkernen stabil sein, sofern eine genügend große Bindungsenergie des Atomkerns den Neutronenzerfall verhindert.

Elektronen und Positronen: Elektronen bilden später die Hüllen der Atome. Sie tragen eine negative elektrische Elementarladung. Positronen sind die Antiteilchen der Elektronen und tragen daher eine positive elektrische Elementarladung. Beide Teilchen sind mit einer Masse von jeweils 0,511 MeV etwa 2 000-mal leichter als Protonen und Neutronen. Elektronen und Positronen gelten analog zu den Quarks im Standardmodell als elementare Teilchen.

Photonen: Photonen sind die Teilchen der elektromagnetischen Strahlung, zu der Licht ebenso gehört wie Röntgenstrahlung oder Radiowellen. Zwar sind Photonen elektrisch neutral, aber sie können von elektrisch geladenen Teilchen ausgesendet und absorbiert werden. Photonen sind masselos, bewegen sich also immer mit Lichtgeschwindigkeit, so wie wir das von den Teilchen des Lichts auch erwarten.

Neutrinos und Antineutrinos: Diese elektrisch neutralen Teilchen entstehen sehr häufig bei Teilchenumwandlungen, die durch die schwache Wechselwirkung verursacht werden, z. B. beim Zerfall von Neutronen. Auch heute noch werden Neutrinos und Antineutrinos in großen Mengen bei der Kernfusion im Inneren von Sternen erzeugt, also auch in unserer Sonne. Neutrinos sind fast masselos und bewegen sich daher annähernd mit Lichtgeschwindigkeit. Da sie weder der elektromagnetischen noch der starken Wechselwirkung, sondern ausschließlich der schwachen Wechselwirkung unterliegen, treten sie nur sehr wenig mit Materie in Kontakt und können diese weitgehend ungehindert durchdringen, ohne dort Spuren zu hinterlassen. So werden wir ständig von Neutrinos durchbohrt, ohne es zu merken. Neutrinos haben daher einen sehr flüchtigen, geisterhaften Charakter.

Die Teilchen der dunklen Materie: Diese Teilchen kennt man heute noch nicht. Man weiß nur, dass es sie geben muss, denn etwa 23 % der Materiedichte im heutigen Universum ist dunkle Materie, die nicht aus den obigen Teilchen (und damit auch nicht aus Atomen) bestehen kann. Damit ist die dunkle Materiedichte im heutigen Universum etwa fünfmal größer als die mittlere Dichte der Atome. Die Teilchen der dunklen Materie sind möglicherweise bereits kurz nach dem Ende der inflationären Expansion entstanden. Sie kümmern sich noch weniger um gewöhnliche atomare Materie als die Neutrinos, haben aber anders als Neutrinos vermutlich eine recht große Teilchenmasse von einigen 100 GeV, also einigen Hundert Protonmassen. Die einzige bisher bekannte Auswirkung der dunklen Materie auf atomare Materie ist ihre Gravitationswirkung, die man überall im Universum beobachten kann. In unsichtbaren riesigen Wolken muss die dunkle Materie die Galaxien durchdringen, wobei sie analog zu den Neutrinos die Erde und uns selbst ständig durchquert, ohne dass wir davon etwas bemerken. Ein Kandidat für die Teilchen der dunklen Materie sind die leichtesten stabilen SUSY-Teilchen, so wie sie von fast allen modernen physikalischen Theorien jenseits des Standardmodells gefordert werden. An den großen Teilchenbeschleunigern wird heute intensiv nach diesen Teilchen gesucht.

Bei 10^{12} Kelvin etwa eine zehntausendstel Sekunde nach dem Urknall ist die Dichte im Teilchenplasma mit 0,01 bis 0,1 GeV/fm^3 noch knapp im Bereich der Dichte von Atomkernen. Damit ist sie noch so hoch, dass sich fast alle Teilchen miteinander im thermischen Gleichgewicht befinden, sogar die flüchtigen Neutrinos. Sie tauschen also ständig Energie miteinander aus, wandeln sich ineinander um und haben vergleichbare Teilchenenergien. Lediglich die Teilchen der dunklen Materie kümmern sich so wenig um die anderen Teilchen, dass sie sich möglicherweise bereits abgekoppelt haben und ein unabhängiges Eigenleben führen. In diesem Fall fliegen sie also bereits weitgehend unbehelligt durch den Raum und nehmen nur noch über die Gravitation an der weiteren Entwicklung des Universums teil.

In diesem noch sehr heißen und dichten Stadium sind die leichten Teilchen am häufigsten, denn sie können massenweise aus der vorhandenen Energie gebildet werden. Der Hauptbeitrag der Energiedichte im Universum liegt daher zunächst bei den Neutrinos, Photonen, Elektronen und Positronen. Wir erinnern uns: Je heißer es ist, umso höher ist die Photonendichte. Genauso ist es auch bei den anderen leichten Teilchen, solange die mittlere Teilchenenergie deutlich größer ist als die Energie, die zur Erzeugung der Teilchenmasse notwendig ist.

Die Temperatur von 10^{12} Kelvin ist noch hoch genug, dass sich Protonen und Neutronen ständig ineinander umwandeln können, denn die dafür notwendige Energie im MeV-Bereich ist bei einer mittleren Teilchenenergie von 100 MeV ausreichend vorhanden. So kann ein Proton ein Elektron einfangen und sich unter Aussendung eines Elektron-Neutrinos in ein Neutron verwandeln. Umgekehrt kann ein Neutron ein Positron einfangen und sich in ein Proton und ein Elektron-Antineutrino verwandeln. Protonen und Neutronen befinden sich daher im thermischen Gleichgewicht miteinander.

Nun sind Protonen etwas leichter als Neutronen. Sinkt die Temperatur und damit die mittlere Teilchenenergie, so kommen die leichteren Protonen immer häufiger vor, da die verfügbare thermische Energie immer seltener ausreicht, die schwereren Neutronen zu erzeugen.

Bei der aktuellen Temperatur von 10^{12} Kelvin liegt die Teilchenenergie bei rund 100 MeV und ist damit weit größer als die Massendifferenz von rund 1,3 MeV zwischen Proton und Neutron, sodass Protonen und Neutronen noch etwa gleich häufig vorkommen: Es gibt bei dieser noch sehr hohen Temperatur nur etwa 1,5 % mehr Protonen als Neutronen. Doch das wird sich bei tieferen Temperaturen gleich ändern.

Gehen wir in der Zeit etwas weiter: Etwa eine Sekunde nach dem Urknall sinkt die Temperatur auf etwa zehn Milliarden Kelvin (10^{10} Kelvin), was einer mittleren Teilchenenergie von 1 MeV und einer Photon-Energiedichte von rund 0,1 eV/fm^3 entspricht (die gesamte Materiedichte ist damit insgesamt immer noch einige Hunderttausend Mal so groß wie die Dichte von Wasser). Die thermische Teilchenenergie liegt nun in dem Bereich, wie er für Kernreaktionen typisch ist. Auch der Massenunterschied zwischen Proton und Neutron liegt in diesem Bereich, wodurch er nun relevant wird. Die Berechnungen ergeben nun einen Wert von einem Neutron auf rund drei Protonen.

Dichte und Temperatur sind mittlerweile so weit abgesunken, dass sich der flüchtige Charakter der *Neutrinos* bemerkbar macht. Sie *entkoppeln* von den anderen Teilchen und durchqueren seitdem weitgehend ungehindert das Universum. Es muss sie auch heute noch geben – mehr dazu gleich.

Unterhalb von etwa zehn Milliarden Kelvin ist die schwache Wechselwirkung also zu schwach geworden, um bei den nun herrschenden Dichten und Energien die Neutrinos noch in Kontakt mit den übrigen Teilchen zu halten. Auch die ständige Umwandlung der Protonen in Neutronen und umgekehrt erfolgt über die schwache Wechselwirkung. Daher liegt es nahe, dass auch diese Umwandlung nun zum Erliegen kommt. Die Umwandlung stoppt, und das Verhältnis der Neutronen- zur Protonenzahl ändert sich nur noch langsam aufgrund des Zerfalls der Neutronen (die Halbwertszeit dafür beträgt etwa zehn Minuten). Bei 10^9 Kelvin (etwa 170 Sekunden, also knapp drei Minuten nach dem Urknall) wird das Verhältnis bei etwa eins zu sieben liegen, sodass auf sieben Protonen ein Neutron kommt. Da in diesem Moment die Bildung von Deuteriumkernen und Heliumkernen einsetzt, wird diese Zahl noch wichtig werden. Mehr dazu im nächsten Abschnitt.

Nach dem Entkoppeln der Neutrinos, aber noch vor dem Einsetzen der Atomkernsynthese, geschieht bei etwa fünf Milliarden Kelvin noch etwas Wichtiges: Die mittlere Teilchenenergie von 0,5 MeV reicht nicht mehr aus, um ausreichend neue Elektron-Positron-Paare zu bilden. Große Mengen Elektronen und Positronen vernichten sich nun sehr schnell gegenseitig, wobei der winzige Elektronen-Überschuss von rund einem Milliardstel übrig bleibt, der später die Hüllen der Atome bilden wird. Es müssen dabei langfristig genauso viele Elektronen wir Protonen übrig bleiben, denn unser Universum ist insgesamt elektrisch neutral. Die bei der Elektron-Positron-Vernichtung frei werdende enorme Energiemenge heizt das Teilchengemisch inklusive der dominierenden Photonen auf, wobei die kurz zuvor entkoppelten Neutrinos und wohl auch die dunkle Materie davon nichts mehr mitbekommen, da sie bereits den Kontakt zum übrigen Teilchengemisch verloren haben. Man kann genau ausrechnen, wie stark die Temperaturerhöhung gewesen sein muss: Sie muss um den Faktor $(11/4)^{1/3} \approx 1,4$ angestiegen sein, also um 40 %.

Die Temperatur des Teilchengemischs spiegelt sich noch heute in der Temperatur der kosmischen Hintergrundstrahlung wider, auf die wir in Abschnitt 1.6 noch genau eingehen werden. Dabei sinkt die Temperatur der Photonen bei der Expansion des Universums in gleicher Weise wie die der

Neutrinos. Daher muss auch heute noch die Temperatur der kosmischen Hintergrundstrahlung mit 2,7 Kelvin etwa um den Faktor 1,4 größer sein als die Temperatur der davon entkoppelten Neutrino-Hintergrundstrahlung, die bei etwa 1,9 Kelvin liegen muss. Dem entspricht eine heutige Neutrinodichte von 113 Neutrinos pro Kubikzentimeter pro Neutrinosorte (die Photonendichte der kosmischen Hintergrundstrahlung liegt bei 413 Photonen pro Kubikzentimeter, wie wir bereits wissen). Die Energiedichte der Neutrinos muss bei etwa 68 % der Photon-Energiedichte liegen, d. h. das Verhältnis von Photon-Energiedichte zu Neutrino-Energiedichte liegt bei ungefähr drei zu zwei – auch heute noch!

Schade, dass diese niederenergetischen Neutrinos so flüchtig sind, dass sie sich bisher jedem direkten experimentellen Nachweis entziehen. Es wäre ein großer Erfolg, wenn man diese Neutrinos und ihre Temperatur tatsächlich eines Tages direkt nachweisen und damit unsere Überlegungen bestätigen könnte. Da die Neutrinos im frühen Universum einen großen Beitrag zur Energiedichte liefern, ergeben sich daraus immerhin mehrere indirekte Hinweise auf ihre Existenz, beispielsweise wenn man die kosmische Häufigkeit von Helium oder die Photon-Hintergrundstrahlung genauer betrachtet. Heute zweifelt niemand mehr an der Existenz der kosmischen Neutrino-Hintergrundstrahlung, auch wenn ihr direkter Nachweis noch aussteht.

Bei 10^9 Kelvin etwa drei Minuten (genauer 170 Sekunden) nach dem Urknall gibt es praktisch keine Positronen mehr im Teilchenplasma, das nun aus sehr vielen Photonen und im Vergleich dazu wenigen Elektronen, Protonen und Neutronen besteht. Hinzu kommen die entkoppelten Neutrinos und die Teilchen der dunklen Materie. Die Energiedichte wird von den Photonen und Neutrinos dominiert, die milliardenfach zahlreicher sind als die übrig gebliebenen Elektronen, Protonen, Neutronen und die Teilchen der dunklen Materie. Dabei wird sich das Verhältnis der Photonenzahl zur Nukleonenzahl (also Protonen plus Neutronen) ab sofort kaum noch ändern, d. h. es entspricht zu diesem Zeitpunkt bereits dem heutigen Verhältnis von *einem Nukleon auf zwei Milliarden Photonen* (wir hatten diesen Punkt bereits in Abschnitt 1.2 kurz aufgegriffen).

Wir können unseren bisherigen Zusammenhang zwischen der Zeit t und der Temperatur T des Teilchengemischs (ohne Neutrinos und dunkle Materie) nun etwas abändern, sodass er die Aufheizung durch die Elektron-Positron-Vernichtung berücksichtigt. Er lautet nun:

$$T = 1{,}34 \cdot 10^{10}/\sqrt{t}$$

sowie nach der Zeit t freigestellt:

$$t = 1{,}8 \cdot (10^{10}/T)^2$$

Man kann mithilfe der obigen Formel beispielsweise ausrechnen, wann das Universum so heiß wie das Sonneninnere (15 Millionen Kelvin) ist. Das Ergebnis lautet 800 000 Sekunden, also rund neun Tage nach dem Urknall.

Es gibt nun keine Antiteilchen mehr, durch deren Vernichtung noch größere Energiemengen entstehen könnten (die Antineutrinos spielen keine Rolle), und auch die weiteren Prozesse können die Temperatur des Teilchenplasmas nur noch sehr wenig ändern. Daher gelten die obigen beiden Formeln so lange, bis das Zeitalter des strahlungsdominierten Universums zu Ende geht und Protonen, Neutronen, Elektronen und dunkle Materie beginnen, die Energiedichte zu dominieren. Das wird bei rund 10 000 Kelvin der Fall sein, etwa 60 000 Jahre nach dem Urknall. Zwischen 10^9 und 10^4 Kelvin können wir daher die obigen beiden Formeln recht gut verwenden.

Wie wir sehen, ist in der Zeit zwischen 10^{-12} Sekunden und drei Minuten nach dem Ende der inflationären Expansion eine ganze Menge passiert – nicht umsonst hat Steven Weinberg im Jahr 1977 ein Buch mit dem Titel *Die ersten drei Minuten* geschrieben, in dem man diese Entwicklung im Detail nachlesen kann. Da es nicht ganz einfach ist, den Überblick zu behalten, sind in Abb. 1.12 noch einmal die wesentlichen Ereignisse dargestellt.

Die Bausteine der Atome (Elektronen, Protonen und Neutronen) sind nun vorhanden, und Protonen und Neutronen beginnen bei 10^9 Kelvin, sich zu größeren Atomkernen zusammenzufinden, insbesondere zu Helium. Was dabei genau geschieht, wollen wir uns im nächsten Abschnitt ansehen.

1.4 Die erste Stunde: Heliumkerne entstehen

Wie wir gesehen haben, ist das Universum drei Minuten nach dem Urknall mit einem sehr dichten und heißen Plasma aus Protonen, Neutronen, Elektronen, Photonen, Neutrinos und Antineutrinos sowie den geheimnisvollen Teilchen der dunklen Materie angefüllt. Die Zahl der Photonen ist rund zwei Milliarden Mal größer als die Zahl der Nukleonen (Protonen und Neutronen) und der Elektronen. Das Plasma ist von gleißender Röntgen- und Gammastrahlung durchdrungen, die das Verhalten des Plasmas dominiert. Die Neutrinos (und Antineutrinos) sind ähnlich zahlreich wie die Photonen, und über die Zahl der dunklen Materieteilchen lässt sich noch nicht allzu viel sagen, da deren Teilchenmasse noch unbekannt ist. Da sich die Neutrinos sowie die dunkle Materie bereits abgekoppelt haben, besitzen sie so wenig Einfluss auf die übrige Materie, dass wir sie nur dann weiter beachten müssen, wenn ihre Gravitationswirkung wichtig wird.

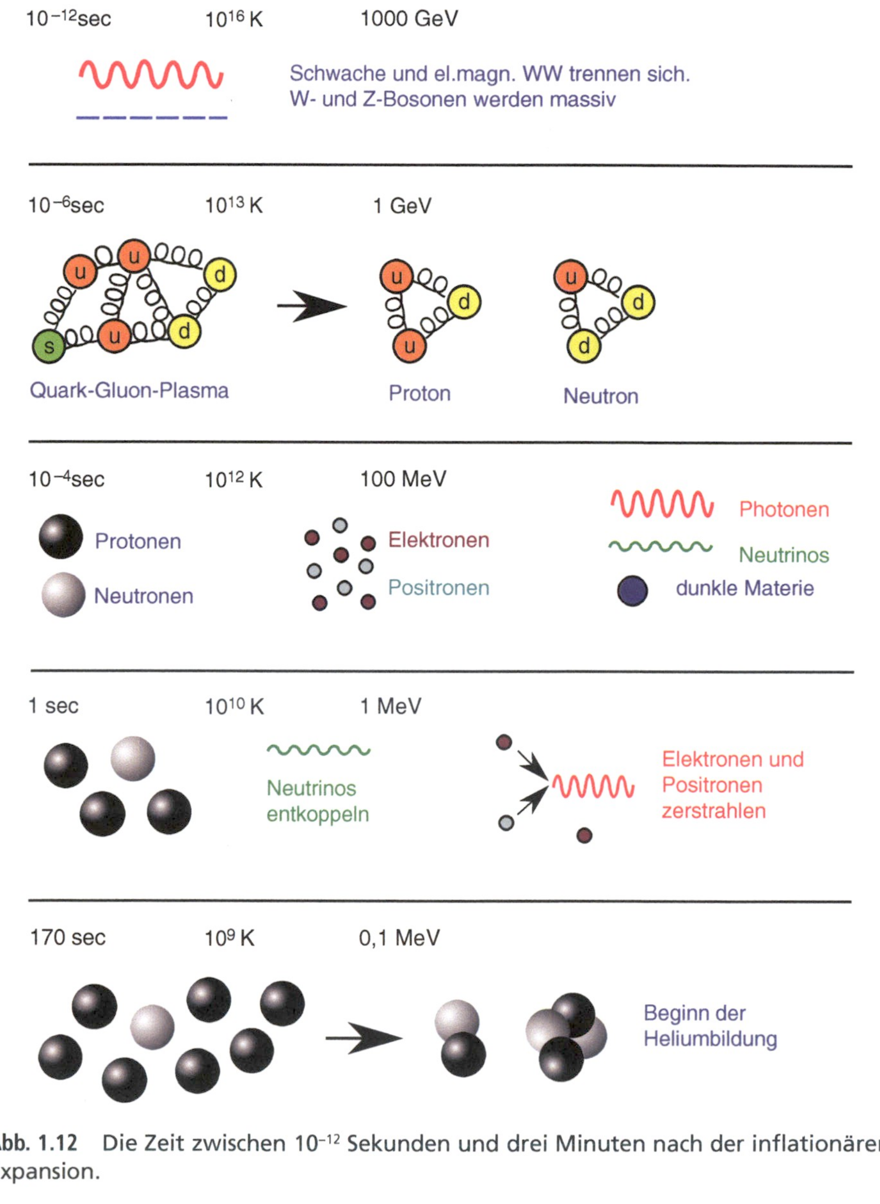

Abb. 1.12   Die Zeit zwischen 10^{-12} Sekunden und drei Minuten nach der inflationären Expansion.

Die Temperatur des Plasmas liegt bei einer Milliarde Kelvin und fällt aufgrund der Expansion des Raumes ständig weiter ab. Die Gesamtdichte des Plasmas beträgt rund zehn Gramm pro Kubikzentimeter, was ungefähr der Dichte von Blei entspricht. Das Verhältnis von Protonen zu Neutronen beträgt etwa sieben zu eins.

Die Temperatur ist nun erstmals niedrig genug, sodass sich immer mehr Protonen und Neutronen zu sogenannten *Deuteriumkernen* verbinden kön-

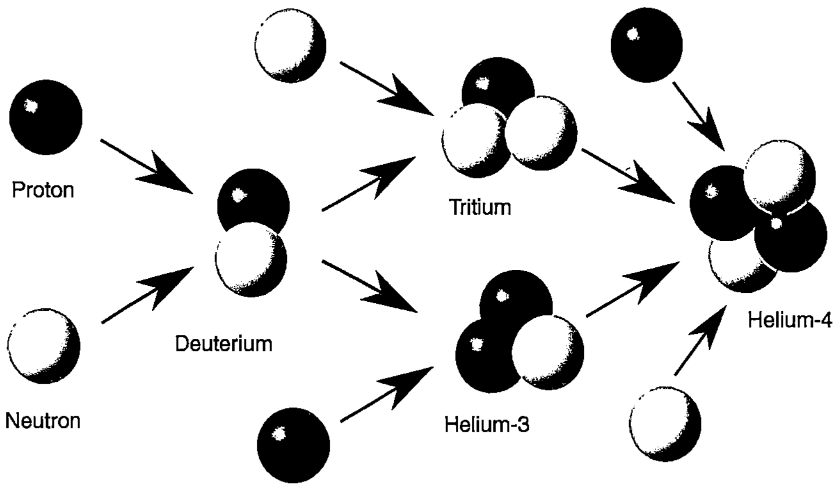

Abb. 1.13 Bildung von Heliumkernen im heißen Plasma unterhalb von einer Milliarde Kelvin. Dabei muss sich zunächst ein relativ empfindlicher Deuteriumkern bilden, bevor sich weitere Nukleonen anlagern können, um den stabilen Helium-4-Kern aufzubauen. Die geringe Robustheit der Deuteriumkerne wirkt wie ein Flaschenhals.

nen, ohne dass diese gleich wieder zerstört werden. Deuterium wird auch als *schwerer Wasserstoff* bezeichnet. Ein Deuteriumkern besteht demnach aus einem Proton und einem Neutron. Da dieses Gebilde nur relativ schwach gebunden ist, musste die Temperatur erst genügend weit abfallen, um die sofortige Zerstörung dieses recht empfindlichen Atomkerns zu verhindern.

Mit der Bildung von Deuteriumkernen ist der Weg nun frei, dass sich weitere Protonen bzw. Neutronen anlagern können, was auch sehr schnell geschieht. Lagert sich ein Neutron an einen Deuteriumkern an, so entsteht ein *Tritiumkern* (auch *überschwerer Wasserstoff* genannt). Lagert sich dagegen ein Proton an, so entsteht ein Helium-3-Kern. In beiden Fällen lagert sich bevorzugt ein weiteres Proton oder Neutron so an, dass ein Helium-4-Kern aus zwei Protonen und zwei Neutronen entsteht (Abb. 1.13). Dieser Heliumkern ist sehr stabil, viel stabiler als der Deuteriumkern zuvor.

Nun ist man jedoch in einer Sackgasse: Es gibt keine stabilen Atomkerne mit fünf Nukleonen (also Protonen bzw. Neutronen), wie Abb. 1.14 zeigt.

Lagert sich beispielsweise ein Neutron an einen Heliumkern an, so entsteht zunächst zwar ein sogenannter Helium-5-Kern aus zwei Protonen und drei Neutronen. Dieser ist jedoch extrem instabil und stößt das Neutron im Mittel nach etwa 10^{-22} Sekunden wieder ab. Zum Vergleich: Licht kann in dieser Zeit noch nicht einmal ein Atom durchqueren. Analog ist die Situation, wenn sich ein Proton an einen Heliumkern anlagert, sodass ein Lithium-5-Kern aus drei Protonen und zwei Neutronen entsteht. Auch dieser zerfällt in rund

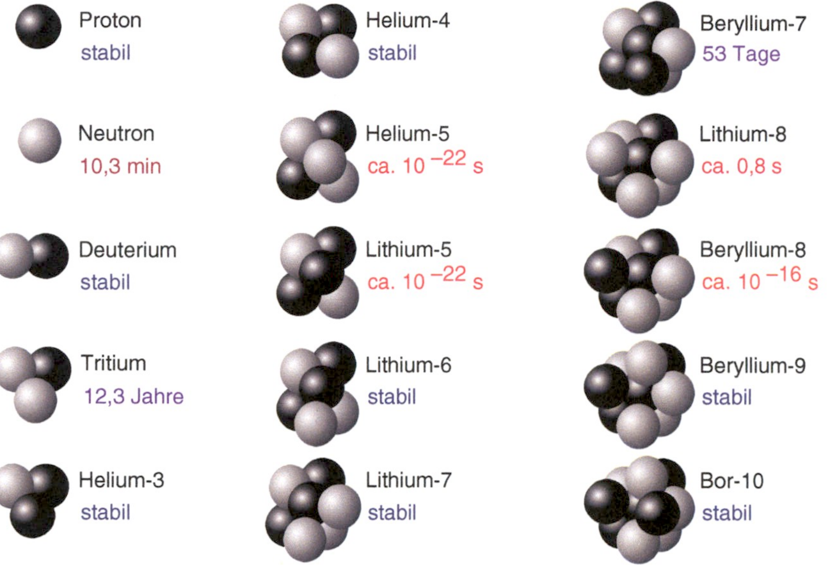

Abb. 1.14   Einige Atomkerne mit bis zu zehn Nukleonen. Die Zahl hinter dem Elementnamen gibt die Anzahl der Nukleonen an, die den Kern bilden. Darunter ist bei instabilen Kernen die Halbwertszeit angegeben, innerhalb der die Hälfte der Kerne radioaktiv zerfällt. Alle Atomkerne mit fünf oder acht Nukleonen sind extrem instabil und blockieren so den Aufbau schwererer Atomkerne im heißen Plasma nach dem Urknall.

10^{-22} Sekunden und stößt das Proton wieder ab. Sobald sich also ein weiteres Nukleon an einen Heliumkern anlagert, stößt dieser Kern dieses Nukleon fast sofort wieder ab. Nur extrem selten können sich in dieser sehr kurzen Zeit weitere Nukleonen anlagern, um schwerere stabile Atomkerne zu bilden.

Wie sieht es mit anderen Möglichkeiten zur Bildung schwererer Atomkerne aus? Könnten nicht zwei Helium-3-Kerne zusammen einen Beryllium-6-Kern bilden? Doch auch hier haben wir Pech: Beryllium-6 ist nicht stabil. Ähnlich ist es mit zwei Helium-4-Kernen: Beryllium-8 ist auch nicht stabil (es gibt überhaupt keinen stabilen Atomkern mit acht Nukleonen, analog zu fünf Nukleonen).

Möglich wäre jedoch, dass ein Helium-3-Kern und ein Helium-4-Kern zusammen einen Beryllium-7-Kern bilden. Dieser Kern besitzt eine Halbwertszeit von über 50 Tagen und kann sich beispielsweise in einen stabilen Lithium-7-Kern verwandeln, indem er ein Neutron aufnimmt und dafür ein Proton abgibt. Ebenso könnte auch ein Helium-4-Kern mit einem Tritiumkern zusammen einen Lithium-7-Kern bilden.

Diese Reaktionen sind möglich, und sie laufen auch ab. Aber da die Atomkerne bei mehr als einem darin enthaltenen Proton bereits eine recht große positive elektrische Ladung besitzen, stoßen sie sich entsprechend stark ab,

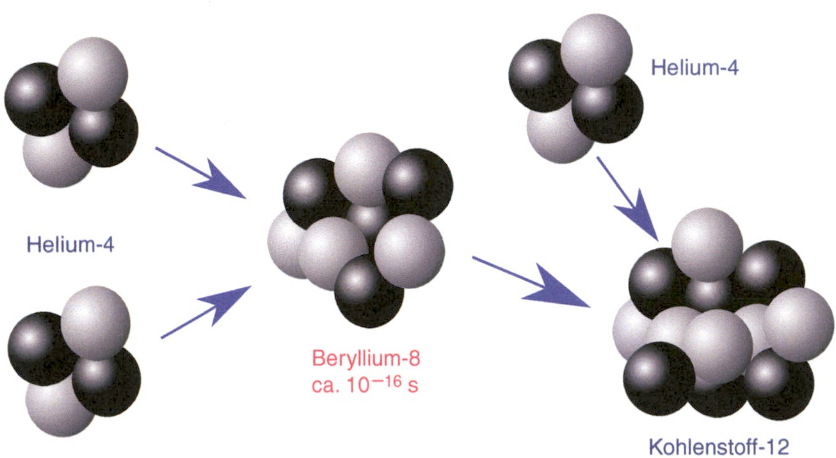

Abb. 1.15   Drei Heliumkerne können bei sehr hohen Temperaturen und Heliumdichten zusammen einen Kohlenstoffkern bilden. Dabei entsteht zunächst aus zwei Heliumkernen ein sehr instabiler Beryllium-8-Kern. Fängt dieser vor seinem Zerfall einen weiteren Heliumkern ein, bildet sich ein Kohlenstoffkern. Im Plasma nach dem Urknall kann dieser wichtige Prozess jedoch nicht stattfinden, da Heliumdichte und Temperatur dafür nicht ausreichen. Erst im komprimierten Zentrum von Sternen wird dieser Prozess später möglich sein und das Entstehen größerer Atomkerne ermöglichen.

sodass sie genügend viel Bewegungsenergie besitzen müssen, um diese elektrische Abstoßung überwinden zu können. Die Temperatur nimmt jedoch weiter schnell ab, womit nur sehr wenigen Atomkernen die obigen Reaktionen gelingen. Der Gewichtsanteil von Lithium-7 liegt heute entsprechend bei nur etwa einem Zehnmilliardstel (10^{-10}), während er bei Deuterium und Helium-3 etwa ein Hunderttausendstel (10^{-5}) beträgt. Das ebenfalls gebildete Tritium ist dagegen instabil; es zerfällt mit einer Halbwertszeit von zwölf Jahren zu Helium-3.

Eine wichtige Möglichkeit zur Bildung schwererer Atomkerne wäre noch eine Drei-Körper-Reaktion, bei der aus drei Helium-4-Kernen ein Kohlenstoff-12-Kern entsteht. Dabei bilden zunächst zwei Helium-4-Kerne einen Beryllium-8-Kern. Wie wir bereits gesehen haben, ist dieser sehr instabil und zerfällt im Mittel bereits nach nur $2{,}6 \cdot 10^{-16}$ Sekunden (Licht legt in dieser Zeit gerade einmal rund 0,1 Mikrometer zurück). In dieser kurzen Zeit muss ein dritter Helium-4-Kern hinzukommen, sodass ein angeregter Kohlenstoff-12-Kern entsteht (Abb. 1.15). Dafür ist jedoch die Helium-Teilchendichte im Plasma bereits viel zu gering, denn es müssen fast gleichzeitig drei Helium-4-Kerne zusammentreffen. Erst viel später wird diese Reaktion, die man auch als *Heliumbrennen* oder *Drei-Alpha-Prozess* bezeichnet, im hochkomprimierten Zentrum von Sternen stattfinden können, die sich am Ende ihres Lebensweges befinden. Fast alle schweren Atomkerne sind aus Kohlenstoff entstanden, der zuvor über diesen Prozess in Sternen gebildet wurde – wir kommen in Abschnitt 2.3 ausführlich darauf zurück. Ohne diesen Drei-Alpha-Prozess gäbe es weder die Erde noch uns selbst.

Schwere Atomkerne wie beispielsweise Kohlenstoffkerne, Sauerstoffkerne oder Eisenkerne entstehen also in den ersten Stunden nach dem Urknall praktisch überhaupt nicht und können erst viel später im Inneren von Sternen gebildet werden. Durch Sternexplosionen oder starke Sternwinde können diese Elemente dann im Weltraum verteilt werden. Als sich unser Sonnensystem vor etwa 4,6 Milliarden Jahren aus einer Gas- und Staubwolke bildete, hatten solche Sternexplosionen diese Wolke bereits mit genügend vielen Atomen schwerer Elemente angereichert, sodass Planeten wie unsere Erde und letztlich auch wir selbst daraus entstehen konnten. Man kann deshalb in diesem Sinne durchaus sagen: *Wir sind aus Sternenstaub gemacht!* In Abschnitt 2.3 werden wir mehr über das interessante Leben und Sterben der Sterne erfahren.

Die Bildung von Heliumkernen aus Protonen und Neutronen bezeichnet man auch als *Wasserstoff-Kernfusion.* Diese Reaktion liefert die Energie, die unsere Sonne seit rund fünf Milliarden Jahren erstrahlen lässt. Müsste sich dann aber nicht das Plasma im frühen Universum durch diese Reaktion aufheizen, so wie dies auch bei der gegenseitigen Vernichtung von Elektronen und Positronen bereits geschehen ist? Wir können leicht nachrechnen, wie viel Energie bei der Bildung eines Heliumkerns frei wird, denn diese Energiefreisetzung muss sich nach Einsteins Formel $E = m\,c^2$ in einem entsprechenden *Massendefekt* widerspiegeln. Addieren wir die Masse von zwei Neutronen und zwei Protonen, so erhalten wir den Wert $2 \cdot 939{,}565$ MeV $+ 2 \cdot 938{,}272$ MeV $= 3\,755{,}674$ MeV. Ein Heliumkern wiegt aber nur $3\,727{,}379$ MeV, also rund 28,3 MeV weniger als die Protonen und Neutronen zusammen. Bei der Bildung eines Heliumkerns wird also dieser Energiebetrag von 28,3 MeV frei – das ist millionenfach mehr als bei jeder chemischen Reaktion. Dennoch spielt diese frei werdende Fusionsenergie gegenüber der vorhandenen Photonenenergie kaum eine Rolle, denn die Photonen sind mehr als zehn Milliarden Mal häufiger im Plasma vorhanden als die neu entstandenen Heliumkerne und haben bei einer Milliarde Kelvin eine mittlere Energie von 0,1 MeV. Hier zeigt sich wieder, dass das sehr frühe Universum strahlungsdominiert ist, sodass die Energie der sich bildenden Heliumkerne keine Rolle spielt. Bei der gegenseitigen Vernichtung der Elektronen und Positronen war das anders, denn diese waren zuvor ähnlich häufig vorhanden wie die Photonen, verhielten sich also strahlungsartig.

Insgesamt nehmen also Temperatur und Dichte während der Bildung von Heliumkernen ohne nennenswerte Aufheizung ständig weiter ab, sodass nur ein relativ kleines Zeitfenster zur Bildung größerer Atomkerne bleibt. Die Zahl der noch freien Neutronen sinkt aufgrund der Bildung von Helium und

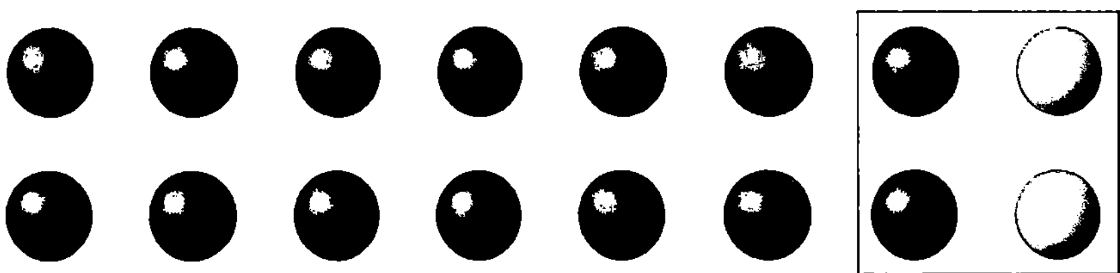

Abb. 1.16 Da sich fast alle Neutronen mit Protonen zu Heliumkernen verbinden, entsteht bei einem Proton-Neutron-Verhältnis von sieben zu eins ein Heliumkern pro 16 Nukleonen (angedeutet durch den Kasten rechts). Ein Viertel der Nukleonen liegt damit in Form von Heliumkernen vor.

aufgrund des Neutronenzerfalls schnell ab, und Protonen können sich schließlich bei niedrigeren Temperaturen nicht mehr an andere Atomkerne anlagern, da sowohl Atomkerne als auch Protonen elektrisch positiv geladen sind und sich abstoßen. Nach etwa 20 bis 30 Minuten kommt daher die Bildung neuer Atomkerne vollständig zum Erliegen, während die wenigen noch freien Neutronen weiter zerfallen. Letztlich werden fast alle vorhandenen Neutronen zur Bildung von stabilen Helium-4-Kernen verbraucht. Lediglich einige wenige Deuteriumkerne, Helium-3-Kerne und Tritiumkerne bleiben dabei übrig. Bei den schweren Elementen Beryllium-7, Lithium-6 und Lithium-7 gibt es nur sehr geringe Anteile (siehe oben).

Wie wir wissen, liegt das Verhältnis von Protonen zu Neutronen bei etwa sieben zu eins, als die Bildung von Deuteriumkernen und damit die Entstehung von Heliumkernen möglich wird. Da fast alle Neutronen in Heliumkernen enden, können wir leicht ausrechnen, welcher Prozentanteil der Nukleonen (Protonen und Neutronen) schließlich in Form von Heliumkernen vorliegen wird: Ein Achtel der Nukleonen sind Neutronen, und da jedes Neutron bei der Bildung eines Heliumkerns noch ein Proton mitnimmt, sind schließlich ein Viertel der Nukleonen innerhalb von Heliumkernen gebunden (Abb. 1.16). Da alle Nukleonen ungefähr gleich schwer sind, können wir auch sagen, dass 25 % der Nukleonenmasse in Form von Heliumkernen vorliegt. Bei niedrigeren Temperaturen werden dann später Protonen und Heliumkerne die sehr viel leichteren Elektronen einfangen und Wasserstoffatome sowie Heliumatome bilden. Diesen wichtigen Punkt wollen wir noch einmal festhalten:

Aus unserem vorausgesagten Proton-Neutron-Verhältnis von sieben zu eins folgt, dass der Gewichtsanteil des Heliums bezogen auf das Gesamtgewicht aller Atome etwa 25 % beträgt.

Die restlichen 75 % sind fast ausschließlich Wasserstoff, denn andere Atome können wir weitgehend vernachlässigen. Das sollte auch heute noch im Wesentlichen so sein, denn die Heliumerzeugung in Sternen ist bis zur Gegenwart zu gering, um den Heliumanteil im Mittel deutlich zu erhöhen.

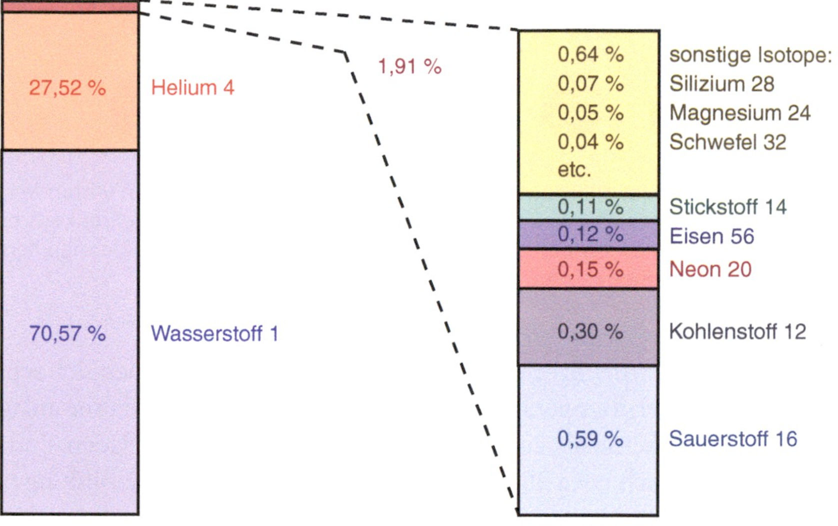

Abb. 1.17 Relative Gewichtsanteile der häufigsten Elemente im Sonnensystem. Wasserstoff und Helium sind bei Weitem am häufigsten, wobei Helium bereits etwas häufiger vorkommt als im übrigen Universum, da bei der Kernfusion im Sonnenzentrum bereits neues Helium entstanden ist. Die schwereren Elemente machen nur etwa 2 % der Gesamtmasse aus. Sie müssen bereits vor der Entstehung der Sonne in den Zentren anderer Sterne entstanden sein.

Tatsächlich findet man dieses Massenverhältnis von rund 25 % Helium und 75 % Wasserstoff, wenn man die *durchschnittliche* Verteilung der chemischen Elemente im heutigen Universum betrachtet. Nur ein Atom von 1 000 ist dabei nicht Wasserstoff oder Helium (Abb. 1.17)! Die Urknall-Theorie hat damit einen sehr wichtigen Test erfolgreich bestanden!

Es mag zunächst für uns überraschend sein, dass drei Viertel der gewöhnlichen Masse (Atome) im heutigen Universum aus Wasserstoff und ein Viertel aus Helium bestehen soll. In unserer Umgebung auf der Erde ist beispielsweise Helium recht selten. Die Erde ist aber nicht repräsentativ für das Universum. So ist die Sonne sehr viel größer als die Erde, und sie besteht tatsächlich aus etwa drei Viertel Wasserstoff und einem Viertel Helium (bezogen auf die Masse). Die Masse der Erde beträgt etwa $6 \cdot 10^{24}$ Kilogramm, die der Sonne dagegen rund $2 \cdot 10^{30}$ Kilogramm, d. h. die Sonne hat ungefähr 330 000-mal mehr Masse als die Erde! Den Größenunterschied zwischen Erde und Sonne kann man sich selbst klarmachen, indem man je nach Planetenstellung den Abend- oder Morgenhimmel betrachtet, wenn dort der sogenannte Abend- bzw. Morgenstern zu sehen ist. Das ist der helle Punkt, der kurz nach Sonnenuntergang als Erstes nicht weit weg von der untergegangenen Sonne am Abendhimmel zu sehen ist (bzw. sinngemäß am Morgenhimmel). Dieser helle

Punkt ist kein Stern, sondern ein Planet: die *Venus*. Die Venus ist ungefähr so groß wie die Erde, befindet sich aber deutlich näher an der Sonne. Wenn man die Venus am Himmel gut sehen kann, ist sie annähernd so weit von uns entfernt wie die Sonne. Dennoch erscheint uns die Venus nur als kleiner Punkt, während die Sonne am Tag eine gut sichtbare Scheibe am Himmel bildet. Hier können wir direkt den Größenunterschied zwischen Venus (bzw. Erde) und Sonne *sehen*!

Bei sehr alten Sternen, wie man sie beispielsweise in sogenannten Kugelsternhaufen findet, ist der Anteil an Kohlenstoff und schwereren Elementen noch deutlich geringer als in unserer Sonne. Dies zeigt, dass es diese Elemente noch nicht gab, als sich diese alten Sterne gebildet haben. Erst die jüngere Sternengeneration kann solche schwereren Elemente enthalten, da diese Sterne aus Gaswolken entstanden sind, die zuvor von älteren Sternengenerationen durch Supernova-Explosionen und Sternwinde mit schwereren Elementen versorgt wurden. Auch unsere Sonne gehört zu einer solchen jüngeren Sternengeneration.

Man kann aus dem Gewichtsanteil des entstandenen Deuteriums und Heliums weitere wichtige Erkenntnisse gewinnen. Je höher nämlich die Gesamtdichte der Protonen und Neutronen (auch *Baryonendichte* oder *Nukleonendichte* genannt) im Universum ist, umso häufiger stoßen diese zusammen, sodass sich bereits früher Deuterium und damit Helium bilden kann. Da die Zahl der Neutronen zu dieser früheren Zeit größer ist, entsteht auch mehr Helium. Zugleich bleibt weniger unverbrauchtes Deuterium übrig, da die höhere Nukleonendichte die Umwandlung des Deuteriums zu Helium effizienter macht. Vergleicht man die Berechnungen mit den gefundenen Häufigkeiten für Deuterium und Helium, so erhält man einen recht guten Schätzwert für die Nukleonendichte und damit für die mittlere Dichte atomarer Materie im heutigen Universum. Da man andererseits viel mehr gravitativ wirkende Materie im Universum beobachtet, ist dies ein deutlicher *Hinweis auf die Existenz dunkler Materie*, die nicht aus Protonen und Neutronen bestehen kann. Dies deckt sich mit anderen Ergebnissen, beispielsweise aus Untersuchungen der kosmischen Hintergrundstrahlung. Obwohl wir also bisher die dunkle Materie noch nicht direkt nachweisen können, so können wir doch recht sicher sein, dass sie existiert und dass sie von ganz anderer Beschaffenheit sein muss als die gewohnte atomare Materie.

Eine ähnliche Überlegung kann man für die Zahl der Neutrinosorten anstellen. Jede Neutrinosorte liefert vor der Neutrinoentkoppelung einen ähnlich großen Beitrag zur Energiedichte des Universums wie die Photonen. Bei mehr Neutrinosorten und entsprechend höherer Energiedichte muss die Expansion des Universums schneller verlaufen, um sich gegen die anziehende Gravitation behaupten zu können (siehe Abschnitt 1.5), sodass die Temperatur für die Bildung von Helium früher erreicht wird. Entsprechend höher ist dann der Neutronenanteil und damit der Heliumanteil, der daraus entsteht. Der heute beobachtete Heliumanteil wird nur dann erreicht, wenn es drei verschiedene Neutrinosorten gibt, also Elektron-, Myon- und Tau-Neutrinos. An den großen Teilchenbeschleunigern ist man zum selben Ergebnis gelangt, sodass man sich heute relativ sicher ist, keine der schwer nachweisbaren Neutrinosorten übersehen zu haben (sofern diese Teilchen keine zu großen Massen aufweisen).

1.5   Expansion, Strahlungs- und Materiedichte

Die Bildung von Heliumkernen ist spätestens nach einer Stunde vollständig abgeschlossen. Das Universum ist zu diesem Zeitpunkt mit einem etwa 200 Millionen Kelvin heißen Plasma aus Elektronen, Photonen, Protonen und Heliumkernen sowie Spuren anderer leichter Atomkerne angefüllt. Hinzu kommen die Neutrinos und die Teilchen der dunklen Materie, die sich aber beide nur noch über die Gravitation auswirken können, da ihre direkte Wechselwirkung mit dem Plasma viel zu gering ist. Die Massen-/Energiedichte des Plasmas liegt nur noch bei rund 0,02 Gramm pro Kubikzentimeter.

Die Teilchen des Plasmas fliegen wild durcheinander und stehen in enger Wechselwirkung miteinander. Die dominierenden Teilchen sind dabei die Photonen, die etwa zwei Milliarden Mal häufiger vorkommen als Nukleonen oder Elektronen. Diese sehr energiereichen Photonen entsprechen einer sehr intensiven Röntgen- und Gammastrahlung, die einen hohen Strahlungsdruck ausübt und jede Zusammenballung des Plasmas verhindert. Atome können sich in dieser energiereichen Strahlung noch nicht bilden – sie würden von den Photonen sofort wieder zerstört.

Bei den Atomkernen bestehen etwa drei Viertel des Gewichts aus Wasserstoffkernen (Protonen) und etwa ein Viertel aus Heliumkernen, d.h. auf zwölf Wasserstoffkerne kommt ein Heliumkern (Abb. 1.16). In Spuren kommen außerdem Deuteriumkerne, Tritiumkerne, Helium-3-Kerne, Beryllium-7-Kerne sowie Lithium-6- und Lithium-7-Kerne vor. Schwerere Atomkerne gibt es nicht, und Temperatur und Dichte sind bereits so gering, dass keine Veränderungen der stabilen Atomkerne mehr vorkommen. Das Verhältnis der chemischen Elemente liegt damit zunächst fest und wird sich erst sehr viel später wieder ändern können, wenn im Inneren von Sternen erneut große Dichten und Temperaturen erreicht werden.

Im Gegensatz zur ersten Stunde des Universums, die von rasanten Entwicklungen gekennzeichnet war, geschieht nun die nächsten Jahrtausende nichts weiter, als dass sich das Universum weiter ausdehnt und das Plasma sich dabei weiter abkühlt. Dabei nimmt die Energie der Photonen umgekehrt proportional zur Ausdehnung immer weiter ab. Die relativistische Gesamtenergie der massetragenden Teilchen kann dagegen maximal bis zu deren Ruheenergie abnehmen, die in ihrer Teilchenmasse gespeichert ist. Die ebenfalls zahlreichen Neutrinos verhalten sich wegen ihrer sehr geringen Masse analog zu den Photonen (also *strahlungsartig*), während die Teilchen der dunklen Materie deutlich schwerer sein dürften als Protonen oder Neutronen und sich in diesem Sinne *materieartig* verhalten.

Da die Dichte aller Teilchen in gleichem Maße während der Expansion abnimmt, werden die massetragenden Teilchen irgendwann die Massen-/Energiedichte dominieren, obwohl sie sehr viel seltener sind als die zahlreichen Photonen und Neutrinos. Man sagt, dass das Universum von einer *strahlungsdominierten* in eine *materiedominierte Phase* übergeht. Dieser Übergang findet rund 60 000 Jahre nach dem Urknall statt, wie wir etwas weiter unten noch sehen werden.

Wir haben bisher wenig dazu gesagt, wie die Expansion des Universums mit der darin enthaltenen Materie zusammenhängt. Immerhin wissen wir bereits, dass nach Einsteins Gravitationsgesetz ein Inflatonfeld mit starkem negativen Druck gravitativ abstoßend wirkt und zu einer inflationären Expansion des Universums führt. Materie ohne Druck oder mit positivem Druck (Strahlung) wirkt dagegen gravitativ anziehend und bremst die Expansion.

Da in den nächsten Jahrtausenden nur wenig geschieht und wir demnach viel Zeit haben, wollen wir uns in diesem Abschnitt genauer ansehen, wie die Gravitationswirkung der Materie die Expansion des Universums steuert. Dabei werden wir auch einige relativ einfache Formeln benötigen, ohne die sich diese Zusammenhänge nur schwer darstellen lassen. Als Lohn dafür werden wir sehr viel besser verstehen können, wie das Universum in seinen einzelnen Entwicklungsphasen expandiert. Wer nicht so tief einsteigen möchte, kann die wenigen Formeln aber auch gerne überspringen oder einfach nur kurz überfliegen – sie sind für das weitere Verständnis des Buches entbehrlich.

Wir haben uns die Expansion des Universums bereits mehrfach durch die Expansion einer Ballonoberfläche veranschaulicht, während man den Ballon aufbläst. Das sichtbare Universum ist dabei vermutlich nur ein winziger Teil dieser Oberfläche, wie wir bereits wissen. Der Abstand zwischen zwei Objekten auf der Ballonoberfläche wächst nun umso schneller, je größer er bereits ist. Genau das sehen wir heute in unserem Universum, wenn wir entfernte Galaxien beobachten. Halten wir dieses Expansionsgesetz noch einmal explizit fest:

Expansion des Universums (Hubble-Gesetz): Die Geschwindigkeit v, mit der die Entfernung r zwischen zwei beliebigen weit genug voneinander entfernten Objekten anwächst, ist proportional zur Entfernung r, d. h. es gilt die Formel

$$v = H r$$

Dabei ist H der sogenannte *Hubble-Parameter*. Er verändert sich im Laufe der Zeit, wenn die Expansion beschleunigt oder abgebremst wird. Den heutigen Wert des Hubble-Parameters bezeichnet man auch als *Hubble-Konstante* H_0. Er liegt bei 70 (km/s)/Mpc mit einer Unsicherheit von wenigen Prozent. Da ein Megaparsec (Mpc) etwa gleich 3,26 Millionen Lichtjahre ist, entspricht dies ungefähr einer Entfernungszunahme von 22 km/s für ein Objekt, das eine Million Lichtjahre entfernt ist. Das Hubble-Gesetz gilt allerdings nur für Objekte, die so weit voneinander entfernt sind, dass ihre gegenseitige gravitative Anziehung gegenüber der Expansion des Raumes keine Rolle mehr spielt. Unsere Milchstraße expandiert also keineswegs. Das Entfernungswachstum v muss außerdem so groß sein, dass die Eigenbewegung der Objekte keine Rolle mehr spielt. Die Eigenbewegung von Sternen und Galaxien relativ zur kosmischen Hintergrundstrahlung liegt typischerweise bei einigen 100 Kilometern pro Sekunde. Ab Entfernungen von rund 100 Millionen Lichtjahren sollte sich die Expansion des Universums also bemerkbar machen, denn dann beträgt die Entfernungszunahme nach dem Hubble-Gesetz bereits etwa 2 200 km/s. Solche Entfernungen entsprechen der typischen Ausdehnung von Galaxien-Superhaufen, d. h. man kann davon ausgehen, dass sich verschiedene Galaxien-Superhaufen nach dem Hubble-Gesetz voneinander entfernen. Genaueres zu den typischen Entfernungen und Strukturen von Galaxienhaufen werden wir in den Abschnitten 2.1 und 2.2 erfahren.

Häufig wird die Entfernungszunahme zwischen entfernten Galaxien auch als *Fluchtgeschwindigkeit* gedeutet. Das ist jedoch irreführend, denn die Galaxien besitzen nach kosmologischen Entfernungsmaßstäben nur relativ geringe Eigengeschwindigkeiten von einigen 100 Kilometern pro Sekunde. Dabei kann man den Begriff *Eigengeschwindigkeit* präzise durch die kosmische Hintergrundstrahlung definieren, denn diese liefert ein universelles Bezugssystem für Bewegungen. Man kann leicht nachmessen, ob man sich gegenüber der kosmischen Hintergrundstrahlung bewegt, denn die Strahlung, die von vorne kommt, ist durch den Dopplereffekt zu kürzeren Wellenlängen hin verschoben. In Bewegungsrichtung sieht der Himmel gleichsam *heißer* aus.

Die Entfernung zwischen sehr weit voneinander entfernten Galaxien kann sogar schneller als mit Lichtgeschwindigkeit wachsen, sodass diese Galaxien den Kontakt zueinander verlieren (wir sind in Abschnitt 1.2 bei der inflationären Expansion bereits kurz darauf eingegangen). Das ist kein Widerspruch zur speziellen Relativitätstheorie, denn wir dürfen die Entfernungszunahme

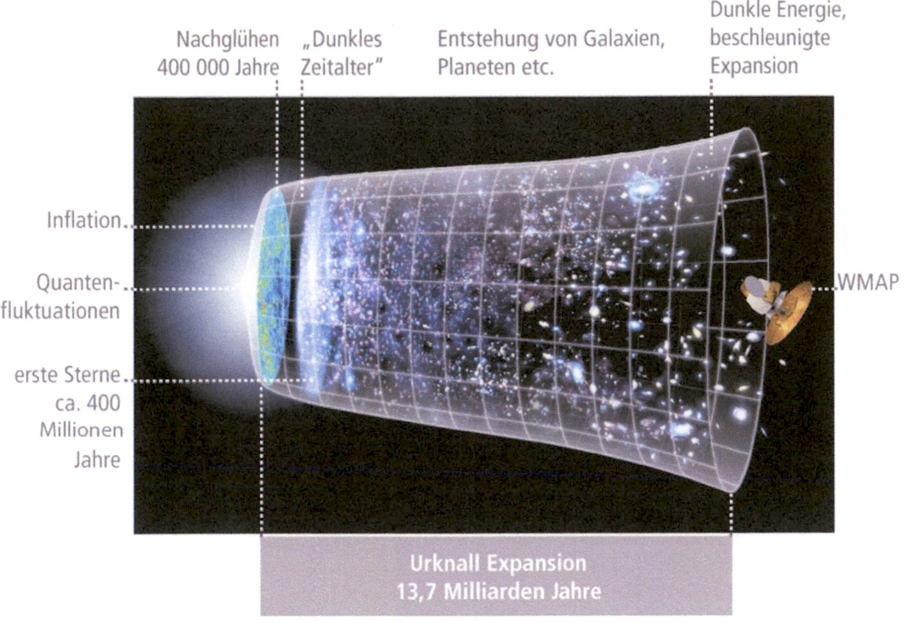

Abb. 1.18   Je weiter wir in das Universum hinausschauen, umso weiter sehen wir auch in die Vergangenheit und umso mehr wurde die Wellenlänge des Lichts gedehnt, das uns heute von dort erreicht. Ganz weit draußen sehen wir das glühende Plasma, als das Universum 380 000 Jahre nach dem Urknall durchsichtig wurde (ganz links im Bild). Das Licht, das von ihm ausgesendet wurde, ist die kosmische Hintergrundstrahlung, wie sie der rechts im Bild dargestellte WMAP-Satellit im Detail vermessen hat. © NASA/WMAP Science Team.

sehr weit entfernter Objekte nicht als Relativgeschwindigkeit deuten. Sogar der Entfernungsbegriff selbst ist für solche Objekte mehrdeutig, denn wir können ihre *heutige Entfernung* (engl. *proper distance* oder *comoving distance*) gar nicht messen.

Wenn wir weit hinaus ins Universum schauen, so sehen wir zugleich immer weiter in die Vergangenheit, da das Licht immer mehr Zeit benötigt, um gegen die kosmische Expansion anzulaufen und uns noch zu erreichen. Dabei wird seine Wellenlänge immer mehr gedehnt, sodass es rotverschoben erscheint. Man kann dies auch so interpretieren, als ob die Zeit bei weit entfernten Objekten aus unserer Sicht immer langsamer läuft. Ganz weit draußen sehen wir schließlich das glühende Plasma in dem Moment, als das Universum durchsichtig wurde und sich erstmals Wasserstoffatome bildeten, wobei die Wellenlänge dieses Lichts seitdem um den Faktor 1 000 gedehnt wurde, sodass Mikrowellenstrahlung daraus geworden ist. Diese Mikrowellenstrahlung ist genau die kosmische Hintergrundstrahlung, die wir schon so oft erwähnt haben (Abb. 1.18; mehr dazu in Abschnitt 1.6).

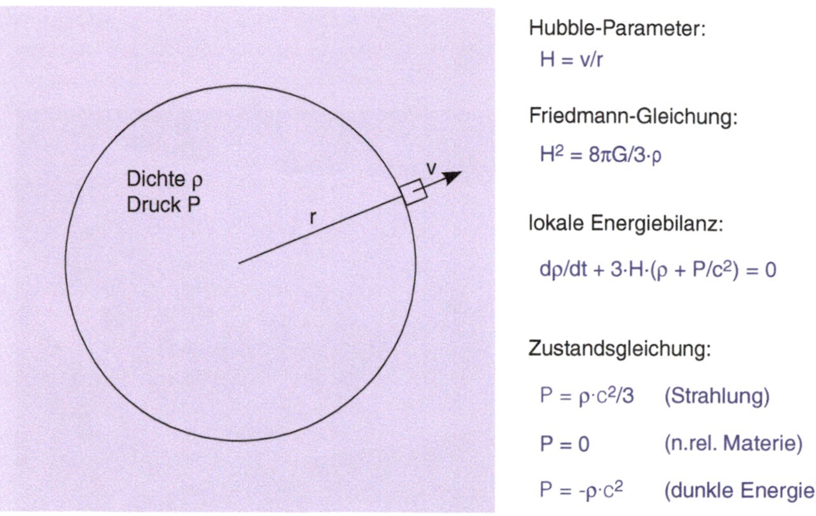

Abb. 1.19 Darstellung der Expansion des Universums durch eine mitexpandierende Kugel. Die angegebenen Gleichungen und Abkürzungen werden im Text hergeleitet und erklärt. Sie legen die Expansion des Universums fest.

Noch weiter hinaussehen können wir nicht, da das Plasma vor diesem Zeitpunkt für Licht undurchsichtig ist. Möglicherweise gelingt es in den nächsten Jahrzehnten, Gravitationswellen aus noch größeren Entfernungen und damit früheren Zeiten nachzuweisen, wobei deren Wellenlänge noch mehr gedehnt wäre. Diese Gravitationswellen-Hintergrundstrahlung müsste es im Prinzip durchaus geben. Irgendwann kommt aber der Punkt, an dem die Wellenlängen so extrem gedehnt werden, dass sie nicht mehr nachweisbar sind (die inflationäre Expansion sorgt dafür). In dieser Entfernung bleibt die Zeit von uns aus gesehen praktisch stehen, und wir können nicht noch weiter hinaussehen. Die Situation ist ganz analog zum Ereignishorizont eines schwarzen Lochs, und man spricht daher auch beim Universum von einem Ereignishorizont, der das für uns sichtbare Universum begrenzt. Das gesamte Universum kann aber durchaus viel größer sein als der für uns sichtbare Bereich, wie wir bereits wissen (Abb. 1.9).

Um die Expansion des Universums zu beschreiben, benötigt man streng genommen die allgemeine Relativitätstheorie. Man kann jedoch auch mit sehr viel einfacheren Mitteln die korrekten Gleichungen zumindest motivieren und anschaulich interpretieren. Dazu verwenden wir, dass die Materiedichte das Universum gleichförmig erfüllt, sobald wir genügend große Bereiche betrachten. Im heutigen Universum wären das Bereiche von etwa einer Milliarde Lichtjahren Durchmesser. Ein beliebiger kugelförmiger Raumbereich ab dieser Größenordnung ist charakteristisch für das gesamte heutige Universum, denn jeder andere kugelförmige Raumbereich dieser Größe sieht praktisch genauso aus (Abb. 1.19). Es ist egal, wo wir die gedachte Kugel im Universum platzieren, sofern die Materie darin hinreichend homogen ist. Im Ballonbild würden wir analog dazu irgendwo auf der Ballonoberfläche einen kleinen Kreis einzeichnen.

Wir wollen uns nun die Expansion einer solchen Raumkugel genauer ansehen. Dabei soll der Kugelmittelpunkt gegenüber der kosmischen Materie ruhen und der Kugelrand synchron mit der kosmischen Materie mitexpandieren, sodass die Kugel gleichsam parallel zur expandierenden Materie mitgedehnt wird. Bei einem Kugelradius von 0,5 Milliarden Lichtjahren läge die Expansionsgeschwindigkeit des Kugelrands bei rund 10 000 km/s. Das ist weit genug von der Lichtgeschwindigkeit (300 000 km/s) entfernt, sodass wir nicht-relativistisch argumentieren und die Geschwindigkeit des Kugelrands als Relativgeschwindigkeit zum Kugelzentrum interpretieren können. Die Relativitätstheorie berücksichtigen wir nur dadurch, dass wir auch Energiedichten (Strahlung) analog zu Massendichten eine Trägheit und eine Gravitationswirkung zuschreiben.

Die Expansion der Kugel wird durch die Gravitation gesteuert. Dabei kann man zeigen, dass die Materie außerhalb der Kugel überhaupt keinen Einfluss hat, da sich ihre Gravitationswirkung insgesamt zu null aufsummiert. Letztlich ist diese Auslöschung in der Kugelsymmetrie begründet. Die Gravitationswirkung, die auf Materie am Kugelrand wirkt, entsteht also alleine durch die Materiemenge, die sich innerhalb der Kugel befindet.

Wenn man nun für Materie am Kugelrand deren konstante Energiesumme aus Bewegungsenergie (kinetischer Energie) und Gravitationsenergie (Lageenergie oder potenzieller Energie) betrachtet, so kann man *die entscheidende Gleichung* herleiten, die die Expansion des Universums bestimmt: die *Friedmann-Gleichung* (die Herleitung kann man auf den Webseiten zu diesem Buch unter *www.joerg-resag.de* finden). Für ein flaches Universum ohne mittlere Raumkrümmung lautet sie:

$$H^2 = 8\pi G/3 \cdot \rho$$

(Im allgemeineren Fall mit Raumkrümmung kommt rechts noch ein weiterer Summand hinzu, den wir aber für unser sichtbares Universum nicht brauchen, da dieses nach heutigem Wissen praktisch ungekrümmt ist). In dieser Gleichung ist H der Hubble-Parameter, der die Expansionsgeschwindigkeit des Universums angibt (siehe oben), ρ ist die mittlere Massendichte der Materie im Universum, die auch die Energiedichte von Strahlung mit umfasst (umgerechnet in die Einheiten einer Massendichte, indem man durch das Quadrat der Lichtgeschwindigkeit c dividiert), und G ist die Gravitationskonstante, die die allgemeine Stärke der Gravitation festlegt.

In der allgemeinen Relativitätstheorie ist die konstante Gesamtenergie aus Bewegungsenergie und Gravitationsenergie mit der Krümmung des Universums verknüpft. Dabei ist die Bewegungsenergie immer positiv, während die Gravitationsenergie negativ ist, d. h. es ist Energie notwendig, um zwei Körper gegen die anziehende Gravitation voneinander zu entfernen. Die Gesamtenergie kann also positiv, null oder negativ sein, je nachdem, wie groß die positive Bewegungsenergie der Materie am Kugelrand ist. Je schneller die Kugel expandiert, umso größer ist auch die Bewegungsenergie der mitgeführten Materie auf ihrem Rand.

Eine negative Gesamtenergie bedeutet in der allgemeinen Relativitätstheorie ein positiv gekrümmtes Universum analog zu einer Ballonoberfläche, eine positive Gesamtenergie bedeutet ein negativ gekrümmtes Universum analog zu einer Satteloberfläche, und eine Gesamtenergie von null bedeutet ein flaches Universum analog zu einer flach gespannten Gummihaut. Ohne die Berücksichtigung des Drucks dehnt sich bei positiver Gesamtenergie die Raumkugel und mit ihr das Universum ewig weiter aus, da die Bewegungsenergie nie durch die anziehende Gravitation aufgezehrt wird. Bei negativer Gesamtenergie wäre dagegen die Bewegungsenergie irgendwann erschöpft und die Expansion würde in ein Schrumpfen der Kugel übergehen, so wie bei einem hochgeworfenen Stein, der den höchsten Punkt seiner Flugbahn überschritten hat. Messungen der kosmischen Hintergrundstrahlung zeigen, dass unser Universum tatsächlich weitgehend flach ist, sodass Bewegungsenergie und Gravitationsenergie sich gegenseitig kompensieren.

Die Friedmann-Gleichung sagt, dass der Hubble-Parameter H mit wachsender Materiedichte ρ anwächst, und zwar proportional zur Wurzel aus der Dichte, sofern das Universum flach oder die Dichte sehr groß ist (sodass der nicht gezeigte Krümmungssummand vernachlässigbar wird). *Ein dichteres flaches Universum expandiert schneller als ein weniger dichtes.* Dabei muss für ein flaches Universum die Dichte ρ einen bestimmten Wert haben, den wir erhalten, wenn wir die Gleichung nach der Dichte freistellen. Diese Dichte ist die sogenannte *kritische Dichte*, die wir bereits in Abschnitt 1.2 kurz kennengelernt haben:

$$\rho_{cr} = 3H^2 / (8\pi G)$$

Da der Hubble-Parameter H zeitabhängig ist, verändert sich auch die kritische Dichte im Laufe der Zeit. Expandiert das Universum zu einem Zeitpunkt schneller, so ist auch die kritische Dichte zu dieser Zeit größer. Wie wir bereits wissen, entspricht die Dichte im heute sichtbaren Universum im Rahmen der Messgenauigkeit gerade dieser kritischen Dichte, sodass unser Universum flach ist. Die inflationäre Expansion sorgt dafür, dass sich die kritische Dichte zu Beginn automatisch sehr genau einstellt, sodass sie im Laufe der weiteren Expansion bis heute erhalten bleibt (siehe das *Flachheitsproblem* in Abschnitt 1.2).

Die Friedmann-Gleichung reicht alleine noch nicht aus, um die Expansion des Universums zu beschreiben, denn sie liefert lediglich den Zusammenhang zwischen Dichte ρ und Expansion H, nicht aber die zeitliche Änderung dieser Größen. Die zeitliche Änderung der Materiedichte können wir aus der *lokalen Energieerhaltung* in der Kugel ableiten. Ohne die spezielle Relativitätstheorie würden wir davon ausgehen, dass sich die in der Kugel enthaltene Gesamtmasse nicht ändert, denn die Kugelschale bewegt sich mit der Materie mit, sodass keine Materie die Kugel betritt oder verlässt. Wir wissen aber, dass nach der Relativitätstheorie auch Energie eine Trägheit besitzt und Gravitation erzeugt, und dass wir umgekehrt auch Massen als lokal gespeicherte Energie auffassen können. Wir müssen also die in der Kugel enthaltene Gesamtenergie inklusive aller darin enthaltenen Massen und Energien betrachten. Diese Gesamtenergie kann sich ändern, wenn Energie die Kugel verlässt. Über sich bewegende Materie oder Strahlung geschieht dies aber nicht, denn die Kugelschale bewegt sich mit der Materie mit und es dringt ebenso viel Strahlung durch die Kugelschale nach innen wie nach außen. Dennoch gibt es einen Energiefluss, und zwar aufgrund des Drucks, den Materie und besonders Strahlung aufweisen. Wenn sich nämlich der Kugelradius ausdehnt, so wirkt eine Druckkraft und verrichtet am Medium außerhalb der Kugel Arbeit.

Bei positivem Druck (also Druck nach außen) ist diese Massen-/Energieänderung in der Kugel negativ, da Arbeit von der expandierenden Kugel am äußeren Medium verrichtet wird; die Masse bzw. Energie in der Kugel sinkt also. Bei negativem Druck wie bei einem Inflatonfeld ist die Massen-/Energieänderung dagegen positiv, denn es muss von außen der Kugel Energie zugeführt werden, analog zu einem Gummiband, das man auseinanderzieht.

Die konkrete Rechnung zur lokalen Energiebilanz der Kugel wollen wir hier nicht im Einzelnen durchführen (man findet sie wieder auf den Webseiten zu diesem Buch). Es entsteht dabei die folgende Gleichung, die man als *lokale Energieerhaltung, lokale Energiebilanz* oder auch als *Strömungsgleichung* bezeichnet:

$$d\rho/dt + 3 \cdot H \cdot (\rho + P/c^2) = 0$$

Dabei ist *dp/dt* die zeitliche Änderungsrate der Massen-/Energiedichte ρ im Universum, also mathematisch die Ableitung der Dichte nach der Zeit, und P ist der Druck, den diese Materie ausübt. Wie immer ist H der Hubble-Parameter und c die Lichtgeschwindigkeit. Offenbar spielt der Druck bei der lokalen Energiebilanz und damit bei der Expansion des Universums eine wichtige Rolle. Daher müssen wir wissen, wie groß der Druck der Materie ist, d.h. wie Druck und Dichte miteinander zusammenhängen. Dies kann für verschiedene Materietypen ganz unterschiedlich sein und wird durch eine entsprechende *Zustandsgleichung* festgelegt. Schauen wir uns die drei wichtigsten Materietypen genauer an:

1. Relativistische Materie (Strahlung, Photonen, Neutrinos, sehr hochenergetisches Plasma):

Bei relativistischer Materie ist die Teilchenmasse null oder die Teilchenenergie ist weit größer als die Teilchenmasse, sodass Letztere keine Rolle spielt. Der Druck ist hier positiv und gleich einem Drittel der Energiedichte: $P = \rho \cdot c^2/3$. Man bezeichnet diesen Druck auch oft als Strahlungsdruck. Die lokale Energiebilanz ergibt damit nach kurzer Rechnung (siehe Webseiten zum Buch), dass die Dichte umgekehrt proportional zur Kugelausdehnung r hoch vier abfallen muss:

$$\rho \sim 1/r^4$$

Expandiert also die Kugel auf den doppelten Radius, so sinkt die Dichte um $1/2^4 = 1/16$ ab. Das ist genau das Ergebnis, dass wir bereits in Abschnitt 1.3 für Photonen erhalten hatten (Abb. 1.10). Mithilfe der Friedmann-Gleichung ohne Krümmungssummand können wir nun das zeitliche Expansionsverhalten ausrechnen (siehe Webseiten) und erhalten:

$$r \sim t^{1/2} = \sqrt{t}$$

$$H = 1/(2t)$$

Das Universum expandiert in seiner frühen strahlungsdominierten Zeit also proportional zur Wurzel aus der Zeit. Hier erkennt man die bremsende Wirkung der anziehenden Gravitation, denn die Kugel wächst immer langsamer und der Hubble-Parameter H wird antiproportional zur Zeit immer kleiner. Da die Temperatur umgekehrt proportional mit wachsendem Kugelradius sinkt, muss sie proportional zu $1/\sqrt{t}$ abfallen – das kennen wir bereits aus Abschnitt 1.3.

2. Nicht-relativistische Materie (Atome oder Atombausteine, Staub, kalte dunkle Materie):

Bei nicht-relativistischer Materie spielt die Bewegungsenergie gegenüber der Ruheenergie, die in der Teilchenmasse enthalten ist, keine Rolle, sodass die Massen-/Energiedichte alleine durch die Teilchenmassen und die Teilchendichte gegeben ist. Entsprechend spielt auch der Druck hier keine Rolle, da die Massen-/Energiedichte durch die Druckarbeit nicht nennenswert beeinflusst werden kann. Wir können den Druck daher einfach gleich null setzen: $P = 0$. Die lokale Energiebilanz ergibt damit, dass die Dichte umgekehrt proportional zum Kugelradius hoch drei (also antiproportional zum Kugelvolumen) abfällt:

$$\rho \sim 1/r^3$$

Das ist auch anschaulich klar, denn antiproportional zum Kugelvolumen sinkt die Teilchendichte und damit die Massendichte. Anders als Photonen verlieren langsame massive Teilchen kaum Energie durch die Expansion, denn ihre Ruheenergie (Masse) bleibt erhalten und der Verlust an Bewegungsenergie spielt im Vergleich zur Ruheenergie keine Rolle.

Da die nicht-relativistische Massen-/Energiedichte weniger schnell abnimmt als die relativistische Energiedichte, gewinnt sie irgendwann die Oberhand (Details folgen gleich). In einem flachen Universum wie dem unseren gilt nun wieder die vereinfachte Friedmann-Gleichung ohne Krümmungssummand und wir erhalten nach kurzer Rechnung das folgende zeitliche Expansionsverhalten:

$$r \sim t^{2/3}$$

$$H = 2/(3t)$$

Wieder sehen wir die bremsende Wirkung der Gravitation, wobei die Bremswirkung weniger stark ausfällt als zuvor im strahlungsdominierten Universum — es fehlt ja jetzt die anziehende Gravitation des Drucks.

3. Inflatonfeld, dunkle Energie, kosmologische Konstante:
Bei einem Inflatonfeld oder einer kosmologischen Konstanten (dunkle Energie oder Vakuumenergie) liegt ein sehr starker negativer Druck vor, der das Feld zusammenziehen möchte: $P = -\rho c^2$. Die lokale Energiebilanz lautet dann einfach $d\rho/dt = 0$, denn zur Expansion der Kugel muss so viel Druckarbeit (besser Zugarbeit) an dem Inflatonfeld in der Kugel geleistet werden, dass dadurch die Energieverdünnung durch die Volumenvergrößerung komplett ausgeglichen wird. Die zeitliche Änderung der Energiedichte ist also null, sodass die Energiedichte trotz Expansion konstant bleibt:

$$\rho = \rho_0 = \text{konstant}$$

Betrachten wir wieder ein flaches Universum mit der vereinfachten Friedmann-Gleichung ohne Krümmungssummand. Da die Massen-/Energiedichte konstant ist, muss auch der Hubble-Parameter H konstant sein, d. h. die Expansion verläuft exponentiell ohne jede Abbremsung. Die Rechnung ergibt:

$$r \sim e^{H \cdot t} \text{ mit } H = (8\pi G/3 \cdot \rho)^{1/2}$$

Es hängt also von der Massen-/Energiedichte ab, wie schnell die Expansion verläuft: Je größer die Energiedichte ist, umso größer ist auch der negative Druck und damit dessen abstoßende Gravitationswirkung. Bei einer sehr hoher Energiedichte, wie man sie für das Inflatonfeld vermutet, geht diese exponentielle Expansion rasend schnell und kann in einem kleinen Augenblick aus einem winzigen Raumgebiet ein ganzes Universum erschaffen, wie wir in Abschnitt 1.2 gesehen haben. Auch im heutigen Universum gibt es offenbar eine Energiedichte mit starkem negativen Druck – die sogenannte *dunkle Energie*, die wir bereits mehrfach erwähnt hatten. Ihre Energiedichte ist jedoch sehr gering, sodass sie unser Universum nur langsam auseinandertreibt.

All diese Überlegungen haben wir aus nur drei Gleichungen hergeleitet: der Friedmann-Gleichung, die den Austausch zwischen Gravitationsenergie und Bewegungsenergie beschreibt, der lokalen Energiebilanz, welche die Änderung der Massen-/Energiedichte beschreibt und dabei die Druckarbeit am Medium außerhalb der Kugel berücksichtigt, sowie der jeweiligen Zustandsgleichung, die den Druck der jeweiligen Materieform angibt (Abb. 1.19). Da dabei Energiebetrachtungen eine zentrale Rolle spielen, könnte man meinen, dass damit alle Fragen zur Energie des Universums geklärt seien. Doch ganz so einfach ist es nicht. So ist beispielsweise nicht ganz klar, was mit der Energie geschieht, die durch die Druckarbeit der expandierenden Kugel ins Medium außerhalb der Kugel fließen sollte. Da das Universum keinen Rand hat, dehnt sich dieses Medium bis in unbekannte Ferne aus, wodurch sich seine Energie kaum bilanzieren lässt.

Ein Beispiel: Wir wissen, dass Photonen bei der Expansion des Universums Energie verlieren, zumindest wenn man sie aus einem Bezugssystem betrachtet, das gegenüber der kosmischen Hintergrundstrahlung ruht. Wo aber geht diese Energie hin? Nach unserer obigen Überlegung fließt sie durch die Druckarbeit der expandierenden Kugel ins Medium außerhalb der Kugel. Man kann argumentieren, dass die Energie der Photonen in eine Art potenzielle Gravitationsenergie des gesamten Universums übergeht, und tatsächlich würde sie bei einer Umkehrung der Expansion auch wieder zurückgewonnen werden und den Photonen zugutekommen. In allen obigen Gleichungen kann man den Zeitfluss umdrehen, sodass sie neben einer Expansion auch eine Kontraktion beschreiben können. In der Friedmann-Gleichung geht H nämlich quadratisch ein: Wenn ein positives H eine Lösung der Gleichung ist und eine Expansion anzeigt, so ist auch $-H$ eine Lösung und gehört zu der zeitgespiegelten Kontraktion des Universums. In der lokalen Energiebilanz bedeutet ein Vorzeichenwechsel von H, dass auch die zeitliche Dichteänderungsrate $d\rho/dt$ das Vorzeichen wechselt, sodass die Dichte sich bei der Kontraktion genau umgekehrt wie bei der Expansion ändert. Beide Zeitrichtungen sind also gleichwertig – es gibt noch keinen Zeitpfeil in den Gleichungen. Eine Zeitrichtung kommt erst dann ins Spiel, wenn wir die Entropie hinzunehmen. Bei der Herleitung der lokalen Energiebilanz geht man nun von einem adiabatischen (also umkehrbaren) Vorgang aus, bei dem sich die Entropie in der expandierenden Kugel nicht ändert. Diese Näherung ist bis zum heutigen Tag recht gut erfüllt, d. h. die Entropie in der expandierenden Kugel nimmt nur sehr langsam zu. Erst wenn sich die Materie aufgrund der Gravitation immer stärker lokal zusammenballt und schwarze Löcher bildet, wird die wachsende Entropie zunehmend wichtig.

Die anschaulichen Erklärungen zur Energie sind nicht ganz unproblematisch. Es ist in der allgemeinen Relativitätstheorie nicht möglich, einen universellen Energiebegriff für beliebige dynamische Raumzeiten inklusive darin enthaltener Materie zu definieren. Daher ist der Energieerhaltungssatz für das Universum als Ganzes nicht ohne Weiteres gültig. Energieflüsse lassen sich darin nur lokal betrachten, so wie wir das bei unserer Kugel auch getan haben. Letztlich hat der Energieerhaltungssatz seinen Ursprung in der sogenannten Zeittranslationssymmetrie, d. h. in der Freiheit, einen Zeitnullpunkt beliebig zu wählen. Für das Universum als Ganzes gilt diese Symmetrie nicht unbedingt, denn schließlich gibt es den Urknall.

Schauen wir uns an, welches die dominierende Materieform in den verschiedenen Lebensabschnitten des Universums ist. In den ersten Sekunden ist die Situation klar: Die Temperatur ist so hoch, dass die gesamte Materie relativistisch, also strahlungsartig ist. Das Universum ist also am Anfang *strahlungsdominiert* (wir hatten es bereits mehrfach erwähnt). Während es sich ausdehnt und abkühlt, nimmt seine Energiedichte proportional zu $1/r^4$ ab, und seine Temperatur fällt proportional zu $1/r$.

Nach spätestens drei Minuten haben sich (bis auf die Antineutrinos) alle Teilchen mit ihren Antiteilchen gegenseitig vernichtet, sodass das nun nicht mehr ganz so heiße Plasma (10^9 Kelvin) einen kleinen Anteil an nicht-relativistischer Materie enthält: Nukleonen sowie dunkle Materie. Dabei kommt etwa ein Nukleon auf zwei Milliarden Photonen, wobei dieses Zahlenverhältnis bis zum heutigen Tag erhalten bleibt. Die Massen-/Energiedichte der wenigen nicht-relativistischen Teilchen nimmt bei der weiteren Expansion nur proportional zu $1/r^3$ ab, denn sie verteilen sich einfach nur auf das größere

Volumen und verlieren anders als Photonen kaum Energie (ihre Ruheenergie bleibt ja erhalten). Die Energiedichte der Photonen und Neutrinos fällt also schneller ab als die Energiedichte (Massendichte mal c^2) der Atomkerne und der Teilchen der dunklen Materie. Irgendwann wird daher die nicht-relativistische Materie die Strahlung überflügeln und das Universum wird von einem strahlungsdominierten in einen materiedominierten Zustand übergehen.

Überprüfen wir, was *heute* die dominierende Materieform ist. Die Energiedichte der heutigen kosmischen Hintergrundstrahlung (Photonen) hatten wir in Abschnitt 1.3 bereits ausgerechnet, indem wir ihre Temperatur von 2,73 Kelvin in das Stefan-Boltzmann-Gesetz eingesetzt haben. Sie beträgt heute $\rho_\gamma = 0{,}26$ eV/cm^3 (der Index γ steht für Photonen). Hinzu kommt die Energiedichte der etwas kühleren Neutrinos, die bei etwa 68 % der Photonen-Energiedichte liegt. Die Energiedichte der relativistischen Materie (Photonen plus Neutrinos) liegt also heute bei $\rho_{rad} = \rho_\gamma + \rho_\nu = 1{,}68 \cdot 0{,}26$ eV/cm$^3 \approx 0{,}44$ eV/cm^3.

Die heutige Dichte der nicht-relativistischen Materie (Atome plus dunkle Materie) wird auf etwa 30 % der kritischen Dichte geschätzt (also der Dichte, bei der das Universum flach ist). Die kritische Dichte hat heute etwa den Wert $\rho_{cr} = 10^{-29}$ g/cm^3 oder durch Multiplikation mit c^2 in Energieeinheiten umgerechnet rund 5 500 eV/cm^3 oder 5,5 GeV/m^3. Da ein Wasserstoffatom eine Masse von knapp 1 GeV hat, entspricht die kritische Dichte etwa fünf bis sechs Wasserstoffatomen pro Kubikmeter. Die Dichte ρ_m der Atome plus der dunklen Materie beträgt mit rund 30 % der kritischen Dichte also etwa $\rho_m = 1\,650$ eV/cm^3 und damit etwa das 3 750-fache der Energiedichte der Photonen und Neutrinos. Halten wir daher fest:

Das Universum ist (ohne Berücksichtigung der dunklen Energie) heute materiedominiert, d. h. die Energiedichte relativistischer Strahlung (kosmische Photonen-Hintergrundstrahlung plus Neutrinos) ist rund 3 750-mal kleiner als die Dichte der Atome und der dunklen Materie (ausgedrückt als Energiedichte).

Genau genommen wird das Universum heute sehr wahrscheinlich weder von Materie noch von Strahlung, sondern von sogenannter *dunkler Energie* dominiert, deren Energiedichte rund 70 % der kritischen Dichte beträgt (Abb. 1.20). Wie wir wissen, besitzt diese dunkle Energie einen starken negativen Druck und führt daher zu abstoßender Gravitation und damit zu einer beschleunigten Expansion des Universums. Wenn man davon ausgeht, dass diese dunkle Energiedichte zeitlich konstant ist, so waren in den ersten Jahrmillionen des Universums Strahlungsdichte und nicht-relativistische Materiedichte sehr viel größer als die dunkle Energiedichte. Daher spielt die dunkle Energie zumindest im jungen Universum wohl noch keine Rolle.

Versuchen wir, grob abzuschätzen, wann das Universum von einem strahlungsdominierten in einen materiedominierten Zustand übergeht. Da für die

Abb. 1.20 Materieanteile im heutigen Universum. Dabei darf man dunkle Materie und dunkle Energie nicht verwechseln: Dunkle Materie besteht vermutlich aus massereichen noch unbekannten Teilchen und wirkt gravitativ anziehend, während dunkle Energie vermutlich irgendeine unbekannte Form von Feld- oder Vakuumenergie mit stark negativem Druck ist, die gravitativ abstoßend wirkt. Dunkle Materie und Atome bzw. Atombausteine bilden zusammen die nicht-relativistische Materie. Relativistische Materie (Photonen und Neutrinos) haben heute eine so geringe Energiedichte, dass sie in der Grafik nicht darstellbar sind.

(nicht-relativistische) Materiedichte $\rho_m \sim 1/r^3$ und für die Strahlungsdichte $\rho_{rad} \sim 1/r^4$ gilt, gilt für ihr Verhältnis $\rho_{rad}/\rho_m \sim 1/r \sim T$ (die Temperatur wird ja immer von den viel zahlreicheren Photonen dominiert, sodass sie sich umgekehrt proportional zur Expansion verhält). Heute ist bei einer Temperatur von 2,73 Kelvin das Verhältnis $\rho_{rad}/\rho_m \approx 1/3\,750$. Da sich dieses Verhältnis proportional zur Temperatur erhöht, müssen wir die heutige Temperatur von 2,73

Kelvin um den Faktor 3750 erhöhen, damit das Verhältnis gleich eins wird, sodass beide Energiedichten gleich groß sind: 2,73 K · 3750 ≈ 10 000 K. Diese Temperatur herrscht beispielsweise auf der Oberfläche des hellsten Sterns am Nachthimmel: Sirius (siehe Abschnitt 2.3). Die Photonenstrahlung im Universum bei dieser Temperatur entspricht dem Licht, das auf der Oberfläche von Sirius herrscht: ein gleißendes grell-bläuliches Licht. Zum Vergleich: Auf der Sonnenoberfläche herrschen nur etwa 6000 Kelvin.

Den entsprechenden Zeitpunkt können wir abschätzen, indem wir verwenden, dass im materiedominierten Universum die Formel $r \sim t^{2/3}$ oder gleichwertig dazu $t \sim r^{3/2}$ gilt (siehe oben). Die Temperatur ist 3750-mal größer, wenn der Kugelradius 3750-mal kleiner als heute ist, die Zeitspanne seit dem Urknall also $3\,750^{3/2}$-mal kleiner ist als das heutige Alter des Universums von 13,7 Milliarden Jahren: $t = 13{,}7 \cdot 10^9$ Jahre$/3\,750^{3/2} \approx 13{,}7 \cdot 10^9$ Jahre$/230\,000$ ≈ 60 000 Jahre. Zur Probe können wir uns auch von der strahlungsdominierten Seite her nähern und $T = 10\,000$ K in die Formel $t = 1{,}8 \cdot (10^{10}/T)^2$ aus Abschnitt 1.3 einsetzen, was $1{,}8 \cdot 10^{12}$ Sekunden oder rund 57 000 Jahre ergibt. Das passt recht gut zusammen, sodass wir grob von etwa 60 000 Jahren sprechen wollen. Halten wir fest:

Bei etwa 10 000 Kelvin rund 60 000 Jahre nach dem Urknall geht das Universum von einem strahlungsdominierten in einen materiedominierten Zustand über. Vorher ist die Energiedichte der Strahlung (Photonen und Neutrinos) größer, anschließend ist die Energiedichte größer, die in der Massendichte der Atombausteine und der dunklen Materie enthalten ist (wenn man sie durch Multiplikation mit c^2 in Energieeinheiten umrechnet).

Es dauert tatsächlich recht lange, bis die nicht-relativistische Materiedichte nach etwa 60 000 Jahren endlich die Strahlungsdichte überholen kann. Das zeigt, wie gering die Teilchendichte der Atome und der dunklen Materie im Universum letztlich ist, verglichen mit der Teilchendichte der Photonen und Neutrinos. Ich finde es immer wieder beeindruckend, mit welchen einfachen Mitteln sich solche Aussagen gewinnen lassen!

Ganz analog können wir abschätzen, ab wann die dunkle Energie relevant wird, sodass sich die Expansion seitdem beschleunigt statt abbremst. Oben haben wir gesehen, dass die Materiedichte im heutigen Universum zu rund 70 % aus dunkler Energie und zu 30 % aus nicht-relativistischer Materie besteht, sodass das Verhältnis von nicht-relativistischer Materie zu dunkler Energie heute bei 3/7 liegt: $\rho_m/\rho_d = 3/7$. Wir wollen davon ausgehen, dass bei der dunklen Energie die Zustandsgleichung $P = -\rho c^2$ gilt, auch wenn wir das heute noch nicht absolut sicher wissen. Dann ist die dunkle Energiedichte während der Expansion konstant, während sich die Massen-/Energiedichte der nicht-relativistischen Materie antiproportional zu r^3 ändert: $\rho_m \sim 1/r^3$. Das Dichteverhältnis ändert sich also ebenfalls antiproportional zu r^3, d. h. $\rho_m/\rho_d \sim 1/r^3$.

Als die Kugelausdehnung nur halb so groß wie heute war, war also dieses Dichteverhältnis achtmal größer als heute, lag also bei $\rho_m/\rho_d = 3/7 \cdot 8 = 3{,}4$. Die nicht-relativistische Materie war zu dieser Zeit also mehr als dreimal dichter als die dunkle Energie. Im frühen Universum spielt die dunkle Energie also keine Rolle. Genau umgekehrt ist es, wenn wir die Zukunft betrachten, die von der dunklen Energie dominiert sein wird. Gleichstand zwischen nicht-relativistischer Materie und dunkler Energie haben wir bei einer Kugelausdehnung, die um den Faktor $(3/7)^{1/3} = 0{,}75$ kleiner als heute war. Wegen $t \sim r^{3/2}$ für die materiedominierte Phase war das Universum zu diesem Zeitpunkt rund $0{,}75^{3/2} \approx 0{,}65$-mal so alt wie heute, also rund acht bis neun Milliarden Jahre. Also kann man zusammenfassend sagen:

Die dunkle Energie ist erst seit etwa fünf Milliarden Jahren relevant, spielt also in den ersten rund acht Milliarden Jahren seit dem Urknall wenig bis keine Rolle.

Zwischen 60 000 und rund acht Milliarden Jahren nach dem Urknall bestimmt also die nicht-relativistische Materie die Expansion des Universums, sodass sich die Formel $r \sim t^{2/3}$ für diese lange materiedominierte Phase gut anwenden lässt. Oft kann man die Formel auch für größere Zeiträume noch gut anwenden, solange der größte Teil des betrachteten Zeitraums in der materiedominierten Phase liegt – genau das haben wir oben bereits mehrfach getan.

Schauen wir uns im nächsten Abschnitt an, was passiert, wenn die Temperatur nach dem Ende der strahlungsdominierten Ära schließlich unter 3 000 Kelvin fällt, sodass sich aus Elektronen und Atomkernen erstmals stabile Atome bilden können.

1.6 Die Entstehung der kosmischen Hintergrundstrahlung

In den Jahrtausenden nach der Bildung der Heliumkerne dehnt sich das Universum ständig weiter aus. Dabei kühlt sich das darin gleichmäßig verteilte Plasma aus Protonen, Heliumkernen, Elektronen und Photonen sowie die davon entkoppelten Neutrinos und die dunkle Materie ständig weiter ab, sodass etwa 60 000 Jahre nach dem Urknall die Energiedichte der Strahlung (Photonen plus Neutrinos) unter die der sonstigen Materie sinkt. Für die nächsten Jahrmilliarden ist daher die nicht-relativistische Materie aus Atomkernen, Elektronen und dunkler Materie die dominierende Materieform im Universum, wobei wie heute die dunkle Materie etwa fünf Sechstel und die Atomkerne und Elektronen etwa ein Sechstel der nicht-relativistischen Massen-/ Energiedichte ausmachen. Die Energiedichte der relativistischen Materie aus Photonen und Neutrinos wird im Vergleich dazu zunehmend schwächer, wo-

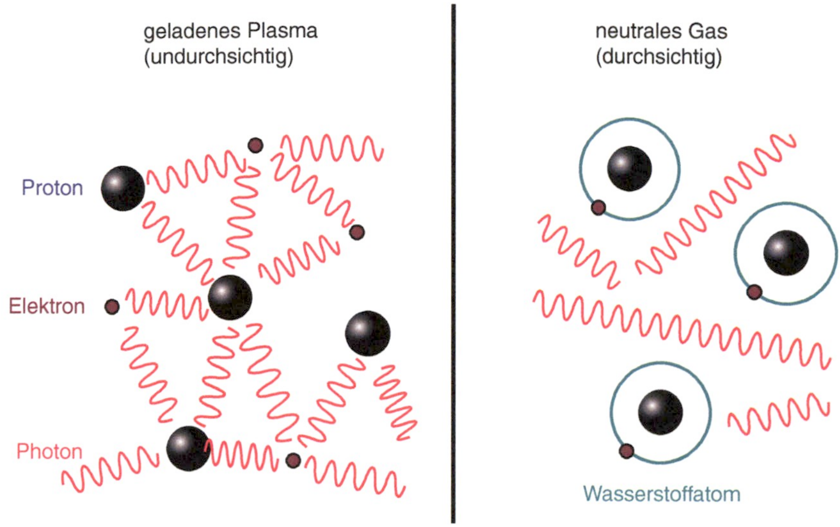

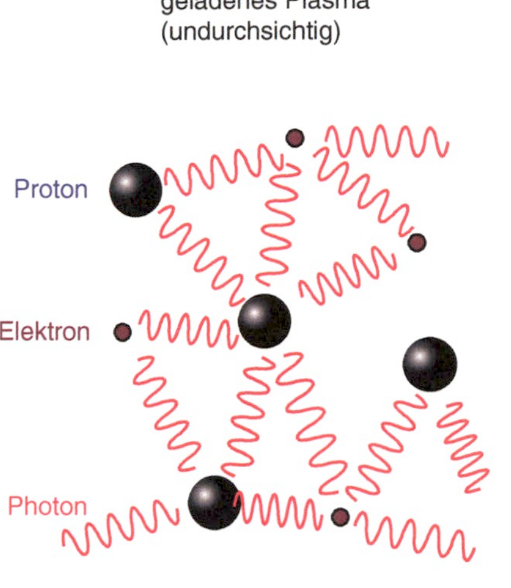

Abb. 1.21   Links ist das Plasma aus Elektronen, Protonen und den Photonen der elektromagnetischen Strahlung gezeigt. Die Photonen werden ständig an den geladenen Elektronen und Protonen gestreut. Verbinden sich jedoch wie rechts gezeigt Elektronen und Protonen zu elektrisch neutralen Wasserstoffatomen, so können die Photonen sich weitgehend ungehindert bewegen. Das Universum wird durchsichtig.

bei das Verhältnis von Photon- zu Neutrino-Energiedichte von drei zu zwei bis heute ebenfalls erhalten bleibt. Die dunkle Energie brauchen wir in dieser frühen Phase des Universums noch nicht zu beachten, wie wir gesehen haben.

Etwa 380 000 Jahre nach dem Urknall unterschreitet die Temperatur schließlich die Grenze von 3 000 Kelvin. Zu diesem Zeitpunkt besteht die Massen-/Energiedichte des Universums aus den folgenden Anteilen:

- 63 % dunkle Materie
- 12 % Protonen, Heliumkernen und Elektronen
- 15 % Photonen
- 10 % Neutrinos

Die Temperatur ist nun niedrig genug, sodass die elektrische Anziehungskraft zwischen Protonen und Elektronen ausreicht, um stabile Wasserstoffatome entstehen zu lassen (die Heliumkerne können aufgrund ihrer größeren elektrischen Ladung sogar bei höheren Temperaturen bereits Elektronen einfangen und Heliumatome bilden). Nach dieser sogenannten *Rekombination* ist das Universum mit einem recht dünnen Gas aus rund 75 % Wasserstoffatomen und 25 % Heliumatomen (bezogen auf das Gewicht) sowie Spuren anderer Elemente angefüllt – und natürlich mit jeder Menge dunkler Materie, Photonen und Neutrinos.

Vor der Bildung der Atome ist das heiße dünne Plasma für Licht auf längere Strecken praktisch undurchsichtig. Das liegt daran, dass die elektrisch geladenen Protonen und Elektronen sich noch relativ frei im Raum bewegen können und intensiv mit den Photonen im heißen Plasma wechselwirken. Die Photonen werden ständig an den geladenen Teilchen abgelenkt, erzeugt und vernichtet. Man kann sich das Plasma wie eine 3 000 Kelvin heiße Flamme vorstellen, die in gelblichem Licht leuchtet. Die Temperatur von 3 000 Kelvin entspricht dabei ungefähr der Temperatur einer Glühwendel in einer Halogenlampe, sodass auch das Licht im Plasma annähernd dem einer riesigen Halogenlampe entspricht, die uns von allen Seiten anleuchtet. Zum Vergleich: Die Sonnenoberfläche ist doppelt so heiß, nämlich etwa 6 000 Kelvin.

Die ständige Streuung und Ablenkung der Photonen endet, sobald sich Elektronen und Protonen zu neutralen Wasserstoffatomen vereinen (Abb. 1.21). Wasserstoffgas ist für Licht der meisten Wellenlängen ähnlich durchsichtig wie Luft. Der glühende Nebel lichtet sich, und das Licht kann sich seitdem ungehindert durch den Raum ausbreiten. Und genau das tut es bis heute! Unser Universum ist mit der Photonenstrahlung angefüllt, die seit der Bildung der Wasserstoffatome das Universum ungehindert durchquert. Allerdings ist diese Strahlung mittlerweile aufgrund der Expansion des Raumes von 3 000 Kelvin auf 2,7 Kelvin abgekühlt. Eine elektromagnetische Wärmestrahlung mit dieser geringen Temperatur hat ihre Wellenlängen nicht mehr im Bereich sichtbaren Lichts, sondern im Bereich von Mikrowellen. Sie kann daher nicht mehr von unserem Auge wahrgenommen werden, sondern nur mithilfe geeigneter Antennen gemessen werden. Und genau so ist sie auch per Zufall im Jahr 1964 von Penzias und Wilson entdeckt worden, als diese nach der Ursache für ein hartnäckiges Störsignal in ihrem Antennenaufbau suchten.

Wenn wir heute mit einem geeigneten Instrument eine scheinbar leere Stelle am schwarzen Nachthimmel betrachten, so können wir die abgekühlte Strahlung empfangen, die von dem 3 000 Kelvin heißen Plasma während der Rekombinationsphase vor etwa 13,7 Milliarden Jahren an dieser Stelle ausgesandt wurde. Tatsächlich sehen wir am Himmel also das heiße Plasma, wie es etwa 380 000 Jahre nach dem Urknall das Universum füllte. Diese *kosmische Hintergrundstrahlung* liefert also gleichsam einen Schnappschuss des noch sehr jungen Universums! Es ist so, als würde man das Foto eines 80-jährigen Menschen knapp einen Tag nach seiner Geburt sehen.

Nehmen wir zur Veranschaulichung der Zeiträume unseren Zeitpfad zu Hilfe. Auf dem Zeitpfad ist jedes Jahr nur einen Millimeter lang, d. h. 1 000 Jahre entsprechen einem Meter. Ein Menschenleben ist also etwa acht Zentimeter lang. Die Strecke vom Urknall bis zur Bildung neutraler Atome und der kosmischen Hintergrundstrahlung beträgt dann etwa 380 Meter. Zum Vergleich: Der gesamte Pfad vom Urknall bis heute ist etwa 13 700 Kilometer lang. Von dieser sehr langen Strecke, die etwa von Australien bis nach Deutschland reicht, haben wir also noch nicht einmal den ersten halben Kilometer zurückgelegt. Das zeigt, wie jung das Universum damals im Vergleich zu heute noch war. Rechnen wir es aus: Das Universum war damals etwa 36 000-mal jünger als heute (Rechnung: 13 700 000 000/380 000 ≈ 36 000).

Wir können auch leicht ausrechnen, wie stark sich das Universum seit dieser Zeit ausgedehnt hat. Aus Abschnitt 1.5 wissen wir, dass sich die Entfernung r zweier Objekte im materiedominierten Universum proportional zu $t^{2/3}$ entwickelt. Wenn sich also die Zeit t um den Faktor 36 000 vergrößert, so vergrößern sich alle Abstände um den Faktor $36\,000^{2/3} = 1\,090$.

Der Raum hat sich also seit der Entstehung der kosmischen Hintergrundstrahlung um gut das Tausendfache ausgedehnt. Entsprechend hat sich die Massendichte nicht-relativistischer Materie (Wasserstoff und Helium sowie dunkle Materie) um etwa den Faktor eine Milliarde ($1\,000^3$) verdünnt. Die Energiedichte relativistischer Materie (also die Photonen der kosmischen Hintergrundstrahlung sowie die Neutrinos) hat sogar um den Faktor 1 000 Milliarden ($1\,000^4$) abgenommen.

Bei der Ausdehnung des Raumes verdünnen sich die Photonen und ihre Wellenlänge vergrößert sich, wie wir wissen. Dabei nimmt ihre Temperatur und mittlere Energie umgekehrt proportional zur Raumausdehnung ab. Also muss sich ihre Temperatur seit ihrer Entstehung um gut das Tausendfache verringert haben. So sind aus den knapp 3 000 Kelvin die 2,7 Kelvin geworden, die wir heute am Himmel beobachten. Man sieht, wie gut alles zusammenpasst!

Das Wasserstoff-Helium-Gas ist zum damaligen Zeitpunkt bereits sehr dünn. Im heutigen Universum beträgt die Dichte dieses Gases etwa 4,6 % der kritischen Dichte, die bei knapp sechs Wasserstoffatomen pro Kubikmeter liegt (Abb. 1.20). Das ergibt heute eine Massendichte von etwa einem Viertel Wasserstoffatom pro Kubikmeter. Zum Zeitpunkt der Bildung der Wasserstoffatome war das Gas jedoch etwa $1\,000^3 = 10^9$-mal dichter als heute, was rund 250 Wasserstoffatome pro Kubikzentimeter ergibt. Das ist deutlich weniger als beispielsweise die Gasdichte von einigen 100 000 Atomen pro Kubikzentimeter, wie sie auf der Mondoberfläche herrscht. Ein Teilchen legt in diesem dünnen Gas bzw. Plasma im Mittel etwa 10 000 Lichtjahre zurück, bevor es auf ein anderes Teilchen trifft. Zum Vergleich: In Luft stößt ein Luftmolekül bereits nach einem zehntausendstel Millimeter mit einem anderen Teilchen zusammen.

Wir wissen aus Abschnitt 1.3, dass eine Temperatur von 10 000 Kelvin einer mittleren Teilchenenergie von rund 1 eV entspricht. Zum Abtrennen des Elektrons aus einem Wasserstoffatom benötigt ein Photon etwa 13,6 eV, was einer Temperatur von ungefähr 140 000 Kelvin entspricht. Wie kommt es dann, dass erst bei 3 000 Kelvin die Rekombination zu Wasserstoffatomen möglich wird? Die Lösung liegt darin, dass wir nicht die *mittlere* Photonenenergie betrachten dürfen. Es gibt etwa zwei Milliarden Mal mehr Photonen als Protonen und Elektronen, sodass auch weit unterhalb von 140 000 Kelvin noch genügend Photonen vorhanden sind, die mehr als 13,6 eV Energie aufweisen und daher Wasserstoffatome wieder zerstören können. Die genaue Rechnung zeigt, dass erst unterhalb von 3 000 Kelvin diese energiereichen Photonen so selten werden, dass sie die Bildung von Wasserstoffatomen nicht mehr verhindern können.

Die kosmische Hintergrundstrahlung ist eine fast perfekte Wärmestrahlung, allerdings mit einer heute sehr niedrigen Temperatur. Sie ist eine idealere Wärmestrahlung als alles, was wir im Labor beispielsweise in einem gleichmäßig warmen Ofen erzeugen können. Jeder Punkt am Himmel weist also (wenn wir Störeinflüsse wie Sternenlicht weglassen) sehr genau dieselbe Temperatur von etwa 2,73 Kelvin auf.

Diese Gleichmäßigkeit der Temperatur deutet auf eine entsprechende Gleichmäßigkeit der Plasmadichte im frühen Universum hin, denn verdichtete Plasmastellen hätten eine höhere Temperatur. Wenn jedoch die Dichte der Materie keine Unregelmäßigkeiten aufweist, wie konnte dann die Gravitation die Materie später zu Sternen und Galaxien zusammenziehen? Das kann sie nämlich nur, wenn es Ungleichmäßigkeiten in der Materieverteilung gibt, sodass sich dichtere Stellen aufgrund ihrer Gravitationsanziehung weiter verdichten können. Da wir aber Sterne und Galaxien beobachten, müssen wir davon ausgehen, dass das Plasma und damit die kosmische Hintergrundstrahlung nicht absolut gleichmäßig verteilt sein können. Es muss kleine Unregelmäßigkeiten geben!

Erst seit dem Jahr 1990 ist es gelungen, diese Unregelmäßigkeiten schrittweise aufzuspüren und immer detaillierter zu vermessen. Abb. 1.22 zeigt diese winzigen Schwankungen in der Temperatur am gesamten Himmel, wenn man Störeinflüsse herausrechnet. An den roten Stellen liegt die Temperatur um bis zu 0 0002 Kelvin über dem Mittelwert, an den blauen Stellen entsprechend darunter (es ist nicht einfach, solche kleinen Schwankungen überhaupt zu messen). Man erkennt ein Muster aus verschieden großen Temperaturflecken. Dabei gibt es eine typische Fleckengröße, die am häufigsten vorkommt. Diese Flecken haben einen Durchmesser von etwa einem Grad am Himmel – das ist ungefähr doppelt so groß wie der scheinbare Monddurchmesser.

Aus der typischen Größe der Temperaturflecken am Himmel kann man sehr viele Rückschlüsse auf das Universum ziehen. Dazu muss man allerdings verstehen, wie diese Temperaturflecken zustande kommen. Versuchen wir es:

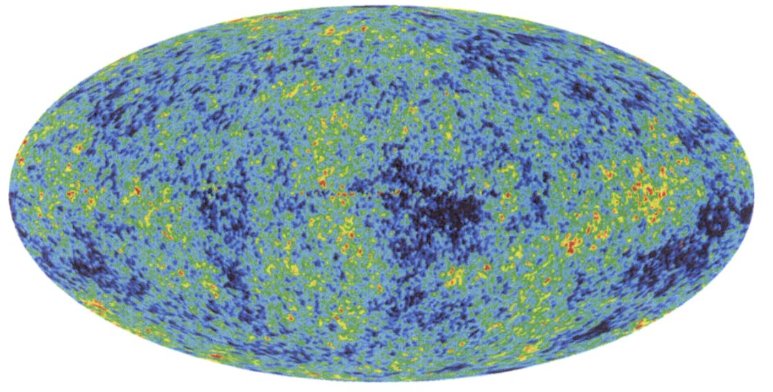

Abb. 1.22 Dieses Bild zeigt die winzigen Unregelmäßigkeiten der kosmischen Hintergrundstrahlung am gesamten Himmel, wie sie vom *Wilkinson Microwave Anisotropy Probe* (WMAP) in den fünf Jahren bis 2008 gemessen wurden. Weitere Erklärungen im Text. © NASA/WMAP Science Team.

Aus Abschnitt 1.1 wissen wir, dass etwa 10^{-35} Sekunden nach dem Urknall die inflationäre Expansion des Universums beendet ist und dass sich die Energie des Inflatonfeldes in Form eines sehr heißen Teilchenplasmas materialisiert. Dabei hängt die Energiedichte des Plasmas vom Energiegehalt des Inflatonfeldes ab. Nun ist das Inflatonfeld aber räumlich nicht überall exakt gleich stark. Es gibt kleine Schwankungen. Diese Schwankungen besitzt das Inflatonfeld schon vor der gewaltigen inflationären Expansion, als der Raumbereich, aus dem unser heutiges sichtbares Universum hervorgeht, noch sehr klein ist. Es gibt nämlich bei jedem Feld unvermeidbare *Quantenschwankungen.* So wie man in der Quantentheorie bei einem Teilchen niemals zugleich Ort und Geschwindigkeit exakt kennen kann, so kann man bei einem Feld niemals zugleich seine Feldstärke und seine zeitliche Änderungsrate exakt kennen. Man kann sich vorstellen, dass das Feld ständig kleinen zufälligen Schwankungen (sogenannten *Fluktuationen*) unterliegt. Diese zufälligen Quantenschwankungen des Inflatonfeldes werden nun durch die blitzartige inflationäre Expansion des Raumes gleichsam eingefroren und enorm vergrößert, sodass sie schließlich zu den Dichteschwankungen im heißen Teilchenplasma führen.

Das heiße Teilchenplasma mit seinen kleinen Dichteschwankungen kühlt nach seiner Entstehung rasch weiter ab. Wie wir in den Abschnitten 1.3 und 1.4 gesehen haben, besteht es einige Minuten nach dem Urknall im Wesentlichen aus Protonen, Neutronen, Elektronen, Photonen, Neutrinos und Antineutrinos sowie den geheimnisvollen Teilchen der dunklen Materie. Die Neutrinos (und Antineutrinos) sowie die dunkle Materie haben sich dabei von der übrigen Materie bereits abgekoppelt.

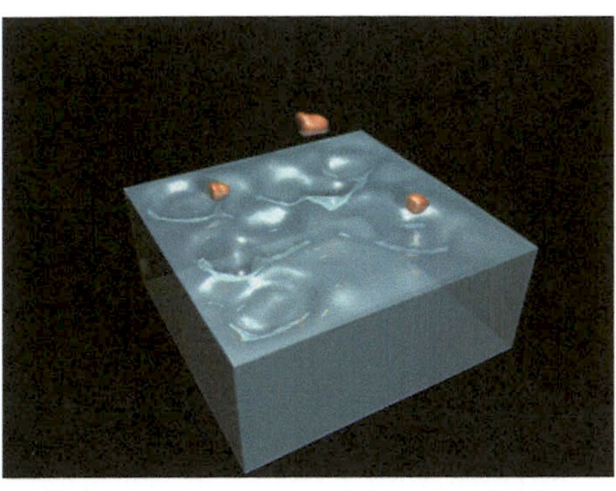

Abb. 1.23   Die Dichteschwankungen im Inflatonfeld erzeugen bei seiner Umwandlung in das heiße Plasma Dichtewellen in diesem Plasma, so wie ins Wasser geworfene Kieselsteine Wellen auf der Wasseroberfläche erzeugen. © NASA/WMAP Science Team.

Die Gravitation versucht nun, bei den entstandenen Dichteschwankungen die dichteren Stellen weiter zu verdichten. Bei den wohl recht schweren Teilchen der dunklen Materie hat sie dabei durchaus Erfolg, denn diese Teilchen bemerken vom Rest der Materie praktisch nichts und unterliegen fast ausschließlich der Wirkung der Gravitation. Daher wird sich die dunkle Materie im Laufe der Zeit zunehmend zu dichteren Wolken zusammenballen. Dies wird später bei der Entstehung von Sternen und Galaxien noch wichtig werden, denn die Wolken aus dunkler Materie können dann als Schwerkraftzentren für die übrige Materie dienen.

In den ersten Jahrtausenden nach dem Urknall ist es noch viel zu heiß, als dass sich das Plasma aus Protonen, Neutronen, Elektronen und Photonen unter dem Einfluss der Gravitation bleibend verdichten könnte. Der enorme Strahlungsdruck der intensiven Photonenstrahlung steht dem entgegen. Dies ändert sich erst, wenn 380 000 Jahre nach dem Urknall aus den geladenen Teilchen elektrisch neutrale Atome entstehen, die nicht mehr von der Photonenstrahlung beeinflusst werden.

Schauen wir uns das Wechselspiel von Gravitation und Strahlungsdruck im heißen Plasma genauer an. Zunächst einmal bestehen kurz nach dem Ende der inflationären Expansion kleine Dichteschwankungen im neu entstandenen Plasma, die alle möglichen räumlichen Ausdehnungen aufweisen können. Man kann sich das analog zu einer Wasseroberfläche vorstellen, auf der alle möglichen Wellen frisch erzeugt werden, indem man gleichzeitig sehr viele Kieselsteine überall hineinwirft (Abb. 1.23). Die Wellenberge und -täler entsprechen dabei verschieden großer Plasmadichte.

Das Ende der inflationären Expansion gibt diese Wasseroberfläche nun gleichsam frei, sodass sich die frisch erzeugten Wellen ab sofort auf ihr bewegen können. Dabei versucht die Schwerkraft, Hügel abzuflachen und Täler aufzufüllen, wodurch die Wasseroberfläche in Bewegung gerät. Analog ist es im heißen Plasma: Die Gravitation versucht, etwas dichtere Gebiete weiter zu verdichten. Dabei steigt die Temperatur in diesen Gebieten an, der Strahlungsdruck wächst und treibt die verdichtete Materie wieder auseinander. Man kann sich die Veränderung der Dichte im heißen Plasma daher ganz analog zur Veränderung der Wellen auf der Wasseroberfläche vorstellen. Wichtig ist bei dieser Überlegung, dass die Wellenoberfläche bzw. die Plasma-Dichteschwankungen alle *im selben Moment* freigegeben werden, um sich von da an nach den Gesetzen der Physik zu bewegen. Man sagt auch, alle Wellen werden durch das Ende der inflationären Expansion *synchronisiert*. Nur so funktioniert die im Folgenden dargestellte Analyse. Umgekehrt ist die Tatsache, dass die Analyse funktioniert, ein starkes Indiz für die Gültigkeit der Theorie von der inflationären Expansion.

Greifen wir uns einen Wellenberg heraus, entsprechend einem etwas verdichteten Plasmabereich mit bereits deutlich angestiegener Temperatur, die das Plasma auseinandertreibt, so wie die Schwerkraft den Wellenberg verkleinern möchte. Aus dem Wellenberg wird so mit der Zeit ein Wellental, und aus dem Raumbereich mit dichterem Plasma und höherer Temperatur ein Raumbereich mit dünnerem Plasma und niedrigerer Temperatur. Lässt man die Zeit weiterlaufen, so kehrt sich der Vorgang schließlich um und es entsteht wieder ein Wellenberg bzw. eine verdichtete Plasmawolke. Dabei hängt es von der räumlichen Ausdehnung des Wellenbergs bzw. des dichteren Plasmabereichs ab, wie schnell diese Schwingung von höherer zu niedrigerer Temperatur stattfindet. Analog zu einer schwingenden Harfensaite geht dieser Übergang umso schneller, je kleiner diese Ausdehnung ist. Kleine Wellen verändern sich schneller als große Wellen, und Dichte und Temperatur kleiner Plasmabereiche schwingen schneller als die großer Plasmabereiche.

Die Zeit, die für die Dichte- und Temperaturschwingung des Plasmas zur Verfügung steht, reicht vom Ende der inflationären Expansion bis zur Entstehung elektrisch neutraler Atome und der kosmischen Hintergrundstrahlung knapp 380 000 Jahre nach dem Urknall. Danach sind Photonenstrahlung und atomare Materie praktisch entkoppelt, und der Strahlungsdruck der Photonen kann die Gaswolken nicht mehr auseinandertreiben. Die Temperatur, die das Plasma zu diesem Zeitpunkt hatte, sehen wir gleichsam eingefroren in der kosmischen Hintergrundstrahlung am Himmel.

Räumlich sehr große Plasmabereiche werden in diesen knapp 380 000 Jahren noch kaum begonnen haben, ihre Dichteschwingung durchzuführen, zumal sie sich auch noch aufgrund der Expansion des Raumes ständig ausdehnen. Es gibt aber eine bestimmte räumliche Größe der Dichtebereiche, bei denen die Zeit genau ausreicht, um aus einer Verdichtung eine Verdünnung und damit aus einem Bereich hoher Temperatur einen mit niedriger Temperatur zu machen. Diese Dichtebereiche sehen wir als kleine dunkelblaue Flecken in Abb. 1.22 (oder im umgekehrten Fall als gelbe bis rote Flecken). Die Größe dieser Flecken entspricht dabei gerade der kritischen räumlichen Größe der Dichtebereiche, deren Dichte und Temperatur genau einen Wechsel in 380 000 Jahren vollziehen konnte.

Die Überlegung lässt sich weiter fortsetzen. So gibt es kleinere Dichtebereiche, die in den 380 000 Jahren gerade einmal von hoher zu tiefer Temperatur und wieder zurück schwingen. Sie entsprechen kleineren Flecken im Temperaturbild der Hintergrundstrahlung.

Wie bei der Wasseroberfläche überlagern sich alle diese Schwingungen verschiedener Wellengrößen zu einem komplexen Gesamtbild, so wie es in Abb. 1.22 für die Temperatur der Hintergrundstrahlung gezeigt ist. Mithilfe mathematischer Verfahren kann man jedoch aus diesem Gesamtbild den Einfluss der verschiedenen Dichte- und Temperaturschwingungen herausfiltern. Man kann ermitteln, welchen Beitrag die verschieden großen und verschieden schnellen Schwingungen haben müssen, um das beobachtete Gesamtbild zu ergeben. Das Resultat dieser Analyse sehen wir in Abb. 1.24.

Das erste große Maximum bei knapp einem Winkelgrad entspricht den großen Dichtebereichen, bei denen die Zeit für die Dichteschwingung gerade ausreichte, um aus einer hohen eine niedrige Temperatur zu machen und umgekehrt. Das zweite Maximum bei etwa 0,3 Winkelgrad entspricht kleineren Dichtebereichen, bei denen die Zeit gerade ausreichte, um aus einer hohen Temperatur nach einer Schwingung wieder eine hohe Temperatur zu machen und umgekehrt. Analog geht es mit den anderen Maxima weiter rechts. Irgendwann werden die Dichtebereiche jedoch so klein, dass sie gar nicht mehr wirklich schwingen können, denn dafür brauchen die Wolken wegen der geringen Plasmadichte eine bestimmte Mindestgröße. Schließlich legt ein Teilchen im Plasma kurz vor der Bildung neutraler Atome etwa 10 000 Lichtjahre zurück, bevor es auf ein anderes Teilchen trifft. Plasmaschwingungen müssen daher wesentlich größere Ausdehnungen haben.

Man kann nun ausrechnen, wie schnell verschieden große Flecken in der kosmischen Hintergrundstrahlung ihre Temperatur umkehren können. Da sie dafür etwa 380 000 Jahre Zeit haben, kann man zurückrechnen, wie groß sie sein müssen, um in dieser Zeit genau eine Temperaturumkehrung zu schaffen. Zusätzlich weiß man, wie weit sie aus heutiger Sicht am Himmel von uns entfernt sind: rund 45 Milliarden Lichtjahre (die Photonen haben uns zwar in nur 13,7 Milliarden Jahren erreicht, aber ihr bereits zurückgelegter Weg expandiert ja ständig weiter). Damit kann man überprüfen, ob sie am Himmel auch so groß erscheinen, wie sie das nach den Regeln der euklidischen Geometrie sollten. Fände man hier Abweichungen, so wäre das ein Hinweis darauf, dass unser Universum in sich gekrümmt ist, analog zu

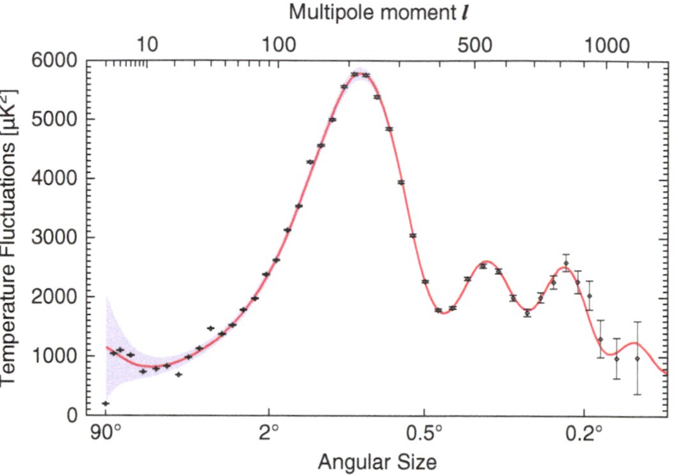

Abb. 1.24 Diese Grafik zeigt, wie stark ausgeprägt heißere oder kältere Flecken verschiedener Größe in der kosmischen Hintergrundstrahlung sind. Auf der x-Achse ist dabei die Fleckengröße in Winkelgrad am Himmel (*Angular Size*) aufgetragen, und auf der y-Achse die Stärke der zugehörigen typischen Temperaturschwankungen (*Temperature Fluctuations*) in Mikrokelvin hoch zwei. Das zusätzlich eingetragene Multipolmoment hängt mit dem mathematischen Verfahren zusammen, mit dem die Kurve ermittelt wurde, und braucht uns hier nicht weiter zu interessieren. Das große Maximum in der Kurvenmitte zeigt: Am stärksten ausgeprägt sind diejenigen Temperaturflecken, die am Himmel einen Durchmesser von knapp einem Winkelgrad haben. Ihr Durchmesser am Himmel ist also etwa doppelt so groß wie der sichtbare Monddurchmesser. Die beiden kleineren Maxima weiter rechts entsprechen einer erhöhten Fleckenstärke bei kleinerer Fleckengröße. © NASA/WMAP Science Team.

einer Kugel- oder einer Satteloberfläche. Das wäre nach Einsteins allgemeiner Relativitätstheorie der Fall, wenn die Dichte im Universum von der kritischen Dichte abweichen würde. Das Ergebnis dieser Untersuchung ist aber, dass es mit relativ großer Genauigkeit keine solche Abweichung gibt, d. h. unser sichtbares Universum hat tatsächlich die euklidische Geometrie, wie sie unserer Anschauung eines dreidimensionalen Raumes entspricht. *Das sichtbare Universum ist flach!* Die mittlere Materiedichte im Universum muss also ziemlich genau gleich der kritischen Dichte von etwa 10^{-29} g/cm^3 sein.

Wie wir aus Abschnitt 1.2 wissen, kann die inflationäre Expansion dieses Ergebnis zwanglos erklären: Wir sehen eben nur einen winzigen Teil des gesamten Universums, das sich gigantisch aufgebläht hat. So wie uns auch der kleine Teil der Erdoberfläche, den wir aus dem Fenster sehen können, flach erscheint, so erscheint uns auch der kleine Teil des Universums, den wir sehen können, flach (also euklidisch).

In Abschnitt 1.2 hatten wir ein weiteres Problem kennengelernt, das durch die inflationäre Expansion gelöst wird: das *Horizontproblem*. In den

380 000 Jahren von der Entstehung des Plasmas bis zur Wasserstoffbildung konnten sich Licht und andere Signale maximal so weit bewegen, wie dies einer Strecke von rund einer Million Lichtjahren zum Zeitpunkt der Wasserstoffbildung entspricht (es sind mehr als 380 000 Lichtjahre, da sich die bereits zurückgelegte Strecke ständig weiter ausdehnt). Am Himmel sehen wir diesen Abstand heute mit gut einem Winkelgrad (zwei Monddurchmessern), also etwa der Winkelausdehnung der großen Temperaturflecken. Punkte, die am Himmel deutlich weiter auseinanderliegen, können zwischen der Plasmaentstehung und der Wasserstoffgasbildung keinen Kontakt zueinander aufgenommen haben. In diesem Sinne sehen wir in der kosmischen Hintergrundstrahlung am Himmel einen Flickenteppich aus damals kausal voneinander entkoppelten Universen, die je gut einen Winkelgrad groß sind. Da wundert es uns nicht mehr, dass das für uns heute sichtbare Universum höchstwahrscheinlich ebenso nur ein Teilbereich in einem viel größeren Universum ist.

Wenn nun aber zwei Punkte bis zur Entstehung der kosmischen Hintergrundstrahlung keinen Kontakt zueinander aufgenommen haben können, wie konnte sich dann in den ersten 380 000 Jahren überall fast dieselbe Temperatur einstellen, so wie wir das in der kosmischen Hintergrundstrahlung sehen? Die Lösung kennen wir bereits aus Abschnitt 1.2: Die Punkte müssen *vor* der Entstehung des Plasmas einmal Kontakt zueinander gehabt haben und ihre Temperatur bzw. Energiedichte angeglichen haben. Der Kontakt ist durch die inflationäre Expansion dann innerhalb eines Sekundenbruchteils auseinandergerissen worden, und die 380 000 Jahre bis zur Entstehung der kosmischen Hintergrundstrahlung reichen nicht, um ihn wiederherzustellen.

Man kann noch sehr viel mehr Informationen aus der kosmischen Hintergrundstrahlung und ihren Ungleichmäßigkeiten ableiten. So kann man das zweite Maximum (also die Stärke der kleineren Temperaturflecken) mit dem ersten Maximum (also mit der Stärke der 1-Winkelgrad-Temperaturflecken) vergleichen. Da die dunkle Materie anders als das schwingende Plasma nicht dem Strahlungsdruck unterliegt und deshalb nicht zurückschwingt, sondern sich weiter lokal verdichtet, verstärkt ihre Gravitation die gleichphasige Dichtebewegung des Plasmas bei den großen Flecken. Bei den kleineren Flecken bewegt sich das Plasma in der zweiten Schwingungsphase jedoch entgegengesetzt zur dunklen Materie, sodass diese Plasmaschwingung durch die Gravitation der sich weiter verdichtenden dunklen Materie abgeschwächt wird. Das Verhältnis der beiden Maxima erlaubt daher, die relative Stärke von Schwerkraft und Strahlungsdruck zu bestimmen. Photonen und Nukleonen müssen demnach 380 000 Jahre nach dem Urknall ungefähr dieselbe Massen-/Energiedichte besessen haben (die leichten Elektronen spielen praktisch keine Rolle für die Massendichte). Die Energiedichte der Photonen ergibt sich aus der Temperatur, sodass sich auch die Dichte der Nukleonen berechnen lässt: Sie muss heute bei knapp 5 % der kritischen Dichte liegen (Abb. 1.20). Die Berechnungen im Rahmen der Heliumkernsynthese ergeben ebenfalls diesen Wert (Abschnitt 1.4), sodass sich ein konsistentes Gesamtbild ergibt.

Nimmt man das dritte Maximum hinzu, so kann man sogar die Dichte der dunklen Materie bestimmen: Sie muss ungefähr fünfmal so groß sein wie die Dichte der Nukleonen. Die Dichte der nicht-relativistischen Materie (dunkle Materie plus Nukleonen) muss im heutigen Universum also bei rund 30 % der kritischen Dichte liegen. Die Strahlungsdichte (Photonen und Neutrinos) spielt dagegen heute keine Rolle mehr, wie wir gesehen haben.

Da das sichtbare Universum flach ist, muss seine Materiedichte aber ziemlich genau *gleich* der kritischen Dichte sein. Wo also sind die fehlenden 70 %? Es kann sich dabei weder um nicht-relativistische Materie noch um Strahlung handeln, denn diese beiden Materietypen haben wir bereits erfasst. Nennen wir diese fehlenden 70 % also erst einmal *dunkle Energie* (wir sind ihr schon mehrfach begegnet).

Seit dem Jahr 1998 haben wir einen Hinweis, worum es sich bei dieser dunklen Energie handeln könnte. Die Vermessung sehr weit entfernter Supernovae ergab, dass sich die Expansion des Universums heute beschleunigt statt abbremst. Weitere Messungen haben dies bis heute immer genauer bestätigt. Es sieht also so aus, als ob es sich bei der dunklen Energie um eine Materieform handelt, die gravitativ abstoßend wirkt. Sie muss analog zum Inflatonfeld einen starken negativen Druck aufweisen, nur mit wesentlich geringerer Energiedichte. Erneut fügen sich die Puzzleteile zu einem konsistenten Gesamtbild zusammen.

Niemand weiß allerdings bisher, worum es sich bei der dunklen Energie genau handelt – sie kommt in den bisherigen physikalischen Theorien nicht vor. Die dunkle Energie verhält sich wie eine Eigenschaft des Raumes selbst, also wie eine konstante Vakuum-Energiedichte mit zugehöriger Vakuumspannung (negativem Druck). Es könnte sich dabei um einen Quanteneffekt handeln, denn nach der Quantentheorie ist das Vakuum mit einem fluktuierenden See aus virtuellen Teilchen angefüllt. Das Problem ist nur: Rechnet man die Energiedichte dieses Quantensees nach heutigem Wissen aus, so erhält man Werte, die extrem weit über der gemessenen Dichte der dunklen Energie liegen (sie sind um den gigantischen Faktor 10^{56} zu groß). In der Quantentheorie ist die große Energiedichte des Vakuum-Quantensees kein Problem, da dort nur Energiedifferenzen relevant sind und der Vakuum-Quantensee allgegenwärtig ist, sodass sich seine Energie in den Differenzen herauskürzt. Das ändert sich, wenn die Gravitation ins Spiel kommt, denn diese hängt von der absoluten Energiedichte im Raum ab.

Warum hat die dunkle Energie eine Dichte, die weitaus geringer ist als die vermutete Energiedichte des Vakuum-Quantensees? Warum ist ihre Dichte ausgerechnet heute vergleichbar mit der Dichte der nicht-relativistischen Materie, während sie im frühen Universum keine Rolle spielt? Und wenn die dunkle Energiedichte schon so gering ist, warum ist sie nicht einfach null? Niemand weiß es – die dunkle Energie bleibt zunächst ein Rätsel.

Womöglich ist die geringe Stärke der dunklen Energiedichte einfach nur ein zufälliger Parameter, der in verschiedenen Universen ganz unterschiedliche Werte annehmen kann. Ist sie zu groß, so treibt sie das Universum auseinander, lange bevor Leben entstehen kann. Steven Weinberg hält die dunkle Energie für das überzeugendste Beispiel eines Parameters, dessen Wert über das *anthropische Prinzip* begründet werden könnte (siehe Abschnitt 1.1 sowie Steven Weinbergs Aufsatz *Living in the Multiverse* in *Lake Views*, Harvard University Press, 2009). So wurde in den Jahren 1997/98 eine detaillierte Abschätzung der dunklen Energiedichte vorgenommen, wie sie sich in einem Multiversum ergeben würde, wenn man zufällig ein für Leben günstiges Universum darin herauspickt. Es kam heraus, dass eine dunkle Energiedichte von weniger als 60 % der kritischen Energiedichte relativ unwahrscheinlich ist, während ein deutlich größerer Wert das Universum zu schnell auseinanderreißt. Diese Abschätzung erfolgte, *bevor* kurz darauf (1998) die Beobachtung entfernter Supernovae die Existenz der dunklen Energie offenbarte. Der gemessene Wert von 70 % der kritischen Dichte liegt tatsächlich ungefähr in dem Bereich, wie ihn die Abschätzung nahelegt – eine bemerkenswerte Übereinstimmung!

Die kosmische Hintergrundstrahlung wird in den nächsten Jahren weiterhin Gegenstand immer genauerer Untersuchungen und Beobachtungen sein, insbesondere mithilfe des 2009 gestarteten Planck-Satelliten. Damit werden sich sicher weitere Informationen über unser Universum gewinnen lassen, denn viele physikalische Prozesse haben in der kosmischen Hintergrundstrahlung feine Spuren hinterlassen. Die nächsten Jahre werden also spannend bleiben, und wer weiß, welche Überraschungen uns noch erwarten.

2
Sterne und Galaxien

Die ersten 380 000 Jahre des Universums haben wir nun hinter uns. Auf unserem Zeitpfad, bei dem ein Meter einem Jahrtausend entspricht, sind wir demnach 380 Meter vorangekommen, also noch nicht einmal einen halben Kilometer. Gemessen an seinem heutigen Alter von 13,7 Milliarden Jahren ist das Universum zu dieser Zeit noch sehr jung. Der gesamte Zeitpfad ist 13 700 Kilometer lang und reicht damit von Australien bis nach Deutschland.

Da das Universum nun für Licht durchsichtig geworden ist, kann der Strahlungsdruck des Lichts nicht mehr verhindern, dass die Schwerkraft ab sofort die geringen Dichteschwankungen im Wasserstoff-Helium-Gasgemisch zu verstärken beginnt, wobei die dunkle Materie eine wichtige Rolle spielt. Schrittweise bilden sich immer dichtere Gaswolken, aus denen schließlich Sterne und Galaxien entstehen.

2.1 Räumliche Strukturen im Universum

Das Universum ist 380 000 Jahre nach dem Urknall mit einem knapp 3 000 Kelvin heißen, sehr dünnen, elektrisch neutralen Gas aus etwa drei Viertel Gewichtsanteilen Wasserstoff und etwa einem Viertel Gewichtsanteilen Helium angefüllt. Das Gas ist für sichtbares Licht weitgehend durchsichtig, sodass die hellgelb bis gelb-orange leuchtende kosmische Hintergrundstrahlung sich frei durch das Gas bewegen kann. Ein Raumfahrer hätte zu dieser Zeit das Gefühl gehabt, sich in einem knapp 3 000 Kelvin heißen, hell glühenden Backofen zu befinden (wobei in einem Verbrennungsofen kaum Temperaturen über 2 000 Kelvin erreichbar sind). Die Farbe des Lichts entspricht dabei ungefähr derjenigen hell leuchtender Glühlampen.

Neben dem dünnen Wasserstoff-Helium-Gas und der elektromagnetischen Hintergrundstrahlung gibt es noch zwei weitere Materiekomponenten: die geisterhaften, fast masselosen Neutrinos und die ebenso geisterhaften, massereichen Teilchen der dunklen Materie. Beide Teilchensorten wechselwirken kaum direkt mit dem Wasserstoff-Helium-Gas, d. h. sie fliegen durch die Gasatome einfach hindurch. Die einzige nennenswerte Wechselwirkung zwischen dem Gas und den beiden Teilchensorten findet über die Gravitation statt. Da die Energiedichte der masselosen Neutrinos jedoch recht gering ist (etwa 10 % der Gesamtdichte zu dieser Zeit), können wir diese weitgehend vernachlässigen. Anders bei den Teilchen der dunklen Materie: Die Massen- bzw. Energiedichte der dunklen Materie ist etwa fünfmal größer als die des Wasserstoff-Helium-Gases und macht 63 % der Gesamtdichte aus (Abschnitt 1.6). Daher ist die dunkle Materie die klar dominierende Materieform, wenn es um die Gravitation geht! Das wird auch die nächsten rund acht Milliarden Jahre so bleiben, bevor die mysteriöse dunkle Energie die Führung übernimmt und diese bis zur Gegenwart immer mehr ausbaut.

Aus Abschnitt 1.6 wissen wir, dass die Materie nach dem Urknall sehr gleichmäßig im Universum verteilt ist. Allerdings findet man in der Temperatur der kosmischen Hintergrundstrahlung winzige Ungleichmäßigkeiten in der Größenordnung von eins zu Hunderttausend (also einem hundertstel Promille). Entsprechend klein sind auch die relativen Dichteschwankungen im Wasserstoff-Helium-Gas.

Die Gravitation bewirkt nun, dass sich die dichteren Materiebereiche weiter zusammenziehen wollen. Materie tendiert aufgrund der Gravitation dazu, zu verklumpen! In den ersten 380 000 Jahren nach dem Urknall kann sich jedoch das heiße elektrisch geladene Wasserstoff-Helium-Plasma nicht allzu weit lokal verdichten, da es vom Strahlungsdruck wieder auseinandergetrieben wird. Das Plasma oszilliert, was zu dem charakteristischen Temperaturmuster führt, das wir heute am Himmel in der kosmischen Hintergrundstrahlung beobachten können. Wir sind in Abschnitt 1.6 ausführlich darauf eingegangen.

Die Dichteschwankungen der dunklen Materie sind 380 000 Jahre nach dem Urknall bereits deutlich größer als die des Wasserstoff-Helium-Gases, da der Strahlungsdruck des Lichts auf sie keinen Einfluss hat. Sie kann sich – anders als das Wasserstoff-Helium-Plasma – unter dem Einfluss der Gravitation bereits in den ersten 380 000 Jahren nach dem Urknall zunehmend lokal verdichten. Die dichteren Materiebereiche stemmen sich damit lokal der allgemeinen Raumexpansion entgegen und beginnen schon früh, sich zusammenzuziehen. Das funktioniert übrigens nur, wenn die dunkle Materie aus schweren nicht-relativistischen Teilchen besteht, die sich entsprechend langsam bewegen. Würde sie aus sehr leichten relativistischen Teilchen analog zu Neutrinos oder Photonen bestehen, so würden diese schnellen Teilchen der Gravitation entkommen und Dichteunterschiede eher verwischen als verstärken. Neutrinos und Photonen verklumpen nicht!

Die relativen Dichteschwankungen in der dunklen Materie erreichen in den ersten 380 000 Jahren nach dem Urknall rund ein Promille und sind damit etwa hundertmal größer als die Dichteschwankungen im Wasserstoff-

Helium-Gas. Die dichteren Bereiche der dunklen Materie geben damit die Gravitationszentren für das neutrale Wasserstoff-Helium-Gas vor und ziehen es gravitativ an. Man kann sich vorstellen, wie das Wasserstoff-Helium-Gas der sich weiter verdichtenden dunklen Materie folgt und sich ebenfalls zunehmend lokal verdichtet.

Die Verdichtung der Materie ist ein Prozess, der sich selbst verstärkt: Je mehr sich die Materie lokal verdichtet, umso größer werden die Dichteunterschiede zwischen dichten und dünnen Raumbereichen und umso ausgeprägter wird die Gravitationsanziehung hin zu den dichteren Bereichen, sodass sich noch mehr Materie noch schneller dort ansammelt.

Man kann diesen sich selbst verstärkenden Verdichtungsprozess auf Computern simulieren und das Ergebnis nach 13,7 Milliarden Jahren mit der heutigen Materieverteilung im Universum vergleichen. So kann man beispielsweise überprüfen, ob die anfänglichen geringen Dichteschwankungen überhaupt ausreichen, um gegen den Trend der allgemeinen Raumexpansion eine genügend starke Verklumpung der Materie zu bewirken. Man kann auch untersuchen, ob man die dunkle Materie überhaupt braucht, um die heute beobachtete Materieverteilung zu erklären. Falls man sie in den Computersimulationen zwingend benötigt, so ist das ein weiterer starker Hinweis, dass dunkle Materie tatsächlich existiert.

Viele Forschungsgruppen haben solche Simulationen durchgeführt, und die Berechnungen werden ständig weiter verfeinert und verbessert. Es ergibt sich insgesamt ein konsistentes Bild: Die heute beobachtete Verteilung der Materie im Weltraum passt gut zu den anfänglichen Dichteschwankungen, wie man sie in der kosmischen Hintergrundstrahlung sieht, sofern man wie oben beschrieben zusätzlich die dunkle Materie berücksichtigt. Nur wenn dunkle Materie mit genügend großen Dichteschwankungen vorhanden ist, können sich dichtere Bereiche durch die Gravitation von der allgemeinen Raumexpansion abkoppeln und schließlich zu Sternen und Galaxien kollabieren. Diese Objekte sind dann durch die Gravitation gebunden und unterliegen nicht mehr der allgemeinen Expansion des Universums – die Milchstraße dehnt sich nicht ständig aus, sondern bleibt stabil!

Man kann auch mit analytischen Berechnungen die Verstärkung der Dichteunterschiede bis zu einem gewissen Grad nachvollziehen (man nennt das *lineare Störungstheorie*). Näherungsweise wachsen demnach relative Dichteunterschiede proportional zur Ausdehnung des Universums an, d. h. wenn sich die typischen Abstände im Universum bei der Expansion verdoppeln, so verdoppeln sich auch die relativen Dichteunterschiede – zumindest solange sie noch nicht allzu groß sind (bei zu großen Dichteunterschieden bricht die lineare Störungstheorie nämlich zusammen). Nun dehnt sich das Universum von der Entstehung der kosmischen Hintergrundstrahlung bis zur Gegenwart

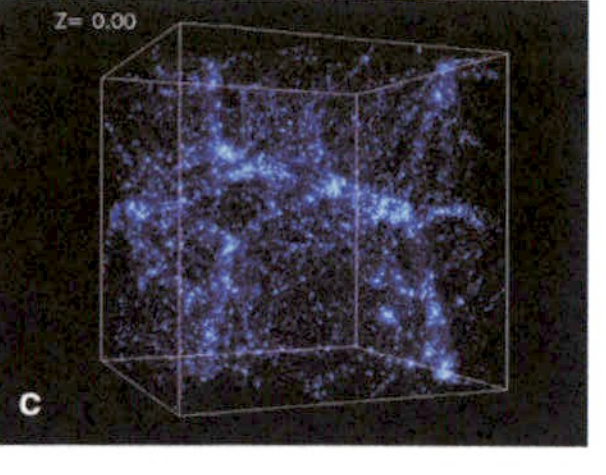
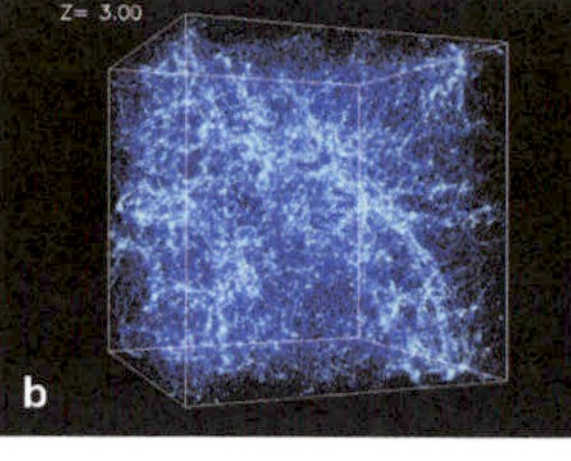
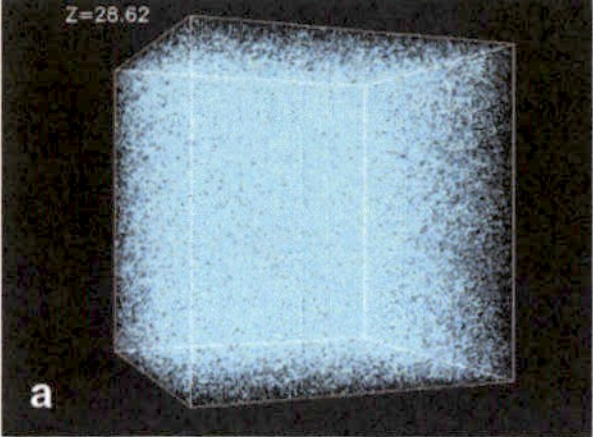

Abb. 2.1 Simulation der Materieverteilung im Universum zu verschiedenen Zeiten. **a** Alter: 100 Millionen Jahre; **b** Alter: ca. 1,7 Milliarden Jahre; **c** heute (Details werden im Text erklärt). Die Simulationen wurden durchgeführt am National Center for Supercomputer Applications (www.ncsa.uiuc.edu/) von Andrey Kravtsov (The University of Chicago) und Anatoly Klypin (New Mexico State University). Visualisierungen von © Andrey Kravtsov. Verwendet mit freundlicher Genehmigung.

ungefähr um den Faktor 1 000 aus, sodass auch die Dichteschwankungen um etwa das Tausendfache anwachsen. Die geringen relativen Dichteschwankungen im Plasma von rund einem Hunderttausendstel können also demnach bis heute nur auf etwa ein Hundertstel anwachsen, wenn sie auf sich alleine gestellt wären, d. h. die mittlere Dichte beispielsweise in Galaxienhaufen dürfte heute nur etwa 1 % über der mittleren Dichte des gesamten Universums liegen. In der Realität sind die heutigen Dichteunterschiede jedoch weit größer. Die geringen Dichteschwankungen im Plasma reichen also alleine nicht aus, um die heutigen Dichteunterschiede der Materie im Universum zu erklären. Die dunkle Materie aus schweren nicht-relativistischen Teilchen wird dagegen vom Strahlungsdruck der Wärmestrahlung nicht auseinandergetrieben und weist 380 000 Jahre nach dem Urknall bereits Dichteschwankungen von rund einem Tausendstel auf. Das genügt, um die heutigen Dichteunterschiede im Universum zu erklären, denn die Dichteschwankungen der dunklen Materie ziehen über die Gravitation entsprechende Dichteschwankungen des Wasserstoff-Helium-Gases nach sich! Das geringe Ausmaß der beobachteten Temperaturschwankungen in der kosmischen Hintergrundstrahlung ist also ein starker Hinweis auf die Existenz dunkler Materie!

In Abb. 2.1 ist ein Beispiel für eine im Computer simulierte Dichteverteilung dargestellt. Dabei ist jeweils der sogenannte z-Parameter angegeben, der ein Maß für die Ausdehnung und damit für das Alter des Universums ist. Hierbei gibt z an, wie groß die relative Rotverschiebung von Strahlung (z. B. Licht) aufgrund der Ausdehnung des Raumes ist:

z = (beobachtete Wellenlänge – ausgesendete Wellenlänge) / (ausgesendete Wellenlänge). Beispielsweise bedeutet $z = 0{,}2$, dass die heute beobachtete Wellenlänge 20 % größer ist als die damals ausgesendete Wellenlänge. Die Wellenlänge ist also aufgrund der Raumexpansion während ihrer Reise um den Faktor 1,2 angewachsen, oder anders gesagt: Die typischen Abstände im

Universum waren zum Sendezeitpunkt um den Faktor $1/1{,}2 \approx 0{,}83$ kleiner als heute. Dieser Größenfaktor im Vergleich zu heute wird auch als Skalenfaktor a bezeichnet. Es ist also

$$1/a = z + 1$$

Der z-Rotverschiebungsparameter plus eins ergibt also den inversen Skalenfaktor des Universums, d. h. in Abb. 2.1 müssen wir zu den z-Werten einfach nur eine eins hinzuaddieren und wir wissen, um welchen Faktor das Universum (bzw. der dargestellte Raumwürfel) bis heute gewachsen ist.

Der Würfel in Abb. 2.1a ($z = 28{,}62$ und damit $a \approx 1/30$) hat eine Kantenlänge von etwa fünf Millionen Lichtjahren, der Würfel in Abb. 2.1b ($z = 3$ und damit $a = 1/4$) besitzt eine Kantenlänge von rund 35 Millionen Lichtjahren, und der Würfel in Abb. 2.1c ($z = 0$, also heute: $a = 1$) hat eine Kantenlänge von 140 Millionen Lichtjahren. Das entspricht der zugehörigen fortlaufenden Expansion des Universums – eigentlich müsste man also den Würfel in Teilabbildung a 30-mal kleiner darstellen als den Würfel in Teilabbildung c. Eine Galaxie wie unsere Milchstraße wäre mit ihrer Ausdehnung von 100 000 Lichtjahren nur ein winziger Punkt in Abb. 2.1c, d. h. die Lichtpunkte in der Abbildung stehen nicht für einzelne Sterne, sondern für ganze Galaxien.

In Abb. 2.1a ist das Universum erst rund 100 Millionen Jahre alt, hat also weniger als 1 % seines heutigen Alters. Die Schwankungen in der Materiedichte sind erst schwach ausgeprägt und kaum sichtbar. Im Alter von 1,7 Milliarden Jahren (Abb. 2.1b mit $z = 3$) ballen sich dichtere Regionen bereits stärker zusammen: Galaxien und Galaxienhaufen sind entstanden. Dabei zieht die Schwerkraft die Galaxien in gigantischen Filamenten zusammen, also in einer schaumigen, netzartigen Struktur mit großen Leerräumen (sogenannten *Voids*) dazwischen. Diese Filamente treten im Laufe der ersten Jahrmilliarden immer deutlicher hervor, bis die kosmische Expansion etwa acht Milliarden Jahre nach dem Urknall beginnt, sich zu beschleunigen. Die Gravitation hat bei großen Entfernungen nun keine Chance mehr und die großräumige Filamentstruktur friert im expandierenden Raum gleichsam ein.

Wie die heutige Materiedichte bei noch größeren Raumbereichen in Computersimulationen aussieht, zeigt Abb. 2.2 (Millennium-Simulation des Virgo-Konsortiums unter Leitung des Max-Planck-Instituts für Astrophysik in Garching bei München). Die in der Abbildung eingezeichnete Linie entspricht rund 600 Millionen Lichtjahren.

Nach den Computersimulationen sollte also heute die Materie im Universum entlang riesiger netzartiger Filamente konzentriert sein. Dazwischen gibt es gigantische Leerräume (Voids), in denen man kaum Materie findet. Die großräumige Materieverteilung besitzt insgesamt eine schaumige Waben-

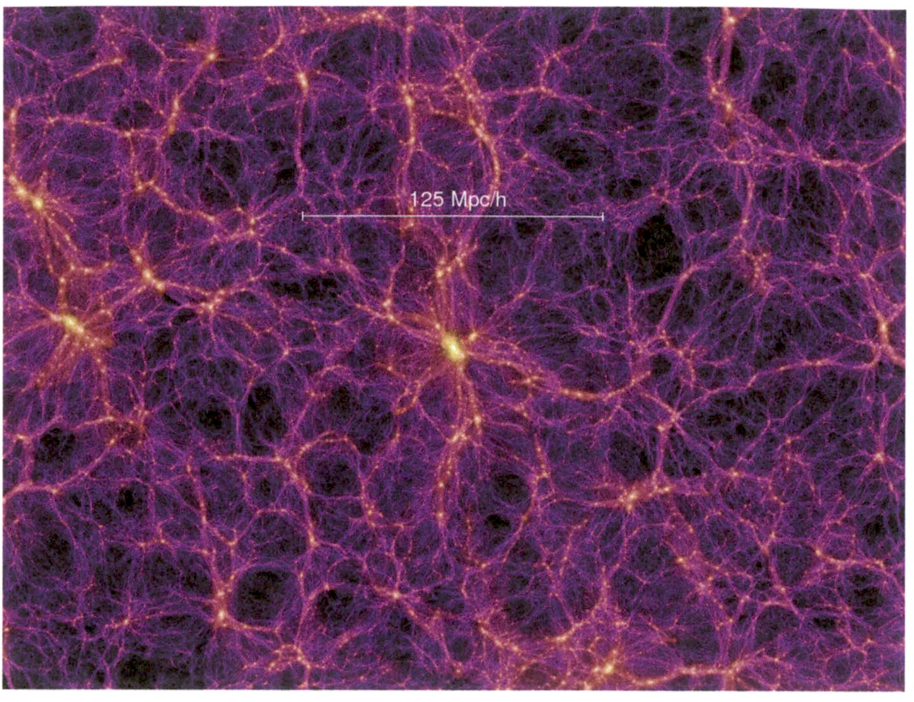

Abb. 2.2 Simulierte heutige Massendichte inklusive der dunklen Materie, berechnet im Rahmen der sogenannten Millennium-Simulation. Die eingezeichnete Linie von 125 Mpc/h entspricht ungefähr 600 Millionen Lichtjahren (h = 0,7 steht dabei für den Hubble-Parameter in bestimmten Einheiten). © Volker Springel. Verwendet mit freundlicher Genehmigung.

struktur mit Blasen (Voids) in der Größenordnung von rund 100 Millionen Lichtjahren (das ist etwa die tausendfache Ausdehnung der Milchstraße). Entlang der Blasenränder konzentrieren sich die Galaxien wie Staubkörnchen zu langen Fäden und Verdickungen, die dann Galaxienhaufen entsprechen. Galaxienhaufen sind die größten Strukturen im Universum, die noch gravitativ gebunden sind und die deshalb nicht von der allgemeinen Raumexpansion auseinandergezogen werden. Ihre Größe liegt im Bereich von einigen Millionen Lichtjahren. Mehr dazu im nächsten Abschnitt.

Man sieht in Abb. 2.2 sehr schön, ab welchen Längenskalen wir die Materieverteilung heute als annähernd homogen betrachten können. Wenn wir die eingezeichnete Linie von 600 Millionen Lichtjahren als Radius einer Raumkugel verwenden, so dürfte diese Raumkugel immer ungefähr dieselbe Materiemenge enthalten, egal wo wir sie genau platzieren. Kugeln dieser Größenordnung hatten wir in Abschnitt 1.5 verwendet, um die Expansion des heutigen Universums zu beschreiben.

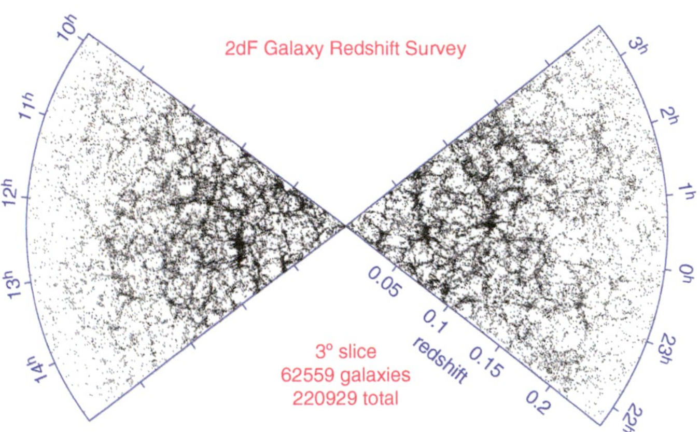

Abb. 2.3 Beobachtete Galaxienverteilung in einer dünnen Himmelsscheibe bis zu einer Rotverschiebung von $z = 0{,}25$, was einer Entfernung von rund zwei Milliarden Lichtjahren entspricht. In größerer Entfernung werden die entdeckten Galaxien seltener, da lichtschwache Galaxien dort schwerer aufzuspüren sind. Wir befinden uns am Schnittpunkt der Sichtlinien in der Bildmitte. © Matthew Colless. Verwendet mit freundlicher Genehmigung.

Es ist in den letzten Jahrzehnten gelungen, detaillierte Karten der Galaxienverteilung im Universum zu erstellen, und diese Karten werden ständig weiter verbessert. Sie zeigen genau die vermutete Verteilung der Galaxien, so wie die Computersimulationen sie voraussagen. Abb. 2.3 zeigt ein Beispiel für eine solche Galaxien-Verteilungskarte.

Wie weit können wir heute überhaupt in das Universum hinausschauen? Wir hatten uns diese Frage bereits in Abschnitt 1.5 gestellt (Abb. 1.18) und die folgende Antwort erhalten: Im Prinzip können wir bis zur Entstehung der kosmischen Hintergrundstrahlung etwa 380 000 Jahre nach dem Urknall zurückschauen, d. h. am Himmel sehen wir in der kosmischen Hintergrundstrahlung das damals noch 3 000 Kelvin heiße Wasserstoff-Helium-Plasma kurz vor seiner Umwandlung zu neutralem Gas. Der z-Faktor beträgt dafür ungefähr 1 000, d. h. seitdem hat sich das Universum etwa um den Faktor 1 000 ausgedehnt und die Temperatur dieser Wärmestrahlung ist ungefähr um den Faktor 1 000 gesunken.

Für die Ermittlung von Galaxienverteilungen sind jedoch einzelne Galaxien interessant und kein diffuses Plasma. Bis zu welcher maximalen Entfernung können wir heute eigentlich einzelne Galaxien im Universum sehen?

Durch die ständig fortschreitende Verbesserung der Beobachtungstechnik gelingt es, immer entferntere Galaxien aufzuspüren. Im Januar 2011 wurde die Entdeckung einer kleinen Galaxie mit einer Rotverschiebung von $z = 10$ in den sogenannten *Hubble Ultra Deep Field* (HUDF09)-Daten bekannt gegeben (Abb. 2.4). Wir sehen diese Galaxie heute so, wie sie nur 480 Millionen

Abb. 2.4 Dieses Bild zeigt den tiefsten Blick in den Nachthimmel, der bis 2009 möglich war (Hubble Ultra Deep Field, 2009). Der dargestellte Himmelsausschnitt hat aus unserer Sicht die Größe von etwa einem Zehntel des Monddurchmessers und enthält rund 10 000 Galaxien. Der darin zweimal vergrößerte Ausschnitt zeigt eine kleine Galaxie mit einer Rotverschiebung von $z = 10$, d. h. wir sehen diese Galaxie so, wie sie nur 480 Millionen Jahre nach dem Urknall existierte, also vor rund 13,2 Milliarden Jahren. Über 100 dieser Zwerggalaxien wären nötig, um unsere Milchstraße zu bilden. © NASA, ESA.

Jahre nach dem Urknall aussah. Diese Hubble-Daten aus dem Jahr 2009 zeigen den tiefsten Blick in das Universum und damit in seine Vergangenheit, der bis dahin jemals gelungen ist. Die Analyse der Daten zeigt außerdem, dass die Sternentstehungsrate und mit ihr die Bildung von Galaxien im Zeitraum zwischen 480 und 650 Millionen Jahren nach dem Urknall stark ansteigt (um etwa einen Faktor 10). Viele Sterne und Galaxien entstehen also in diesem Zeitraum. Wir dürfen gespannt sein, was das für 2018 geplante sehr leistungsfähige *James Webb Space Telescope* noch entdecken wird, denn es wird gezielt nach den allerersten Sternen und Galaxien suchen, die sich etwa 200 bis 300 Millionen Jahre nach dem Urknall gebildet haben dürften.

Die Beobachtungsdaten zeigen, dass die ersten Galaxien recht klein sind. Das deckt sich mit den Computersimulationen, die ebenfalls zeigen, dass sich zunächst die räumlich kleinen Materiewolken weiter verdichten und erst später die großräumigen Materieverdichtungen folgen. Es bilden sich also zuerst meist kleine Galaxien und später dann größere Strukturen. Dabei spielt die nicht-relativistische dunkle Materie eine entscheidende Rolle, denn sie bildet die Schwerkraftsenken für das Wasserstoff-Helium-Gas.

Etwa 200 Millionen Jahre nach dem Urknall entstehen also vermutlich zunächst kleine, massearme Galaxien, später dann massivere Galaxien und noch später Gruppen und große Haufen von Galaxien. Dabei können kleinere Galaxien zu größeren verschmelzen, so wie innerhalb der nächsten 100 Millionen Jahre die Sagittarius-Zwerggalaxie vermutlich mit unserer Milchstraße verschmelzen wird. Galaxien entwickeln sich im Laufe der Zeit: Sie verändern ihre Form, die Entstehungsrate neuer Sterne ändert sich, und sie kollidieren und verschmelzen oft miteinander. Beobachtungen weit entfernter Galaxien wie beispielsweise in Abb. 2.4 zeigen genau solche Prozesse. Auch heute sind Zwerggalaxien immer noch deutlich häufiger als große Galaxien wie unsere Milchstraße. So besteht unsere lokale Gruppe aus drei großen Galaxien und mehreren Dutzend Zwerggalaxien – mehr dazu in Abschnitt 2.2.

Es ist schon beeindruckend, mit welcher Genauigkeit man heute die Entwicklung der Materieverteilung in unserem Universum sowohl berechnen als auch beobachten kann. Nach der Theorie der inflationären Expansion des Universums haben die gigantischen netzartigen Filamente, entlang derer sich die Galaxien im Universum versammeln, ihren Ursprung letzten Endes in den mikroskopischen quantenmechanischen Fluktuationen des Inflatonfeldes, die durch die inflationäre Expansion und die weitere Ausdehnung des Universums so enorm vergrößert wurden, dass sie nun Strukturen mit einer Größe von 100 Millionen Lichtjahren am Himmel bilden. Brian Greene drückt diese erstaunliche Erkenntnis in seinem Buch *Der Stoff, aus dem der Kosmos ist* so aus:

„Laut Inflationstheorie sind die mehr als hundert Milliarden Galaxien, die im All wie himmlische Diamanten schimmern, nichts als Quantenmechanik, die in großen Buchstaben an den Himmel geschrieben wurde. Für mich ist diese Erkenntnis eines der größten Wunder des modernen wissenschaftlichen Zeitalters."

2.2 Virgo-Galaxienhaufen, lokale Gruppe und Milchstraße

In Abschnitt 2.1 haben wir gesehen, wie aus den anfänglichen winzigen Dichteschwankungen der Materie im Laufe der Zeit die Verteilung der Materie entsteht, die wir heute im Universum vorfinden. Die Gravitation führt dabei zu einer immer stärkeren Verklumpung der Materie in Sternen, Galaxien und Galaxienhaufen. Die größten Strukturen, die sich bilden, sind die riesigen fast materiefreien Leerräume, die sogenannten *Voids*. Sie haben Durchmesser im Bereich von 100 Millionen Lichtjahren – dem Tausendfachen der Größe der Milchstraße. Um sie herum formiert sich die Materie in einer netzartigen Struktur, wie wir sie im letzten Abschnitt gesehen haben. Dort, wo die Filamente der Struktur zusammenkommen, finden sich zum Teil Superhaufen aus Hunderten und Tausenden von Galaxien.

Der Radius des von uns heute prinzipiell beobachtbaren Universums beträgt rund 45 Milliarden Lichtjahre. Licht aus weiter entfernten Bereichen des Universums konnte uns bisher nicht erreichen. Es mag vielleicht überraschend sein, dass das sichtbare Universum nicht 13,7 Milliarden Lichtjahre groß ist, was dem Alter des Universums entsprechen würde. Aber man darf nicht vergessen, dass sich das Universum ständig ausdehnt. Ein Atom, das vor 13 Milliarden Lichtjahren ein Photon in unsere Richtung ausgesendet hat, hat sich aufgrund der Raumausdehnung seitdem ständig immer weiter von uns entfernt und ist daher heute wesentlich weiter von uns weg, als es die reine Licht-Reisezeit vermuten lässt.

Wir wollen uns in diesem Abschnitt ansehen, wie die Verteilung der Materie in der weiteren und näheren Umgebung unseres Sonnensystems heute aussieht. Bei einer Entfernungsskala von einer Milliarde Lichtjahren (das sind etwa 2 % des Durchmessers des sichtbaren Universums) dominiert die wabenartige Struktur, wie wir sie im vorherigen Abschnitt kennengelernt haben (siehe auch Abb. 2.3). Mindestens drei sehr große Voids und rund 100 Superhaufen befinden sich innerhalb dieses Abstands, darunter auch der relativ kleine *Virgo-Superhaufen*, an dessen Rand sich unsere Milchstraße befindet. Insgesamt finden wir in diesem Raumbereich etwa drei Millionen große und rund 60 Millionen kleine Galaxien, die sich an den Wänden der weitgehend leeren Voids konzentrieren. In den Schnittbereichen der Wände befinden sich die Superhaufen. Die Zeit, die das Licht vom Rand dieses Raumbereichs bis zu uns braucht, ist länger als die Zeit, die seit der Entstehung mehrzelligen Lebens auf unserer Erde bis heute vergangen ist. Langsam bekommt man ein ehrfurchtsvolles Gefühl für die unglaubliche Größe des Universums.

Verzehnfachen wir den Maßstab und schauen uns die Umgebung unserer Milchstraße bis zum Abstand von 100 Millionen Lichtjahren an (Abb. 2.5). Das Bild zeigt nun den *Virgo-Superhaufen*, der wiederum aus kleineren Galaxienhaufen sowie noch kleineren Galaxiengruppen aufgebaut ist, wobei diese Strukturen teilweise fließend ineinander übergehen. Die Superhaufen sind die größten Strukturen, die gerade noch gravitativ gebunden sind und deshalb nicht der allgemeinen Expansion des Raumes unterliegen. Unterschiedliche Superhaufen entfernen sich dagegen voneinander.

Immer noch ist unsere Milchstraße nur eine von Tausenden anderer Galaxien – sie ist der rote Punkt im Zentrum von Abb. 2.5. Damit gehört sie zur

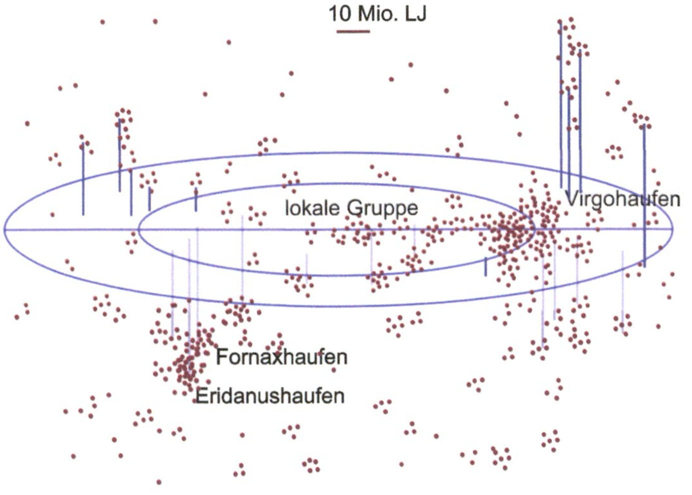

Abb. 2.5 Das Universum bis zu einem Abstand von 100 Millionen Lichtjahren (LJ) von der Erde zeigt den Virgo-Superhaufen, der den großen Virgohaufen (*Virgo Cluster*) sowie die kleineren Fornax- und Eridanushaufen umfasst. Die Milchstraße befindet sich im Zentrum des Bildes. Nur die helleren Galaxien sind in diesem Bild als rote Punkte wiedergegeben. Nach © Richard Powell.

sogenannten *lokalen Gruppe (local group)*. Insgesamt enthält der dargestellte Raumbereich etwa 200 Galaxiengruppen, 2 500 große Galaxien und 50 000 Zwerggalaxien. Nicht dargestellt ist die dunkle Materie, die den weitaus größten Materieanteil ausmacht. Die Galaxien treiben letztlich wie kleine Staubkörner im Ozean der dunklen Materie.

Nun machen wir einen größeren Skalensprung und zoomen um einen Faktor 20 in das Bild hinein, sodass wir das Universum bis zu einem Abstand von fünf Millionen Lichtjahren sehen (Abb. 2.6). Nun zeichnet sich die Milchstraße im Zentrum als kleiner roter Fleck ab. Zusammen mit den anderen Galaxien in diesem Bild bildet sie die *lokale Gruppe*, zu der insgesamt drei große Galaxien (die Milchstraße, die Andromeda-Galaxie und die Triangulum-Galaxie) sowie mindestens 46 Zwerggalaxien gehören, von denen die meisten auch in dem Bild dargestellt sind (Zwerggalaxien leuchten nur relativ schwach am Himmel, sodass vermutlich noch nicht alle von ihnen bisher entdeckt wurden).

Und wieder vergrößern wir die Skala um einen Faktor 10, sodass wir nun die Umgebung der Milchstraße bis zu einem Abstand von 500 000 Lichtjahren sehen (Abb. 2.7). Die Milchstraße ist umgeben von mindestens zwölf Zwerggalaxien, die typischerweise einige Milliarden Sterne enthalten, also deutlich weniger Sterne als die Milchstraße selbst (etwa 200 Milliarden Sterne). Zu den Zwerggalaxien gehören beispielsweise die Große und die Kleine Magellansche Wolke. In dem Bild sind nur die nahen Zwerggalaxien darge-

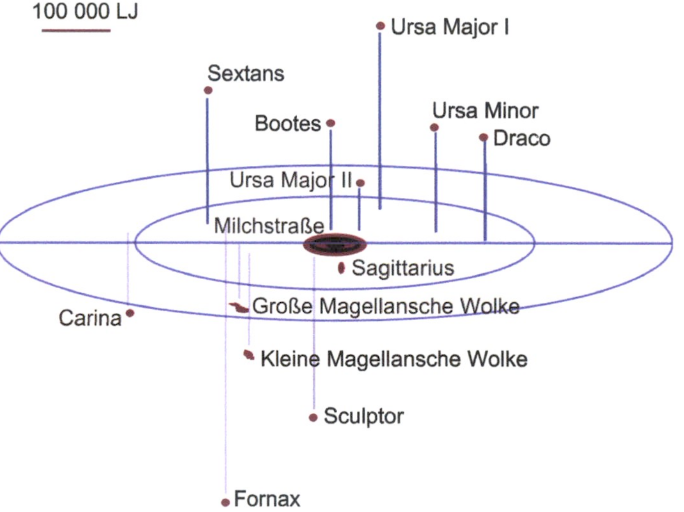

Abb. 2.6   Das Universum bis zu einem Abstand von fünf Millionen Lichtjahren von der Erde zeigt die lokale Gruppe. Nach © Richard Powell.

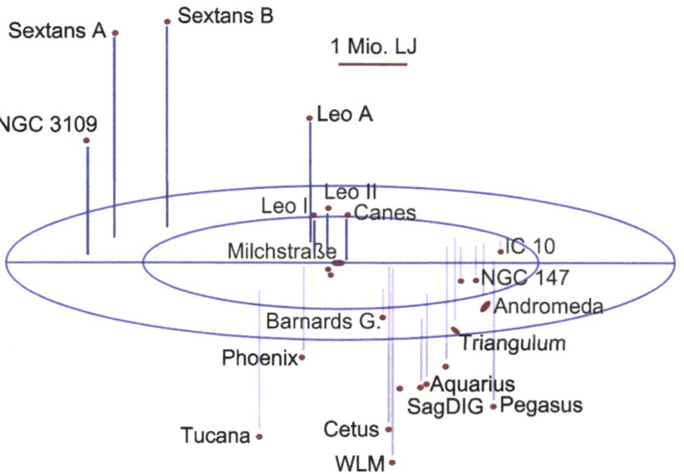

Abb. 2.7   Das Universum bis zu einem Abstand von 500 000 Lichtjahren von der Erde zeigt die Milchstraße und ihre Umgebung, in der sich zwölf Zwerggalaxien befinden, die alle gravitativ an die Milchstraße gebunden sind. Nach © Richard Powell.

stellt. Sie sind gravitativ an die Milchstraße gebunden und umkreisen sie mit Umlaufzeiten von mehreren Milliarden Jahren. Unterhalb der Milchstraße sehen wir in Abb. 2.7 die Sagittarius-Zwerggalaxie, die vermutlich innerhalb einiger 100 Millionen Jahre mit der Milchstraße verschmelzen wird, so wie dies mit Galaxien häufig in der Geschichte des Universums geschehen ist.

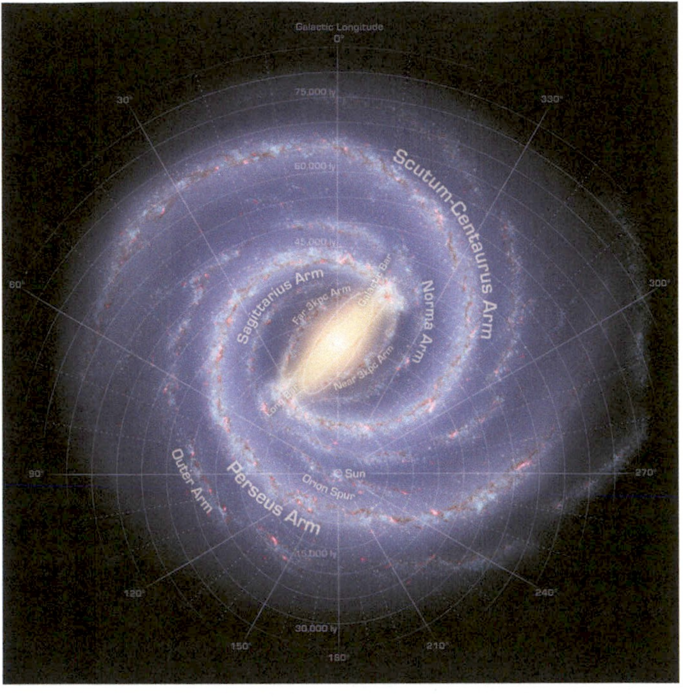

Abb. 2.8 Rekonstruktion der Milchstraße. Der Durchmesser der Scheibe der Milchstraße beträgt etwa 100 000 Lichtjahre. © NASA/JPL-Caltech/R. Hurt.

Schon heute wird sie durch die Gravitation der Milchstraße zunehmend auseinandergerissen.

Zoomen wir erneut um einen Faktor 10 an die Milchstraße heran (Abb. 2.8). Nun können wir endlich das rekonstruierte Bild der gesamten Milchstraße mit ihren rund 200 Milliarden Sternen sehen (ein Foto von außen können wir leider schlecht machen). Unsere Sonne befindet sich etwa 26 000 Lichtjahre vom Zentrum der Milchstraße entfernt, also relativ weit am Rand. Für einen Umlauf um das Zentrum benötigt sie 220 bis 240 Millionen Jahre – das ist fast viermal die Zeit, die seit dem Aussterben der Dinosaurier vergangen ist (nämlich 65 Millionen Jahre). Zum Zentrum hin werden die Sterne dichter, und im Zentrum selbst befindet sich ein gigantisches schwarzes Loch von knapp vier Millionen Sonnenmassen (Sagittarius A*).

Von der Seite betrachtet dürfte unsere Milchstraße ähnlich wie die Sombrerogalaxie M104 in Abb. 2.9 aussehen. Viele der hellen Punkte außerhalb der Scheibe der Galaxie sind sogenannte *Kugelsternhaufen* (engl. *globular clusters*). Kugelsternhaufen enthalten jeweils nur einige 100 000 Sterne, die zusammen eine kugelförmige Sternenwolke bilden, in der sie wesentlich dichter beieinander liegen als in der Scheibe der Milchstraße. Insgesamt sind rund 150 Ku-

Abb. 2.9 Die Sombrerogalaxie M104, aufgenommen vom Hubble Space Telescope. Diese Galaxie ist etwa 30 Millionen Lichtjahre von uns entfernt und hat am Himmel eine scheinbare Ausdehnung von einem Viertel des Monddurchmessers (sie ist allerdings für das bloße Auge etwas zu lichtschwach). So ähnlich dürfte unsere Milchstraße aussehen, wenn wir sie von der Seite betrachten könnten. Man erkennt die flache Scheibe, die die meisten Sterne sowie praktisch das gesamte Gas und Staub enthält. In dieser Scheibe entstehen auch heute noch neue Sterne. In der Scheibenmitte sehen wir das Zentrum der Galaxie mit seiner hohen Sternendichte. Außerhalb der Scheibe sehen wir den kugelförmigen Halo, der die ältesten Sterne (zumeist in Form von Kugelsternhaufen) sowie Gas sehr geringer Dichte und vermutlich große Mengen dunkler Materie enthält. © NASA/ESA and The Hubble Heritage Team (STScI/AURA).

gelsternhaufen im Umfeld (dem sogenannten *Halo*) der Milchstraße bekannt. Sie sind bereits vor rund zwölf bis 13 Milliarden Jahren entstanden, als sich die Materie bei der Bildung der Milchstraße langsam zusammenzog. Dabei kollabierten möglicherweise kleine, etwas dichtere Gasbereiche zu den Kugelsternhaufen, während sich das übrige Gas weiter zum Zentrum hin zusammenzog und aufgrund seiner Rotation schließlich die Scheibe der Milchstraße bildete (die Entstehung der Kugelsternhaufen ist bis heute noch nicht wirklich gut verstanden). Seit ihrer Entstehung haben sich in den Kugelsternhaufen kaum noch neue Sterne gebildet, d. h. wir sehen in ihnen relativ kleine, sehr alte Sterne, die anders als die Sonne kaum schwerere Elemente jenseits von Helium enthalten. Das Gas, aus dem sich diese Sterne vor langer Zeit bildeten, enthielt noch keine schweren Elemente. In der Scheibe der Milchstraße ist das anders: In ihr gibt es genug Gas, sodass sich dort selbst heute noch neue Sterne bilden, wobei dieses Gas mittlerweile durch vergangene Sterngenerationen mit schweren Elementen angereichert wurde. Auch unsere Sonne entstand nicht bereits bei der Bildung der Milchstraße vor mehr als zehn Milliarden Jahren, sondern erst vor etwa 4,6 Milliarden Jahren. Das interessante Leben und teilweise explosive Sterben der Sterne wollen wir uns im nächsten Abschnitt genauer ansehen.

2.3 Sterne entstehen und vergehen

In den Abschnitten 2.1 und 2.2 haben wir gesehen, wie sich nach dem Urknall die anfänglichen geringen Dichteunterschiede der Materie unter dem Einfluss der Gravitation immer weiter verstärken, sodass sich nach einigen 100 Millionen Jahren bereits die ersten Sterne und Galaxien bilden. Auch unsere Milchstraße entsteht in dieser Zeit.

Auf unserem Zeitpfad entstehen also die ersten Sterne und Galaxien irgendwann auf den ersten 1 000 Kilometern. Zur Erinnerung: Ein Millimeter entspricht auf dem Zeitpfad einem Jahr, ein Kilometer entspricht also einer Million Jahre. Der gesamte Zeitpfad ist 13 600 Kilometer lang und reicht von Australien bis Deutschland. Zum Vergleich: Die kosmische Hintergrundstrahlung entsteht bereits nach den ersten 380 Metern (siehe Abschnitt 1.6).

Weder Galaxien noch Sterne sind unveränderliche Objekte im Universum. Galaxien verändern ihre Struktur im Laufe der Zeit, und kleine Galaxien können zu großen Galaxien verschmelzen. Auf diese Weise können im Zentrum der großen Super-Galaxienhaufen gigantische elliptische Galaxien entstehen. Im Virgo-Galaxienhaufen befindet sich beispielsweise die elliptische Riesengalaxie M87, deren Masse die der Milchstraße vermutlich um das Hundertfache übertrifft (solche Zahlen sind immer mit großen Unsicherheiten behaftet). Ihr Zentrum beherbergt ein gigantisches schwarzes Loch mit einer Masse von sechs bis sieben Milliarden Sonnenmassen.

Auch Sterne verändern sich: Sie werden aus kontrahierenden Gaswolken geboren, verdichten sich, beginnen zu leuchten, verbrauchen im Laufe der Zeit dabei ihren Brennstoff und enden schließlich als weißer Zwerg oder nach einer gigantischen Supernova-Explosion als Neutronenstern oder sogar als schwarzes Loch. Dabei tun sie etwas sehr Wichtiges, das dem Urknall nicht gelungen ist: Sie erzeugen praktisch alle chemischen Elemente jenseits von Wasserstoff und Helium, beispielsweise die Elemente Kohlenstoff, Sauerstoff, Silizium oder Eisen, ohne die unsere Erde und wir selbst nicht existieren würden. Wir wollen uns daher den Lebenszyklus der Sterne in diesem Abschnitt genauer ansehen.

Man kann über dieses Thema leicht ganze Bücher schreiben. Ich habe versucht, mich auf das Wichtigste zu beschränken. Dennoch ist ein recht umfangreicher Abschnitt entstanden, aber ich glaube, es lohnt sich, dem Leben der Sterne genügend Raum zu geben und auch einige Beispiele aufzuzeigen,

Abb. 2.10   Die Plejaden sind ein offener Sternhaufen in unserer Nähe, der mit bloßem Auge gut sichtbar ist. Neben den Sternen ist auch leuchtendes Gas erkennbar. © NASA, ESA and AURA/Caltech.

die jeder von uns bei einem nächtlichen Spaziergang bei klarem Himmel sehen kann.

Beginnen wir mit einigen Beobachtungen am Sternenhimmel, die uns das Entstehen und Vergehen der Sterne vor Augen führen:

Sterne entstehen normalerweise in größeren Gruppen aus einer kollabierenden Gas- und Staubwolke. Auch heute noch bilden sich in der Scheibe der Milchstraße auf diese Weise neue Sterngruppen. Man bezeichnet sie als *offene Sternhaufen*. Ein bekanntes Beispiel für einen solchen offenen Sternhaufen sind die *Plejaden* (auch *Siebengestirn* genannt), eine Gruppe von Sternen, die man auch mit bloßem Auge von Mitte September bis Ende April gut am nördlichen Nachthimmel bei uns sehen kann (Abb. 2.10)! Ohne optische Instrumente erkennt man etwa fünf bis sieben Sterne, die sich für unser Auge auf einem Himmelsbereich von etwa dreifacher Mondausdehnung zusammendrängen.

Die Plejaden sind bereits unseren Vorfahren am Himmel aufgefallen und ihr Auf- und Untergang war für sie ein wichtiger Indikator zur Bestimmung der Jahreszeiten. So sind sie beispielsweise auf der knapp 4 000 Jahre alten *Himmelsscheibe von Nebra* dargestellt, die im Juli 1999 nahe der Stadt Nebra in Sachsen-Anhalt gefunden wurde.

Im Winter kann man die Plejaden recht einfach am Sternenhimmel finden. Sie sind als kleine Sternanhäufung rechts oberhalb des Sternbildes Stier sichtbar. Dieses Sternbild befindet sich seinerseits nördlich des sehr markanten

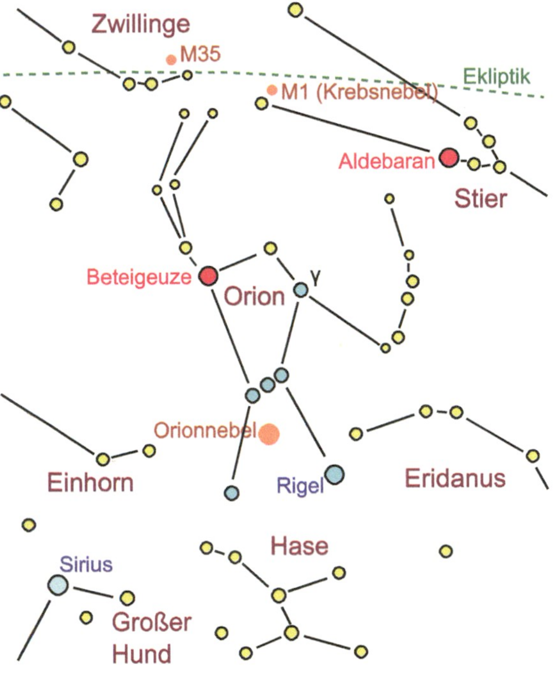

Abb. 2.11 Karte des Sternbildes Orion mit dem roten Riesenstern Beteigeuze und dem blauen Riesenstern Rigel. Die Plejaden befinden sich oben rechts knapp außerhalb des Bildes. Nach © Marc Layer.

Sternbildes Orion mit seinen drei Gürtelsternen – wir kommen weiter unten noch darauf zurück (Abb. 2.11).

Die Plejaden sind rund 400 Lichtjahre von der Erde entfernt – das sind etwa 1,6 % der Entfernung der Sonne zum Zentrum der Milchstraße, die zwischen 25 000 und 28 000 Lichtjahren liegt. Die Entfernung der Plejaden ist nicht ganz einfach zu ermitteln; zugleich ist ihre Entfernung eine wichtige Sprosse auf der kosmischen Entfernungsleiter für die Entfernungsbestimmung anderer kosmischer Objekte. Insgesamt dürften die Plejaden mindestens 500 bis 1 000 Sterne umfassen, von denen wir mit bloßem Auge nur die hellsten sehen können. Die Sterne der Plejaden sind vor nur etwa 100 Millionen Jahren gemeinsam aus einer Gas- und Staubwolke entstanden. Zum Vergleich: Die Sonne ist mit rund 4 600 Millionen Jahren wesentlich älter. Da die Plejaden-Sterne noch recht jung sind, hatten sie noch nicht genug Zeit, sich weiter voneinander zu entfernen. Daher sehen wir sie immer noch als Sternengruppe am Himmel. Erst nach einigen Umläufen um das Zentrum der Milchstraße ist ein solcher Sternhaufen weitgehend zerlaufen und nicht mehr sofort als Sternengruppe erkennbar. Sterne in Sonnennähe wie die Plejaden benötigen für einen Umlauf um das Zentrum der Milchstraße etwa 220 bis 240 Millionen Jahre, so wie unsere Sonne.

Das noch recht geringe Alter der Plejaden führt dazu, dass auch die massereichen Plejaden-Sterne noch zu sehen sind. Massereiche Sterne verbrauchen ihren Brennstoff besonders schnell und sind deshalb besonders heiß und hell, aber auch nur sehr kurzlebig im Vergleich zu masseärmeren Sternen (Details dazu siehe weiter unten). Der hellste Stern der Plejaden, *Alkione* oder auch *Alcyone*, hat beispielsweise mit einer Masse von etwa sechs bis sieben Sonnenmassen und dem mindestens vierfachen Sonnenradius die gut tausendfache Leuchtkraft der Sonne, d. h. er strahlt pro Sekunde tausendmal mehr Energie ab als unsere Sonne. Seine Oberflächentemperatur liegt mit etwa 13 000 Kelvin ungefähr bei der doppelten Sonnentemperatur (die Daten über Alkione sind mit einigen Unsicherheiten behaftet). Er leuchtet also in einem sehr grellen bläulichen Licht mit intensiver UV-Strahlung (Vorsicht: Sonnenbrand!). Seine Lebenszeit ist allerdings schon fast vorbei – was mit ihm in einigen Millionen Jahren geschehen wird, schauen wir uns weiter unten an.

Das Beispiel von Alkione, dem hellsten Stern der Plejaden, macht deutlich, dass Sterne sehr verschieden von unserer Sonne sein können. Schauen wir uns ein weiteres Beispiel an: das *Sternbild Orion*, dem wir oben bereits kurz begegnet sind, da es nicht allzu weit weg von den Plejaden am Himmel zu sehen ist.

Orion ist mit seinen drei Gürtelsternen sicher das auffälligste Sternbild am Himmel (Abb. 2.11). In klaren Winternächten ist es meist deutlich in Richtung Süden am Himmel zu sehen (im späten Winter sieht man es gut am Abendhimmel). Und wenn man genau hinschaut, kann man sogar mit bloßem Auge erkennen, dass die Sterne farbig sind! Links oben im Sternbild befindet sich der rötlich leuchtende Stern *Beteigeuze*, rechts unten dagegen leuchtet der bläuliche Stern *Rigel*. Durch den direkten Vergleich dieser beiden Sterne fallen die unterschiedlichen Farben am Nachthimmel besonders auf.

Die verschiedenen Sterne des Orion-Sternbildes sind (anders als die Plejaden) unterschiedlich weit von uns entfernt. Der Stern *Bellatrix* rechts oben (beim γ in Abb. 2.11) ist uns mit etwa 240 Lichtjahren am nächsten, danach kommt die rötliche *Beteigeuze* links oben mit etwa 600 Lichtjahren und anschließend der bläuliche Stern *Rigel* rechts unten mit etwa 800 Lichtjahren (die Entfernungsangaben werden mit zunehmendem Abstand immer ungenauer, da sie immer schwerer zu bestimmen sind). Die drei Gürtelsterne liegen tatsächlich räumlich dicht beieinander; ihre Entfernung zu uns beträgt rund 1 300 Lichtjahre. Sie gehören zu dem großen, offenen Sternhaufen *Collinder 70*. Damit begegnet uns erneut ein offener Sternhaufen wie zuvor die Plejaden.

Rigel (der bläuliche Stern rechts unten) ist der hellste Stern des Orion-Sternbildes und zugleich der siebthellste des Himmels. Er ist ein sogenannter blauer Überriese, ähnlich heiß wie der Plejaden-Stern Alkione (siehe oben), nur noch massereicher und heller. Sein Radius liegt bei etwa 60 Sonnenradien und seine Leuchtkraft beträgt etwa die 45 000-fache Leuchtkraft der Sonne. Damit ist er wie Beteigeuze einer der hellsten Sterne in unserer Region der Milchstraße! Seine Oberflächentemperatur beträgt rund 12 000 Kelvin, d. h. er ist wie Alkione etwa doppelt so heiß wie die Sonne. Mit einer Masse von mehr als 17 Sonnenmassen befindet sich Rigel bereits in einer Übergangsphase zum roten Überriesen und wird in einigen Millionen Jahren in einer Supernova explodieren.

Beteigeuze (der rötliche Stern links oben) ist bereits ein roter Riesenstern. Er besitzt einen etwa 700-mal größeren Radius als unsere Sonne (also rund zehnmal größer als Rigel) und ist etwa 50 000-mal heller als die Sonne. Seine Masse beträgt etwa 20 Sonnenmassen, also sogar noch etwas mehr als Rigel. Aufgrund der enormen räumlichen Ausdehnung beträgt die Oberflächentemperatur von Beteigeuze nur etwa 3 500 Kelvin, also gut halb so viel wie die unserer Sonne und damit etwas mehr als die Temperatur der kosmischen Hintergrundstrahlung bei ihrer Entstehung. Das erklärt die rötliche Farbe von Beteigeuze, denn je heißer ein Körper ist, umso mehr geht seine Farbe von Rot (glühende Kohle) über gelb-orange (Kerzenflamme) und weiß-gelb (Sonne) ins Bläuliche über (Blitze) – wir kennen das bereits aus Abschnitt 1.3.

Mit Beteigeuze haben wir einen veränderlichen Stern vor uns! Sein Sternradius schwankt periodisch in 2 070 Tagen (das sind knapp sechs Jahre) zwischen 290 und 480 Millionen Kilometer hin und her. Entsprechend ändern sich auch Leuchtkraft und Temperatur. Hätte die Sonne diese Ausdehnung, so würden Erde und Mars in ihrem Inneren verschwinden. Aufgrund dieser enormen Größe ist Beteigeuze der einzige Stern, der von der Erde aus mit modernen Teleskopen als Kreisfläche sichtbar ist.

Wie Rigel wird auch Beteigeuze innerhalb der nächsten Millionen Jahre als Supernova explodieren. Diese Supernova wird dann so hell am Erdhimmel leuchten wie der Mond und damit alle anderen Sterne bei Weitem überstrahlen.

Neben dem blauen Riesenstern Rigel und dem roten Riesenstern Beteigeuze hat das Orion-Sternbild noch wesentlich mehr zu bieten, wie das Infrarotbild rechts in Abb. 2.12 zeigt. Der Orionnebel (die hellste Stelle im Infrarotbild) ist eines der aktivsten Sternentstehungsgebiete in der Nähe unserer Sonne. Hier befinden sich Gas- und Staubwolken, die auch heute noch zu neuen Sternen kollabieren. Ihre Entfernung von unserem Sonnensystem beträgt etwa 1 400 Lichtjahre, der Durchmesser etwa 30 Lichtjahre. Im Grunde stellt der Orionnebel die leuchtende Spitze eines enormen Wolkenkomplexes aus Gas und Staub dar, der sich von uns weg erstreckt und der das gesamte Sternbild durchzieht. Allerdings leuchten im sichtbaren Licht nur bestimmte Teile dieses Wolkenkomplexes. Andere Bereiche sind dagegen optisch dunkel.

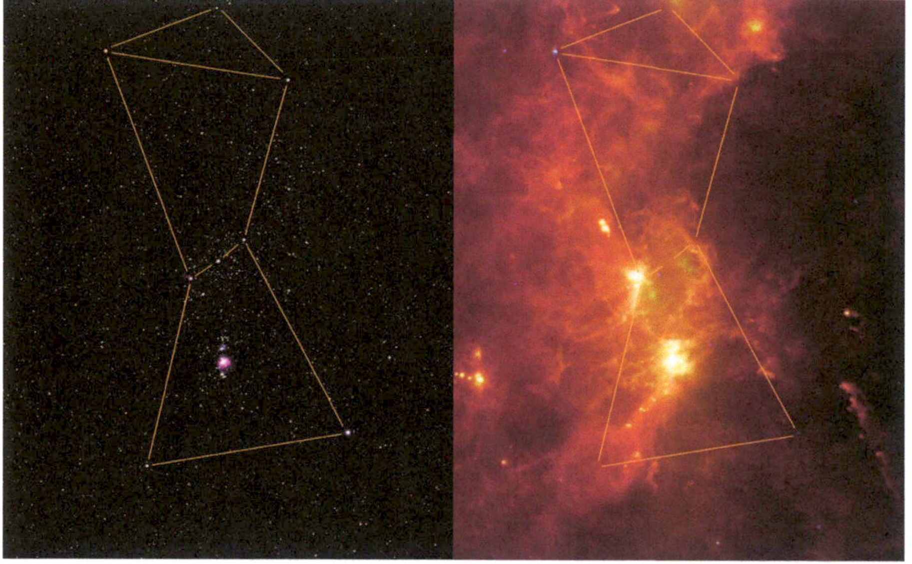

Abb. 2.12 Das Sternbild Orion im sichtbaren Licht (links) und im infraroten Licht (rechts). Man erkennt im Infrarotbild große Wolken aus Staub und Gas. Die hellen Stellen sind dabei Gebiete, in denen neue Sterne entstehen. © Howard McCallon, Infrared: NASA/IRAS.

Sie leuchten im infraroten Licht, das anders als sichtbares Licht die dichten Staubwolken durchdringen kann. Der berühmte *Pferdekopfnebel* gehört ebenfalls zu diesem Wolkenkomplex: Er befindet sich nahe beim linken Orion-Gürtelstern *Alnitak*.

Wie wir sehen, zeigt uns bereits das bekannte Orion-Sternbild eine Fülle verschiedener astronomischer Objekte, beispielsweise einen blauen und einen roten Riesenstern sowie große Gas- und Staubwolken, in denen auch heute noch Sterne entstehen. Mit den Plejaden haben wir einen offenen Sternhaufen kennengelernt, der aus einer solchen Wolke vor etwa 100 Millionen Jahren entstanden ist.

Auch für das Ende von Sternen findet man Beispiele am Himmel. Am bekanntesten ist sicher der 6 300 Lichtjahre entfernte *Krebsnebel* im Sternbild Stier (seine Position im Sternbild Stier ist durch den Eintrag *M1* oben in Abb. 2.11 gekennzeichnet). Der Krebsnebel ist der Überrest einer Supernova, die nach chinesischen und japanischen Quellen vor fast 1 000 Jahren (nämlich am 4. Juli im Jahre 1054) explodiert ist. Für einige Wochen muss diese Supernova so hell wie der Vollmond gewesen sein. Sie war selbst bei Tageslicht am Himmel sichtbar, bevor sie langsam verblasste. Ihre Überreste dehnen sich noch heute mit ungefähr 1 500 Kilometern pro Sekunde aus und haben mittlerweile eine Ausdehnung von etwa zehn Lichtjahren erreicht (Abb. 2.13).

Abb. 2.13   Der Krebsnebel im Sternbild Stier, aufgenommen mit dem Hubble-Teleskop.
© NASA.

Die Energieabstrahlung des Krebsnebels ist viele tausendmal größer als die der Sonne. An der Position des ehemaligen Sterns befindet sich heute ein sogenannter *Pulsar*. Dieser Pulsar ist das kollabierte Zentrum des explodierten Sterns. Er ist ein extrem dichter *Neutronenstern*, der in einem Volumen von 30 Kilometern Durchmesser mehr als eine Sonnenmasse enthält. Dieser Neutronenstern rotiert mit etwa 30 Umdrehungen in der Sekunde und sendet dabei intensive elektromagnetische Strahlungspulse aus, die von Radio- bis Gammastrahlung reichen. Diese Strahlungspulse sind die Energiequelle für die Leuchtkraft des Krebsnebels.

Natürlich gibt es neben solchen spektakulären Objekten am Himmel noch eine große Fülle weitgehend unauffälliger Sterne, so wie unsere Sonne einer ist. Versuchen wir, einen Eindruck davon zu gewinnen, indem wir uns die Sterne ansehen, die der Sonne am nächsten stehen. Einen Überblick über die direkte Umgebung unserer Sonne gibt Abb. 2.14.

Schaut man sich diese Sterne genauer an, so stellt man fest, dass sie nicht nur einzeln, sondern auch oft in Form von Doppel- oder Mehrfachsternen

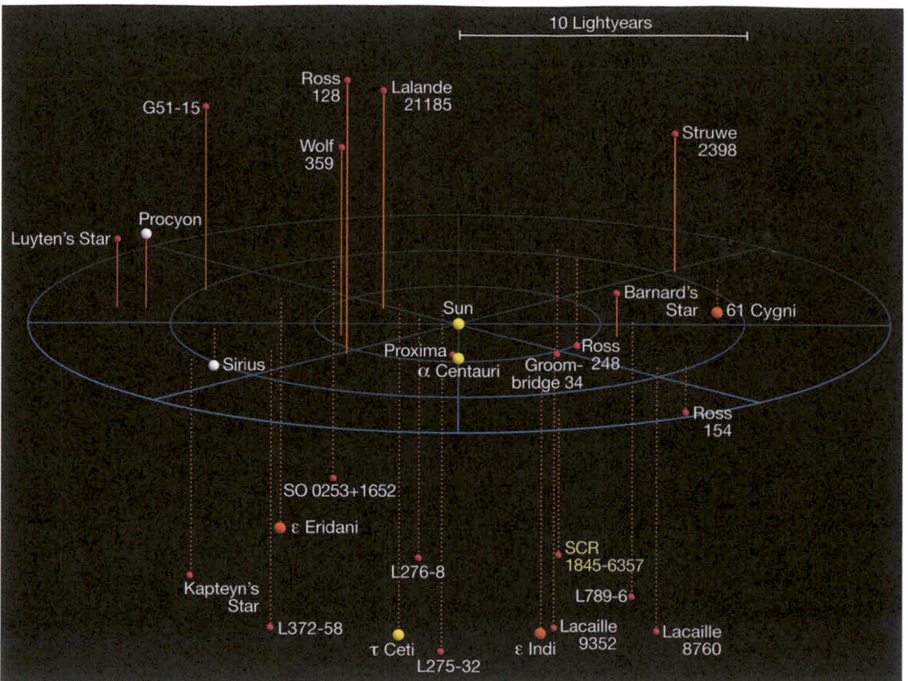

Abb. 2.14   Die direkte Umgebung unserer Sonne bis zu 12,5 Lichtjahren Abstand. Die Farbe und Größe der Punkte soll die Farbe und Intensität des Sternenlichts darstellen. Kleine rote Punkte entsprechen roten Zwergsternen. © ESO/Richard Powell.

vorkommen, bei denen sich zwei oder mehr Sterne gegenseitig umkreisen. Bereits der uns nächstliegende Stern ist ein Dreiersystem, bestehend aus dem sonnenähnlichen *Alpha Centauri A*, dem etwas kleineren und kälteren *Alpha Centauri B* und dem sehr viel kleineren und kälteren Zwergstern *Proxima Centauri*, den man mit bloßem Auge schon nicht mehr sehen kann. Ein anderes Doppelsternsystem ist *Sirius,* das aus dem 10 000 Kelvin heißen, sehr hellen Stern *Sirius A* und dem winzigen weißen Zwerg *Sirius B* besteht. Sirius A ist der hellste Stern am Nachthimmel. In der Sternkarte des Orion-Sternbildes (Abb. 2.11) ist Sirius unten links zu sehen.

Es gibt viele unterschiedliche Sterntypen. Manche sind heißer, heller und größer als die Sonne wie beispielsweise Sirius A oder der Plejaden-Stern Alkione oder noch extremer der blaue Überriese Rigel aus dem Sternbild Orion. Viele Sterne sind aber auch kälter, kleiner und leuchtschwächer als die Sonne. Der Blick in unsere nähere Umgebung zeigt, dass diese roten Zwergsterne recht häufig sind. Insgesamt kommen Sterntypen umso häufiger vor, je kleiner und kälter sie sind. Rote Zwerge sind am häufigsten, sehr heiße helle Sterne am seltensten. Sterne wie Rigel im Sternbild Orion oder der Plejaden-Stern Alkione sind also eher die Ausnahme, die allerdings aufgrund ihrer

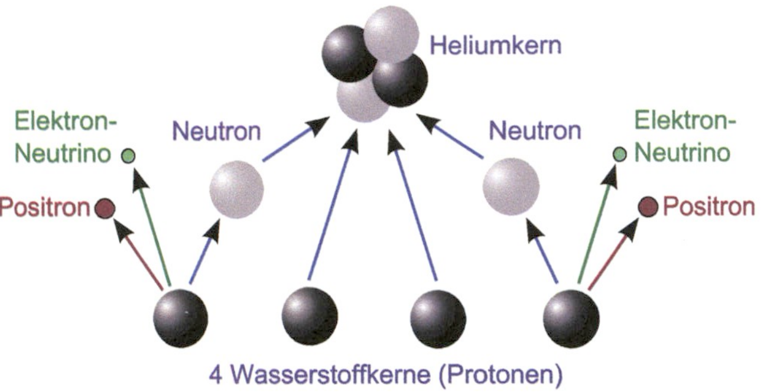

Abb. 2.15 Schematische Darstellung der Wasserstoff-Kernfusion im Sternzentrum. Dabei müssen für jeden neuen Heliumkern zuvor zwei Protonen in Neutronen verwandelt werden, wobei zwei Positronen und zwei Neutrinos entstehen (die genauen Prozesse sind im Detail etwas komplexer). Die Positronen sind die Antiteilchen der Elektronen; sie zerstrahlen mit Elektronen der Sternmaterie zu Energie, während die Neutrinos das Sternzentrum verlassen. Auf der Erde kann man die Neutrinos aus dem Sonneninneren nachweisen.

hohen Leuchtkraft noch über weite Entfernungen sichtbar sind. Daher gehören recht viele der am Himmel sichtbaren Sterne zu dieser eher seltenen Sternengruppe mit hoher Leuchtkraft, während die kleineren kälteren Sterne sehr nahe sein müssen, um noch sichtbar zu sein.

Bei vielen Sternen stellt man die folgende Regelmäßigkeit fest: *Je massereicher der Stern ist, umso heißer, heller und größer ist er*. Diese Regel gilt für Sterne, in deren Zentrum Wasserstoff zu Helium fusioniert – das ist der Normalfall, zu dem auch unsere Sonne gehört. Sie gilt nicht für weiße oder braune Zwerge oder für rote Riesen wie den Orion-Stern Beteigeuze. Auf diese Sterne gehen wir weiter unten noch genauer ein.

Die Leuchtkraft L eines Sterns, in dem Wasserstoff zu Helium fusioniert, ist etwa proportional zur dritten Potenz der Sternmasse M:

$$L \sim M^3$$

Das nennt man die *Masse-Leuchtkraft-Beziehung*. Sie gilt nur ungefähr, liefert also eine Abschätzung für die Leuchtkraft eines Sterns – oft findet man auch die noch etwas genauere Formel $L \sim M^{3,5}$. Grob kann man also sagen: Verdoppelt man die Sternmasse, so nimmt die Leuchtkraft um den Faktor 8 bis 10 zu. Diesen Zusammenhang kann man mithilfe physikalischer Sternmodelle auch nachrechnen. Solche Modelle zeigen: Ein Stern ist ein sich selbst regelnder Kernfusionsreaktor, in dessen Inneren im Normalfall Wasserstoffkerne (Protonen) zu Heliumkernen fusionieren (Abb. 2.15). Dabei verdichtet sich der Stern so lange, bis Temperatur und Dichte in seinem Inneren ausreichen, um eine genügend starke Kernfusion in Gang zu setzen. Die dabei entstehende Hitze und der entsprechende Gas- und Strahlungsdruck verhindern eine weitere Kontraktion des Sterns. Der Stern stellt also seine Energieerzeugung durch geeignete Kontraktion oder Expansion so ein, dass ein Gleichgewicht zwischen Druck und Gravitation entsteht. Dabei müssen massereiche Sterne offenbar deutlich mehr Energie erzeugen, um der stärkeren Gravitationskraft einen genügenden Druck entgegenzusetzen. So erklärt sich die Zunahme der Energieerzeugung und damit der Leuchtkraft bei wachsender Sternmasse.

Aufgrund der Masse-Leuchtkraft-Beziehung ist klar, dass massereiche Sterne nicht so lange leben wie massearme Sterne. Zwar nimmt der Brennstoffvorrat proportional zur Masse M zu, aber das Tempo, mit dem er verbraucht wird, wächst proportional zur Leuchtkraft und damit ungefähr proportional zu M^3 an. Die Lebensdauer t eines Sterns, während der er Wasserstoff in Helium umwandeln kann, fällt also etwa proportional zu $1/M^2$ ab.

Ein Stern mit doppelter Sonnenmasse lebt also höchstens ein Viertel so lange wie die Sonne. Nun wird die Sonne insgesamt etwa zehn Milliarden Jahre lang leben – knapp die Hälfte der Zeit ist bereits verstrichen. Deutlich masseärmere Sterne als die Sonne, die vielleicht eine Milliarde Jahre nach dem Urknall entstanden sind, leben also normalerweise heute noch, denn ihre Lebensdauer ist deutlich länger als das heutige Alter des Universums (13,7 Milliarden Jahre). Massereiche Sterne haben dagegen nur ein recht kurzes Leben, verglichen mit dem Alter des Universums. Nehmen wir als Beispiel den Stern Rigel im Sternbild Orion, den wir oben bereits kennengelernt haben. Seine Masse beträgt etwa 17 Sonnenmassen. Seine Lebensdauer ist damit nur maximal $(1/17)^2 = 0,0035 = 0,35\,\%$ der Sonnenlebensdauer, also etwa 35 Millionen Jahre. Diese Zeit reicht noch nicht einmal für einen Viertel-Umlauf um das Zentrum der Milchstraße aus. Massereiche Sterne sind also auch recht kurzlebig! Das ist für die Entstehung der schwereren chemischen Elemente sehr wichtig, wie wir noch sehen werden.

Auch zwischen Masse und Radius lässt sich ein Zusammenhang für Wasserstoff-fusionierende Sterne angeben. So wächst der Sternradius mit steigender Masse, wobei wir auf die genaue Formel hier verzichten wollen (Abb. 2.16). Bei weißen Zwergen oder Neutronensternen ist das übrigens anders: Sie werden kleiner, wenn ihre Masse wächst.

Damit können wir für Wasserstoff-fusionierende Sterne einen Zusammenhang zwischen Oberflächentemperatur und Leuchtkraft ermitteln, denn sowohl die Leuchtkraft als auch die Oberflächentemperatur nehmen mit steigender Masse zu, sodass eine größere Leuchtkraft mit einer steigenden Oberflächentemperatur einhergeht. Dabei nimmt die Leuchtkraft sehr schnell mit wachsender Temperatur zu, wie Abb. 2.16 zeigt, denn die pro Fläche abgestrahlte Energie wächst nach dem Stefan-Boltzmann-Gesetz (Abschnitt 1.3)

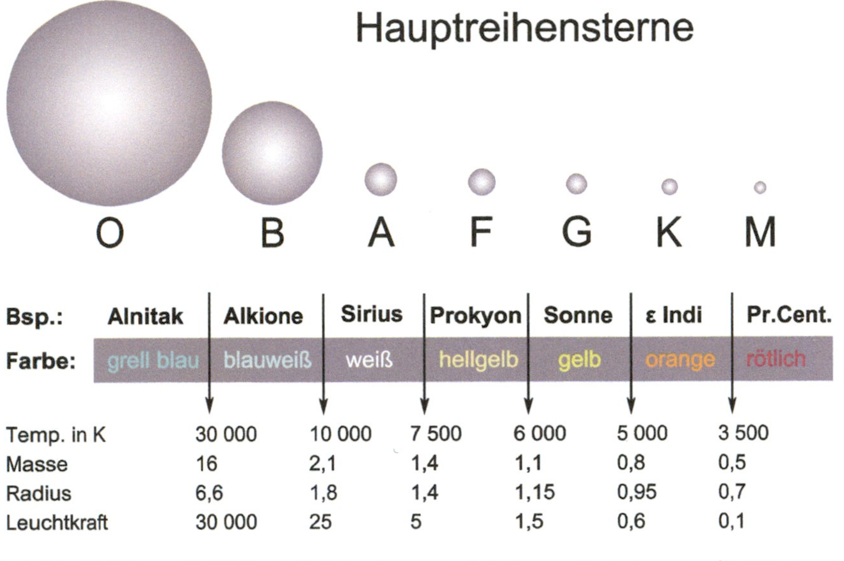

Bsp.:	Alnitak	Alkione	Sirius	Prokyon	Sonne	ε Indi	Pr.Cent.
Farbe:	grell blau	blauweiß	weiß	hellgelb	gelb	orange	rötlich
Temp. in K	30 000	10 000	7 500	6 000	5 000	3 500	
Masse	16	2,1	1,4	1,1	0,8	0,5	
Radius	6,6	1,8	1,4	1,15	0,95	0,7	
Leuchtkraft	30 000	25	5	1,5	0,6	0,1	

Abb. 2.16 Größenvergleich zwischen den verschiedenen Sterntypen, die Wasserstoff zu Helium fusionieren (sogenannte Hauptreihensterne). Die Buchstaben O, B, A, F, G, K, M geben die sogenannte Spektralklasse an, die aus historischen Gründen in der Astronomie üblich ist. Die angegebenen Temperaturen, Massen, Sternradien und Leuchtkräfte bilden die Grenzwerte zwischen den einzelnen Spektralklassen, wobei die Werte der unteren drei Zeilen relativ zur Sonne angegeben sind, d. h. unsere Sonne hat Masse, Radius und Leuchtkraft eins und befindet sich in Spektralklasse G.

mit der vierten Potenz der Temperatur, und zusätzlich wächst auch noch die Sternoberfläche stark an. So ist Alkione etwa doppelt so heiß wie die Sonne, strahlt aber mehr als tausendmal so hell.

Die Oberflächentemperatur eines Sterns kann man in der Astronomie meist gut aus dem Spektrum des Sternenlichts bestimmen: Kühlere Sterne sind rötlicher, heißere Sterne bläulicher. Wenn man zusätzlich die Entfernung kennt, kann man aus der Helligkeit des Sterns am Himmel auch seine Leuchtkraft bestimmen. Was geschieht nun, wenn wir in einem sogenannten *Hertzsprung-Russell-Diagramm* die Oberflächentemperatur auf der x-Achse und die Leuchtkraft auf der y-Achse eintragen und so für jeden Stern einen Punkt in diesem Diagramm einzeichnen? Aus historischen Gründen werden dabei die heißen Sterne links und die kälteren rechts sowie hellere Sterne weiter oben und leuchtschwächere Sterne weiter unten eingezeichnet.

Für Sterne, die Wasserstoff zu Helium fusionieren, hatten wir gerade herausgefunden, dass sie umso heller leuchten, je heißer sie sind. Diese Sterne müssten also im Hertzsprung-Russell-Diagramm eine Linie bilden, die von kühleren, leuchtschwachen Sternen zu immer heißeren, helleren fortschreitet. Die Linie sollte also von rechts unten nach links oben laufen, wobei die Stern-

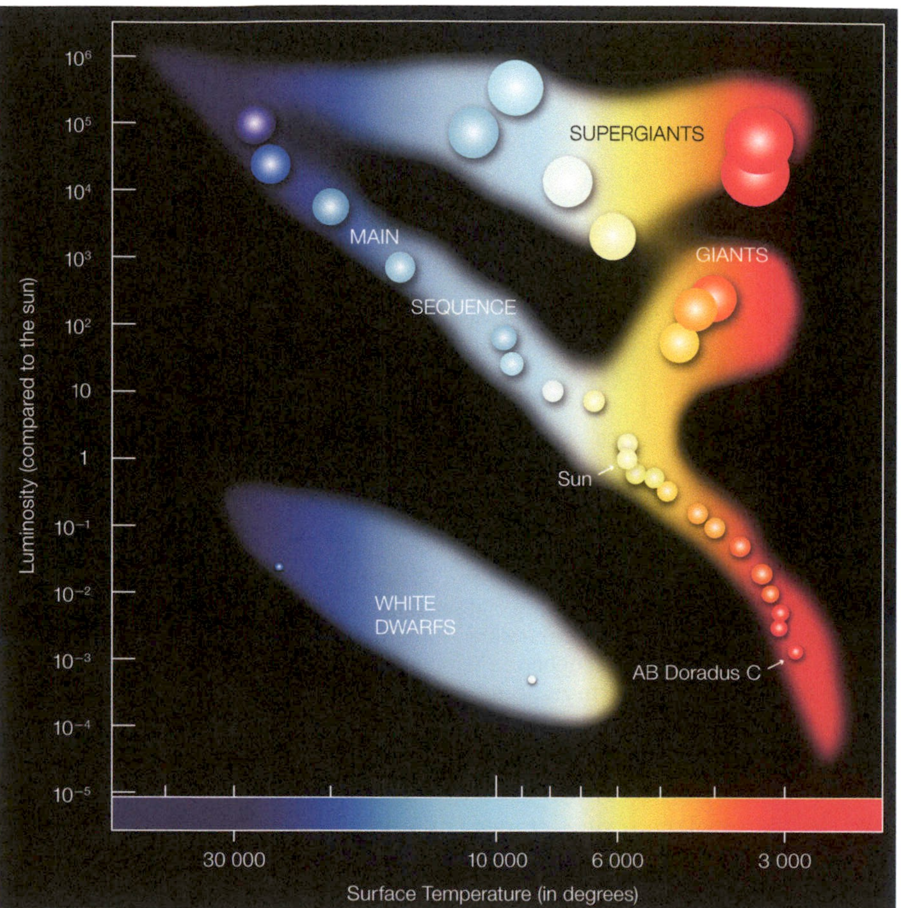

Abb. 2.17 Hertzsprung-Russell-Diagramm. Auf der x-Achse ist die Oberflächentemperatur des Sterns in Grad Kelvin eingetragen und auf der y-Achse seine Leuchtkraft (engl. *luminosity*) als Vielfaches der Sonnenleuchtkraft. Anstelle von Punkten ist das optische Erscheinungsbild der Sterne im Diagramm dargestellt. © ESO.

masse nach links oben zunimmt. Abb. 2.17 zeigt, was geschieht, wenn man reale Sterne in ein Hertzsprung-Russell-Diagramm einzeichnet.

Tatsächlich finden wir in diesem Diagramm die erwartete Linie. Sie kennzeichnet genau die Sterne, in denen Wasserstoff zu Helium fusioniert. Man nennt diese Linie die *Hauptreihe (main sequence)* und die zugehörigen Sterne *Hauptreihensterne.* Allerdings ist die Linie nicht ganz scharf, sondern sie besitzt eine gewisse Breite, d. h. bei einer bestimmten Temperatur ist die Leuchtkraft der Hauptreihensterne nicht absolut eindeutig festgelegt, sondern sie kann Werte in einem bestimmten Bereich annehmen. Das hängt damit zusammen, dass diese Sterne ein unterschiedliches Alter besitzen können und mehr oder weniger viel Wasserstoff in ihrem Inneren bereits zu Helium umgewandelt haben. Hauptreihensterne werden mit zunehmendem Alter langsam heißer und heller – auch unsere Sonne!

Neben den Hauptreihensternen gibt es aber auch noch andere Sterne im Hertzsprung-Russell-Diagramm. Unten links finden wir die heißen, aber leuchtschwachen *weißen Zwerge* (*white dwarfs*) wie beispielsweise den Sirius-Begleitstern Sirius B. Oben rechts befinden sich die relativ kühlen, aber trotzdem leuchtstarken *roten Riesen* und *Überriesen* (*giants* und *super giants*) wie beispielsweise den rötlichen Orion-Stern Beteigeuze. Oben weiter links finden wir auch die heißen blauen Riesen wie den Orion-Stern Rigel.

Kann man verstehen, wieso manche Sterne kühl und leuchtschwach (rote Zwerge), andere dagegen kühl und leuchtstark (rote Riesen) und wieder andere heiß und leuchtstark sind? Für die Hauptreihensterne haben wir oben bereits einen Erklärungsansatz gefunden. Aber auch für die anderen Sterne kann man diese Eigenschaften verstehen, wenn man sich ihren Aufbau und ihren Platz im Lebenszyklus der Sterne ansieht.

Die Sternentstehung beginnt mit einer oder mehreren kontrahierenden Gaswolken. Die Schwerkraft versucht, die Gaswolke gegen den Gasdruck und gegen eventuell vorhandene Fliehkräfte (bei rotierenden Gaswolken) zusammenzuziehen. Dies gelingt ihr, wenn Masse und Dichte der Wolke groß genug und die Temperatur des Gases klein genug sind, wobei auch die Gravitationsanziehung der dunklen Materie eine wichtige Rolle spielen kann. Auch Staubpartikel spielen für den Kollaps einer Gaswolke eine wichtige Rolle, da sie Wärmestrahlung abstrahlen können und so die Wolke kühlen (man spricht von *Strahlungskühlung*). Auslöser für das Entstehen passender Kontraktionsbedingungen kann auch eine Dichtewelle im Gas zwischen den Sternen sein. Unsere Milchstraße und andere Spiralgalaxien werden von großen Dichtewellen durchzogen, die sich am Ort der sichtbaren *Spiralarme* befinden. Da sie dort die Bildung neuer teilweise sehr leuchtstarker Sterne bewirken, erkennen wir diese Dichtewellen und damit die Spiralarme an einer verstärkten mittleren Leuchtkraft der Sterne.

Während sich eine Wolke verdichtet, zerfällt sie zumeist in kleinere Sub-Wolken, die sich ihrerseits verdichten. Es bilden sich mehrere Verdichtungszentren aus, die man auch *Globulen* nennt. Auf diese Weise entstehen meist mehrere größere und kleinere Sub-Wolken, die sich schließlich jeweils bis zu Sternen weiter verdichten. Sterne bilden sich also zumeist nicht einzeln, sondern aus einer größeren Wolke entstehen fast gleichzeitig mehrere Sterne verschiedener Größe.

Schauen wir uns als Beispiel unsere Milchstraße an. Sie bildet sich einige 100 Millionen Jahre nach dem Urknall aus einer riesigen, leicht rotierenden Wolke aus Wasserstoff-Helium-Gas und dunkler Materie, die sich aufgrund der Gravitation langsam zusammenzieht. Kleinere Sub-Wolken mit größerer

Dichte verdichten sich dabei zuerst – aus ihnen entstehen die Kugelsternhaufen, die wir im Halo der Milchstraße finden (möglicherweise werden Kugelsternhaufen auch von der Gravitation der Milchstraße teilweise erst später eingefangen). Der Rest der Wolke verdichtet sich als Ganzes weiter. Dabei verstärkt sich die Rotationsbewegung, ganz wie bei einer Eistänzerin, die die Arme eng an den Körper anlegt. Diese Rotation der Wolke und die damit verbundene Fliehkraft hemmt die Kontraktion der Wolke, sodass sich unter dem Einfluss von Reibungs- und Kühlungsvorgängen nach und nach eine relativ flache, rotierende Gasscheibe herausbildet. Die dunkle Materie kann dagegen keine Energie durch Reibung oder Kühlung verlieren und bildet einen weit über die Gasscheibe hinausreichenden kugelförmigen Halo.

In der rotierenden Gasscheibe verdichten sich nun einzelne Gaswolken und zerfallen dabei in noch kleinere Wolken, aus denen schließlich Sterne entstehen. Selbst heute ist in der Scheibe der Milchstraße noch genug Gas vorhanden, sodass immer noch neue Sterne entstehen können. Beispiele dafür haben wir oben kennengelernt: der erst etwa 100 Millionen Jahre alte offene Sternhaufen der Plejaden oder der Orionnebel, in dem auch jetzt noch neue Sterne entstehen. Im Halo der Milchstraße (also außerhalb der Scheibe) ist dagegen das Gas weitgehend verbraucht, d. h. in den Kugelsternhaufen entstehen kaum noch neue Sterne.

Die kontrahierenden Wolken, aus denen schließlich Sterne entstehen, können unterschiedliche Größen und Massen besitzen. Entsprechend besitzen auch die entstandenen Sterne sehr unterschiedliche Massen. Dabei entstehen kleinere Sterne sehr viel häufiger als große Sterne. So befinden sich im Abstand von bis zu 20 Lichtjahren von unserer Sonne keine großen O- und B-Sterne, nur zwei A-Sterne (Sirius A und Altair) und ein F-Stern (Prokyon), aber rund 80 kleine M-Sterne (rote Zwerge; zu den Bezeichnungen O, B, ... der Spektralklasse siehe Abb. 2.16). Sterne mit mehr als 50 Sonnenmassen bilden sich normalerweise nicht dauerhaft, da die in ihnen einsetzende sehr starke Kernfusion sofort alles Material im Umfeld und in den äußeren Sternschichten wegbläst, sodass maximal 50 Sonnenmassen übrig bleiben. Manchmal entstehen aber auch sehr massereiche Sterne, die sogenannten instabilen blauen Riesensterne (*Luminous Blue Variables* [LBVs], also Leuchtkräftige Blaue Veränderliche). Das bekannteste Beispiel ist der Stern η *Carinae*, der etwa 100 bis 120 Sonnenmassen aufweist und der in etwa 7 000 bis 10 000 Lichtjahren Entfernung innerhalb eines riesigen Gaswolkenkomplexes liegt (Abb. 2.18). Seine Leuchtkraft beträgt einige Millionen Sonnenleuchtkräfte.

Wie genau entsteht nun ein Stern aus einer kontrahierenden Wasserstoff-Helium-Gaswolke? Noch sind nicht alle Details dazu bekannt, aber der Vorgang wird ungefähr folgendermaßen ablaufen: Zunächst verdichtet sich der Kern der Wolke innerhalb einiger Millionen Jahre zu einem bereits

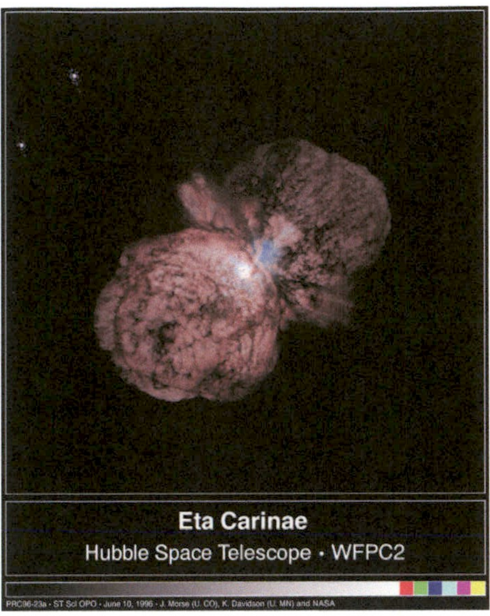

Abb. 2.18 Der instabile blaue Riesenstern -η Carinae ist erst vor wenigen Millionen Jahren im Carinanebel (einer großen Gas- und Staubwolke) entstanden. Zwischen 1837 und 1856 kam es bei ihm zu einem gewaltigen Ausbruch vom Ausmaß einer Supernova, die der Stern allerdings überlebte. Während dieser Zeit wurde er vorübergehend zum zweithellsten Stern am Himmel, verblasste in den Folgejahren dann aber langsam wieder. Der Ausbruch erzeugte den heute etwa 0,5 Lichtjahre großen Homunculus-Nebel, in dessen Zentrum der Stern liegt und dessen Kegel entlang der Rotationsachse des Sterns ausgerichtet sind. © Jon Morse (University of Colorado), NASA, STScI.

recht kompakten Gasball – einem *Protostern*. Bei dieser Verdichtung des Gases wird Gravitationsenergie in thermische Energie umgewandelt, sodass die Gastemperatur ansteigt. Aufgrund der Rotation des kontrahierenden Gases bildet sich um den Protostern herum eine Scheibe aus Gas, ganz analog zur Scheibenbildung bei der Milchstraße, nur viel kleiner. Aus dieser sogenannten *Akkretionsscheibe* können sich Planeten bilden.

Der Gasdruck in dem Protostern verhindert zunächst ein weiteres Kollabieren des Sterns. Allerdings zieht der Protostern weiterhin Gas aus seiner Umgebung an. Die dabei frei werdende Gravitationsenergie heizt ihn immer weiter auf. Seine Masse, seine Temperatur und der Druck in seinem Inneren nehmen ständig weiter zu. Nach einigen Millionen Jahren sind Temperatur und Druck in seinem Zentrum schließlich groß genug, sodass die Fusion von Wasserstoffkernen zu Heliumkernen startet. Dafür sind allerdings eine Masse von mindestens 0,08 Sonnenmassen und eine Zentraltemperatur von mindestens drei Millionen Kelvin notwendig. Der Stern hat damit seine Hauptenergiequelle angezapft, die ihn von nun an am Himmel leuchten lässt. Er heizt sich auf und bläst das übrige Gas in seiner Umgebung fort, sodass seine

Abb. 2.19   Ein winziger Ausschnitt des Orionnebels von etwa 0,14 Lichtjahren Durchmesser in etwa 1500 Lichtjahren Entfernung, aufgenommen vom Hubble Space Telescope. Man erkennt fünf junge Sterne, die von kleinen Wolken aus Gas und Staub umgeben sind. Diese Wolken stellen vermutlich sogenannte protoplanetare Scheiben dar, aus denen sich Planeten bilden können. © C.R. O'Dell/Rice University; NASA.

Masse von nun an nicht weiter zunimmt. Im Gegenteil: Er kann sogar bis zu 50 % seiner Masse als Sternenwind wieder verlieren, besonders wenn es sich um einen sehr massereichen Stern handelt. In dieser frühen Phase bezeichnet man die jungen Sterne auch als *T-Tauri-Sterne* (Abb. 2.19).

Protosterne, die weniger als 0,08 Sonnenmassen (das sind rund 80 Jupitermassen) erreichen, schaffen es allerdings nie, die Kernfusion in ihrem Inneren zu zünden. Ab einem bestimmten Punkt können sie nämlich nicht weiter kontrahieren und so Temperatur und Druck in ihrem Inneren weiter erhöhen. Der Grund dafür ist, dass das Gas in ihrem Inneren entartet – das ist ein quantenmechanischer Effekt, der auf dem sogenannten *Pauli-Prinzip* beruht. Das Pauli-Prinzip ist uns bereits in Abschnitt 1.1 kurz begegnet. Es sagt aus, dass sich in jedem quantenmechanischen Elektronenzustand (also in jeder möglichen Schwingungsform der Elektronenwelle mit jeder möglichen Spinrichtung) nur ein einziges Elektron aufhalten kann. Genau aus diesem Grund bilden Elektronen in Atomhüllen eine Schalenstruktur aus und versammeln sich nicht alle im energetisch niedrigsten Zustand, denn sobald dieser besetzt ist, müssen sie auf energetisch höher liegende Zustände ausweichen. Man kann sich die Wirkung des Pauli-Prinzips etwas verkürzt so merken: Elektronen vermeiden es, einander zu nahe zu kommen, wobei dies nichts mit ihrer elektrischen Abstoßung zu tun hat.

In einem entarteten Gas hat sich die Schalenstruktur der Atome weitgehend aufgelöst und die Elektronen umschwirren wie freie Teilchen die Atomkerne (man spricht von einem *Fermi-Gas*). Das Pauli-Prinzip verhindert nun, dass sich die Elektronen zu nahe kommen können. Eine weitere Verdichtung und Temperaturerhöhung wäre nur bei sehr viel stärkerer Gravitationskraft möglich, sodass die Kernfusion bei zu kleinen Sternen nicht zündet. Am ehesten kann man entartete Sternmaterie vielleicht mit flüssigem Metall vergleichen. Auch in einem Metall bilden die Elektronen ein entartetes Fermi-Gas und sorgen so dafür, dass sich das Metall nicht einfach zusammendrücken lässt. Entartete Sternmaterie gewinnt also letztlich aus demselben quantenmechanischen Grund wie Metall seine Widerstandskraft gegen weitere Kompression.

Man bezeichnet solche massearmen sternartigen Objekte als *braune Zwerge* (*brown dwarfs*). Sie sind gleichsam vergrößerte, noch heiße Versionen des Gasplaneten Jupiter. Leider sind sie aufgrund ihrer geringen Leuchtkraft nur schwer zu entdecken: Erst 1995 gelang der erste Nachweis eines braunen Zwergs (*Gliese 229B* mit einer Oberflächentemperatur von etwa 950 Kelvin, vergleichbar mit der Temperatur glühender Lava). Mittlerweile hat man mehrere Hundert dieser Objekte entdeckt, aber vermutlich gibt es noch viel mehr, denn erinnern wir uns: Massearme Sterne kommen häufiger vor als massereiche. Ein brauner Zwerg kann noch einige Zeit rötliches Licht sowie Infrarotstrahlung aussenden, denn es dauert einige Millionen Jahre, bis er weitgehend abgekühlt ist.

Zurück zu den Sternen mit genügend Masse, um die Wasserstoff-Kernfusion zu zünden: Nach einigen Millionen Jahren hat ein solcher junger Stern das ihn umgebende Gas weitgehend weggeblasen und ist zu einem stabilen Hauptreihenstern geworden. Er ist dann ein sich selbst regulierender Fusionsreaktor geworden, der in seinem Inneren Wasserstoffkerne zu Heliumkernen fusioniert. Die dabei frei werdende enorme Energie erzeugt einen Gegendruck, der ein Kollabieren des Sterns aufgrund der Gravitation verhindert. Je massereicher ein Stern ist, umso größer muss dieser Gegendruck sein, um die stärkeren Gravitationskräfte zu kompensieren. Dafür muss er in seinem Inneren mehr Energie erzeugen als ein masseärmerer Stern. Das führt dazu, dass massereiche Sterne heller und heißer sind und ihren Wasserstoffvorrat viel schneller verbrauchen als massearme Sterne – die Details hatten wir oben bereits gesehen.

Allgemein stellt sich bei Hauptreihensternen ein weitgehend stabiler Zustand ein. Reicht die Wasserstoff-Kernfusion nicht aus, so kontrahiert der Stern ein wenig und heizt sein Inneres mithilfe der frei werdenden Gravitationsenergie etwas weiter auf. Man muss sich dabei klarmachen, dass die Gravitation bei Sternen enorme Energiemengen freisetzen kann. Die Gravitation auf der Sonnenoberfläche ist beispielsweise 28-mal so stark wie auf der Erdoberfläche, d. h. bereits eine leichte Kontraktion der Sonne erzeugt sehr viel Energie. Ein Mensch würde die Gravitation auf der Sonnenoberfläche keine Minute überleben. Ab etwa sechsfacher Erdbeschleunigung wird ein Mensch normalerweise bereits bewusstlos. In Kampfjets wird die zehnfache

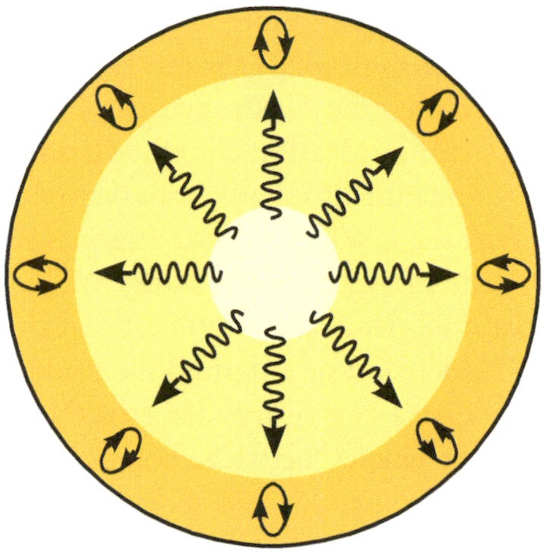

Abb. 2.20   Die innere Struktur der Sonne. Im Sonnenzentrum findet die Kernfusion statt (hellgelber Bereich). Die dort erzeugte Energie diffundiert im Laufe vieler Millionen Jahre über Strahlungstransport durch die Strahlungszone (gelber Bereich), bis sie die Konvektionszone erreicht (orangefarbener Bereich außen). Dort wird sie über Konvektion zur Sonnenoberfläche transportiert und in den Weltraum abgestrahlt. Große heiße Hauptreihensterne sind nur innen konvektiv, mittelgroße Hauptreihensterne wie die Sonne sind nur außen konvektiv und kleine relativ kühle Hauptreihensterne sind voll konvektiv.

Erdbeschleunigung erreicht, die sich jedoch nur mit intensivem Training und Spezialanzügen ertragen lässt.

Die Temperaturerhöhung aufgrund der Kontraktion bewirkt ein starkes Ansteigen der Kernfusion im Sternzentrum, denn die Energieerzeugungsrate steigt mindestens proportional zur Temperatur hoch sechs an. Dadurch kann der Stern seine innere Temperatur und seine Energieerzeugungsrate genügend steigern, um eine weitere Kontraktion aufzuhalten.

Die Energieerzeugungsrate eines Hauptreihensterns sowie seine gesamte Sternstruktur hängen im Wesentlichen nur von seiner Gesamtmasse ab. Deshalb konnten wir oben auch so einfache Zusammenhänge wie $L \sim M^3$ angeben. Schauen wir uns die Struktur von Hauptreihensternen etwas genauer an (Abb. 2.20):

Die Kernfusion von Wasserstoff zu Helium findet nur im heißen Zentralbereich der Sterne statt. Weiter außen ist die Temperatur dafür zu gering. Die dabei erzeugte Energie muss also vom Zentralbereich bis zur Sternoberfläche transportiert werden, wo sie dann in den Weltraum abgestrahlt wird. Dafür gibt es im Wesentlichen zwei Möglichkeiten:

Die Energie kann durch elektromagnetische Strahlung im Inneren der Sternmaterie transportiert werden (*Strahlungstransport*). Dabei dauert es sehr lange, bis ein Photon vom Sterninneren bis zur Oberfläche gelangt, denn das ionisierte Sternenplasma ist für elektromagnetische Strahlung undurchsichtig. Das bedeutet die Photonen werden ständig an den geladenen Elektronen und Atomkernen gestreut und so aus der Bahn geworfen – wir kennen das bereits vom heißen Wasserstoff-Helium-Plasma im frühen Universum, bevor sich 380 000 Jahre nach dem Urknall neutrales Wasserstoff-Helium-Gas bilden konnte. Bei der Sonne reicht diese sogenannte *Strahlungszone* vom Zentrum bis ca. 80 % des Sonnenradius (Abb. 2.20). Es dauert gut zehn Millionen Jahre, bis die erzeugte Energie sich von dem Sonnenzentrum bis zum Rand der Strahlungszone emporgearbeitet hat, wobei die Temperatur des Sonnenplasmas von 15 Millionen Kelvin im Zentrum auf zwei Millionen Kelvin abnimmt. Die Strahlungszone ist also eine hervorragende Isolierschicht.

Weiter außen übernimmt bei der Sonne der zweite Mechanismus den Energietransport: die *Konvektion*. In der *Konvektionszone* steigt heißere Materie auf und kühlere sinkt ab, wie in einem Kochtopf. Konvektion kann nur auftreten, wenn eine heiße Materieblase, die sich beim Aufsteigen aufgrund des geringer werdenden Drucks ausdehnt und abkühlt, dennoch heißer bleibt als die umgebende Sternmaterie. Bei massereichen Sternen ist diese Bedingung für Konvektion nur im Sterninneren erfüllt, bei Sternen wie der Sonne dagegen nur im Außenbereich und bei massearmen Sternen im kompletten Stern. Daher kommt es, dass wir auf der Sonnenoberfläche das Brodeln der auf- und absteigenden Sonnenmaterie sehen können.

Die Fusion von Wasserstoffkernen zu Heliumkernen ist millionenfach ergiebiger als jede chemische Reaktion wie beispielsweise das Verbrennen von Kohle. Dennoch wird natürlich im Laufe der Zeit auch dieser ergiebige Energielieferant verbraucht und in Helium umgewandelt. Es sammelt sich also langsam mehr und mehr Helium in der Fusionszone im Sternzentrum an, und es steht immer weniger Wasserstoff dort zur Fusion zur Verfügung. Bei Sternen wie der Sonne kommt hinzu, dass im Sternzentrum keine Konvektion stattfindet, d. h. die Sternmaterie bewegt sich dort praktisch nicht und wird auch kaum durchmischt. Ohne Konvektion wird also aus den äußeren Sternbereichen auch kein frischer Wasserstoff ins Sternzentrum nachgeliefert. Zum Zeitpunkt ihrer Geburt vor knapp fünf Milliarden Jahren bestand das Sonneninnere noch zu etwa 73 % aus Wasserstoff, 25 % aus Helium und 2 % aus sonstigen Elementen. Heute sind nur noch etwa 35 % Wasserstoff, aber dafür 63 % Helium und unverändert 2 % sonstige Elemente im Sonnenzentrum vorhanden. Rund die Hälfte des Wasserstoffvorrats im Sonnenzentrum ist also bereits verbraucht.

Die abnehmende Dichte von Wasserstoff und die zunehmende Dichte von Helium im Sternzentrum bewirken, dass sich die Struktur des Sterns im Laufe der Zeit verändert. Da aus vier Wasserstoffatomen ein Heliumatom entsteht, würden die Teilchenzahl und damit der Druck im Zentrum abnehmen, falls die Sternstruktur unverändert bliebe. Der Druck ist jedoch der Gegenspieler zur Gravitation, d. h. das Sternzentrum kontrahiert so lange, bis der Druck ausreicht, um den Kollaps aufzuhalten. Nun sind die Gravitationskräfte nach der Kontraktion deutlich größer als zuvor, sodass auch der kompensierende Druck größer sein muss als vorher. Der Stern kontrahiert also so lange, bis Druck und Temperatur im Zentrum wieder ausreichen, die stärker werdenden Gravitationskräfte auszugleichen. Dafür ist aber eine stärkere Energieerzeugung notwendig als zuvor, die Leuchtkraft nimmt also zu! So beträgt die Leuchtkraft der Sonne nach ihrer Entstehung vor knapp fünf Milliarden Jahren nur etwa 70 % ihres heutigen Wertes, und ihr Radius ist seitdem um etwa 5 bis 10 % gewachsen. Die Sonne wird also langsam heißer, heller und größer! Dies ist der Grund dafür, warum im Hertzsprung-Russell-Diagramm (Abb. 2.17) die Hauptreihe keine absolut scharfe Linie bildet, sondern eine bestimmte Breite aufweist. Ältere Hauptreihensterne leuchten heller als junge Hauptreihensterne gleicher Masse.

Was geschieht nun, wenn der Wasserstoffvorrat im Sterninneren zur Neige geht? Die Kernfusion wird schwächer, und die Energieerzeugung nimmt ab. Die Temperatur im Sterninneren fällt langsam, und der dadurch erzeugte Druck wird ebenfalls geringer. Der Stern beginnt, sich unter dem Einfluss der Schwerkraft langsam zusammenzuziehen. Die dabei frei werdende Gravitationsenergie heizt das Sterninnere nun immer weiter auf. Durch die Temperaturerhöhung können auch die letzten Reste des Wasserstoffs im Zentrum fusionieren. Aber auch um das Helium-reiche kompakte Sternzentrum herum ist die Temperatur nun groß genug, sodass der dort noch reichlich vorhandene Wasserstoff jetzt zu Helium fusionieren kann. Um das ausgebrannte Sternzentrum aus Helium bildet sich also eine Schale mit Wasserstoff-Fusion. Man spricht vom *Wasserstoff-Schalenbrennen*. Diese neue Fusionszone bildet nun die Energiequelle des Sterns (Abb. 2.21).

Wenn die Fusion im Zentrum ganz erloschen ist und nur noch das Wasserstoff-Schalenbrennen die Energie liefert, gleicht sich die Temperatur im Sternzentrum aus Helium derjenigen in der Wasserstoff-Fusionszone um dieses herum an, d. h. das Zentrum kühlt ab und kontrahiert unter dem Einfluss der Schwerkraft. Die frei werdende Gravitationsenergie heizt die Wasserstoff-Fusion in der umgebenden Fusionsschale weiter an, sodass sogar sehr viel mehr Energie im Stern erzeugt wird als jemals zuvor in seinem Sternenleben. Die Sternstruktur verändert sich nun innerhalb einiger Millionen Jahre: Die äußeren Sternschichten blähen sich aufgrund der erhöhten Energieerzeugung stark auf und ihre Dichte sinkt. Die Leuchtkraft (also die pro Zeit abgestrahlte Energie) steigt stark an, wobei die Temperatur der Sternoberfläche aufgrund der vergrößerten Sternoberfläche zugleich abfällt, sodass das Sternlicht rötlicher wird. Der Stern verwandelt sich in einen *roten Riesen*. Zugleich ent-

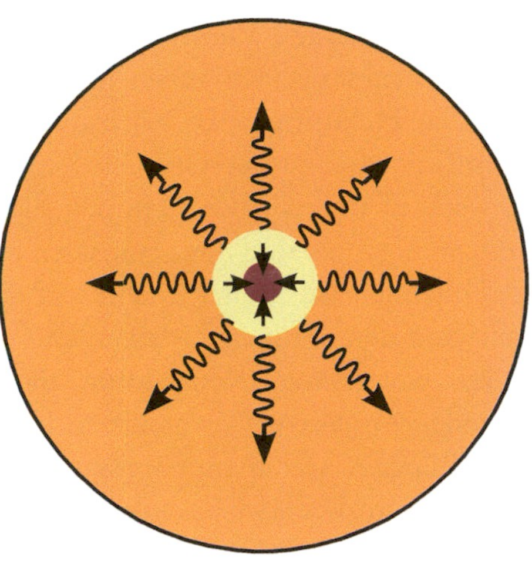

Abb. 2.21 Wasserstoff-Schalenbrennen: Ist der Wasserstoff im Sternzentrum verbraucht, schrumpft dieses Heliumzentrum unter dem Einfluss der starken Gravitation (dunkelroter Kreis im Zentrum). Um das kontrahierte Heliumzentrum herum bildet sich eine Schale aus fusionierendem Wasserstoff (hellgelber Bereich), in der sehr viel Energie erzeugt wird. Der Strahlungsdruck steigt und die äußeren Sternschichten blähen sich auf, sodass ein roter Riese entsteht.

wickelt sich meist ein kräftiger Sternenwind, der Sternplasma in den Weltraum hinausbläst, denn die äußeren Sternschichten sind nun sehr weit vom Sternzentrum entfernt und daher nur noch relativ schwach gravitativ an den Stern gebunden.

In gut fünf Milliarden Jahren wird sich auch unsere Sonne in einen roten Riesen verwandeln. Sie wird dann in der Endphase etwa 100- bis 150-mal größer als heute sein, und ihre Leuchtkraft wird um das 2 000-fache anwachsen. Dabei wird sie den inneren Planeten Merkur verschlucken, vielleicht auch die Venus. Am Himmel würde sie uns wie ein riesiger rotglühender Ball erscheinen, der unsere Erde unbarmherzig röstet.

Im Hertzsprung-Russell-Diagramm finden wir die leuchtstarken, aber relativ kühlen roten Riesen rechts oben. Massereiche rote Riesen blähen sich stärker auf als massearme rote Riesen; daher haben sie eine höhere Leuchtkraft und man findet sie weiter oben im Hertzsprung-Russell-Diagramm. Ein Beispiel für einen solchen massereichen roten Riesen, den man mit bloßem Auge sehr gut am Nachthimmel sehen kann, haben wir oben bereits kennengelernt: *Beteigeuze* im Sternbild Orion. Zwei andere Beispiele für gut sichtbare rote Riesen sind *Antares* im Sternbild Skorpion und *Aldebaran* im Sternbild Stier (Abb. 2.11). In klaren Nächten kann man ihre rötliche Farbe relativ gut am Himmel erkennen, besonders wenn man sie mit anderen Sternen vergleicht.

Wie geht es nun mit einem roten Riesen weiter? Zunächst frisst sich die Wasserstoff-Fusionsschale langsam nach außen und hinterlässt dabei innen immer mehr Helium. Das Heliumzentrum wächst also an und wird immer massiver. Da in seinem Inneren eine Energiequelle fehlt, kontrahiert es unter dem Einfluss der Schwerkraft und wird dabei immer dichter und heißer.

Bei roten Riesen mit weniger als zwei Sonnenmassen bilden die Elektronen im Heliumzentrum schließlich bei großer Dichte ein entartetes Fermi-Gas. Das kennen wir bereits von den braunen Zwergen: Das quantenmechanische Pauli-Prinzip verhindert eine weitere Kontraktion, da sich Elektronen nur ungerne nahe beieinander aufhalten. Das entartete Heliumzentrum verhält sich dabei ähnlich wie flüssiges Metall (nur wesentlich heißer und dichter). Insbesondere lässt er sich nicht noch weiter zusammendrücken (außer durch extrem starke Kräfte), sodass seine Kontraktion weitgehend aufhört. Seine Temperatur steigt jedoch weiter, je mehr sich die Wasserstoff-Fusionsschale nach außen frisst und je mehr Helium auf das kompakte Sternzentrum herabsinkt. Kann vielleicht irgendwann auch das Helium im Sternzentrum zu schwereren Atomkernen fusionieren?

Wasserstoff-Atomkerne (also Protonen) können ab etwa drei Millionen Kelvin zu Heliumkernen fusionieren. Da Wasserstoffkerne einfach positiv geladen sind, stoßen sie sich elektrisch ab. Diese Abstoßung muss erst durch die hohe Temperatur überwunden werden, wobei der sogenannte quantenmechanische Tunneleffekt mithilft. Heliumkerne sind nun zweifach positiv elektrisch geladen, d. h. die elektrische Abstoßung zwischen zwei Heliumkernen ist viermal so groß wie zwischen zwei Wasserstoffkernen. Daher ist für die Fusion von Heliumkernen eine sehr viel höhere Temperatur erforderlich als für die Wasserstoff-Fusion: 100 Millionen Kelvin! Erschwerend kommt hinzu, dass zwei Heliumkerne überhaupt nicht zu einem stabilen Atomkern fusionieren können. Es bildet sich vielmehr ein extrem instabiler Beryllium-8-Kern, der innerhalb seiner Lebenszeit von einigen 10^{-16} Sekunden einen weiteren Heliumkern einfangen muss, um einen Kohlenstoffkern zu bilden. Diesen Fusionsprozess kennen wir bereits aus Abschnitt 1.4 (Abb. 1.15). Es müssen also drei Heliumkerne fast gleichzeitig zusammentreffen, um zu einem Kohlenstoff-12-Kern zu fusionieren, was neben hohen Temperaturen auch sehr hohe Heliumdichten erfordert. Da Heliumkerne auch Alphateilchen genannt werden, spricht man vom *Drei-Alpha-Prozess*.

Die Bildung von Kohlenstoffkernen aus je drei Heliumkernen ist der entscheidende Zwischenschritt auf dem Weg zu noch schwereren Atomkernen. Er läuft nur deshalb einigermaßen effektiv ab, weil beim Zusammentreffen des instabilen Beryllium-8-Kerns mit dem Heliumkern ein angeregter Schwingungszustand des Kohlenstoff-12-Kerns entsteht (eine sogenannte *Kohlenstoff-12-Resonanz*), den man sich wie einen schwingenden Tropfen aus zwölf Nukleonen vorstellen kann. Hätte dieser schwingende Kohlenstoff-kern-Tropfen eine andere Schwingungsenergie, so könnte diese Schwingung beim Zusammentreffen von Beryllium und Heliumkern nicht angeregt werden und die Vereinigung der beiden Kerne zu einem Kohlenstoffkern wäre weitaus schwieriger – unsere Welt enthielte deutlich weniger Kohlenstoff, als wir vorfinden. Dieser Zusammenhang wurde zuerst im Jahr 1953 von dem britischen Astrophysiker Fred Hoyle entdeckt, noch bevor die Existenz der Kohlenstoff-12-Resonanz bekannt war. Er sagte damit die notwendige Existenz dieser Kernresonanz mit einer Schwingungsenergie von knapp 7,7 MeV voraus, und kurz darauf konnte man sie in Experimenten am California Institute of Technology (Caltech) tatsächlich bestätigen.

Ohne diese spezielle Kohlenstoff-Kernschwingung sähe unsere Welt vermutlich deutlich anders aus, und es ist fraglich, ob Leben hätte entstehen können. Daher wird die Existenz der passenden Kohlenstoff-12-Resonanz-frequenz oft als Beispiel für das *anthropische Prinzip* angesehen: Nur in einer Welt mit passender Kohlenstoff-12-Resonanz entstehen die notwendigen Anteile schwerer Elemente, um Leben zu ermöglichen, sodass wir zwangsläufig in einer solchen Welt mit passender Kohlenstoff-Resonanz leben müssen (siehe z. B. Stephen Hawking und Leonard Mlodinow, 2010: *Der große Entwurf*, Rowohlt Verlag, Kapitel 7).

Allerdings sind nicht alle Wissenschaftler von dieser Argumentation überzeugt. So schreibt Steven Weinberg in seinem Aufsatz *Living in the Multiverse* (arXiv:hep-th/0511037v1) sinngemäß, dass sich Kerne wie Beryllium-8 oder Kohlenstoff-12 bekanntermaßen gut als Objekte beschreiben lassen, die sich aus zwei bzw. drei Heliumkernen zusammensetzen (denn Heliumkerne sind sehr stabile Objekte). Er argumentiert, dass dieselbe Kernkraft, die zwei Heliumkerne kurzzeitig zu einem instabilen Berylliumkern verbindet, auch in der Lage sein sollte, drei Heliumkerne kurzzeitig zu einem instabilen Kohlenstoffkern (also der Kohlenstoff-12-Resonanz) zu verbinden, sodass sich dieser beim Zusammentreffen von Beryllium und Heliumkern leicht bilden sollte. Die Kohlenstoff-12-Resonanz zerfällt dabei glücklicherweise anders als der Berylliumkern nicht zurück in einzelne Heliumkerne, sondern sie strahlt ihre überschüssige Schwingungsenergie in Form von Photonen ab (radioaktive Gammastrahlung), wobei ein stabiler Kohlenstoff-12-Kern entsteht.

Ist die Kohlenstoff-Resonanz also nun eine ganz spezielle Eigenschaft unseres Universums, die sich nur durch das anthropische Prinzip erklären lässt, oder ergibt sie sich relativ zwanglos aus den physikalischen Gesetzen der Kernphysik? Diese Frage ist noch nicht abschließend geklärt, und wir sehen hier, wie schwierig und kontrovers solche Diskussionen zum anthropischen Prinzip sein können.

Zurück zu den roten Riesen: Die für das Heliumbrennen – also die Fusion von Helium zu Kohlenstoff – notwendige Temperatur von 100 Millionen Kelvin im Sternzentrum kann nur bei Sternen mit mindestens halber Sonnenmasse erreicht werden. Bei weniger Masse erlischt schließlich die Wasserstofffusion und der Stern verwandelt sich in einen weißen Heliumzwerg, dessen Materie entartet, also wie bei braunen Zwergen durch das Pauli-Prinzip stabilisiert wird. Wie andere weiße Zwerge auch kühlt ein solcher Heliumzwerg mangels Energiequelle ganz langsam immer weiter ab und wird schließlich zu einem dunklen schwarzen Zwerg, der kaum sichtbar durch die Tiefen des Weltalls treibt. Da aber Sterne mit weniger als der halben Sonnenmasse mit ihrem Wasserstoff-Vorrat sehr sparsam umgehen, hat sich bis heute noch keiner dieser massearmen Sterne in einen weißen Heliumzwerg verwandelt – das Universum ist einfach noch nicht alt genug dafür!

Bei roten Riesen mit mehr als der halben Sonnenmasse zündet im Zentrum schließlich die Heliumfusion, bei der Helium zu Kohlenstoff fusioniert. Die dabei frei werdende Energie heizt das Zentrum weiter auf. Bei roten Riesen mit weniger als zwei Sonnenmassen ist dieses Zentrum allerdings ein entartetes Fermi-Gas, das nur durch das Pauli-Prinzip stabilisiert wird, ähnlich wie flüssiges Metall. Daher dehnt es sich bei höherer Temperatur kaum aus, sodass seine Dichte fast konstant bleibt. Die Temperaturerhöhung führt daher zu einer rasch anwachsenden Helium-Fusionsrate, bei der immer mehr Energie entsteht. Es findet ein sogenannter *Helium-Blitz* (engl. *Helium-Flash*) statt, bei dem innerhalb einiger Sekunden bis Minuten mehr Energie im Zentrum entsteht als in vielen Milliarden Sonnen zugleich. Das Sternzentrum verwandelt sich in eine stellare Atombombe! Deren Explosionsenergie erreicht allerdings nicht die Oberfläche des roten Riesen, sondern sie wird vollständig von dessen aufgeblähten Sternhülle absorbiert und führt letztlich dazu, dass die Entartung des Heliumzentrums aufgehoben wird und dieses Zentrum sich ausdehnt. Die Elektronen haben nun wieder genug Platz, womit die abstoßende Wirkung des Pauli-Prinzips in den Hintergrund tritt. Das Sternzentrum ist ab diesem Moment wieder in der Lage, seine Heliumfusion zu kontrollieren, sodass diese nun stabil und gleichmäßig abläuft.

Bei roten Riesen mit mehr als zwei Sonnenmassen zündet die Heliumfusion bereits, bevor das Heliumzentrum entartet. Daher gibt es hier keinen Helium-Blitz.

Die Heliumfusion im Zentrum eines roten Riesen startet also entweder mit oder ohne Helium-Blitz, sofern dessen Masse für die Heliumfusion ausreicht (also ab halber Sonnenmasse). Das Ergebnis ist in beiden Fällen dasselbe: Helium fusioniert im Zentrum über den Drei-Alpha-Prozess bei über 100 Millionen Kelvin langsam zu Kohlenstoff. Die neuen Kohlenstoffkerne fusionieren anschließend teilweise mit weiteren Heliumkernen zu Sauerstoffkernen. Zugleich fusioniert etwas weiter außen in einer Schale um das Heliumzentrum herum weiterhin Wasserstoff zu Helium. Der rote Riese besitzt also jetzt gleich zwei Energiequellen! Daher steigt seine Oberflächentemperatur deutlich an, wobei er allerdings auch schrumpft, sodass seine Leuchtkraft ungefähr konstant bleibt. Bei dieser Veränderung der Temperatur beginnt der Stern für eine gewisse Zeit zu pulsieren. Seine Leuchtkraft ändert sich in einem gewissen Rhythmus mit Perioden von Stunden bis mehreren Tagen, wobei längere Perioden mit größerer Leuchtkraft einhergehen. Die sehr hellen pulsierenden Sterne nennt man *Cepheiden*, die weniger hellen nennt man *RR-Lyrae-Sterne*. Die Cepheiden sind in der Astronomie für die Entfernungsbestimmung sehr wichtig, denn sie sind sehr leuchtstark und daher auch in großen Entfernungen gut zu beobachten, und aus ihrer Pulsationsfrequenz lässt sich ihre Leuchtkraft berechnen, sodass man aufgrund ihrer scheinbaren Helligkeit am Himmel ermitteln kann, wie weit sie entfernt sind.

Die Phase mit Heliumfusion im Zentrum und Wasserstofffusion in einer Schale darum ist sehr viel kürzer als die lange Phase der Wasserstofffusion im Zentrum zuvor. Bei der Sonne wird sie nur etwa 100 Millionen Jahre andauern. Danach ist auch das Helium im Zentrum verbraucht und in Kohlenstoff und Sauerstoff umgewandelt. Es bildet sich eine Helium-Fusionsschale zwischen dem Zentrum und der Wasserstoff-Fusionsschale, wobei die beiden Fusionsschalen ihre Energie nicht gleichmäßig erzeugen, sondern heftige Energiepulse mit Perioden von einigen 100 bis 1 000 Jahren entstehen, bei denen sich Wasserstoff- und Heliumfusion abwechseln können. Das Kohlenstoff-Sauerstoff-Sternzentrum kontrahiert schließlich bis auf Erdgröße und entartet, d. h. das Pauli-Prinzip verhindert eine weitere Kontraktion. Ein erheblicher Teil der gesamten Sternmasse konzentriert sich nun im sehr kompakten Sternzentrum mit einem Durchmesser von nur etwa 10 000 Kilometern. Das Gas darüber ist sehr viel dünner. Die äußeren Sternhüllen blähen sich wieder stark auf und kühlen ab, ähnlich wie zuvor beim Roten-Riesen-Stadium. Die Sonne wird in diesem Stadium 10 000-mal heller strahlen als heute und über die Erdbahn hinausreichen. In der Mitte dieses gigantischen Gasballs steckt das 10 000-mal kleinere, aber sehr massereiche Kohlenstoff-Sauerstoff-Zentrum, umgeben von den energieerzeugenden Fusionsschalen – ein bemerkenswertes Entwicklungsstadium!

In dieser Phase entsteht ein starker Sternwind, der große Teile der aufgeblähten, nur noch schwach gravitativ gebundenen Sternhüllen in den Weltraum hinaus bläst. Dabei werden auch schwere Elemente wie Kohlenstoff und Sauerstoff hinausgeblasen, die zuvor durch Konvektion aus dem Sternzentrum in die äußeren Sternhüllen gelangt sind. Der Stern verschwindet in einer Gas- und Staubwolke.

Abb. 2.22   Ein bekannter planetarischer Nebel ist der hier gezeigte Katzenaugennebel, aufgenommen vom Hubble Space Telescope. Der Nebel entstand dadurch, dass der noch sichtbare Stern im Nebelzentrum dabei ist, seine äußeren Hüllen abzustoßen. Die zwiebelartige Struktur außen lässt vermuten, dass diese Abstoßung in mehreren Pulsen mit 1 500 Jahren Abstand erfolgt. © NASA, ESA, HEIC, and The Hubble Heritage Team (STScI/AURA).

Im Durchschnitt verliert ein Stern auf diese Weise alle 100 Jahre etwa eine Hundertstel Sonnenmasse, d. h. ein Stern mit einer Sonnenmasse verliert innerhalb von einigen 1 000 Jahren seine äußeren Schichten, sodass schließlich nur noch das nackte, hochkomprimierte Kohlenstoff-Sauerstoff-Sternzentrum übrig bleibt, umgeben von einer sich ausdehnenden Gas- und Staubwolke. Diese Gas- und Staubwolke bezeichnet man auch als *planetarischen Nebel*, wobei dieser Name historisch bedingt ist und nichts mit Planeten zu tun hat (Abb. 2.22).

Bei massereichen Sternen oberhalb von etwa zwei Sonnenmassen heizt sich nach dem Ende der Heliumfusion das Zentrum sogar so weit auf, dass in ihm in mehreren Fusionsschalen auch schwerere Elemente wie Neon, Magnesium, Silizium und Eisen entstehen können. Dabei entsteht umso weniger Fusionsenergie, je schwerer die fusionierenden Kerne sind. Die Fusion von Kohlenstoff zu Neon reicht beispielsweise nur noch für einige 100 Jahre Energieerzeugung, die von Silizium zu Eisen reicht nur noch für einige Tage. Bei Eisen ist dann endgültig Schluss: Eisen ist der stabilste Atomkern, d. h. die Protonen und Neutronen besitzen in Eisen die größte Bindungsenergie. Es kostet Energie, wenn man weitere Protonen und Neutronen hinzufügen oder wegnehmen möchte. Daher bleibt bei extrem schweren Sternen zum Schluss ein Eisen-Sternzentrum übrig, in dem keine weitere Energiegewinnung durch Fusion mehr stattfinden kann.

Die Temperatur in einem massereichen Eisen-Sternzentrum kann mehrere Milliarden Kelvin erreichen. Bei Sternen mit Anfangsmassen von mehr als acht Sonnenmassen übersteigt die Masse des übrig gebliebenen Sternzentrums nach dem Ende der Fusionsprozesse zumeist die kritische Grenze von rund 1,2 bis 1,5 Sonnenmassen (die sogenannte *Chandrasekhar-Grenzmasse*, wobei der genaue Wert von der Art der Sternmaterie abhängt). Die unglaublich starke Gravitation drückt dann die Elektronen gleichsam in die Protonen hinein, sodass Neutronen entstehen. Ohne die enorme Gravitation geschieht so etwas normalerweise nicht, denn ein Neutron ist schwerer als ein Proton plus ein Elektron, sodass zur Bildung des Neutrons Energie aufgewendet werden muss. Daher zerfallen freie Neutronen auch nach einiger Zeit, wie wir wissen. Im massereichen Sternzentrum stellt jedoch die Gravitation diese Energie zur Verfügung, denn die neu gebildeten Neutronen können viel enger komprimiert werden als die Protonen und Elektronen zuvor (die Begründung liefert das Pauli-Prinzip; wir gehen hier nicht genauer darauf ein). Dadurch kollabiert das Sternzentrum am Ende der Fusionsprozesse innerhalb von Sekundenbruchteilen nahezu im freien Fall zu einem winzigen, nur noch rund 20 Kilometer großen *Neutronenstern,* wodurch sehr viel Energie freigesetzt wird. Der entstandene Neutronenstern ist also nur noch so groß wie eine Stadt, enthält aber mehr als eine komplette Sonnenmasse. Seine Dichte ist vergleichbar mit der von Atomkernen. Das bedeutet, dass ein Körnchen Neutronensternmaterie mit einem Kubikmillimeter Volumen das ungeheure Gewicht von rund 100 000 Tonnen besitzt! Vermutlich ist dies die dichteste stabile Materieform, die es im Universum gibt.

Rund 10 % der Masse des Sternzentrums wird nach Einsteins berühmter Formel $E = m\,c^2$ beim Kollaps zu einem Neutronenstern in Energie umgewandelt. Der Gravitationskollaps eines Sterns ist damit einer der effektivsten Prozesse zur Energiefreisetzung, die wir kennen. Zum Vergleich: Bei der

Fusion von Wasserstoff zu Helium wird nur weniger als 1 % der Masse der Wasserstoffkerne in Energie umgewandelt, d. h. ein Heliumkern wiegt knapp 1 % weniger als vier Wasserstoffkerne – man spricht hier auch vom *Massendefekt*. Der Neutronenstern wird beim Kollaps also extrem aufgeheizt (bis auf mehrere 100 Milliarden Kelvin).

Da das Sternzentrum sehr schnell kollabiert, reagiert die umgebende Sternhülle erst mit einer gewissen Verzögerung. Sie stürzt auf das kollabierte Sternzentrum herab und prallt schockartig zurück, wobei eine nach außen laufende Druckwelle entsteht. Zusätzlich entsteht bei der Bildung des Neutronensterns pro neu gebildetem Neutron ein energiereiches Neutrino, das nach außen entweicht. Das Sternzentrum stößt bei seinem Kollaps einen intensiven *Neutrinoblitz* aus, der den größten Teil der frei werdenden Gravitationsenergie mit sich fortträgt. Neutrinos kennen wir bereits: Sie sind Geisterteilchen, die kaum mit anderer Materie wechselwirken. Materie ist für Neutrinos normalerweise weitgehend transparent. Allerdings ist die vom kollabierten Sternzentrum zurückprallende Sternmaterie im Inneren so dicht, dass ein Teil der Neutrinos von dieser eingefangen wird. So treiben die Neutrinos die nach außen laufende Schockwelle weiter an und heizen die Sternmaterie auf.

Die genauen Details sind kompliziert. So können auch andere Mechanismen wie Neutronenflüsse und Magnetfelder eine wichtige Rolle spielen. Vermutlich entstehen beim Zurückprallen große aufsteigende Blasen von Neutrino-geheiztem Plasma, die in einem turbulenten Vorgang eine ungleichmäßige, nach außen laufende Schockwelle verursachen. Es dauert einige Stunden, bis diese Schockwelle schließlich die Sternoberfläche erreicht und man zum ersten Mal sehen kann, welche dramatischen Vorgänge sich tief im Sterninneren zuvor abgespielt haben.

Anders als beim Helium-Blitz sind die beim Zentrumskollaps frei gewordenen Energien viel zu groß, als dass die ausgedehnte Sternhülle sie noch absorbieren könnte. Die äußeren Sternhüllen werden durch die Schockwelle auf mehrere Milliarden Kelvin aufgeheizt und mit einigen 1 000 Kilometern pro Sekunde nach außen weggesprengt, wobei dies räumlich recht unsymmetrisch erfolgen kann. Man bezeichnet diese Sternexplosion als *Supernova vom Typ II* (einen anderen wichtigen Supernovatyp lernen wir gleich noch kennen). Dabei leuchtet der Stern für einige Tage heller als eine gesamte Galaxie (Abb. 2.23). Es ist also kein Problem, solche Supernovae auch in entfernten Galaxien zu beobachten. Im Durchschnitt ereignet sich in einer Galaxie etwa alle 100 Jahre eine solche Supernova.

Im Jahr 1987 explodierte eine Supernova (genannt *SN1987A*) in unserer Nachbargalaxie, der Großen Magellanschen Wolke, etwa 150 000 Lichtjahre entfernt – ein Ereignis, das sogar zu den Top-Nachrichten in den Medien gehörte! Trotz dieser Entfernung war die Supernova mit bloßem Auge mehrere

Abb. 2.23 Die Supernova SN1994D im Jahr 1994 am Rand der Galaxie NGC4526, aufgenommen vom Hubble Space Telescope (der helle Punkt links unten im Bild ist die Supernova). Man sieht hier sehr schön, dass die Supernova die Leuchtkraft der kompletten Galaxis erreicht. Diese Supernova ist allerdings vom Typ Ia, entstand also nicht durch einen Kollaps des Sternzentrums, sondern durch die thermonukleare Explosion eines weißen Zwergs. © NASA/ESA.

Wochen am Himmel sichtbar. Bei dieser Supernova konnten auf der Erde erstmals rund 20 Neutrinos des beim Kollaps entstandenen Neutrinoblitzes nachgewiesen werden – ein direkter Beweis dafür, dass sich beim Zentrumskollaps Elektronen und Protonen unter Neutrinoemission zu Neutronen vereinigt haben müssen. Die Neutrinos trafen alle innerhalb von weniger als 13 Sekunden auf der Erde ein. Erst drei Stunden später war die Supernova auch optisch sichtbar, denn so lange benötigte die Schockwelle, um ausgehend vom kollabierten Sternzentrum die Sternoberfläche zu erreichen.

Die Überreste von Supernovae findet man überall in den Galaxien. Ein Beispiel haben wir oben bereits kennengelernt: den Krebsnebel mit seinem Neutronenstern im Zentrum.

In der expandierenden extrem heißen Sternhülle einer Supernova können durch Neutroneneinfang auch schwerere Kerne als Eisen entstehen und in den Weltraum gelangen, beispielsweise Kupfer, Germanium, Silber, Gold und sogar Uran. Insgesamt sind diese schweren Elemente im Universum aber recht selten. Eisen kommt dagegen relativ häufig vor, wenn auch immer noch viel seltener als Wasserstoff oder Helium. Schließlich bildet Eisen das Endstadium von Fusionsprozessen in massereichen Sternen. Noch häufiger sind Kohlenstoff oder Sauerstoff, da sie bei weniger massereichen Sternen am Ende der Fusionsprozesse übrig bleiben. Wir hatten uns die Elementhäufigkeiten im Sonnensystem in Abschnitt 1.4 (Abb. 1.17) bereits genauer angesehen.

Was von einer Supernova übrig bleibt, sind die expandierende äußere Sternhülle, angereichert mit schweren Elementen, und der zurückbleibende Neutronenstern, der sich oft durch seine sehr regelmäßigen elektromagnetischen Strahlungspulse als sogenannter *Pulsar* bemerkbar macht (siehe beispielsweise den Krebsnebel weiter oben). Solange die Masse des Neutronensterns die Grenze von rund drei Sonnenmassen nicht übersteigt, reicht der Entartungsdruck der Neutronen aufgrund des Pauli-Prinzips noch aus, einen weiteren Kollaps zu verhindern. Das Gravitationsfeld eines Neutronensterns ist enorm: An der Oberfläche ist es etwa 100 Milliarden Mal stärker als auf der Erdoberfläche. Eine Ameise mit einer Masse von zehn Milligramm hätte dort ein Gewicht von 1 000 Tonnen. Lässt man ein Objekt aus dem Weltraum auf einen Neutronenstern hinabfallen, so erreicht es bis zu einem Drittel der Lichtgeschwindigkeit!

Überschreitet die Masse des kollabierenden Sternzentrums die Schwelle von etwa 2,5 bis drei Sonnenmassen, so reicht auch der quantenmechanische Entartungsdruck der Neutronen nicht aus, den Kollaps aufzuhalten. Es ist überhaupt kein physikalischer Mechanismus bekannt, der dazu noch in der Lage wäre. Man geht daher davon aus, dass ein solches Sternzentrum zu einem sogenannten *schwarzen Loch* kollabiert (Abb. 2.24). Wie weit dieser Kollaps letztlich geht, ist nicht genau bekannt. Nach Einsteins allgemeiner Relativitätstheorie kollabiert das Sternzentrum sogar zu einem unendlich kleinen Punkt, doch das widerspricht den Regeln der Quantenmechanik, nach denen auch ein schwarzes Loch vermutlich nicht unendlich klein sein kann. Wie schon beim Urknall kann wohl erst eine zukünftige Quantentheorie der Gravitation klären, wie ein schwarzes Loch in seinem Inneren genau aussieht.

Charakteristisch für ein schwarzes Loch ist, dass jede Form von Materie, die einen bestimmten Abstand (den sogenannten *Schwarzschildradius*, siehe auch Abschnitt 1.1) zu ihm unterschreitet, prinzipiell seiner Gravitation nicht mehr entkommen kann – Licht eingeschlossen. Ein schwarzes Loch von einer Sonnenmasse hat einen Schwarzschildradius von knapp drei Kilometern, wobei dieser Wert proportional zur Masse des schwarzen Lochs anwächst. Man sieht daran, dass ein Neutronenstern mit seinem Radius von rund zehn Kilometern nicht mehr weit davon entfernt ist, zu einem schwarzen Loch zu kollabieren, denn dies geschieht spätestens dann, wenn sein Radius den Schwarzschildradius unterschreitet.

Man vermutet heute, dass es in jeder Galaxie sehr viele solche *stellaren schwarzen Löcher* gibt, die aus kollabierten Sternzentren entstanden sind und die Massen im Bereich von einigen Sonnenmassen aufweisen. Neben diesen stellaren schwarzen Löchern gibt es auch sehr viel massereichere schwarze Löcher mit Massen zwischen einigen Millionen und einigen Milliarden Sonnenmassen. Man findet solche *supermassereichen schwarzen Löcher* in den

Abb. 2.24 Darstellung eines schwarzen Lochs, das Materie eines Nachbarsterns verschlingt. Die Materie bildet dabei eine rotierende Gasscheibe um das schwarze Loch, die sich durch Reibungskräfte sehr stark aufheizt. Ein Teil der einfallenden Materie wird entlang der Rotationsachse in Form von zwei hochenergetischen Teilchenjets wieder hinausgeschleudert. © ESA, NASA und Felix Mirabel.

Zentren fast aller Galaxien einschließlich unserer Milchstraße. Wie diese Giganten unter den schwarzen Löchern entstanden sind, ist noch nicht völlig geklärt. Vermutlich gibt es sie schon sehr lange, denn wir finden in weiter Ferne junge Galaxien mit sehr hoher Leuchtkraft, die ihre Energie vermutlich dadurch gewinnen, dass Materie in großen wirbelnden Gasscheiben in ihr zentrales schwarzes Loch hineinfällt. Reibungskräfte heizen dabei diese rotierende Gasscheibe enorm auf, sodass gigantische Energiemengen frei werden. Bis zu 40 % der Masse, die in ein schwarzes Loch hineinfällt, werden so in Energie umgewandelt und ins Weltall hinausgestrahlt. Das ist der effizienteste Umwandlungsprozess von Masse in Energie, den wir kennen! Die meisten heutigen Galaxien sind allerdings mittlerweile relativ ruhig geworden, da sich kaum noch Materie im Bereich ihrer zentralen schwarzen Löcher befindet. Die schwarzen Löcher hungern mittlerweile.

Die Supernova-Explosion eines extrem massereichen Sterns (auch *Hypernova* genannt) könnte möglicherweise sogar einen sogenannten *Gam-*

mablitz auslösen, wie sie unsere Erde selbst aus den entferntesten Teilen des Universums immer wieder erreichen. Dabei fällt das Zentrum des Sterns ohne Umweg über einen Neutronenstern vermutlich direkt zu einem schwarzen Loch zusammen und zwei extrem energiereiche Gas-Jets werden an den beiden Polen des Sterns mit nahezu Lichtgeschwindigkeit hinausgeschleudert. Diese Jets emittieren wie ein Leuchtturm stark gebündelte, extrem energiereiche Gammastrahlung. Möglicherweise endet der sehr massereiche Stern η Carinae (Abb. 2.18) innerhalb der nächsten 20 000 Jahre als Hypernova. Sollte der dabei entstehende Gammastrahl die Erde treffen, so könnte er trotz der enormen Entfernung von knapp 10 000 Lichtjahren sogar gefährlich für das Leben auf unserer Erde werden, denn Gammablitze sind die gewaltigsten Energieeruptionen im Universum, die wir kennen. Wie wahrscheinlich dieses Szenario tatsächlich ist, kann man allerdings nur schwer einschätzen, zumal die Existenz von Hypernovae bisher noch spekulativ ist.

Sterne mit Anfangsmassen von weniger als etwa acht Sonnenmassen verlieren durch den Sternenwind normalerweise so viel Masse, dass das übrig bleibende Sternzentrum weniger als 1,2 bis 1,5 Sonnenmassen aufweist. Die Gravitation reicht dann nicht aus, um die Elektronen in die Protonen zu drücken und einen Neutronenstern zu erzeugen. Am Ende der Fusionsprozesse bleibt dann nach Wegblasen der Sternhüllen das nackte, nur erdgroße und sehr heiße Sternzentrum übrig, das aus Helium, Kohlenstoff und Sauerstoff besteht. Man nennt dieses Objekt einen *weißen Zwerg*. Die Sternmaterie in einem weißen Zwerg ist aufgrund der starken Gravitation hochkomprimiert und entartet (Pauli-Prinzip!), verhält sich also ähnlich einer kaum zusammendrückbaren, extrem dichten und heißen Flüssigkeit, analog zu flüssigem Metall (nur heißer und dichter). Die Dichte dieser Sternmaterie erreicht bis zu zehn Millionen Gramm pro Kubikzentimeter, also das Zehnmillionenfache der Dichte von Wasser. Ein Kubikmillimeter-großes Körnchen dieser Sternmaterie wiegt zehn Kilogramm! Allerdings ist diese Dichte immer noch um das Zehnmillionenfache von der extremen Dichte eines Neutronensterns entfernt, die bei 100 000 Tonnen pro Kubikmillimeter liegt.

Junge weiße Zwerge besitzen Temperaturen von bis zu 30 000 Kelvin und leuchten daher im bläulichen und ultravioletten Licht, ähnlich wie ein sehr heißer Blitz. Da weiße Zwerge aber nur etwa so groß wie die Erde sind, ist ihre Leuchtkraft relativ gering. Man findet weiße Zwerge daher unten links im Hertzsprung-Russel-Diagramm. Das ausgestrahlte ultraviolette Licht bringt die weggeblasenen äußeren Sternhüllen zum Leuchten — nur deshalb sind diese expandierenden Gas- und Staubwolken als planetarische Nebel überhaupt sichtbar.

Den der Sonne am nächsten liegenden weißen Zwerg haben wir oben bereits kennengelernt: *Sirius B*. Er besteht fast ausschließlich aus Kohlenstoff und Sauerstoff und ist an seiner Oberfläche etwa 25 000 Kelvin heiß. Vor gut 100 Millionen Jahren dürfte er aus einem massereichen Stern (ca. fünf Sonnenmassen) durch Verlust der Sternhüllen hervorgegangen sein und kühlt seitdem langsam ab. Er besitzt knapp eine Sonnenmasse, ist aber nur etwa so groß wie die Erde. Übrigens schrumpfen weiße Zwerge, wenn sie massiver werden, ganz im Gegensatz zu normalen Hauptreihensternen wie der Sonne.

Im Normalfall geschieht mit einem weißen Zwerg nichts Spektakuläres mehr: Er besitzt keine ergiebige Energiequelle mehr und kühlt im Laufe der Zeit immer mehr ab. Da er sehr massereich und zugleich recht klein ist, dauert diese Abkühlung allerdings sehr lange, meist viele Milliarden Jahre. Daher dürften auch alte weiße Zwerge heute immer noch einige 1 000 Kelvin heiß sein. Irgendwann aber wird aus jedem weißen Zwerg ein massiver, kompakter, dunkler schwarzer Zwerg werden.

Da Sterne oft als Doppelsternsysteme auftreten, kommt es vor, dass sich der massereichere unter ihnen bereits in einen weißen Zwerg verwandelt hat. Das ist beispielsweise beim Sirius-Doppelsternsystem der Fall. Wenn nun der andere Stern nahe genug ist und sich zu einem roten Riesen aufbläht, kann Sternmaterie der ausgedehnten Hülle des roten Riesen auf den weißen Zwerg herabfallen, ähnlich wie beim schwarzen Loch oben in Abb. 2.24. Der weiße Zwerg wird dadurch immer dichter und kleiner. Kurz bevor er die notwendige Masse erreicht, die ihn zu einem Neutronenstern kollabieren ließe, beginnt eine nukleare Kettenreaktion, bei der explosionsartig die Fusion von Kohlenstoff zu schwereren Elementen einsetzt. Der weiße Zwerg verwandelt sich in eine erdgroße Atombombe, wird komplett zerrissen und schleudert seine gesamte Materie in den Weltraum hinaus. Man bezeichnet diese Explosionen als *Supernovae vom Typ Ia* (im Gegensatz zu Supernova-Explosionen vom Typ II, die durch den Kollaps von Sternzentren hervorgerufen werden; siehe oben. Die Typen Ib und Ic sind hier uninteressant, da sie letztlich nur Varianten des Typs II sind).

Auch die Supernovae vom Typ Ia erreichen für kurze Zeit die Leuchtkraft ganzer Galaxien und sind daher über große Entfernungen hinweg sichtbar (Abb. 2.23). Da sie außerdem immer auf dieselbe Weise aus weißen Zwergen entstehen, die eine bestimmte Masse überschreiten, haben sie alle ungefähr dieselbe Leuchtkraft, sodass sich daraus ihre Entfernung gut bestimmen lässt. Supernovae vom Typ Ia werden deshalb auch gerne als *Standardkerzen* bezeichnet, was im Hinblick auf die Wucht der Explosion sicher eine Untertreibung darstellt. Als man im Jahr 1998 die Entfernungsmessungen vieler sehr weit entfernter Supernovae dieses Typs auswertete, erlebte man eine Überraschung: Die Expansion des Universums beschleunigt sich seit einigen Milliarden Jahren – erwartet hatte man eine Abbremsung durch die anziehende Gravitationskraft zwischen den Galaxien. Wir sind in Abschnitt 1 bereits näher darauf eingegangen.

Fassen wir noch einmal das Wichtigste zusammen:

Sterne leben nicht ewig. Sie werden aus Gaswolken geboren, verbrauchen ihren Brennstoff und sterben schließlich, wobei sie einen großen Teil ihrer Materie in den Weltraum hinausschleudern.

Die Lebensdauer von Sternen verändert sich stark mit ihrer Masse: Ein Stern mit 0,5 Sonnenmassen lebt länger als das Universum heute alt ist, unsere Sonne lebt etwa zehn Milliarden Jahre, und ein Stern mit zehn Sonnenmassen lebt weniger als ein Hundertstel so lange, also weniger als 100 Millionen Jahre. Dabei verbringen Sterne mindestens vier Fünftel ihrer Lebenszeit als Hauptreihensterne, d. h. Wasserstoff fusioniert in ihrem Zentrum zu Helium.

In den Sternen entstehen in der Endphase ihres Lebens die schweren Elemente. Diese Elemente gelangen durch Sternwinde und Supernova-Explosionen zum Teil in den Weltraum und reichern sich im Laufe der Zeit im Gas zwischen den Sternen an. Massereiche Sterne tragen wegen ihrer kurzen Lebensdauer dabei besonders zur Entstehung schwerer Elemente jenseits von Wasserstoff und Helium bei.

Die ersten Sterne entstehen bereits einige 100 Millionen Jahre nach dem Urknall. Um die Zeiträume besser überblicken zu können, wollen wir auf unseren 13 700 Kilometer langen Zeitpfad von Australien nach Deutschland zurückgreifen, bei dem ein Millimeter ein Jahr darstellt. Auf diesem Zeitpfad bilden sich die ersten Sterne also bereits nach wenigen 100 Kilometern. Die schweren Elemente, aus denen unsere Erde und wir selbst bestehen, werden seitdem in mehreren Sterngenerationen aufgebaut und beim Tod massereicher Sterne teilweise wieder in den Weltraum abgegeben. Vor 4,6 Milliarden Jahren (also bei Zeitpfad-Kilometer 9 100) entsteht schließlich unser Sonnensystem.

Stellen wir uns vor, wir gehen den 13 700 Kilometer langen Zeitpfad gemütlich entlang. Wir starten beim Urknall. Die Ereignisse ganz am Anfang verlaufen so schnell, dass wir sie bei unserer Zeitpfad-Wanderung praktisch nicht wahrnehmen können. Die Elementarteilchen entstehen, und Wasserstoff und Helium bilden sich. Auch dunkle Materie entsteht in großen Mengen und beginnt, sich unter dem Einfluss der Gravitation langsam zu lokalen Verdichtungen zusammenzuziehen. Nach den ersten 380 Metern auf dem Zeitpfad lichtet sich das uns umgebende leuchtende Wasserstoff-Helium-Plasma: Neutrales Wasserstoff- und Heliumgas entsteht, das Universum wird durchsichtig und die kosmische Hintergrundstrahlung durchquert seitdem das Universum. Das Wasserstoff-Helium-Gas kann sich nun ebenfalls unter dem Einfluss der Gravitation lokal verdichten, wobei es der bereits stärker lokal verdichteten dunklen Materie folgt.

Nach wenigen 100 Kilometern können wir bereits die ersten Sterne auf unserer Zeitpfad-Wanderung aufleuchten sehen, die sich aus kollabierenden Gaswolken bilden. Viele von ihnen sind vermutlich sehr massereich (vielleicht 20 bis 100 Sonnenmassen), doch es gibt hier noch viele Unsicherheiten. Die massereichen ersten Sterne überleben nur wenige Kilometer auf dem Zeitpfad und blasen in gewaltigen Supernova-Explosionen die in ihnen gebildeten schwereren Elemente in den Weltraum hinaus. Langsam reichern sich so immer mehr schwere Elemente im Gas zwischen den Sternen an. Sterne, die sich aus diesem Gas neu bilden, enthalten einen entsprechenden Anteil dieser schweren Elemente. Wasserstoff und Helium bleiben aber bis zum heutigen Tag die bei Weitem dominierenden Elemente im Universum.

Im Laufe der Zeit ballen sich Sterne und Gas immer mehr zu neuen Galaxien zusammen, wobei ständig neue Sterne entstehen und kleine Galaxien zu größeren Galaxien verschmelzen. Die massereichen Sterne explodieren relativ bald wieder, während massearme Sterne ein eher ruhiges Leben führen, teilweise sogar bis heute. Gruppen von Galaxien formieren sich entlang riesiger Filamente, und zwischen den Filamenten entstehen große, fast materiefreie Leerräume. Der Raum dehnt sich fortlaufend aus, sodass auch die Dimension der Filamente und Leerräume immer weiter anwächst. In den Filamenten und besonders an den Knotenpunkten mehrerer Filamente verdichtet sich die Materie immer weiter, Galaxien kollidieren miteinander und verändern ihre Form, manche von ihnen verschmelzen zu elliptischen Riesengalaxien, in deren Zentrum sich gigantische schwarze Löcher bilden. Die ungeheuren Energiemengen, die Materie beim Sturz in diese schwarzen Löcher freisetzt, lässt viele dieser Galaxien in ihrer Frühzeit stark aufleuchten. Noch heute sehen wir in weiter Ferne das intensive Licht dieser frühen aktiven Galaxien.

Auch unsere Milchstraße bildet sich vermutlich innerhalb der ersten 1 000 Zeitpfad-Kilometer, wobei sie zu Anfang wohl noch nicht so aussieht wie heute. Nach etwa 9 100 Zeitpfad-Kilometern sehen wir schließlich, wie sich aus einer Gaswolke in der Milchstraße ein neuer, eher kleiner Stern bildet: unsere Sonne.

Wie unser Sonnensystem, die Planeten und auch unsere Erde dabei entstehen und wie es mit ihnen weitergeht, das wollen wir uns in den nächsten Kapiteln genauer ansehen.

3
Sonnensystem und Erde

Wie wir aus dem vorherigen Kapitel wissen, gehört unsere Sonne nicht zu der ersten Sternengeneration, die sich bereits einige 100 Millionen Jahre nach dem Urknall gebildet hat. Sie entsteht zusammen mit ihren Planeten erst vor etwa 4,6 Milliarden Jahren in rund 26 000 Lichtjahren Abstand vom Zentrum der Milchstraße aus einer kontrahierenden Gaswolke. Damit befindet sich unser Sonnensystem relativ weit außen in der Scheibe der Milchstraße (siehe Abb. 2.8 im vorherigen Kapitel). Die Sonne selbst ist kein besonders beeindruckender Stern – es gibt weitaus eindrucksvollere Sterne im Universum, die wesentlich heller und heißer sind als unsere eher kleine Sonne; einige davon haben wir bereits kennengelernt. Douglas Adams hat es in seiner bekannten Buchreihe *Per Anhalter durch die Galaxis* so ausgedrückt:

„Weit draußen in den unerforschten Einöden eines total aus der Mode gekommenen Ausläufers des westlichen Spiralarms der Galaxis leuchtet unbeachtet eine kleine gelbe Sonne."

Nun ist das Alter der Sonne von 4,6 Milliarden Jahren zwar eine unvorstellbar lange Zeitspanne, aber das Universum ist zu diesem Zeitpunkt bereits neun Milliarden Jahre alt. In den ersten zwei Dritteln der bisherigen Lebenszeit unseres Universums gibt es also unsere Sonne sowie unsere Erde noch gar nicht. Es existieren im Universum durchaus Sterne, die fast so alt sind wie das Universum selbst, also etwa 13 Milliarden Jahre. Diese Sterne besitzen allerdings deutlich weniger Masse als unsere Sonne, denn sonst hätten sie ihren Fusionsbrennstoff bereits verbraucht. Aus Abschnitt 2.3 wissen wir ja: Je massereicher ein Stern ist, umso schneller verbraucht er seinen Brennstoffvorrat. Unsere Sonne besitzt insgesamt Fusionsbrennstoff für rund zehn Milliarden Jahre. Wäre sie also zu Beginn des Universums entstanden, so wäre aus ihr mittlerweile bereits ein weißer Zwerg geworden.

Auch wenn unsere Sonne ein eher durchschnittlicher Stern ist, so ist sie dennoch etwas ganz Besonderes, denn auf einem ihrer Planeten – unserer Erde – hat sich höheres Leben und sogar eine Zivilisation entwickelt. Nun

© Springer-Verlag GmbH Deutschland, ein Teil von Springer Nature 2012
J. Resag, *Zeitpfad*, https://doi.org/10.1007/978-3-662-57980-0_3

besitzen sehr viele andere Sterne ebenfalls Planeten, wie wir heute wissen, und es ist gut vorstellbar, dass sich auch auf einigen von ihnen Leben entwickelt hat. Ob sich auf diesen Planeten dann auch mehrzelliges höheres Leben entwickeln konnte, ist schon weniger klar, denn auch unsere Erde wurde knapp drei Milliarden Jahre lang von Einzellern bewohnt, bevor sich vor rund 800 Millionen Jahren schließlich mehrzelliges Leben entwickeln konnte. Noch viel seltener dürfte die Entstehung einer Zivilisation gelingen, denn auch unsere Zivilisation gibt es erst seit einigen 1 000 Jahren. Es lohnt sich also, wenn wir uns die weitere Entwicklung unseres Sonnensystems und unserer Erde genauer ansehen.

3.1   Die Entstehung des Sonnensystems

Als unser Sonnensystem 4,6 Milliarden Jahre vor der Gegenwart entsteht, ist das Universum bereits neun Milliarden Jahre alt. In dieser Zeit haben frühere Sternengenerationen bereits schwere Elemente wie Eisen, Kohlenstoff und Sauerstoff in ihrem Inneren erzeugt und dann beim Versiegen des Fusionsbrennstoffs in Form von Sternwinden, planetarischen Nebeln und Supernova-Explosionen in den Weltraum hinaus geblasen, sodass diese sich im Gas zwischen den Sternen der Milchstraße anreichern konnten. Die Gaswolke, aus der sich unser Sonnensystem bildet, enthält daher neben rund 70 % Wasserstoff und 28 % Helium auch knapp zwei Gewichtsprozent solcher schwereren Elemente, die teilweise winzige Staubkörnchen aus Silikat, Graphit und anderen Komponenten bilden können (siehe Abb. 1.17). Nach wie vor sind jedoch Wasserstoff und das kurz nach dem Urknall entstandene Helium die bei Weitem dominierenden Elemente.

Wann bilden sich aus einer Gaswolke eigentlich Sterne? Eine Gaswolke ist einerseits bestrebt, sich unter dem Einfluss der Gravitation zusammenzuziehen. Dem steht der Gasdruck entgegen, der umgekehrt die Wolke auseinandertreibt. Der Gasdruck ist umso größer, je höher die Temperatur in der Wolke ist, und die Gravitation ist umso stärker, je massereicher und je kleiner die Wolke ist. Die Wolke muss also relativ kühl, massereich und dicht sein, damit sie kollabieren kann. Diese Bedingungen können in Gaswolken auf verschiedene Weise entstehen. So kann beispielsweise die Druckwelle einer nahen Supernova das Gas komprimieren, große galaktische Dichtewellen können das interstellare Gas in einer Spiralgalaxie durchlaufen, oder der Strahlungsdruck gerade entstandener massereicher Jungsterne kann das Gas vor sich hertreiben und zusammenschieben. Es können auch Gaswolken miteinander kollidieren, was besonders im frühen Universum recht häufig vorgekommen sein muss, beispielsweise beim Kollidieren und Verschmelzen von Galaxien.

Man findet in der Scheibe der Milchstraße auch heute noch große dichte Gaswolken, wie z. B. im Sternbild Orion. Diese Wolken sind meist nur etwa zehn bis 20 Kelvin warm (also sehr kalt), haben Ausdehnungen von bis zu mehreren 100 Lichtjahren und Gesamtmassen von vielen 1 000 bis zu einigen Millionen Sonnenmassen. Ihre Dichte liegt typischerweise bei über 100 Teilchen pro Kubikzentimeter. Ab etwa 1 000 Teilchen pro Kubikzentimeter liegt dabei der Wasserstoff weitgehend in Form von Wasserstoffmolekülen vor, die aus je zwei Wasserstoffatomen bestehen – daher spricht man auch von *Molekülwolken*. In irdischen Maßstäben entsprechen diese Dichten immer noch einem sehr guten Vakuum, aber im kosmischen Maßstab liegen diese Dichten weit über der mittleren Materiedichte des Universums. Bei Gaswolken von 100 Lichtjahren Größe kommen bei diesen Dichten insgesamt große Gasmengen zusammen. Etwa 10 bis 15 % der aus Atomen bestehenden Materie der Milchstraße liegen in Form von interstellarem Gas vor.

Wenn so eine riesige Gaswolke ganz oder teilweise beginnt zu kollabieren, so heizt die dabei frei werdende Gravitationsenergie die Wolke auf und erhöht somit den Gasdruck. Diese Wärmeenergie muss die Wolke loswerden, wenn sie weiter kollabieren soll. Das gelingt ihr über verschiedene Mechanismen.

Eine wichtige Rolle zur Kühlung der Gaswolke spielt der darin enthaltene sehr feine Staub. Diese Staubteilchen nehmen Wärmeenergie aus der Gaswolke auf und strahlen sie als Infrarot-Wärmestrahlung in den Weltraum ab. Glücklicherweise ist die Wolke für die langwellige Infrarotstrahlung praktisch durchsichtig, sodass diese aus der Wolke entweichen kann – man spricht auch von *Strahlungskühlung*. Gaswolken mit Staubteilchen leuchten also im Infrarotlicht, während sie im sichtbaren Licht undurchsichtig und dunkel sind, solange sie nicht von nahen Sternen angestrahlt werden (siehe die Aufnahmen des Orionnebels im sichtbaren und im infraroten Licht in Abb. 2.12 in Abschnitt 2.3). Daher schirmt der Staub kurzwelligere elektromagnetische Strahlung wie Licht sehr gut ab, sodass diese die Wolke nicht von außen aufheizen kann.

Bei fortschreitender Kontraktion und höheren Temperaturen in der Wolke werden schließlich weitere Kühlmechanismen relevant. So wird ab etwa 1 000 Kelvin ein Teil der Energie dazu verbraucht, die Wasserstoffmoleküle aufzubrechen und bei noch höheren Temperaturen die Elektronen zunehmend aus den Hüllen der Wasserstoffatome freizusetzen, sodass sich schließlich ein Plasma aus Elektronen und Wasserstoffkernen bildet – wir kennen das bereits vom frühen Universum aus der Zeit, bevor sich Wasserstoffatome bilden konnten. Daher kann die Gaswolke in bestimmten Phasen kontrahieren, ohne sich weiter aufzuheizen.

Nun kollabiert eine Molekülwolke nicht als Einheit. Vielmehr verstärken sich kleine lokale Ungleichmäßigkeiten der Dichte durch die Gravitation immer mehr, sodass die Wolke in kleinere Teilwolken zerfällt, die nun ihrerseits kollabieren. Man sagt, die Wolke *fragmentiert*. So entstehen aus einer Wolke teilweise zeitgleich viele Sterne mit verschiedenen Massen, die zusammen einen oder mehrere Sternhaufen bilden. Dabei werden grob geschätzt rund 10 % des Gases in Sterne umgewandelt. Es bleibt also noch recht viel Gas übrig.

Zur Entstehungszeit unserer Milchstraße sind so vermutlich die *Kugelsternhaufen* im Halo der Milchstraße entstanden. Sternhaufen, die erst vor einigen zehn bis 100 Millionen Jahren in der Scheibe der Milchstraße entstanden sind, bezeichnet man dagegen als *offene Sternhaufen*, wie wir aus Abschnitt 2.3 wissen. Ein Beispiel sind die Plejaden, die man sehr gut mit bloßem Auge am Nachthimmel erkennen kann und die wir bereits kennengelernt haben. Die offenen Sternhaufen lösen sich dabei aufgrund der Rotation der Milchstraßenscheibe mit der Zeit auf, während die größeren Kugelsternhaufen aufgrund ihrer Gravitation bis heute stabil sind.

Auf diese Weise entsteht also 4,6 Milliarden Jahre vor der Gegenwart unsere Sonne aus dem kollabierenden Fragment einer Gaswolke. Dabei bildet sich zunächst im Zentrum der Teilwolke ein sogenannter *Protostern*. Dieser sammelt immer mehr Materie aus der umgebenden Wolke auf und erhitzt sich dabei immer weiter, bis der von ihm ausgehende Gas- und Teilchenwind so stark wird, dass er die Materie in seiner Nähe wegbläst und kaum noch Material auf ihn herabfällt. Ab diesem Zeitpunkt spricht man auch von einem *T-Tauri-Stern*. Die Sonne ist in dieser Phase sogar heller als heute, wobei sie ihre Energie dadurch gewinnt, dass sie unter dem Einfluss der Gravitation langsam schrumpft. Es mag uns vielleicht merkwürdig vorkommen, dass die Gravitation in der Lage ist, solche Energiemengen freizusetzen, aber wir müssen bedenken, dass die Gravitation eines Sterns weitaus stärker ist als die Gravitation unserer vergleichsweise winzigen Erde. Wir erinnern uns: Die Gravitation auf der heutigen Sonnenoberfläche ist 28-mal stärker als auf der Erdoberfläche.

Nach einigen zehn Millionen Jahren ist die Temperatur im Zentrum der kontrahierenden Sonne schließlich groß genug, sodass die Kernfusion von Wasserstoff zu Helium zündet und die Kontraktion stoppt. Unsere Sonne hat damit ihre wichtigste Energiequelle erschlossen, die sie über die nächsten rund zehn Milliarden Jahre versorgen und stabilisieren wird.

Nun wird ein kontrahierendes Fragment einer Gaswolke zumeist eine kleine zufällige Eigenrotation aufweisen. Diese verstärkt sich, je weiter die Wolke kontrahiert, so wie man das bei einer Eiskunstläuferin kennt, die bei einer Drehung die Arme anzieht und sich dadurch immer schneller dreht. Daher

Abb. 3.1 Künstlerische Darstellung eines T-Tauri-Sterns mit protoplanetarer Scheibe. © ESO/L. Calçada.

kann sich das Wolkenfragment nicht komplett zusammenziehen, sondern es entsteht eine flache, rotierende Gasscheibe mit dem Protostern im Zentrum. Durch Reibung innerhalb dieser Scheibe gelingt es Teilen der darin enthaltenen Materie, auf den Protostern hinabzustürzen. Umgekehrt überträgt sich nach und nach ein großer Teil des Drehschwungs (Drehimpulses) der frühen Sonne auf die Scheibe, die man zu diesem Zeitpunkt als *protoplanetare Scheibe* bezeichnet, da aus ihr die Planeten entstehen werden (Abb. 3.1).

Die Staubteilchen in der protoplanetaren Scheibe verklumpen nun im Laufe der Zeit miteinander und ziehen schließlich ab einer gewissen Größe weitere Objekte gravitativ an, wodurch sie anwachsen und sich ihre Gravitationsanziehung weiter verstärkt. Auf diese Weise entstehen immer größere Objekte, die die in der Scheibe verbliebene Materie immer stärker aufsammeln. Große Objekte wachsen dabei schneller als kleine Objekte. Am schnellsten wächst in unserem Sonnensystem der Riesen-Gasplanet Jupiter, der durch sein starkes Gravitationsfeld andere Objekte in seiner Nähe im weiteren Wachstum stört. Vermutlich hat Jupiter so die Bildung eines Planeten zwischen der Mars- und der Jupiterbahn verhindert, sodass die dort verbliebene Materie heute den Asteroidengürtel bildet.

Bereits in der T-Tauri-Phase beginnen Strahlung und Teilchenwind der Sonne, das leichtflüchtige Wasserstoff- und Heliumgas aus dem inneren Bereich der Scheibe wegzublasen. Lediglich die schwerflüchtigen Elemente und

Abb. 3.2   Größenvergleich der Planeten des Sonnensystems. Die Planeten sind dabei von links nach rechts in wachsendem Abstand zur Sonne abgebildet: Merkur, Venus, Erde, Mars, Jupiter, Saturn, Uranus, Neptun und der Zwergplanet Pluto. Der größte Planet Jupiter besitzt alleine rund zwei Drittel der Gesamtmasse aller Planeten. Die Umlaufbahnen sind unten maßstabsgerecht dargestellt, wobei die Planetengrößen übertrieben abgebildet sind. © NASA/JPL.

Verbindungen kondensieren aus. Aus ihnen entstehen nach und nach die kleinen Gesteinsplaneten Merkur, Venus, Erde und Mars mit ihren Silikat-Oberflächen und ihrem Eisenkern. Weiter außen können sich die flüchtigen Gase wie Wasserstoff, Helium und Methan weitgehend halten und die großen Gasplaneten Jupiter, Saturn, Uranus und Neptun bilden.

Die Elementverteilung auf unserer Erde täuscht also – sie unterscheidet sich stark von der Elementverteilung in der Sonne und im übrigen Universum, weil die häufigsten Elemente Wasserstoff und Helium durch die Sonne weitgehend von der Erde weggeblasen wurden. Da jedoch rund 99,86 % der Gesamtmasse des Sonnensystems auf die Sonne selbst entfallen, spielt die Elementverteilung der Planeten für das Sonnensystem insgesamt kaum eine Rolle, wobei der Gasplanet Jupiter alleine rund zwei Drittel der restlichen 0,14 Massenprozent enthält, die auf die Planeten insgesamt entfallen (Abb. 3.2).

In den Außenbereichen des Sonnensystems jenseits der Planeten Uranus und Neptun gelingt es der Materie nicht, einen größeren Planeten zu bilden. Stattdessen entsteht eine große Anzahl kleinerer Objekte, die gleichsam bei der Bildung des Sonnensystems übrig bleiben und die gelegentlich als Kometen in den inneren Bereich des Sonnensystems abgelenkt werden. Kometen enthalten sehr wertvolle Informationen über die Frühzeit des Sonnensystems,

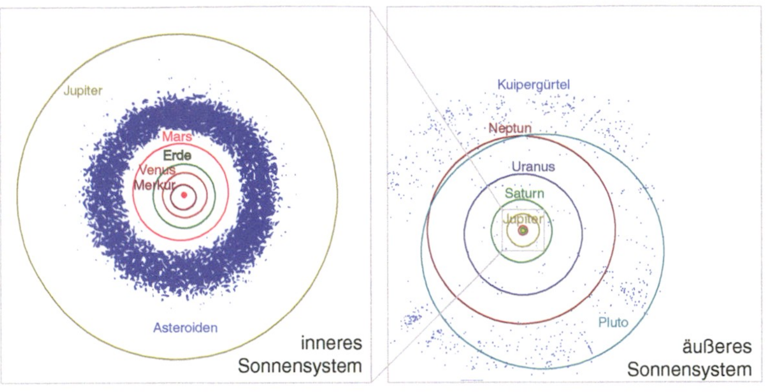

Abb. 3.3 Die Umlaufbahnen der Planeten im Sonnensystem einschließlich der Asteroiden und des Kuipergürtels. Man sieht, wie eng die inneren Gesteinsplaneten Merkur, Venus, Erde und Mars die Sonne umkreisen, verglichen mit den großen Gasplaneten im Außenbereich des Sonnensystems. Die Grafik wurde erstellt in Abänderung einer Grafik der © NASA/Caltech.

da sie sich nach ihrer Entstehung kaum verändern. Man geht davon aus, dass Kometen in großer Zahl bis in die weit hinausreichende *Oort'sche Wolke* vorkommen, die in 300 bis 100 000 Sonne-Erd-Abständen unser Sonnensystem schalenförmig einhüllt. Zur Sonne hin schließt sich in 30 bis 50 Sonne-Erd-Abständen der ringförmige *Kuipergürtel* an, der vermutlich mehrere 10 000 Objekte mit über 100 Kilometern Durchmesser enthält (Abb. 3.3).

Betrachtet man unser Sonnensystem, so fällt auf, dass die Planetenbahnen einschließlich des Kuipergürtels alle recht genau in einer Ebene liegen und die Sonne im gleichen Drehsinn umlaufen – nur die Plutobahn weicht etwas von dieser Ebene ab, wobei man *Pluto* wegen seiner geringen Größe (er ist kleiner als unser Mond) seit dem Jahr 2006 nicht mehr offiziell zu den Planeten zählt, sondern dem Kuipergürtel zuordnet. Man nennt diese Ebene der Planeten auch die *Ekliptik*. Sie ist ein deutlicher Hinweis auf die gemeinsame Entstehungsgeschichte der Planeten aus einer rotierenden protoplanetaren Gas- und Staubscheibe.

Die meisten Planeten besitzen einen oder mehrere Monde, die die Planeten umkreisen. Jupiter und Saturn besitzen jeweils über 60 bekannte Monde. Damit bilden die Riesen-Gasplaneten mit ihren Monden gleichsam kleine Sub-Planetensysteme im Sonnensystem. Auch unsere Erde besitzt einen Mond, und zwar sogar einen ungewöhnlich großen, verglichen mit der Größe der Erde. Die anderen kleinen Gesteinsplaneten Merkur und Venus besitzen dagegen gar keinen Mond, während Mars zwei kleine Monde aufweist (Phobos und Deimos), die eigentlich nur zehn bis 30 Kilometer große Felsbrocken sind. Unser Erdmond ist also ungewöhnlich, und seine Existenz verlangt nach einer Erklärung – mehr dazu in Abschnitt 3.2.

Tab. 3.1 Abstände der Planeten in Lichtsekunden/-minuten/-jahren

Erde – Mond	1,3 Lichtsekunden
Sonne – Merkur	3,2 Lichtminuten
Sonne – Venus	6,0 Lichtminuten
Sonne – Erde	8,3 Lichtminuten
Sonne – Mars	12 Lichtminuten
Sonne – Jupiter	43 Lichtminuten
Sonne – Saturn	80 Lichtminuten
Sonne – Uranus	160 Lichtminuten
Sonne – Neptun	250 Lichtminuten
Sonne – Pluto	330 Lichtminuten
Sonne – Kuipergürtel	250 bis 400 Lichtminuten
Sonne – nächster Stern	4,2 Lichtjahre

Unser Sonnensystem ist – zumindest was die Planetenbahnen betrifft – winzig, wenn man es mit den Abständen zwischen den Sternen vergleicht. Ein gutes Gefühl für die mittleren Abstände der Planeten zur Sonne bekommt man, wenn man diese Abstände nicht in Kilometern, sondern in Lichtminuten, Lichttagen und Lichtjahren ausdrückt, also mithilfe der Zeit, die das Licht oder auch Funksignale zur Überwindung der Entfernung benötigt (zur Erinnerung: Licht legt pro Sekunde rund 300 000 Kilometer zurück, kann also die Erde in einer Sekunde etwa siebenmal umrunden; Tab. 3.1).

Würde die Sonne plötzlich verschwinden, so wüssten wir das auf der Erde also nach etwa acht Minuten, während bei Pluto diese Information erst nach gut fünf Stunden ankommt. Entsprechende Laufzeiten zur Erde haben auch Funksignale von Satelliten, die Planeten wie Jupiter oder Saturn besuchen. Ein Telefongespräch mit einem Raumschiff, das Saturn umkreist, wäre dann doch sehr mühsam.

Die Leuchtkraft der Sonne ist nach dem Zünden der Wasserstofffusion noch nicht so groß wie heute, wie wir aus Abschnitt 2.3 wissen. Sie leuchtet mit nur 70 % ihrer heutigen Leuchtkraft. Den Grund dafür kennen wir bereits: In den 4,6 Milliarden Jahren von ihrer Entstehung bis zur Gegenwart verbraucht die Sonne rund die Hälfte des Wasserstoffs in ihrem Zentrum und wandelt ihn in Helium um. Da aus je vier Wasserstoffatomen dabei nur ein einziges Heliumatom entsteht, schrumpft das Sonnenzentrum im Laufe der Zeit und erhöht seine Massendichte und Gravitationswirkung. Um dieser stärkeren Gravitation entgegenzuwirken, muss die Sonne ihre Energieproduktion im Zentrum erhöhen. Das wird sich auch in den nächsten Jahrmilliarden so fortsetzen, sodass das Leben auf der Erde wohl erlischt, noch lange bevor sich die Sonne in einen roten Riesen verwandeln wird – mehr dazu in Kapitel 7.

3.2   Erde und Mond werden geboren

Auch wenn unsere Sonne ein eher unscheinbarer kleiner gelblicher Stern ist, so hat sie doch einen ganz besonderen Planeten: unsere *Erde*. Schauen wir uns also die Entstehung dieses größten der vier inneren Gesteinsplaneten genauer an.

Wie wir im letzten Abschnitt gesehen haben, entsteht die Erde zusammen mit der Sonne und den anderen Planeten des Sonnensystems aus einer Gas- und Staubwolke, die sich unter dem Einfluss der Gravitation immer weiter zusammenzieht. Man kann den Entstehungszeitpunkt der Erde mithilfe radioaktiver Zerfälle sogar relativ genau bestimmen: Der Wert liegt bei 4,54 bis 4,56 Milliarden Jahren vor der Gegenwart (mehr zu diesen Datierungsmethoden werden wir etwas weiter unten erfahren). Auf unserem 13 700 Kilometer langen Zeitpfad vom Urknall bis heute bilden sich Erde und Sonnensystem also etwa beim 9 100sten Kilometer (ungefähr im östlichen Usbekistan), und wir können zum ersten Mal die junge Erde sehen.

Wir hatten gesehen, wie im Zentrum einer kontrahierenden Gaswolke die Sonne entsteht. Um dieses Zentrum herum bildet sich eine rotierende Gas- und Staubscheibe, aus der sich die einzelnen Planeten herausbilden. Strahlung und Teilchenwind der jungen Sonne blasen schließlich das leichte Wasserstoff- und Heliumgas aus dem inneren Bereich dieser Scheibe nach außen weg. Daher bestehen die inneren Planeten Merkur, Venus, Erde und Mars vorwiegend aus schwerflüchtiger Materie wie Eisen oder Silikaten (Gestein). Diese schweren Elemente sind in den neun Milliarden Jahren zuvor im Inneren von Sternen erbrütet und beim Tod dieser Sterne in den Weltraum geschleudert worden. Unsere Erde besteht in diesem Sinne also aus der Fusionsasche vergangener Sterngenerationen.

Die Erde beginnt ihr Leben vermutlich als größerer Gesteinsbrocken ähnlich einem Asteroiden in der rotierenden Gas- und Staubscheibe, die die junge Sonne umkreist. Kleinere Gesteinsbrocken kollidieren und verklumpen im Laufe der Zeit mit diesem größeren Brocken, und ab einer gewissen Größe trägt auch die Schwerkraft immer mehr dazu bei, weitere Gesteinsbrocken anzuziehen. Auf diese Weise wächst die Erde in einem sich selbst verstärkenden Prozess immer weiter an. Die Schwerkraft der Erde nimmt schließlich so weit zu, dass die auf sie herabfallenden Gesteinsbrocken eine immer größere Bewegungsenergie aufweisen und die Erde so ganz oder teilweise zum Schmelzen bringen. Zu dieser Aufheizung trägt zusätzlich der Zerfall radioaktiver Elemente in ihrem Inneren bei.

In der geschmolzenen Erde sinken nun die schweren Stoffe wie Eisen und Nickel nach unten und bilden den Erdkern, während die leichteren Stoffe wie beispielsweise Silikate (also Gesteinsschmelzen) aufsteigen und den Erdmantel sowie (nach der Abkühlung) die Erdkruste bilden. Das Absinken von Eisen und Nickel setzt dabei zusätzliche Energie frei, die das Erdinnere weiter aufheizt. So entsteht nach und nach der innere Aufbau der Erde, wie wir ihn heute vorfinden (Abb. 3.4).

Die meisten Gesteinsbrocken, die auf der frühen Erde einschlagen, sind nur wenige Millimeter bis Zentimeter groß. Manche Brocken sind jedoch deutlich größer, und vermutlich trifft einige zehn Millionen Jahre nach ihrer Entstehung ein besonders großer Brocken die Erde, als sie bereits etwa 90 % ihrer heutigen Masse besitzt und die schweren Elemente Eisen und Nickel bereits in den Erdkern abgesunken sind (also vor rund 4,53 Milliarden Jahren). Nach der heute weitgehend akzeptierten Kollisionstheorie von William K. Hartmann und Donald R. Davis aus dem Jahr 1975 kollidiert nämlich ein etwa marsgroßer Planet mit der frühen Erde – der Marsradius ist etwa halb so groß wie der Erdradius und seine Masse beträgt etwa ein Zehntel der Erdmasse. Man nennt diesen kleinen Planeten nach einer weiblichen Titanengestalt aus der griechischen Mythologie häufig *Theia*. Es ist gut möglich, dass sich Theia an einem der beiden sogenannten stabilen *Lagrangepunkte* auf der Erdumlaufbahn um die Sonne bilden und dort wachsen konnte. Diese Lagrangepunkte befinden sich bei einem Sechstel der Umlaufbahn (also 60 Grad) vor und hinter der Erde und stellen stabile Umlaufpunkte für kleine Objekte dar, d. h. die Anziehungskraft von Sonne und Erde sowie die Fliehkraft wirken dort so zusammen, dass ein kleiner Körper in konstantem Abstand zur Erde die Sonne auf derselben Umlaufbahn umkreisen kann, wobei er der Erde entweder vorauseilt oder hinterherfliegt. Sobald Theia jedoch etwa eine Marsmasse erreicht hat, gerät dieses Kräftegleichgewicht ins Wanken und Theia beginnt, sich langsam der Erde anzunähern, bis sie schließlich mit ihr kollidiert. Dabei trifft sie die Erde nicht frontal, sondern eher streifend, sodass große Materiemengen in die Erdumlaufbahn geschleudert werden (Abb. 3.5).

In Computersimulationen stimmen die Ergebnisse am besten mit der Realität überein, wenn Theia etwas größer als der Mars ist (also etwa 10 bis 15 % der Erdmasse aufweist) und mit einer recht geringen Relativgeschwindigkeit von weniger als vier Kilometern pro Sekunde die Erde streift. Abb. 3.6 zeigt eine solche Computersimulation von Robin M. Canup aus dem Jahr 2004. Man sieht, wie Theia Materie aus dem Erdmantel herausschlägt und dabei selbst zerstört wird. In der Simulation entsteht so ein großer Bogen aus pulverisiertem, geschmolzenem oder sogar verdampftem Gestein, der mehrere

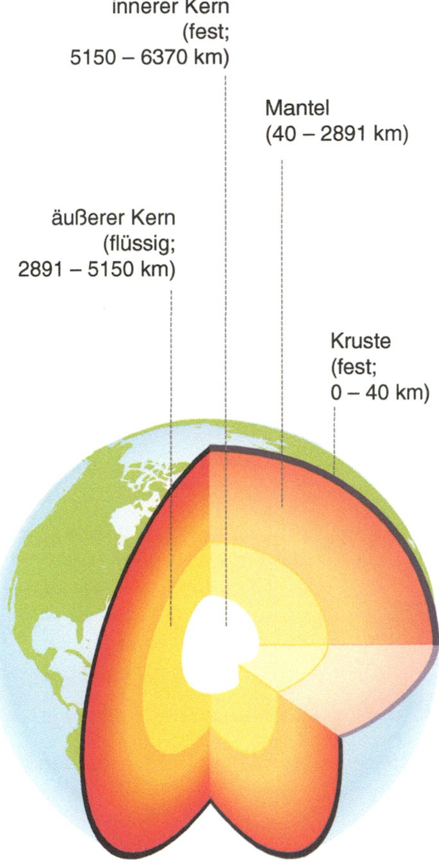

Abb. 3.4 Der innere Aufbau der heutigen Erde. Außen befindet sich die feste Erdkruste, die aus zwei Bestandteilen besteht: der nur etwa 5 bis 10 km dicken ozeanischen Kruste und den mit 30 bis 40 km deutlich dickeren kontinentalen Schollen. Darunter befindet sich bis in eine Tiefe von rund 2900 km der Erdmantel, bei dem man den oberen und unteren Mantel unterscheiden kann. Langsame Konvektionsströmungen seines zähplastischen Gesteins bewirken das langsame Driften der darüber liegenden starren Platten der Erdkruste (siehe auch Abschnitt 4.3). Bei etwa 2900 km Tiefe steigt die Dichte sprunghaft von rund 5 auf 10 g/cm³ an, denn es folgt bis in eine Tiefe von rund 5150 km der äußere Erdkern, der aus einer etwa 3500 bis 4500 Grad Celsius heißen flüssigen Eisen-Nickel-Schmelze besteht und der die Quelle für das Magnetfeld der Erde darstellt. Unterhalb dieser Tiefe ist der Druck so groß, dass sich die Eisen-Nickel-Schmelze vermutlich in eine feste Eisen-Nickel-Legierung umwandelt. Dieser feste innere Erdkern erstreckt sich bis zum Erdmittelpunkt in einer Tiefe von 6370 km. Seine Temperatur liegt bei rund 4500 bis 5000 Grad (alle Temperaturangaben sind mit einigen Unsicherheiten behaftet). © Spektrum Akademischer Verlag.

Erdradien hinaus in das Weltall reicht. Innerhalb von einigen Stunden fällt das meiste Material einschließlich großer Teile von Theias Eisenkern wieder zurück auf die Erde, sodass die komplette Erdkruste aufschmilzt und Theias

Abb. 3.5   Kollision des Kleinplaneten Theia mit der jungen Erde. © NASA/JPL-Caltech.

Eisenkern in Richtung Erdkern absinkt. Das in der Erdumlaufbahn verbleibende Material bildet eine kreisende Trümmerscheibe, aus der sich innerhalb von nur 100 Jahren ein kleiner Proto-Mond bildet, der in den nächsten 10 000 Jahren die restlichen Trümmer einsammelt und annähernd seine heutige Masse erreicht.

Der Mond entsteht dabei in einer sehr niedrigen Umlaufbahn in nur rund 60 000 Kilometer Höhe (etwa dem neun- bis zehnfachen Erdradius). Bis zur Gegenwart ist dieser Abstand zwischen Erde und Mond um mehr als das Sechsfache auf rund 380 000 Kilometer angewachsen, und er vergrößert sich auch heute noch jedes Jahr um knapp vier Zentimeter. Der Grund dafür ist gut bekannt: Die von der Mondgravitation verursachten Flutberge und Verformungen auf der Erde bremsen die Erdrotation ab, sodass Rotationsenergie und Drehimpuls von der Erde auf den Mond übertragen werden. Gegenwärtig verlängern sich die Erdtage immer noch um etwa 20 Mikrosekunden pro Jahr. Seit dem Aussterben der Dinosaurier vor 65 Millionen Jahren hat sich der Erdtag also um gut 20 Minuten verlängert und die Entfernung zwischen Erde und Mond ist in dieser Zeit um etwa 2 600 Kilometer gewachsen. Irgendwann in ferner Zukunft (mindestens fünf Milliarden Jahre) wird das

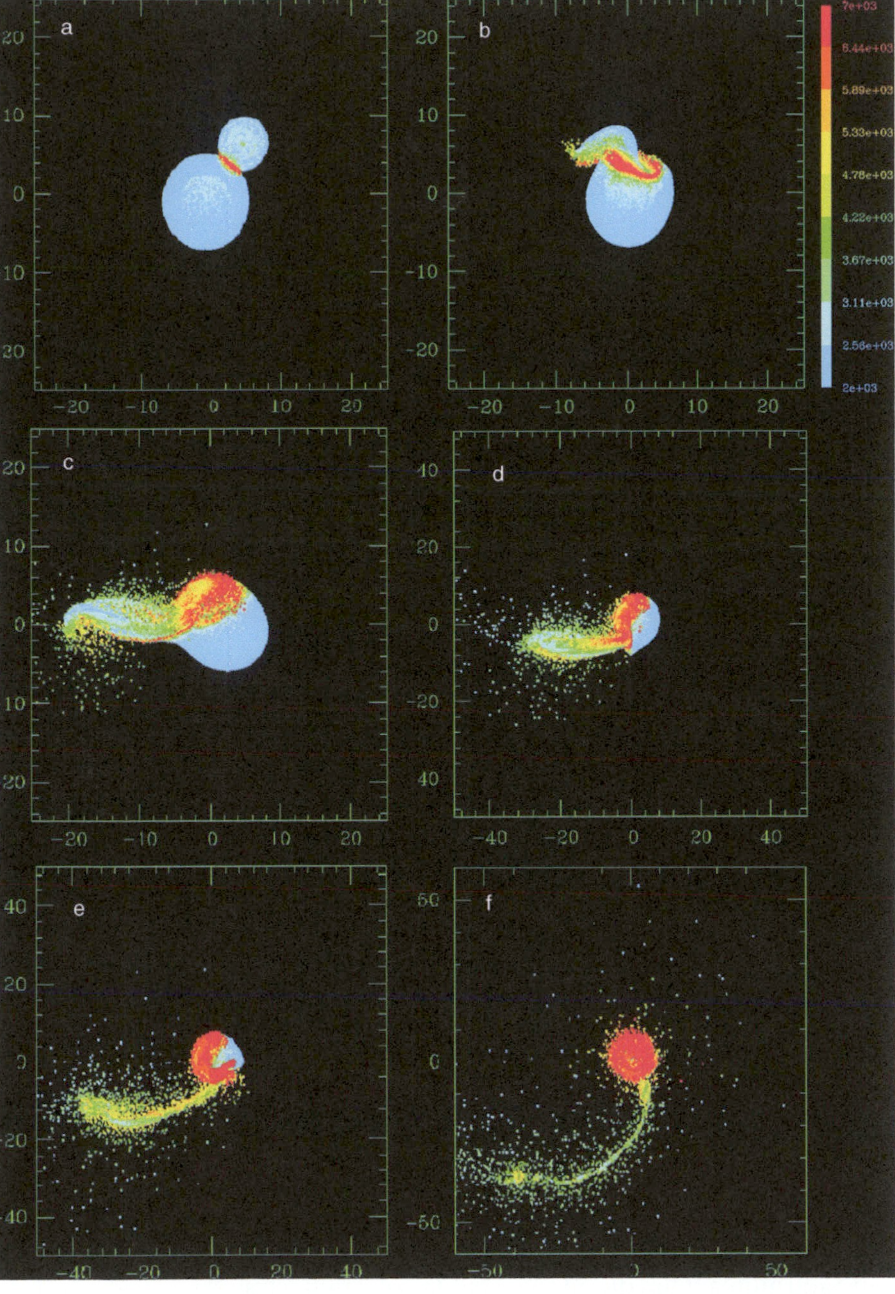

Abb. 3.6   Computersimulation der Kollision Theias mit der Erde (Robin M. Canup, Icarus, 2004). Die Bilder zeigen die Situation rund sechs Minuten (a), 20 min (b), 50 min (c), 1,5 Stunden (d), gut zwei Stunden (e) und knapp fünf Stunden (f) nach dem Beginn der Kollision. Man sieht, wie die von rechts anfliegende Theia Mantelmaterie aus der Erde herausschlägt und dabei selbst weitgehend zerstört wird. Verwendet mit freundlicher Genehmigung von © Robin M. Canup, Southwest Research Institute, Boulder.

Wachstum der Mondentfernung bei etwa 560 000 Kilometern zum Stillstand kommen, da sich bis dahin die Erdrotation an die Umlaufzeit des Mondes angeglichen haben wird, sodass die Erde dem Mond immer dieselbe Seite zuwendet. Die starke Gravitation der Erde hat das bei der Eigenrotation des Mondes bereits heute erreicht, denn von der Erde aus sehen wir immer dieselbe Seite des Mondes (man spricht hier von *gebundener Rotation*). Gäbe es keine Raumsonden, so wäre uns die erdabgewandte Mondseite bis heute unbekannt.

Ob die Kollisionstheorie zur Entstehung des Mondes letztlich stimmt, ist schwer zu beweisen, und es gibt auch andere Theorien. Dennoch sieht es so aus, als ob die Kollisionstheorie am besten zu den Beobachtungsdaten passt. Da nach der Kollisionstheorie der Mond aus Mantelmaterial der Erde und einigen Überresten Theias besteht, erklärt diese Theorie beispielsweise, warum Erdkruste und Mondoberfläche sich in ihrer Zusammensetzung sehr ähnlich sind und warum der Mond im Vergleich zur Erde eine relativ geringe Dichte aufweist und nur einen kleinen Eisenkern besitzt. Daher hat sich die Kollisionstheorie gegenüber den anderen Entstehungstheorien mittlerweile weitgehend durchgesetzt.

Für die Entstehung des Lebens auf der Erde ist es vermutlich wichtig, dass durch diesen kosmischen Zufall unsere Erde über einen großen Mond verfügt. Der Mond stabilisiert nämlich die Drehachse der Erde. Ohne Mond hätte sich diese Drehachse vermutlich schon mehrfach verändert, wodurch sich auch die Intensität der Jahreszeiten stark geändert hätte – mit gravierenden Konsequenzen für die Evolution des Lebens auf der Erde. Allerdings ist die Bedeutung des Mondes für die Stabilität der Erdachse immer noch Gegenstand der Forschung, und es gibt auch Simulationen, in denen beispielsweise der Jupiter für eine Stabilisierung ausreicht.

Wenige 100 Millionen Jahre nach der Entstehung der Erde ist das ständige Meteoriten-Bombardement zunächst abgeklungen. Sehr wahrscheinlich gibt es aber nach einer ruhigeren Zwischenphase ein zweites heftiges Bombardement vor rund 4,1 bis 3,8 Milliarden Jahren, also rund 500 Millionen Jahre nach der Entstehung des Mondes. Viele der großen Mondmeere und Mondkrater stammen aus dieser Zeit. Eine Ursache für diesen Meteoriten-Beschuss könnte darin liegen, dass Saturn in dieser Epoche in eine Zwei-zu-eins-Umlaufresonanz mit Jupiter gerät, d. h. auf zwei Jupiterumläufe kommt gerade ein Saturnumlauf um die Sonne. Dadurch entstünden starke periodische Gravitationskräfte im äußeren Sonnensystem, durch die sich Unregelmäßigkeiten in den Umlaufbahnen von Gesteinsbrocken aufschaukeln können. Diese Brocken können schließlich aus ihren Bahnen im äußeren Sonnensystem geworfen und in Richtung inneres Sonnensystem abgelenkt werden, sodass sie die Erde und ihren Mond treffen können.

Spätestens vor 3,8 Milliarden Jahren endet der Meteoriten-Beschuss weitgehend, und die Erde kann sich nun so weit abkühlen, dass sich dauerhaft eine noch dünne, feste Erdkruste bildet (vermutlich kann sich die Erdkruste sogar schon vor dem zweiten heftigen Meteoriten-Bombardement bilden, wird aber von großen Meteoriten immer wieder aufgerissen). Damit geht das unruhige heiße erste Stadium der Erdgeschichte zu Ende, das in Anlehnung an *Hades*, den Herrscher der Unterwelt in der griechischen Mythologie, als *Hadaikum* bezeichnet wird. Es beginnt nun eine neue ruhigere Zeit: das *Archaikum*, was frei übersetzt *das altertümliche Zeitalter* bedeutet. Die ältesten bekannten heute noch erhaltenen Gesteine der Erdkruste sind etwa vier Milliarden Jahre alt: der sogenannte Acasta-Gneis im Kanadischen Schild. Auch in Deutschland gibt es sehr alte Gneise, beispielsweise im Regensburger Wald. Ihr Alter liegt bei 3,8 Milliarden Jahren. Solche alten Gneise findet man typischerweise im Bereich der sogenannten *alten Schilde*, welche die ursprünglichen Kerne der Kontinentalplatten darstellen. Alte Schilde liegen beispielsweise in Kanada, Skandinavien und Brasilien. Die Forschung ist auf diesem Gebiet weiterhin aktiv, sodass es gut möglich ist, dass sich auch noch ältere Gesteine finden lassen.

Wie ist es möglich, dass man das Alter von Gesteinen überhaupt so genau bestimmen kann? Dies gelingt mithilfe langsamer radioaktiver Zerfallsprozesse. Gestein besteht in den meisten Fällen aus einer Mischung verschiedener winziger Mineralkristalle, z. B. Quarz, Feldspat oder Glimmer, wobei Silizium und Sauerstoff die häufigsten Atome in diesen Kristallen sind. Ein für die Altersbestimmung besonders nützliches Mineral ist das sehr widerstandsfähige Zirkon, das in vielen magmatischen Gesteinen vorkommt. Seine chemische Formel ist $ZrSiO_4$, d. h. auf je ein Zirkoniumatom kommen ein Siliziumatom und vier Sauerstoffatome. An einzelnen Stellen im Gitter werden dabei als Verunreinigungen anstelle von Zirkoniumatomen Uranatome eingebaut. Sobald sich der Zirkonkristall gebildet hat, beginnt die radioaktive Uhr zu ticken, denn im Laufe der Zeit zerfallen immer mehr Uranatome über mehrere Zwischenschritte letztlich zu Bleiatomen. Anfangs sind noch gar keine Bleiatome im Zirkon enthalten, da diese nicht gut in seine Gitterstruktur hineinpassen und daher beim Auskristallisieren nicht eingebaut werden. Nach der Halbwertszeit von 4,5 Milliarden Jahren ist etwa die Hälfte des häufigsten Uranisotops mit 238 Nukleonen zu Bleiatomen mit 206 Nukleonen zerfallen, d. h. auf ein Uran-238-Atom kommt jetzt ein Blei-206-Atom. Nach weiteren 4,5 Milliarden Jahren ist das Verhältnis schon eins zu drei und so fort. Die Bleiatome verbleiben dabei eingesperrt im Zirkonkristall, und aus dem Verhältnis von Uranatomen zu Bleiatomen kann das Alter des Zirkons bestimmt werden. Die ältesten bekannten Zirkonkristalle der Erde sind rund 4,4 Milliarden Jahre alt, also deutlich älter als die ältesten bekannten intakten

Gesteine, die rund vier Milliarden Jahre alt sind (siehe oben). Dies könnte ein Hinweis darauf sein, dass bereits zu dieser Zeit Teile der Erdkruste existieren und die höllische Epoche des Hadaikums womöglich kürzer ist, als meist angenommen wird. Hier ist sicher noch viel Forschungsarbeit zu leisten!

Es gibt noch viele weitere radioaktive Zerfälle, die sich zur Altersbestimmung von Gesteinen eignen, beispielsweise der Zerfall von Kalium-40 zu Argon-40. Argon ist ein flüchtiges Edelgas, das leicht aus Gesteinsschmelzen entweicht, sodass frisch erstarrte Schmelzen normalerweise kein Argon enthalten. Das Verhältnis von Argon-40 zu Kalium-40 in Gesteinen lässt sich daher gut zur Altersbestimmung verwenden – wir wollen hier aber nicht genauer auf diese und viele andere Methoden eingehen.

Kehren wir nach diesem kurzen Exkurs zurück zur Entwicklung der frühen Erde und schauen uns die Bildung ihrer Atmosphäre an: Sollte sich bei der Entstehung der Erde eine flüchtige *erste Uratmosphäre* aus Wasserstoff und Helium gebildet haben, so geht diese relativ schnell wieder verloren, weggeblasen von der Sonne und der zuvor hohen Erdtemperatur. Nach der Abkühlung der Erde kann sich jedoch eine neue *zweite Atmosphäre* bilden, die aus schwereren Gasen besteht und die nicht mehr so leicht fortzublasen ist. Das Atmosphärengas kommt dabei nicht mehr von außen, sondern aus dem Inneren der Erde. Da das Erdinnere weiterhin flüssig ist, können die darin vorhandenen Gase langsam aufsteigen, so wie umgekehrt schwere Elemente wie Eisen nach unten absinken. Vulkane stoßen diese aufsteigenden Gase in großen Mengen aus, und auch heute tun sie das immer noch, allerdings in viel geringerem Ausmaß als damals. Die so neu entstehende Erdatmosphäre besteht hauptsächlich aus Wasserdampf und Kohlendioxid sowie geringeren Mengen Schwefelwasserstoff, Stickstoff und einigen anderen Gasen. Das entspricht zum Teil ungefähr dem Gasgemisch, das Vulkane auch heute noch ausstoßen.

Es ist interessant, diese Erdatmosphäre mit der heutigen Atmosphäre unseres Schwesterplaneten *Venus* zu vergleichen, da sich diese seit ihrer Entstehung kaum verändert hat (vom Wasserdampf einmal abgesehen) und daher die Frühzeit der Planetenentwicklung widerspiegelt. Die Venus ist zudem fast genauso groß wie die Erde und ähnlich zusammengesetzt, befindet sich aber näher an der Sonne und ist daher so heiß, dass sich kein flüssiges Wasser bilden kann. Die Masse der Venusatmosphäre beträgt heute rund das 90-fache der Erdatmosphäre und besteht hauptsächlich aus Kohlendioxid mit einer Beimischung von 3,5 % Stickstoff. Dennoch ist in der Venusatmosphäre insgesamt etwa fünfmal mehr Stickstoff vorhanden als in der Erdatmosphäre – er fällt nur bei den enormen Mengen an Kohlendioxid nicht so auf. Vermutlich besitzt auch die frühe Erde eine rund 100-mal dichtere und massereichere Atmosphäre als heute, ähnlich der Venusatmosphäre, wobei sich aber sehr viel mehr Wasserdampf darin befindet als auf der Venus heute. Auf der heißeren Venus ist das Wasser mittlerweile zu großen Teilen ins Weltall verloren gegangen.

Da die Erde weiterhin abkühlt, kann der Wasserdampf der Erdatmosphäre schließlich zu Wasser kondensieren – das ist der entscheidende Unterschied zur Venus! Es kommt zu einem mehrere 10 000 Jahre langen Dauerregen, durch den sich die Ozeane bilden, sodass der Wasserdampf weitgehend aus der Atmosphäre verschwindet. In den neu entstandenen Ozeanen löst sich nun ein großer Teil des Kohlendioxids und Schwefelwasserstoffs aus der Atmosphäre. Wie in einer Sprudelflasche bildet das Kohlendioxid in Wasser Kohlensäure, die mit Kalziumionen aus dem Gestein der Erdkruste zu schwerlöslichem Kalkstein reagiert. Der Kalkstein sinkt auf den Grund der Ozeane und bildet dort dicke Ablagerungen. Insgesamt enthält die Erde heute vermutlich ebenso viel Kohlendioxid wie die Venus, nur ist auf der Erde dieses Kohlendioxid in Form von Kalkgesteinen in der Erdkruste gebunden, während es sich auf der Venus immer noch in der Atmosphäre befindet. Auf ähnliche Weise verschwindet auch der Schwefelwasserstoff auf der Erde, und auch die meisten anderen Gase gehen der Atmosphäre verloren: Leichte Gase wie Wasserstoff und Helium entschwinden in den Weltraum, und andere Gase wie Methan und Ammoniak werden durch das intensive UV-Licht der Sonne zerlegt.

Im Wesentlichen bleibt von den großen Gasmengen in der frühen Erdatmosphäre nur eine Komponente übrig: der chemisch reaktionsträge Stickstoff. Spätestens 1,2 Milliarden Jahre nach ihrer Entstehung (also vor rund 3,4 Milliarden Jahren, möglicherweise aber auch schon früher) besitzt die Erde daher eine Stickstoff-Atmosphäre mit geringen Mengen Wasserdampf, Kohlendioxid und Argon. Es fehlen jetzt nur noch rund 20 % Sauerstoff, und man hat die heutige Erdatmosphäre! Damit dieser Sauerstoff entstehen kann, muss sich zuvor Leben entwickeln. Und damit beginnt eine spannende Entwicklung, die bis heute andauert und die das Gesicht der Erde seitdem geprägt hat: *die Evolution des Lebens*. Die Anfänge dieser Evolution schauen wir uns im Abschnitt 3.3 genauer an.

3.3 Die Frühzeit der Erde: Das erste Leben entsteht

Fassen wir kurz den vorherigen Abschnitt noch einmal zusammen:

- Vor etwa 4,6 Milliarden Jahren entsteht unser Sonnensystem einschließlich der Erde aus einer kontrahierenden Gas- und Staubwolke. Einige zehn

Millionen Jahre später entsteht auch der Mond, vermutlich aus den Trümmern einer Kollision des Kleinplaneten Theia mit der Erde.

- Vor rund 4,1 bis 3,8 Milliarden Jahren schlagen in einem heftigen Bombardement erneut Meteoriten auf Erde und Mond ein – viele Mondkrater und Mondmeere stammen aus dieser Zeit.
- Spätestens vor etwa 3,8 Milliarden Jahren kann sich dauerhaft eine dünne Erdkruste bilden. Die aus dem Erdmantel aufsteigenden Gase bilden eine dichte Atmosphäre, die zum Großteil aus Wasserdampf und Kohlendioxid besteht. Der Wasserdampf kondensiert schließlich und die Ozeane entstehen. Das Kohlendioxid der Atmosphäre löst sich darin und bildet dicke Kalksteinablagerungen am Meeresgrund. Letztlich bleibt vor 3,4 Milliarden Jahren fast nur noch Stickstoff übrig, d. h. die Erde besitzt eine Stickstoff-Atmosphäre.

Mit der Bildung flüssigen Wassers ist eine der Grundvoraussetzungen für die Entstehung von Leben erfüllt. Doch wie kann etwas so Komplexes wie eine lebende und sich teilende Zelle aus so einfachen Grundstoffen wie Wasser, Kohlendioxid, Wasserstoff, Ammoniak und/oder Methan entstehen, also Stoffen, wie sie auf der Erde zu dieser Zeit vorhanden sind?

Noch Ende des 18. Jahrhunderts nahm man an, dass die sogenannten *organischen Substanzen* wie Zucker, Alkohol oder Harnstoff nur durch Lebewesen hergestellt werden könnten, denn es gelang damals nicht, sie im Labor künstlich zu erzeugen. Anorganische Stoffe wie beispielsweise Schwefelsäure ließen sich dagegen teilweise schon lange synthetisieren – so ist ja beispielsweise auch die seit Langem beherrschte Herstellung von Eisen aus Eisenerz und Kohle ein anorganischer chemischer Prozess. Zur Herstellung von organischen Stoffen schien dagegen eine geheimnisvolle Lebenskraft notwendig zu sein.

Diese Ansicht änderte sich, als es im Jahr 1828 dem Chemiker Friedrich Wöhler gelang, die organische Substanz *Harnstoff* herzustellen, indem er die anorganische Substanz Ammoniumcyanat erhitzte. Die Unterscheidung zwischen organischen und anorganischen Stoffen beginnt sich damit aufzuweichen. Zuvor galt Harnstoff als typischer organischer Stoff, da er von Lebewesen als unerwünschtes Endprodukt des Stoffwechsels erzeugt und mit dem Urin ausgeschieden wird. Nun konnte Friedrich Wöhler zeigen, dass er sich auch künstlich im Labor herstellen lässt.

Aus heutiger Sicht kann man organische Verbindungen vielleicht dadurch charakterisieren, dass sie kleinere oder größere Ketten oder Ringe aus Kohlenstoff als zentralem Bauelement besitzen, an die andere Atome wie Wasserstoff, Sauerstoff oder Stickstoff angelagert sind. Kohlenstoff ist dabei ideal geeignet, solche komplexen Strukturen aufzubauen – gut, dass im Drei-Alpha-Prozess in vergangenen Sterngenerationen genügend Kohlenstoff entstehen konnte (siehe Abschnitt 2.3).

Für die Charakterisierung als organisches Molekül ist meist ein gewisses Mindestmaß an Komplexität entscheidend: Kohlendioxid (CO_2) gilt als nicht organisch, Harnstoff (NH_2–CO–NH_2) dagegen schon (auch wenn er gerade einmal ein Kohlenstoffatom besitzt). Die Unterscheidung bleibt allerdings etwas unscharf, denn auch das einfache Methanmolekül, CH_4, gilt als organisch, da es oft über biologische Prozesse entsteht.

Im Laufe der Zeit konnten immer größere und komplexere organische Moleküle hergestellt werden. Im Jahr 1953 gelang es schließlich den Chemikern Stanley Miller und Harold C. Urey, zu zeigen, dass sich einfache organische Moleküle unter den Bedingungen auf der frühen Erde auch von alleine bilden können (Miller-Urey-Experiment), wobei man allerdings eine Energiequelle benötigt – im Experiment war das ein elektrischer Lichtbogen. Die intensive UV-Strahlung der Sonne sowie Blitze und vulkanische Wärmequellen sind genau solche Energiequellen. In vielen weiteren Experimenten konnte man nachweisen, dass letztlich alle wesentlichen chemischen Grundbausteine des Lebens auf der frühen Erde entstehen können!

Wie sich aus diesen Bausteinen schließlich die ersten lebenden Zellen entwickeln können, ist heute noch nicht im Detail verstanden. Vermutlich spielen winzige Hohlräume in Gesteinen sowie Kristalloberflächen als Matrix für wachsende Makromoleküle dabei eine Rolle. Aus Aminosäuren können sich so möglicherweise durch Verkettung die ersten Proteine (Eiweißmoleküle) bilden, und grenzflächenaktive organische Stoffe (Lipide) können erste Membranen aufbauen, die kleine abgeschlossene Räume (Micellen) nach außen abgrenzen, in denen sich durch chemische Evolution nach und nach immer komplexere, selbstreproduzierende chemische Netzwerke herausbilden.

Hier ist sicher noch sehr viel Forschungsarbeit zu leisten, und trotz einiger Erfolge steht ein wirklicher Durchbruch noch aus. Das bedeutet aber nicht, dass ein solcher Prozess zur Entstehung des Lebens unwahrscheinlich sein muss; er ist nur komplex und noch nicht im Detail verstanden. Hohe Komplexität bedeutet nicht automatisch geringe Gesamtwahrscheinlichkeit. Es mag viele Wege zur Bildung des Lebens geben, die jeder für sich so komplex sind, dass sie vielleicht maximal einmal in ihrer jeweiligen Ausprägung im Universum auftreten und sich genauso nicht wiederholen. Dennoch gibt es möglicherweise so viele Wege, dass das Leben einen davon finden wird. Dabei besteht jeder Weg aus einer Vielzahl kleiner Einzelschritte, die jeder für sich durchaus möglich sind, auch wenn der dadurch entstehende Gesamtweg in genau dieser Form möglicherweise nur ein einziges Mal beschritten wird.

Ein Vergleich: Eine sehr lange Kette von Einzelschritten ist nötig, damit unter allen Menschen, die prinzipiell geboren werden können, ausgerechnet

Sie und ich das Licht der Welt erblicken. Unsere Eltern müssen sich zufällig kennenlernen und im passenden Moment ein Kind zeugen, dasselbe gilt für unsere Großeltern und so fort. Wir sind einmalig und werden nur ein einziges Mal geboren. Dennoch ist jeder Einzelschritt, der zu unserer Existenz geführt hat, durchaus möglich und in der Realität auch geschehen. Daher werden jeden Tag Menschen geboren, auch wenn jeder einzelne von ihnen so unwahrscheinlich ist wie Sie und ich. Genau dasselbe gilt für die Wege, die die Evolution im Detail einschlägt.

Den Beginn des Lebens kann man sich vermutlich als Evolution molekularer Netzwerke vorstellen, die sich mithilfe von Membranhüllen oder auf andere Weise von der Außenwelt teilweise abschirmen. Vermutlich sind diese Netzwerke anfangs noch relativ einfach. Entscheidend ist, dass sie Moleküle enthalten, die sich selbst reproduzieren können. Man könnte diese Moleküle als *Erbmoleküle* bezeichnen. Sie tragen die Information für ihre eigene Vervielfältigung in sich, sodass sie diese Information bei der Vervielfältigung an die nächste Molekülgeneration vererben. Damit ist die Grundlage für *Evolution* gelegt: Die Erbinformation kann sich bei der Vervielfältigung verändern, sodass eine Bandbreite von Tochtermolekülen entsteht, von denen diejenigen überleben und sich weiter vermehren, die am besten an ihre Umwelt angepasst sind. Statt nach dem Beginn des Lebens sollte man deshalb vermutlich präziser nach dem Beginn der *Vererbung* und damit der Evolution fragen. Die Evolution ist das tragende Fundament der Biologie. Wir werden ihr im weiteren Verlauf dieses Buches immer wieder begegnen und an diesen Stellen noch genauer auf sie eingehen.

Das molekulare Vererbungsnetzwerk in heutigen Zellen ist sehr komplex. Da gibt es zunächst das eigentliche Erbmolekül: die *DNA* (*Desoxyribonucleinsäure*). Sie hat die räumliche Struktur einer Doppelhelix, analog zu einer Strickleiter, die zu einer Wendeltreppe schraubenförmig verdrillt ist. Die Sprossen dieser Strickleiter bestehen aus zwei Hälften, die jeweils einer von vier organischen Basen entsprechen: *Adenin, Thymin, Guanin* und *Cytosin,* abgekürzt A, T, G und C. Ihre Abfolge in der verdrillten Strickleiter ist die Erbinformation – gewissermaßen ein langer Text, geschrieben in den vier Buchstaben A, T, G und C. Dabei sind in einer Sprosse immer Adenin mit Thymin oder Cytosin mit Guanin gepaart (Abb. 3.7, rechts). Die so hergestellte Paarung der beiden DNA-Stränge (Strickleiterhälften) zu einer Doppelspirale schützt die Erbinformation vor Beschädigungen. Zum Ablesen der Erbinformation muss sich die Doppelspirale allerdings an den abzulesenden Stellen vorübergehend wie ein Reißverschluss auftrennen.

Um sich zu vervielfältigen, muss sich der DNA-Doppelstrang ebenfalls in zwei Hälften auftrennen. An den offen liegenden Sprossenhälften können sich nun DNA-Bausteine mit den passenden (komplementären) organischen

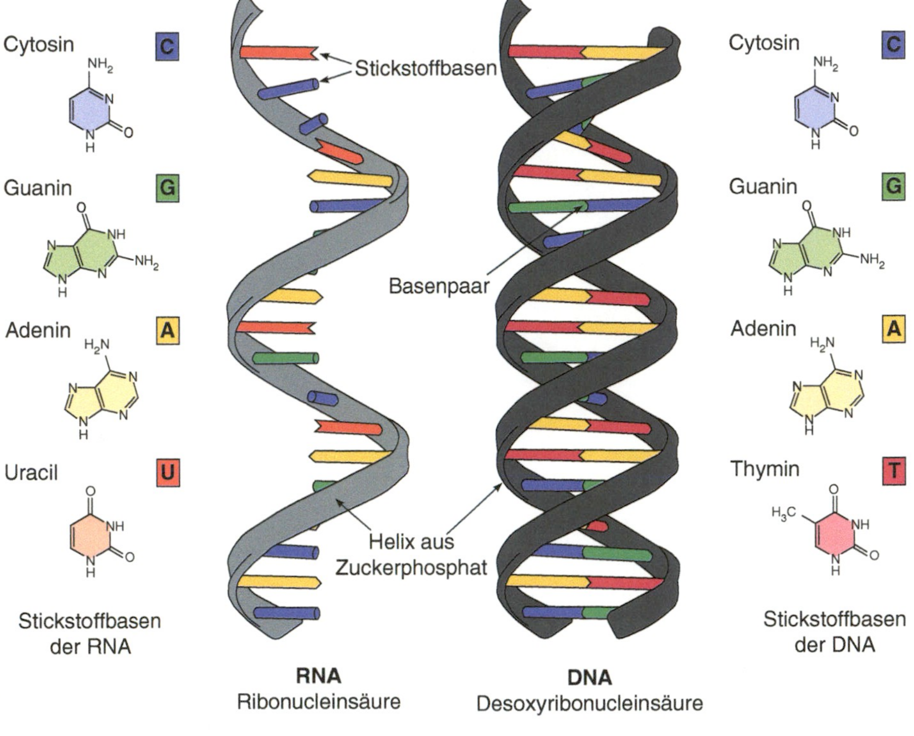

Abb. 3.7 Desoxyribonucleinsäure (DNA, rechts) und Ribonucleinsäure (RNA, links). © MesserWoland, Roland Mattern, Sponk.

Basen anheften und so die fehlende Doppelstranghälfte wieder aufbauen, sodass sich das DNA-Molekül insgesamt verdoppelt. Für diesen Prozess, den man *Replikation* nennt, ist allerdings ein komplexes Netzwerk aus hoch spezialisierten Eiweißmolekülen (sogenannten *Enzymen*) notwendig.

Eiweißmoleküle (Proteine) bestehen generell aus einem langen Strang, der aus einer Abfolge von meist einigen 100 Aminosäuren zusammengesetzt ist. Dabei kommen immer dieselben 22 verschiedenen Aminosäuren zum Einsatz (wir Menschen nutzen eine weniger, also 21). Die Abfolge der Aminosäuren bestimmt, wie sich der Aminosäurestrang räumlich verdrillt und schließlich ein Knäuel mit einer ganz bestimmten räumlichen Struktur bildet, die für das jeweilige Protein charakteristisch ist und seine biologische Funktion festlegt (Abb. 3.8). So entstehen regelrechte Mikromaschinen wie beispielsweise das Enzym *Helikase*, das den DNA-Doppelstrang auftrennt. Manchmal lagern sich auch mehrere Aminosäureketten zu einer größeren funktionalen Einheit zusammen, so wie beispielsweise beim roten Blutfarbstoff Hämoglobin, der aus vier Aminosäureketten (Proteindomänen) zusammengesetzt ist.

Die DNA enthält nun die Information für die Abfolge der Aminosäuren eines jeden Eiweißmoleküls, das in einer Zelle hergestellt wird. Dabei bilden

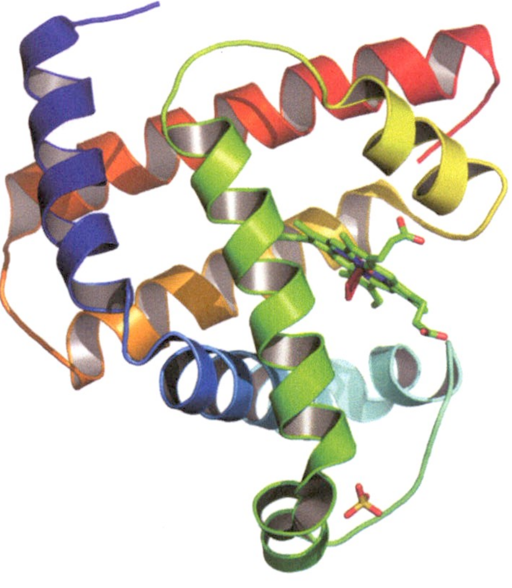

Abb. 3.8   Räumliche Struktur eines Proteins am Beispiel des Myoglobins, das den Sauerstofftransport innerhalb von Muskelzellen übernimmt. Man sieht, wie kompliziert das Protein gefaltet ist, um seine Funktion zu erfüllen. © RCSB Protein Data Bank.

je drei aufeinander folgende DNA-Basen (ein Basentriplett) gleichsam einen Namen bzw. Code, der für eine Aminosäure steht. Die Basentripletts, die sich aus den vier verschiedenen DNA-Basen A, T, G und C zusammensetzen können (bzw. die Codons aus entsprechenden RNA-Basen, siehe unten), können so theoretisch $4^3 = 64$ verschiedene Aminosäuren codieren. Sie werden aber nur zur Codierung der 20 sogenannten kanonischen Aminosäuren verwendet – mehrere Basentripletts können demnach dieselbe Aminosäure codieren (die zu den 22 verwendeten noch fehlenden zwei Aminosäuren müssen gesondert betrachtet werden; wir wollen hier nicht näher darauf eingehen). In der Sprache der DNA gibt es so im Durchschnitt rund drei Codes (Basentripletts) für jede Aminosäure, wobei die genaue Anzahl sehr unterschiedlich sein kann – so besitzen die Aminosäuren Tryptophan und Methionin nur ein Basentriplett, die Aminosäuren Leucin, Serin und Arginin dagegen sogar sechs Basentripletts. Man spricht hier vom *genetischen Code*. Dieser genetische Code wird universell von fast allen Lebewesen benutzt – mit kleineren Abwandlungen bei einzelnen Mikroorganismen sowie in den Mitochondrien (speziellen Zellorganellen, die uns etwas später noch genauer begegnen werden).

Dass gerade dieser Code und nicht irgendein anderer Code in der Natur verwendet wird, schien früher ein reiner Zufall zu sein. Mittlerweile weiß man jedoch, dass der genetische Code optimiert wurde, um ihn möglichst robust für Ablesefehler und Mutationen zu machen. Aus diesem Grund wird fast jede Aminosäure durch mehrere relativ ähnliche Basentripletts repräsentiert, bei denen meist nur die dritte Base variiert, die am häufigsten falsch gelesen wird. So kann in vielen Fällen trotz Fehler noch die richtige Aminosäure ermittelt werden. Außerdem haben die am häufigsten in Proteinen verwendeten Aminosäuren normalerweise auch die meisten Codes, was die Trefferquote weiter erhöht. Von wegen zufälliger Code – die unsichtbare Hand der Evolution war auch hier bereits tätig!

Bis aus der DNA-Information ein Protein entsteht, ist es ein komplizierter Weg: Zunächst wird die DNA-Information auf einen sogenannten Boten-RNA-Strang (*mRNA* = *Messenger-RNA*) kopiert. Diesen Vorgang nennt man *Transkription*. Die RNA (*Ribonucleinsäure*) ist der DNA sehr ähnlich, nur dass bei der RNA kein Doppelstrang, sondern nur ein Einzelstrang vorliegt und statt der DNA-Base Thymin die RNA-Base *Uracil* eingesetzt wird (siehe Abb. 3.7) – mehr zu RNA-Molekülen erfahren wir etwas später. Der mRNA-Strang mit der genetischen Information wandert nun in der Zelle zu einem sogenannten *Ribosom*. Ribosomen sind gleichsam programmierbare Mikromaschinen zur Herstellung von Proteinen. Bakterienzellen enthalten typischerweise einige 10 000 Ribosomen, komplexere Zellen (z. B. unsere eigenen) bringen es dagegen auf rund eine Million Ribosomen, wobei diese Zahl stark schwanken kann. Ohne Ribosomen kann eine Zelle nicht existieren, d. h. jede Zelle braucht sie.

Als Programmcode für den Zusammenbau des Aminosäurestrangs durch das Ribosom dient die mRNA. Dabei wird vom Ribosom der Reihe nach an jedes Basentriplett auf dem mRNA-Strang (auch *Codon* genannt) ein passendes Vermittlermolekül angefügt, das an seinem einen Ende ein entsprechendes Basentriplett (*Anticodon*) besitzt, mit dem es spezifisch an das mRNA-Codon ankoppeln kann, und das an seinem anderen Ende die dadurch codierte Aminosäure trägt. Auch dieses Vermittlermolekül ist ein RNA-Molekül; man nennt es *tRNA* für *Transfer-RNA*. Das tRNA-Molekül übersetzt also das Basentriplett des mRNA-Strangs, also den Code der Aminosäure, in die zugehörige reale Aminosäure – man nennt das *Translation*. Das Ribosom ist nun in der Lage, die einzelnen Aminosäuren der Reihe nach miteinander zu verbinden, sodass nach und nach ein Aminosäurestrang entsteht, der sich schließlich zum entsprechenden Proteinmolekül räumlich zusammenfaltet (Abb. 3.9).

Es ist kaum denkbar, dass sich ein derart komplexes Netzwerk aus DNA, RNA, Ribosomen und Proteinen fix und fertig zufällig gebildet haben kann. Es muss langsam durch Evolution einfacherer Netzwerke entstanden sein. Ideal wäre dafür eine Molekülklasse, die sowohl Träger der Erbinformation analog zur DNA als auch hoch spezialisiertes molekulares Werkzeug analog zu Proteinen sein kann. Diese Molekülklasse haben wir als Teil des DNA-RNA-Protein-Netzwerks bereits kennengelernt: Es sind die verschiedenen RNA-Moleküle.

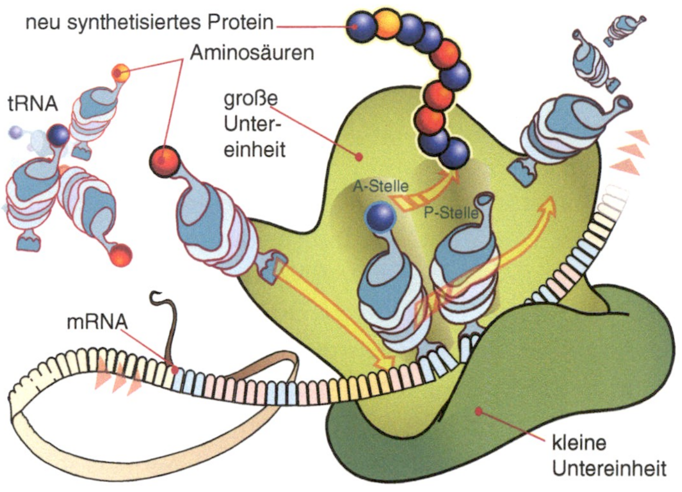

Abb. 3.9   Synthese eines Proteinmoleküls an einem Ribosom (Translation). Man sieht, wie der mRNA-Strang durch das Ribosom, das aus zwei Untereinheiten besteht (grün), hindurchläuft. Der Reihe nach docken dabei tRNA-Moleküle an die Basentripletts (Codons) des mRNA-Strangs an, und die mitgeführten Aminosäuren an ihrem anderen Ende werden durch das Ribosom zu einem Protein verkettet (es gibt schöne Computeranimationen dazu im Internet, z. B. YouTube: „mRNA Translation (Advanced)", http://www.youtube.com/watch?v=TfYf_rPWUdY). Mit freundlicher Genehmigung von © Mariana Ruiz Villarreal.

Die RNA kann analog zur DNA Erbinformation in der Abfolge ihrer Basen speichern, wie ihre Rolle als Boten-RNA (mRNA) oben gezeigt hat.

Da die RNA keinen Doppelstrang wie die DNA, sondern nur einen Einzelstrang besitzt, kann sie sich außerdem an den passenden Stellen mit sich selbst verkoppeln, wobei die nicht gepaarten Teile die Form von Schlaufen annehmen können. Auf diese Weise kann sie räumlich komplexe Formen annehmen und so als Werkzeugmolekül dienen, wie wir am Beispiel der Transfer-RNA gesehen haben. So bestehen etwa zwei Drittel eines Ribosoms aus RNA-Molekülen (sogenannte *ribosomale RNA*, kurz *rRNA*), und diese rRNA ist aktiv für den Zusammenbau der Proteine zuständig.

Die RNA ist also eine universell einsetzbare Molekülklasse. Man kann sich daher vorstellen, dass die ersten einfachen Vererbungsnetzwerke alleine aus RNA-Molekülen bestanden haben könnten. Dies bezeichnet man als *RNA-Welt-Hypothese*. Die Tatsache, dass die Ribosomen als einer der ältesten Zellbestandteile zum großen Teil aus RNA bestehen, wertet man oft als Indiz in diese Richtung, wobei eine endgültige Bewertung dieser Hypothese noch aussteht.

Die Fähigkeit der RNA-Moleküle zur Selbst-Reproduktion und die Möglichkeit, RNA-Moleküle wie bei einem Bausatz immer wieder aus denselben kleinen Bausteinen in immer neuer Weise zusammenzusetzen, führen fast zwangsläufig zur Entstehung immer komplexerer und leistungsfähiger RNA-Netzwerke, die andere unterlegene Netzwerke verdrängen. Dabei kann man sich vorstellen, dass irgendwann RNA als Erbmolekül durch die nahe verwandte DNA abgelöst wird, denn DNA ist unempfindlicher gegen Zerstörung der Erbinformation. Außerdem wird RNA an anderen Stellen als Werkzeugmolekül durch die wesentlich flexibleren Proteine ersetzt, denn diese besitzen viel mehr Möglichkeiten für unterschiedliche räumliche Konfigurationen als RNA.

Doch selbst in den heutigen DNA-RNA-Protein-Netzwerken spielt RNA nach wie vor eine zentrale Rolle, sowohl als Übermittler der Erbinformation als auch als Werkzeugmolekül, wie wir gesehen haben. Bei den meisten Viren ist sie sogar heute noch der alleinige Träger der Erbinformation.

Um ein komplexes molekulares Netzwerk zu unterhalten, benötigt eine Zelle ständig Energie. Die heutigen Zellen verwenden dazu meist den atmosphärischen Sauerstoff zur Oxidation organischer Nahrung, oder sie nutzen direkt die Energie der Sonne. In der frühen Atmosphäre gibt es jedoch keinen Sauerstoff, sodass die ersten Zellen ohne ihn auskommen müssen. Auch heute noch gibt es viele Einzeller, deren Stoffwechsel ohne Sauerstoff funktioniert und für die Sauerstoff sogar giftig ist. Dabei werden auf vielfältige Weise die unterschiedlichsten Energiequellen angezapft. Einzeller sind wahre Meister im Erfinden chemischer Prozesse, mit denen sich Energie gewinnen lässt.

Ein Beispiel dafür bilden die Ökosysteme der sogenannten *Schwarzen Raucher* – das sind heiße Quellen am Grund der Tiefsee. Das dort austretende heiße Wasser ist sehr mineralreich und enthält Sulfide sowie andere Eisen-, Mangan-, Kupfer- und Zinksalze. In dieser scheinbar lebensfeindlichen Umgebung gibt es Einzeller, die Schwefelwasserstoff als Energielieferant nutzen. Sie bilden die Basis der Nahrungskette für kleine Inseln des Lebens in der kalten dunklen Tiefsee.

Man vermutet heute, dass das erste mikrobiologische Leben vor etwa 3,6 bis vier Milliarden Jahren entsteht. Das bedeutet: Schon recht bald, nachdem es flüssiges Wasser gibt, entwickelt sich auch das erste Leben! Fast scheint es so, als ob unter den Bedingungen auf der frühen Erde (flüssiges Wasser, Uratmosphäre, energiereiche UV-Strahlung, Blitze und vulkanische Wärme) fast zwangsläufig Leben entstehen muss, denn das Leben hat offenbar nicht sehr lange auf irgendeinen Zufall warten müssen – die Entwicklung komplexer mehrzelliger Lebewesen wird deutlich länger dauern, wie wir noch sehen werden.

Einigermaßen sicher ist, dass es vor rund 3,5 Milliarden Jahren bereits Mikroorganismen (vermutlich *Cyanobakterien*) gibt – auf unserem Zeitpfad von Australien nach Köln liegt dieser Punkt nördlich von Baku am Kaspischen Meer, rund 3 500 Kilometer vor Köln. Man findet nämlich bis zu 3,5 Milliar-

Abb. 3.10   Stromatolithen, wie sie heute in der Shark Bay im Westen Australiens wachsen. © Paul Harrison, Lizenz: CC BY-SA 3.0.

den Jahre alte sogenannte *Stromatolithen*, also steinartige, pilzförmige Strukturen, die aus den von den Mikroorganismen ausgeschiedenen Kalkschichten in flachen Gewässern entstehen. Dabei werden auch Sedimentpartikel in den erzeugten Kalk einzementiert. Stromatolithen kommen vor dem Siegeszug des mehrzelligen Lebens (siehe unten) relativ häufig vor und bilden in den Küstengewässern sogar Riffe. Mehrzellige Lebewesen verdrängen sie später zunehmend, sodass es sie heute nur noch an wenigen Orten auf der Erde gibt (Abb. 3.10).

Cyanobakterien gehören zur sogenannten Domäne der *Bakterien* (mehr dazu gleich), wobei sie als einzige Bakterien die *Photosynthese* beherrschen und mithilfe von Sonnenlicht aus Wasser und Kohlendioxid organische Stoffe wie Zuckermoleküle aufbauen können. Vermutlich haben sie die Photosynthese sogar erfunden, und wir werden noch sehen, dass sie in gewissem Sinne (sozusagen umgewandelt zu Organellen in Pflanzenzellen, siehe unten) auch die einzigen Organismen sind, die sie beherrschen (zumindest die mit Sauerstoff-Freisetzung verbundene *oxygene* Photosynthese; es gibt aber auch noch andere Varianten). Sie besitzen wie alle Bakterien noch keinen echten *Zellkern (Nucleus)* – solche Zellen ohne Zellkern bezeichnet man auch allgemein als *Prokaryoten*. Die häufig mit Cyanobakterien verwechselten Algen haben dagegen einen Zellkern und sind viel größer als Cyanobakterien. Aus den Tagesnachrichten kennt man Cyanobakterien, wenn diese ähnlich wie Algen oder die bräunlich-rötlichen Dinoflagellaten bei der sogenannten Algenblüte massenweise im Meer auftreten und dieses mit ihren Toxinen teilweise vergiften.

Über fast drei Milliarden Jahre hinweg sind Einzeller die einzigen Lebewesen auf der Erde. Mehrzellige Lebewesen gibt es erst seit rund 800 bis 900 Millionen Jahren (mehr dazu später). Schauen wir uns daher an, wie sich die Einzeller in diesen drei Milliarden Jahren weiterentwickeln und wie sie die Basis (und sogar die meisten Äste) im Stammbaum des Lebens begründen.

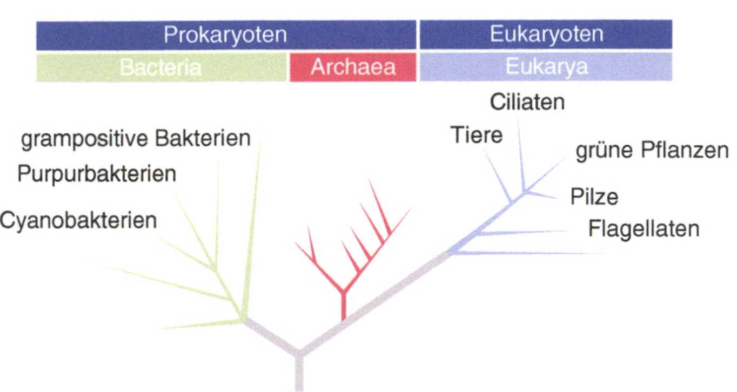

Abb. 3.11 Molekularer Stammbaum des Lebens. Rechts sieht man die Zweige der Tiere, Pilze und Pflanzen. © Spektrum Akademischer Verlag.

Einen *Stammbaum aller Lebewesen* aufzustellen, ist seit Charles Darwin eines der Hauptziele der biologischen Evolutionstheorie. Man stellt sich dabei vor, dass es irgendwann einmal eine einfache Urzelle gegeben hat, aus der dann im Laufe der Zeit durch Vererbung, Mutation und Auslese die einzelnen Gruppen der verschiedenen Lebewesen entstehen. Heute sieht man diesen Prozess differenzierter, denn es können zumindest bei Einzellern Erbinformationen nicht nur von den Eltern an die Kinder übertragen werden, sondern Einzeller können auch untereinander Gene austauschen, was die Verwandtschaftsverhältnisse zwischen ihnen komplizierter macht. Daher könnte aus dem hierarchischen Stammbaum bei Einzellern auch ein komplexes Netzwerk entstehen, zumindest im Wurzelbereich – hier wird noch intensiv geforscht. Einen ersten Eindruck vom Stammbaum des Lebens gibt Abb. 3.11.

Mindestens eine Milliarde Jahre lang gibt es nur relativ einfache Einzeller ohne Zellkern: die sogenannten *Prokaryoten*, wie wir bereits wissen. Sie bilden gleichsam die Vorhut des Lebens auf unserer Erde. Komplexere Zellen mit Zellkern, wie sie unseren Körper bilden, oder gar differenzierte mehrzellige Organismen sucht man in dieser Zeit vergeblich. Früher war man der Meinung, die Prokaryoten wären eine relativ gleichartige Gruppe von Lebewesen – man sprach auch einfach von *Bakterien*. Später, auch mithilfe der Genanalyse, stellte man dann aber fest, dass man diese Einzeller in zwei unterschiedliche *Domänen (Reiche)* aufteilen sollte: In die *eigentlichen Bakterien (Bacteria)* und die sogenannten *Archaeen (Archaea)*. Auf die dritte Domäne (die sogenannten *Eukaryoten*, also die Zellen mit Zellkern, zu der auch alle Tiere und Pflanzen gehören) kommen wir erst weiter unten zurück, denn sie entsteht erst deutlich später.

Da Bakterien und Archaeen keinen Zellkern zur Aufbewahrung der DNA besitzen, liegt die DNA frei in ihrem Zellinneren vor, allerdings zum Teil in

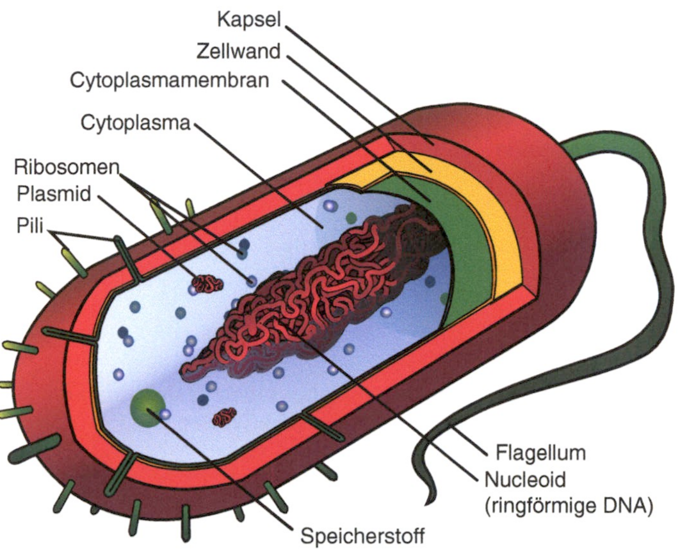

Abb. 3.12 Aufbau eines typischen Bakteriums. Neben dem im Text erklärten Nucleoid, den Ribosomen und den Plasmiden erkennt man an der Oberfläche die Pili, mit denen sich das Bakterium an Oberflächen anheften kann, das Flagellum (Geißel), dessen Drehbewegung das Bakterium wie ein Mikropropeller vorwärtstreibt, sowie im Zellinneren das flüssige Cytoplasma. Mit freundlicher Genehmigung von © Mariana Ruiz Villarreal.

einem engen Raum zusammengedrängt: dem Kernäquivalent, auch *Nucleoid* genannt (Abb. 3.12). Häufig befindet sich im Zellinneren weitere DNA in Form von ringförmigen Molekülen, den *Plasmiden*. Prokaryoten enthalten noch keine komplizierten inneren Substrukturen (sogenannte *Organellen*), wie beispielsweise Chloroplasten oder Mitochondrien. All diese Strukturen gibt es erst später bei den Eukaryoten, und wir werden sie uns dort auch genauer ansehen. Die winzigen *Ribosomen*, also die uns bereits bekannten Proteinfabriken der Zelle, sind aber auch bei Bakterien und Archaeen bereits vorhanden, denn sie gehören zur unverzichtbaren Grundausstattung des Lebens.

Die beiden Prokaryoten-Reiche der Bakterien und Archaeen weisen einige Unterschiede auf, die allerdings nicht direkt offensichtlich sind, sondern in der Struktur ihres biochemischen Netzwerks verborgen liegen. So haben beispielsweise die Ribosomen bei Archaeen und Bakterien eine andere Detailstruktur. Allgemein kann man gerade Ribosomen oft sehr gut dazu verwenden, um den Verwandtschaftsgrad zwischen verschiedenen Einzellern zu untersuchen, denn jede heutige Zelle besitzt sie, und sie müssen sich bereits in einem sehr frühen Stadium der Evolution gebildet haben: Jede Zelle, die Proteine verwendet, braucht schließlich auch eine Proteinfabrik.

Archaeen sind oft (aber nicht nur) in extremen Lebensräumen anzutreffen, z. B. in über 80 Grad Celsius heißem oder sehr saurem oder sehr salzigem Wasser. Hier machen sich ihre außergewöhnlichen Stoffwechselmöglichkeiten bemerkbar. Es ist denkbar, dass die Archaeen die ursprünglichste Domäne im Stammbaum des Lebens sind und uns damit anzeigen, dass das erste Leben an so ungewöhnlichen Orten wie heißen Quellen oder heißem Tiefengestein entstanden ist. Wir werden später sehen, dass unsere eigenen eukaryotischen Zellen vermutlich den Archaeen etwas näher stehen als den Bakterien. Der Stammbaum in Abb. 3.11 deutet dies ja bereits an.

Zu den *Bakterien* gehören die Cyanobakterien, die wir oben bereits kennengelernt haben. Insgesamt können Lebensweise und Stoffwechsel der Bakterien sehr verschieden sein. Bakterien sind ähnlich wie die Archaeen wahre Meister der organischen Chemie, und es gibt kaum eine Energiequelle, die sie nicht erschlossen haben. Manche heutigen Bakterien benötigen Sauerstoff, der wiederum für andere Bakterien giftig ist. Cyanobakterien betreiben Photosynthese, während andere Bakterien auf Nahrung wie Milchzucker oder Traubenzucker angewiesen sind. Es gibt sogar Bakterien, die sich von Wasserstoff oder Schwefelwasserstoff ernähren.

Die Fähigkeit, durch Photosynthese *Sauerstoff* zu erzeugen, wird unsere Erde im Laufe der Zeit zunehmend prägen. Der erste Sauerstoff wird von Cyanobakterien bereits vor grob etwa drei bis 3,5 Milliarden Jahren erzeugt. Allerdings wird bei der Verwesung dieser Zellen der Sauerstoff auch umgekehrt wieder verbraucht. Erst wenn die Zellen im Ozean zu Boden sinken und der in ihnen gespeicherte Kohlenstoff der Oxidation entzogen wird, bleibt Sauerstoff übrig.

Zunächst wird aber auch dieser Sauerstoff sofort wieder verbraucht, insbesondere bei der Oxidation von im Meerwasser gelösten zweiwertigen Eisensalzen. Dabei entstehen schwer lösliche dreiwertige Eisensalze (meist Eisenoxid, analog zu Rost), die als Sediment zu Boden sinken. Auf diese Weise bilden sich vermutlich die sogenannten *Bändererze*, die Mächtigkeiten von mehreren 100 Metern erreichen können. Der Oxidationsprozess verläuft dabei vermutlich zyklisch: Die im Meerwasser gelösten zweiwertigen Eisensalze werden durch den entstehenden Sauerstoff oxidiert und sinken zu Boden, bis praktisch keine zweiwertigen Eisensalze mehr im Wasser vorhanden sind. Sauerstoff kann sich nun im Meerwasser anreichern und tötet viele der Bakterien und Archaeen, die den aggressiven Sauerstoff zu dieser Zeit meist noch nicht besonders gut vertragen. Auch viele Cyanobakterien sterben. Die Sauerstoffkonzentration sinkt wieder, und es lagern sich andere Sedimente über dem zu Boden gesunkenen Eisenoxid ab. Vulkane und heiße Quellen stoßen weiterhin zweiwertige Eisensalze aus, sodass deren Konzentration wieder ansteigt. Schließlich können sich die Cyanobakterien bei geringer Sauerstoffkonzent-

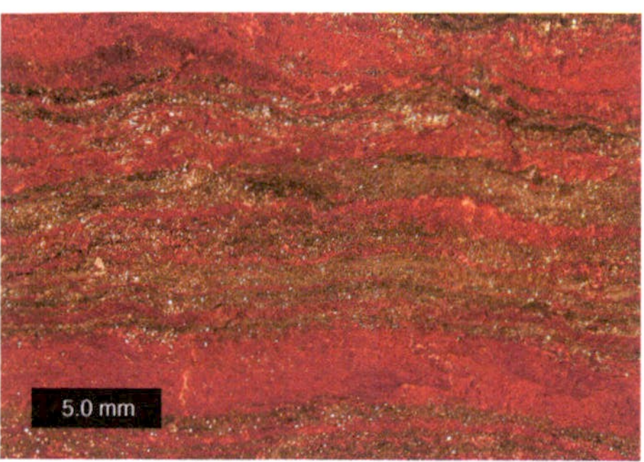

Abb. 3.13 Dieses Bild zeigt einen Block mit Bändereisenerzen aus dem Upper Michigan in Nordamerika. Eisenoxidhaltige Lagen wechseln sich darin mit anderen Gesteinslagen ab. Mit freundlicher Genehmigung von © Mark A. Wilson (Department of Geology, The College of Wooster).

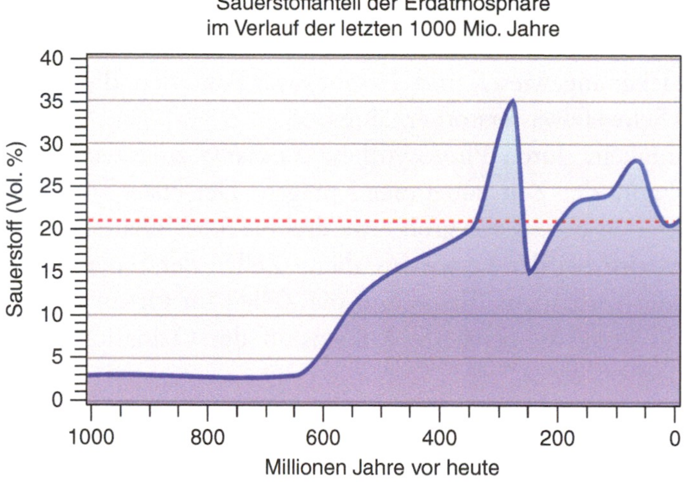

Abb. 3.14 Geschätzte Sauerstoffkonzentration in der Erdatmosphäre im Laufe der letzten Jahrmilliarde. Erst mit der Entwicklung mehrzelligen Lebens und der Landeroberung durch die Pflanzen steigt die Sauerstoffkonzentration auf deutlich über 10 %. Die gestrichelte Linie zeigt die heutige Konzentration von 21 %. Der scharfe Rückgang der Sauerstoffkonzentration vor 250 Millionen Jahren hängt mit dem größten Massensterben der Erdgeschichte zusammen, das uns am Ende von Abschnitt 4.6 begegnen wird. © LordToran (Dennis), auf Wikipedia.

ration wieder vermehren und der Zyklus beginnt von vorne. So entsteht möglicherweise die Bänderstruktur in den abgelagerten Eisenerzen (Abb. 3.13).

Vor etwa 2,5 Milliarden Jahren ist dann der größte Teil der zweiwertigen Eisensalze oxidiert und die Sauerstoffproduktion ist mittlerweile so hoch, dass schließlich Sauerstoff übrig bleibt und sich im Laufe der Zeit in der Erdatmosphäre zu einigen Prozent anreichern kann (Abb. 3.14). In den oberen

Atmosphärenschichten bildet der Sauerstoff Ozonmoleküle, die die Erdoberfläche zunehmend vor der gefährlichen UV-Strahlung der Sonne schützen. Damit endet das weitgehend sauerstofffreie Zeitalter des *Archaikums* und ein neues Zeitalter beginnt: das *Proterozoikum*, was man als *das Zeitalter der frühen Lebewesen* übersetzen kann, auch wenn es nach heutigem Wissen bereits deutlich früher erstes Leben auf der Erde gibt. Erst knapp zwei Milliarden Jahre später wird dieses Zeitalter mit dem Beginn des Kambriums enden, in dem mehrzellige Pflanzen und Tiere ihren Siegeszug auf der Erde antreten.

Die zunehmende Sauerstoffkonzentration vor 2,5 Milliarden Jahren ist allerdings für die meisten Einzeller kein Segen, sondern eine lebensbedrohliche Katastrophe – man spricht auch von der *Sauerstoffkatastrophe*. Sauerstoff ist ein sehr reaktionsfreudiges Gas, das organische Materie angreift und oxidiert. Um zu überleben, ziehen sich viele Einzeller in sauerstofffreie Lebensräume zurück. Dort findet man ihre Nachkommen auch heute noch.

Anderen Einzellern gelingt es, mit Sauerstoff zurechtzukommen und ihn zu tolerieren. Einige von ihnen schaffen es sogar, ihn zur Energiegewinnung zu nutzen, indem sie mit seiner Hilfe organische Stoffe kontrolliert oxidieren. Aus diesen Einzellern gehen später die sogenannten *Mitochondrien* der eukaryotischen Zellen hervor, also die Organellen, die gewissermaßen die Kraftwerke dieser Zellen darstellen.

Und damit sind wir bei einem wichtigen Meilenstein auf unserer Reise durch die Zeit angekommen: der Entstehung der eukaryotischen Zellen (kurz *Eukaryoten*), aus denen auch alle Tiere und Pflanzen bestehen.

Eukaryotische Zellen unterscheiden sich stark von Bakterien oder Archaeen. Sie sind zehn- bis 100-mal größer und in ihrem Inneren wesentlich komplexer strukturiert, d. h. sie besitzen verschiedene *Organellen*, die unterschiedliche Funktionen erfüllen (Abb. 3.15). So dient der *Zellkern* als zentraler Informationsspeicher für das Erbgut (die DNA), die *Mitochondrien* bilden die Kraftwerke der Zelle, und in Pflanzenzellen nutzen die *Chloroplasten* die Energie der Sonne zur Photosynthese.

Wann diese dritte Domäne des Lebens, zu der auch wir selbst gehören, genau entsteht, kann man nicht exakt sagen. Vermutlich entwickeln sich die Eukaryoten als eigenständige Gruppe von Einzellern parallel zu den Bakterien und Archaeen, wobei sie wohl etwas näher mit den Archaeen verwandt sind als mit den Bakterien – sie nutzen beispielsweise ähnliche Biomoleküle bei der Proteinsynthese wie die Archaeen. Ihren heutigen Zellaufbau erreichen sie aber wohl erst nach der Sauerstoffkatastrophe. Die ältesten bekannten fossilen eukaryotischen Zellen sind rund 1,8 Milliarden Jahre alt.

Der entscheidende Entwicklungsschritt dürfte vor rund zwei Milliarden Jahren stattgefunden haben, also auf unserem Zeitpfad vom Norden Australiens nach Köln nahe der Halbinsel Krim im Norden des Schwarzen Meeres,

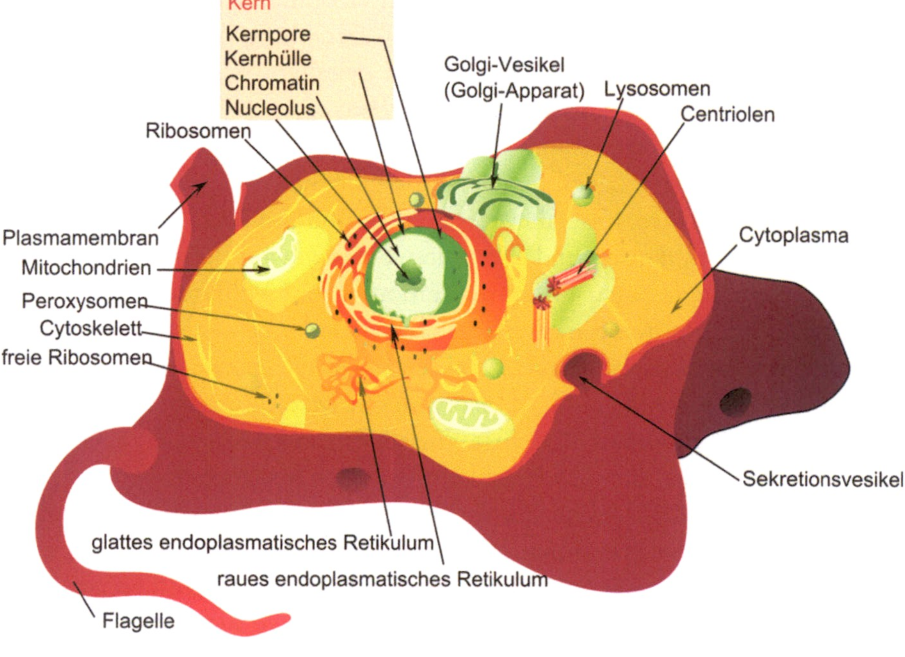

Abb. 3.15   Aufbau einer typischen eukaryotischen Tierzelle. Mit freundlicher Genehmigung von © Mariana Ruiz Villarreal.

etwa 2 000 Kilometer vor Köln: Einige der noch unvollständigen Eukaryoten beginnen, sich wie Amöben andere Bakterien einzuverleiben, allerdings ohne diese anschließend zu verdauen. Es könnte auch umgekehrt der Fall eingetreten sein, dass diese Bakterien wie Krankheitserreger in die eukaryotischen Zellen eindringen, ohne die befallenen Zellen ernsthaft krank zu machen. Den Eukaryoten gelingt es nun, sich die chemische Kunstfertigkeit ihrer einverleibten Gäste zunutze zu machen, und diese genießen im Gegenzug die Versorgung und den Schutz durch die Wirtszelle. So etwas nennt man *Symbiose* – daher spricht man auch von der *Endosymbiontentheorie*. Die *Chloroplasten* und die *Mitochondrien* der Eukaryoten sind nach dieser Theorie nichts anderes als einverleibte Bakterien, die dann im Laufe der Jahrmillionen ihre Eigenständigkeit verlieren. Sehr vieles spricht heute für diese Vorstellung, sodass sie allgemein akzeptiert wird!

Schauen wir uns als Erstes die *Mitochondrien* an. Als Reaktion auf die Sauerstoffkatastrophe vor 2,5 Milliarden Jahren hatten einige Bakterien die Fähigkeit entwickelt, diesen Sauerstoff für die Energiegewinnung zu nutzen, wie wir bereits wissen. Diese Fähigkeit können die Eukaryoten nun zu ihrem Vorteil verwenden, indem sie diese Bakterien in ihrem Zellinneren gleichsam als Nutztiere halten. Entsprechend ist die Hauptfunktion der Mitochondrien in einer eukaryotischen Zelle, bei der Zellatmung mithilfe von Sauerstoff

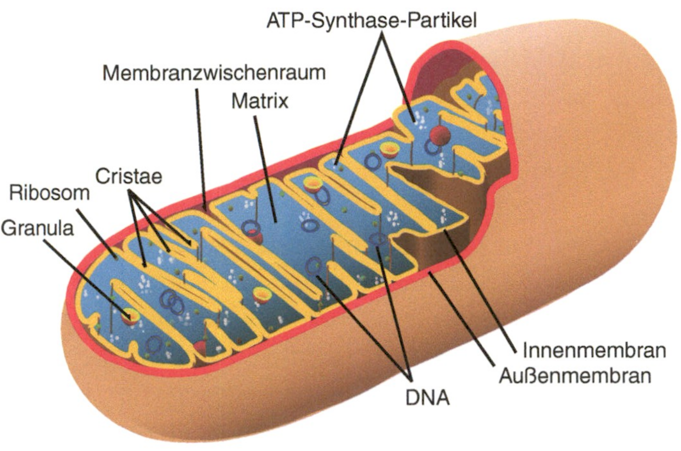

Abb. 3.16 Aufbau eines Mitochondriums. Sie sind gewissermaßen die Kraftwerke der eukaryotischen Zellen. Man erkennt unter anderem die eigene ringförmige DNA und die Ribosomen des Mitochondriums. Mit freundlicher Genehmigung von © Mariana Ruiz Villarreal.

die universelle Energiewährung der Zelle herzustellen: *ATP (Adenosintriphosphat)*. Mitochondrien haben auch heute noch die typische Größe und den inneren Aufbau von Bakterien (Abb. 3.16). Genauere Untersuchungen zeigen, dass sie mit der Gruppe der sogenannten α-*Proteobakterien* eng verwandt sind. So könnten die Mitochondrien von Vorfahren der heutigen Gattung *Rickettsia* abstammen, die ähnlich wie Viren als Krankheitserreger in lebende Zellen eindringen und nur innerhalb dieser Zellen gedeihen können (sie sind also sogenannte *intrazelluläre Parasiten*).

Mitochondrien haben eine eigene ringförmige DNA, die der von Bakterien sehr ähnelt und nicht mit der DNA der Wirtszelle verwandt ist, sowie eine doppelte Membran, die vermutlich beim Umfließen und anschließenden Einverleiben des ursprünglichen Bakteriums durch die eukaryotische Zelle entstand. Zudem stellen Mitochondrien in eigenen Ribosomen eigene Proteine her, wobei diese Ribosomen denen von Bakterien ähneln und nicht den Ribosomen der Wirtszelle. Mitochondrien vermehren sich eigenständig durch Teilung innerhalb der Wirtszelle und werden dann bei der Teilung der Wirtszelle auf die beiden Tochterzellen verteilt. Mit anderen Worten: Die Wirtszelle kann nicht einfach neue Mitochondrien gleichsam aus dem Nichts zusammenbauen, sondern sie kann nur die bereits vorhandenen Mitochondrien in ihrem Zellinneren sich vermehren lassen und später aufteilen. Bei sich geschlechtlich vermehrenden Eukaryoten, also auch bei uns Menschen, stammen die Mitochondrien normalerweise immer aus der Eizelle der Mutter. Daher kann man mit ihrer Hilfe sehr gut mütterliche Verwandtschaftslinien nachvollziehen.

Auch die grünen *Chloroplasten* der Pflanzenzellen sind durch Einverleiben von bestimmten Bakterien entstanden: den uns mittlerweile gut bekannten *Cyanobakterien* bzw. deren Vorfahren. Wie Mitochondrien vermehren sich auch Chloroplasten eigenständig innerhalb der Wirtszellen und verfügen über eigene Ribosomen und eine eigene DNA, die wunderbar in den DNA-Stammbaum der Cyanobakterien hineinpasst. Innerhalb der Zellen von Grünalgen und höheren Pflanzen sind sie für die Photosynthese zuständig.

Früher teilte man die Eukaryoten meist einfach in mehrzellige *Tiere, Pflanzen* und *Pilze* sowie die einzelligen oder wenig-zelligen sogenannten *Protisten* auf. Heute sieht man das deutlich differenzierter (siehe Abb. 3.11). Wir wollen hier nicht in die Einzelheiten gehen, sondern uns nur einen einzigen Zweig im weit verästelten Evolutionsbaum der Eukaryoten ansehen, nämlich unseren eigenen! Er ist in Abb. 3.17 bis zum Beginn des Ediacariums dargestellt, das wir erst im nächsten Kapitel betrachten werden.

Irgendwann vor vielleicht 1,5 Milliarden Jahren spalten sich demnach die Pflanzen sowie andere Eukaryotengruppen (wie beispielsweise Braunalgen, Kieselalgen, Ciliaten, Radiolarien, Foraminiferen und viele mehr) von unserer eigenen Eukaryoten-Linie ab. Erst später, vielleicht vor rund 1,1 Milliarden Jahren, gehen Pilze, Amoebozoa (bestimmte Amöben und Schleimpilze) und unsere Gruppe (die zunächst noch ausschließlich einzelligen Tiere) ihren eigenen Weg. Das bedeutet, dass die Verwandtschaft zwischen Tieren und Pilzen enger ist als die Verwandtschaft zwischen Pflanzen und Pilzen, denn sonst hätten sich Pflanzen und Pilze gemeinsam von unserem Entwicklungsast entfernt und erst später aufgespalten.

Intuitiv hätten wir es genau anders herum erwartet, denn Pflanzen und Pilze sind in unserer gewohnten Lebenswelt meist unbewegte Organismen, die fest an einem Ort verwurzelt sind, während Tiere sich normalerweise frei bewegen. Doch dieses Bild täuscht. Pflanzen stellen ihre organischen Substanzen mittels Photosynthese weitgehend selbst her und bilden damit die Basis der meisten Nahrungsketten, während Pilze und Tiere sich beide von organischen Stoffen ernähren oder zumindest mit Pflanzen in Symbiose kooperieren müssen. Mehrzellige Pilze bestehen aus einem meist weitverzweigten feinen Netz dünner Fäden (dem Mycel), mit dem sie häufig organische Stoffe durchdringen und gleichsam von innen zersetzen und verdauen. Man kann sie sich gewissermaßen wie ein dünnes Darmgeflecht vorstellen, das sich in die Nahrung hineinschiebt. Bei mehrzelligen Tieren ist es umgekehrt: Hier gelangt die Nahrung in die Verdauungsorgane, wo sie dann zersetzt und verdaut wird.

Von den Tieren spalten sich nun zunächst noch die sogenannten DRIPs (Mesomycetozoea, gewisse einzellige Parasiten) und die Kragengeißeltierchen (Choanoflagellaten, vermutlich evolutionäre Überbleibsel von Vorfahren der Schwämme) ab, bis schließlich vor vielleicht etwa 900 bis 800 Millionen Jah-

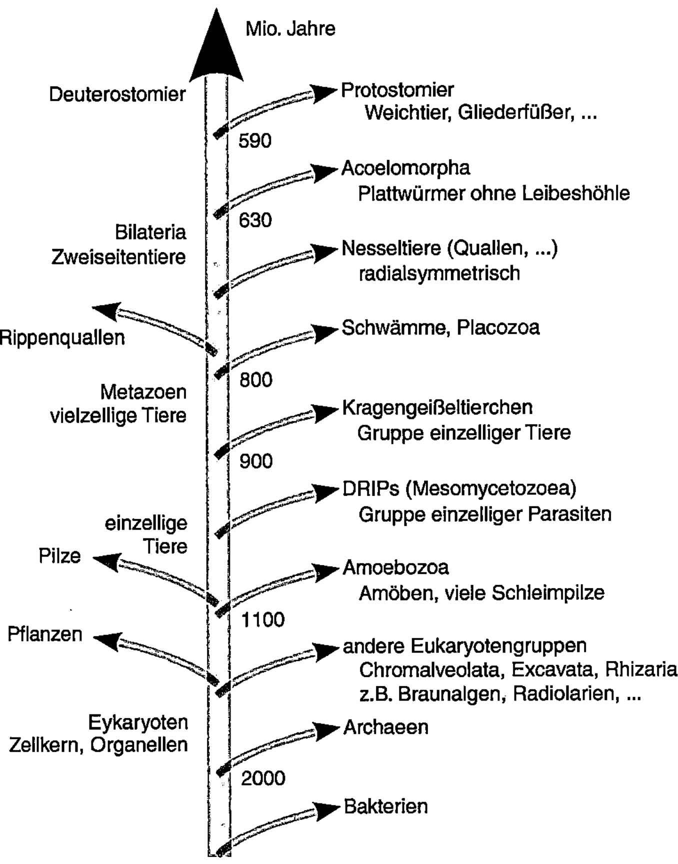

Abb. 3.17   Unser eigener Evolutionszweig im Stammbaum des Lebens bis zum Beginn des Ediacariums vor rund 580 Millionen Jahren, dargestellt in Anlehnung an © Richard Dawkins, *Geschichten vom Ursprung des Lebens* (Ullstein, 2008). Die Details dazu werden im Text erklärt. Die genaue Reihenfolge und besonders die genauen Zeitpunkte der Verzweigungen sind noch mit einigen Unsicherheiten behaftet und sollten daher mit der entsprechenden Vorsicht gesehen werden.

ren die ersten mehrzelligen Tiere (Metazoen) entstehen. Es dürfte sich dabei noch um sehr einfache Tiere handeln, vermutlich ähnlich den sogenannten Placozoa (Plattentiere), die sich wohl kurz nach den Schwämmen (*Porifera*) vor rund 800 Millionen Jahren von unserem Evolutionszweig abkoppeln. Die einzige heute noch lebende Art der Placozoa, *Trichoplax adhaerens*, lebt in den wärmeren Meeren fast überall auf der Erde. *Trichoplax* sieht von oben aus wie eine etwa 0,5 Millimeter große Amöbe (Abb. 3.18) und ist eine flache Scheibe aus zwei Zellschichten mit bis zu 1 000 Zellen, die mit Geißeln über den Boden kriecht und dabei ständig ihre äußere Form ändert. Man kann Ober- und Unterseite unterscheiden, aber es gibt weder einen Kopf noch sonst irgendwelche Unterscheidungsmerkmale für vorne und hinten bzw. rechts und

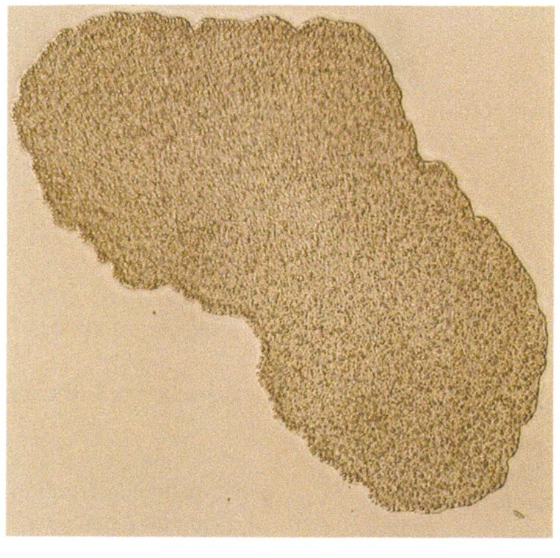

Abb. 3.18 *Trichoplax adhaerens*, die einzige bekannte heute noch lebende Art der Placozoa (Plattentiere), ist vermutlich ein gutes Beispiel dafür, wie die ersten mehrzelligen Tiere ausgesehen haben könnten. Ihre Größe beträgt etwa 0,5 Millimeter. © Oliver Voigt. Lizenz: CC BY-SA 2.0.

links. Weder echte Nerven noch Muskeln existieren, d. h. *Trichoplax* ist nur wenig mehr als eine Zellkolonie. Teilt man dieses Zellgebilde, so entwickeln sich aus den Bruchstücken wieder vollständige Tiere.

Aus den ersten noch sehr einfachen mehrzelligen Tieren entstehen nach und nach immer weitere Entwicklungslinien und gründen ihre eigenen Äste auf dem Baum der Evolution. Nach der Abspaltung der Placozoa und Schwämme vor vielleicht 800 Millionen Jahren verselbstständigen sich die Entwicklungslinien der Rippenquallen (Ctenophora), der radialsymmetrischen Nesseltiere (Cnidaria, wie Quallen, Korallentiere, Süßwasserpolypen, Seeanemonen und viele mehr) sowie unsere eigene Linie, die Zweiseitentiere (Bilateria), bei denen sich nicht nur oben und unten, sondern auch vorne und hinten und damit rechts und links unterscheiden lassen. Wir können uns die ersten Zweiseitentiere vermutlich als winzige, noch recht einfache wurmartige Lebewesen vorstellen. Wie immer sind alle diese frühen Zeitangaben mit einigen Unsicherheiten behaftet: Erst ab etwa 600 Millionen Jahren vor der Gegenwart steigt langsam die Verlässlichkeit, da ab diesem Zeitpunkt zunehmend Fossilien existieren, die zur genauen Altersbestimmung beitragen. Für die Zeit davor gibt es nur sehr wenige oder gar keine fossilen Zeitzeugen, und viele Daten müssen beispielsweise über die Geschwindigkeit genetischer Veränderungen ermittelt werden. Man bezeichnet diese Methode als *molekulare Uhr* – schauen wir sie uns etwas genauer an:

Voraussetzung für die Methode der molekularen Uhr ist zunächst ein Stammbaum. Einen solchen Stammbaum aufzustellen, ist bereits eine Wissenschaft für sich. Früher war man dabei alleine darauf angewiesen, Ähnlichkeiten im Körperbau heutiger Lebewesen zu analysieren, und mit etwas Glück kamen noch passende Fossilfunde hinzu. Seit einigen Jahrzehnten verfügen wir über ein weiteres sehr mächtiges Werkzeug: die Entschlüsselung des Erbguts. Je ähnlicher dieses Erbgut bei zwei Arten ist, umso enger sind sie normalerweise miteinander verwandt. Um daraus bei vielen verschiedenen Arten einen sinnvollen Stammbaum zu erstellen, sind allerdings ausgeklügelte mathematische Methoden und zugehörige Computerprogramme notwendig. Recht beliebt sind dabei sogenannte *Maximum-Likelihood-Methoden*, mit denen man die Wahrscheinlichkeiten sehr vieler denkbarer Stammbäume dafür bewerten kann, dass diese gerade zu den vorgefundenen Erbinformationen der einzelnen Arten führen. So versucht man denjenigen Stammbaum zu ermitteln, der am besten zu den genetischen Daten passt.

Nun kann man versuchen, mithilfe des Erbguts auch die Zeitpunkte der einzelnen Verzweigungen zu ermitteln. Wenn wir beispielsweise das Erbgut von Menschen und Schimpansen vergleichen, so finden wir sehr viele Ähnlichkeiten, aber auch einige Unterschiede. Diese Unterschiede müssen in der Zeit entstanden sein, die seit unserem letzten gemeinsamen Vorfahren vergangen ist, also in der Zeit seit der Verzweigung im Stammbaum. Wenn wir jetzt noch wüssten, wie oft im Durchschnitt solche Unterschiede durch zufällige Mutation entstehen, dann könnten wir diese Zeit ermitteln.

An dieser Stelle wird es kniffelig, denn die Geschwindigkeit für Mutationen hängt von vielen Faktoren ab: von der Funktion des betrachteten Gens, von der Zeitdauer zwischen zwei Generationen, von der Anzahl zusammenlebender Individuen, von der Tierart und von den Selektionsbedingungen. All diese Einflüsse gilt es möglichst gut abzuschätzen. Den Einfluss der Selektionsbedingungen kann man beispielsweise recht gut in den Griff bekommen, denn viele Mutationen sind *neutral*, wirken sich also gar nicht oder kaum auf die Überlebensfähigkeit aus – man nennt das die *Neutrale Theorie*. Beispielsweise könnte eine Mutation durch Austausch einer DNA-Base ein Basentriplett in ein anderes umwandeln, das für dieselbe Aminosäure steht, sodass immer noch dasselbe Protein produziert wird. Oder der Austausch der DNA-Base führt zum Austausch einer Aminosäure gegen eine fast gleichwertige andere Aminosäure. Oder aber es handelt sich um einen stillgelegten oder unbrauchbaren Teil des Erbguts, der von der Zelle gar nicht mehr abgelesen wird. Solche Stellen im Erbgut dürften mit recht gleichmäßiger Zufallsrate mutieren, da sich diese Mutationen nicht weiter auswirken.

Man sieht: Molekulare Uhren sind ein aufwendiges, aber auch lohnendes Geschäft. Außerdem müssen sie noch geeicht werden, d. h. man braucht zumindest für einzelne Stellen im Stammbaum zusätzlich Fossilienfunde in Gesteinsschichten, deren genaues Alter man beispielsweise über radioaktive Zerfälle bestimmen kann – das Verfahren dazu haben wir in Abschnitt 3.2

bereits kennengelernt. Das macht die Problematik für sehr alte Verzweigungspunkte deutlich, denn alle bekannten Fossilien sind jünger als 600 Millionen Jahre, sodass man für die Zeit davor Schwierigkeiten hat, die Änderungsgeschwindigkeit für Mutationen abzuschätzen. Entsprechend ungenau sind die Zeitangaben für alle älteren Verzweigungspunkte in Stammbäumen. Für Verzweigungspunkte in der jüngeren Vergangenheit hat die molekulare Uhr dagegen bereits einige Erfolge vorzuweisen. So konnte für den letzten gemeinsamen Vorfahren von Menschen und Schimpansen ein Alter von rund sechs Millionen Jahren ermittelt werden. Zuvor war man von rund 20 Millionen Jahren ausgegangen, aber mittlerweile ist der kleinere Wert von rund sechs Millionen Jahren weitgehend anerkannt.

Kehren wir zurück zu unserem Stammbaum aus Abb. 3.17: Vor etwa 630 Millionen Jahren gehen die Acoelomorpha eigene Wege. Sie sind winzige Plattwürmer, die noch kein sogenanntes *Coelom* besitzen, also keine Leibeshöhle, die bei uns Lunge, Herz, Organe und Darm enthält. Ihr Verdauungssystem ähnelt einem kleinen Beutel, der nur einen Ausgang besitzt, d. h. Mund und Anus sind nicht getrennt vorhanden. Blutkreislauf sowie Lunge oder Kiemen fehlen ebenfalls. Die ersten Zweiseitentiere dürften dieser Tiergruppe recht ähnlich gewesen sein.

Der Umstand, dass das Verdauungssystem durch die gleiche Öffnung gefüllt und entleert werden muss, ist für größere Tiere eher ungünstig. Besser ist ein durchgängiges Verdauungssystem, bei dem neue Nahrung durch eine Mundöffnung aufgenommen wird und Verdauungsreste durch eine andere Öffnung, den Anus, wieder abgegeben werden können. Der Natur stehen nun zwei Wege zur Verfügung, diese zweite Öffnung bei der Entwicklung eines Tierembryos zu realisieren: Die bei der Entwicklung des Embryos bereits gebildete erste Öffnung wird zum Mund, und es muss eine weitere Öffnung gebildet werden, die zum Anus wird, oder umgekehrt.

Eigentlich würde es ausreichen, sich für einen der beiden Wege zu entscheiden. Doch so funktioniert die Evolution nicht. Sie arbeitet nicht auf ein Ziel hin, sondern sie stößt vom Zufall gesteuert auf alle möglichen Wege und probiert sie aus. Was sich bewährt, bleibt erhalten, zumindest solange es sich bewährt. Offenbar sind die beiden beschriebenen Wege zur Bildung einer zweiten Körperöffnung für das Verdauungssystem ungefähr gleich aufwendig, denn sie haben sich beide bis zur Gegenwart erhalten und führen vor etwa 590 Millionen Jahren zur größten Aufspaltung der Entwicklungslinien im Tierreich.

Schauen wir uns genauer an, wie die erste Öffnung des Verdauungssystems bei der frühen Embryonalentwicklung entsteht: Bei der Entwicklung eines Tierembryos bildet sich zunächst eine winzige runde Hohlkugel aus nur einer Zellschicht. Man nennt diese Kugel *Blastula*. Diese Kugel stülpt sich nun bei der sogenannten Keimblattentwicklung (*Gastrulation*) auf einer Seite ein, so

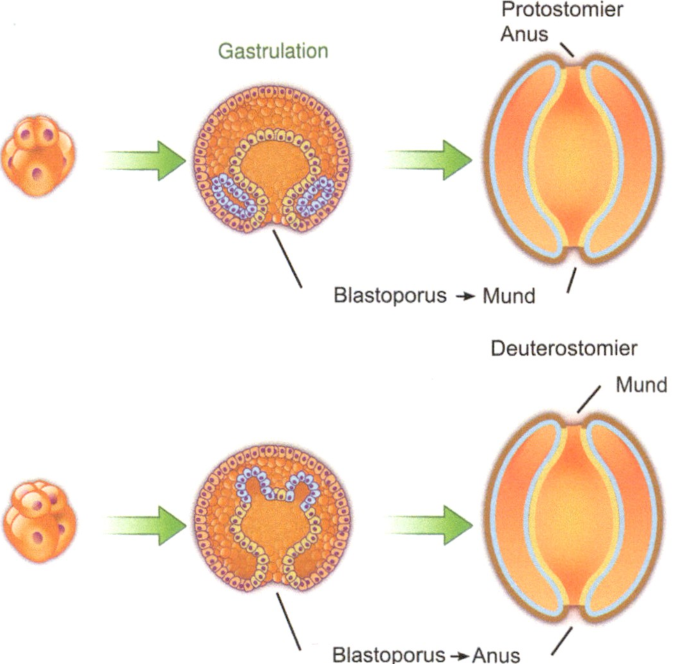

Abb. 3.19 Die Grafik zeigt die unterschiedliche Keimblattentwicklung (Gastrulation) bei Protostomiern und Deuterostomiern (zu Letzteren gehören wir). Man erkennt den Urmund (Blastoporus) sowie die drei Keimblätter: In Orange-rot außen das Ektoderm, aus dem Haut, Nervensystem und Sinnesorgane entstehen; in Gelb innen das Entoderm, aus dem z. B. Verdauungstrakt, Leber und Harnblase hervorgehen; und in Blau das Mesoderm, aus dem sich unter anderem Knochen, Herz und Blutgefäße entwickeln. Erstellt in Abänderung einer Grafik von © Yassine Mrabet (Lizenz: CC BY-SA 3.0).

als ob man sie dort nach innen eindrücken würde. Dadurch entsteht ein becherförmiges Gebilde aus zwei Zellschichten mit einem Innenraum und einer Öffnung, die sich bis auf ein kleines Loch schließt: den sogenannten Urmund (Blastoporus; Abb. 3.19).

Bei den sogenannten Protostomiern (Urmünder oder Erstmünder) entsteht der Mund nun aus diesem Urmund, während der Anus später am entgegengesetzten Ende entsteht. Manchmal verschließt sich der schlitzförmige Urmund auch teilweise in seiner Mitte, sodass die beiden freibleibenden Öffnungen sich zu Mund und Anus entwickeln. Aus den Protostomiern werden später alle Weichtiere (Schnecken, Muscheln, Tintenfische etc.), verschiedene Wurmstämme (Plattwürmer, Rundwürmer und Ringelwürmer), die Gliederfüßer (Insekten, Krebstiere, Spinnen etc.) und einige andere Tiergruppen hervorgehen – es handelt sich also um eine sehr große Gruppe.

Dagegen entsteht bei den sogenannten Deuterostomiern (Neumünder oder Zweitmünder) der Anus aus dem Urmund, während der Mund auf der anderen Seite des Darms nach außen durchbricht. Aus diesem Zweig, zu dem auch wir gehören, werden im weiteren Verlauf der Entwicklung die Chordatiere (Wirbeltiere, Lanzettfischchen, Manteltiere wie z. B. Seescheiden) und die Stachelhäuter (z. B. Seesterne, Seeigel, Schlangensterne, Seegurken und Seelilien) entstehen, doch diese Geschichte soll erst im nächsten Kapitel ausführlich erzählt werden, denn sie findet in einem neuen Zeitalter statt.

Natürlich stellt unser eigener Entwicklungszweig nur einen winzigen Ausschnitt aus dem Gesamtbaum des Lebens dar. Auch alle anderen Zweige entwickeln und verästeln sich zunehmend weiter, beispielsweise die Pflanzen und die Pilze, die wie die Tiere ebenfalls mehrzellige Formen hervorbringen. Wir werden in den nächsten Kapiteln auch diese Zweige immer wieder betrachten.

Den Eukaryoten ist es irgendwann in ihrer Entwicklungsgeschichte gelungen, die *geschlechtliche Fortpflanzung* zu erfinden (siehe z. B. das Buch *Männlich-Weiblich* von Wolfgang Wickler und Uta Seibt, Spektrum Akademischer Verlag, 1998). Wann genau diese Entwicklung stattfand, ist schwer zu ermitteln. Viele einzellige Eukaryoten nutzen sie, ebenso wie fast alle mehrzelligen Tiere, Pflanzen und Pilze. Auch *Trichoplax*, unser flaches Zellscheibchen von oben, ist in der Lage, sich geschlechtlich fortzupflanzen; meist vermehren sich diese Tiere allerdings ungeschlechtlich durch Teilung oder Knospung. Die geschlechtliche Fortpflanzung gilt als Voraussetzung für die Entwicklung höherer Lebewesen, denn sie bringt den großen Vorteil, dass die Gene zweier Individuen neu gemischt werden. Dadurch entsteht eine große Vielfalt neuer Genkombinationen, aus denen dann die Evolution die besten auswählen kann. Dieser Vorteil macht offenbar normalerweise die Nachteile mehr als wett, die beispielsweise durch den Aufwand und Zeitverlust entstehen, einen geeigneten Partner zu finden. Man darf allerdings nicht vergessen, dass auch Bakterien und Archaeen sehr erfolgreiche Lebewesen sind, auch wenn sie sich über nicht-geschlechtliche Zellteilung vermehren. Übrigens können sie direkt Gene untereinander austauschen, was sie beispielsweise in die Lage versetzt, Resistenzen gegen Antibiotika untereinander weiterzugeben, sehr zum Nachteil infizierter Menschen.

Ihren Siegeszug können die mehrzelligen Eukaryoten erst antreten, nachdem unsere Erde eine Reihe neuer Katastrophen überstanden hat: mehrere *globale Eiszeiten.* Es sieht nämlich so aus, als ob unsere Erde im Zeitraum vor 750 bis 580 Millionen Jahren (also nach der Bildung der ersten vielzelligen Tiere) mindestens vier Mal komplett oder zumindest zu großen Teilen zufriert. Dabei ist die Existenz dieser Eiszeiten selbst wohl unstrittig, aber ihr genaues Ausmaß bleibt unklar und ist Gegenstand der Forschung.

Denkbar ist, dass selbst die tropischen Ozeane ganz oder weitgehend von einer kilometerdicken Eisschicht bedeckt werden, sodass die Durchschnittstemperatur auf der Erde deutlich unter den Gefrierpunkt sinkt. Solche Eiszeiten wird es in diesem Ausmaß nie wieder auf der Erde geben – die Eiszeiten in neuerer Zeit, als Mammuts und die ersten Menschen die Erde durchstreifen, haben ein deutlich geringeres Ausmaß. Es könnte allerdings sehr viel früher – etwa 2,3 bis 2,2 Milliarden Jahre vor der Gegenwart – bereits einmal ähnlich große Eiszeiten gegeben haben, also etwa zu der Zeit, als sich zunehmend Sauerstoff in der Atmosphäre anreicherte.

Unser Erdklima hängt generell von mehreren Faktoren ab: der Neigung der Erdachse, der Leuchtkraft der Sonne, der Nähe zur Sonne, der Licht-Rückstrahlfähigkeit (Albedo) der Erdoberfläche, der Zusammensetzung der Atmosphäre und der Verteilung der Kontinente auf der Erde. So ist die Sonnenleuchtkraft zur Zeit der letzten großräumigen Vereisung vor etwa 600 Millionen Jahren etwa 6 % schwächer als heute. Wir erinnern uns: Die Leuchtkraft der Sonne nimmt seit ihrer Entstehung ständig langsam zu, da sich in ihrem Zentrum das schwere Helium ansammelt. Die damals schwächere Sonnenleuchtkraft reicht aber alleine nicht aus, um die Erde komplett vereisen zu lassen. Mehrere Faktoren müssen zusammenkommen und sich gegenseitig verstärken.

Ein wesentlicher Aspekt ist die Verteilung der Kontinente und Ozeane. Ungefähr alle 200 bis 300 Millionen Jahre ändert sich diese Verteilung grundlegend, da die Kontinente langsam von dem sich darunter bewegenden Material des Erdmantels über die Erdoberfläche getrieben werden (etwa genauso lange benötigen wir übrigens für einen Umlauf um das Zentrum der Milchstraße). Ungefähr alle 500 Millionen Jahre vereinigen sich dabei die meisten oder sogar alle Kontinente zu einem Superkontinent, der anschließend wieder in kleinere Kontinente zerbricht. Diese werden erneut langsam über den Globus geschoben, um rund 500 Millionen Jahre später an anderer Stelle wiederum zu kollidieren (siehe Abschnitte 4.3 und 7.1).

Die Lage der Kontinente lässt sich ungefähr für die letzte Milliarde Jahre rekonstruieren, wobei die Verlässlichkeit natürlich umso geringer wird, je weiter wir in die Vergangenheit zurückgehen. So vermuten wir, dass etwa 1,1 Milliarden Jahre vor der Gegenwart der Superkontinent *Rodinia* auf der Südhalbkugel der Erde entsteht. Zu dieser Zeit gibt es auf der Erde also nur diese eine große Landmasse im Süden und einen noch viel größeren Ozean. Vor etwa 800 Millionen Jahren bricht Rodinia auseinander, sodass mehrere Bruchstücke entstehen, die zumeist in Richtung Norden driften und sich vor 600 Millionen Jahren vermutlich relativ nahe am Äquator befinden. Dadurch könnte möglicherweise ein globaler Vereisungszyklus entstehen, der wie folgt abläuft:

Da es viele kleinere Kontinente in Äquatornähe gibt, kann feuchte Meeresluft die meisten Landflächen gut erreichen, demnach regnet es über den Kontinenten häufig. Das Kohlendioxid der Luft löst sich im Regenwasser und verbindet sich mit den Gesteinen der Kontinente, d. h. das Gestein verwittert und bindet dabei das Kohlendioxid der Luft. Es entstehen teilweise mächtige Schichten aus Kalkgestein.

Da nun das Treibhausgas Kohlendioxid in der Luft weitgehend fehlt, kühlt sich die Erde ab und an den Polen bilden sich Eisflächen, die sich immer weiter in Richtung Äquator ausbreiten. Die weitere Verwitterung des Gesteins wird durch die Eisflächen kaum beeinträchtigt, da sich die Kontinente weitgehend in Äquatornähe befinden, sodass sie zunächst eisfrei bleiben und ihre Verwitterung weiteres Kohlendioxid bindet. Die weißen Eisflächen strahlen nun sehr viel mehr Sonnenlicht in den Weltraum zurück als die dunkle Meeresoberfläche zuvor, d. h. die Albedo (Rückstrahlkraft) der Erde steigt. Die Erde kühlt dadurch weiter ab und die Eisflächen dringen weiter vor. Genau der umgekehrte Effekt macht uns übrigens in der Gegenwart Sorgen, denn die globale Erwärmung lässt das Eis der Arktis zunehmend schmelzen, sodass die zum Vorschein kommenden dunklen Meeresflächen die Erwärmung weiter verstärken.

Die positive Rückkopplung zwischen vorrückendem Eis und von ihm zurückgestrahltem Sonnenlicht wird nach Modellrechnungen ab etwa dem 30. Breitengrad (also ungefähr ab der südlichen Küste des heutigen Mittelmeeres) so stark, dass der Vereisungsprozess sich beschleunigt und die Erde innerhalb von wenigen Jahrtausenden komplett oder fast komplett zufrieren könnte. Die Durchschnittstemperatur sinkt auf minus 40 Grad Celsius und eine bis zu einem Kilometer dicke Eisschicht bedeckt die Ozeane. Vom Weltraum aus gesehen würde die Erde nun einem Schneeball gleichen – das hier dargestellte Szenario bezeichnet man daher oft auch als *Schneeball Erde*. Eine solche zugefrorene Erde erinnert mich an den Jupitermond *Europa*, der von einem möglicherweise bis zu 100 Kilometer tiefen Ozean mit einer darauf liegenden zehn bis 15 Kilometer dicken Eisschicht bedeckt ist.

Solche globalen Eiszeiten – wenn es sie tatsächlich gegeben hat – überleben wohl nur wenige Lebewesen. Sie könnten dazu beispielsweise die Wärme vulkanischer Tiefseequellen ähnlich der schwarzen Raucher nutzen, die wir oben bereits kennengelernt haben. Auch Photosynthese mag in manchen vielleicht noch nicht ganz vereisten Ozeanen sowie knapp unter dem Eispanzer noch möglich sein.

Da es in der trockenen Luft über den Eisflächen praktisch keine Niederschläge mehr gibt, kann sich das von Vulkanen weiterhin ausgestoßene Kohlendioxid langsam wieder in der Atmosphäre anreichern, sodass sich die Erde wieder erwärmt. Nach vielleicht einigen zehn Millionen Jahren reicht der wärmende Treibhauseffekt durch das Kohlendioxid schließlich aus, um das Meereis in Äquatornähe zum Schmelzen zu bringen. Die dunkle Meeresoberfläche wärmt sich im Licht der Sonne auf, und innerhalb von wenigen

100 Jahren schmilzt das Eis komplett. Die hohe Kohlendioxidkonzentration und das fehlende Eis lassen die Durchschnittstemperatur auf der Erde stark ansteigen, und aus dem Schneeball wird möglicherweise ein Treibhaus mit Temperaturen wie im Dampfbad. Der Regen kann nun wieder Kohlendioxid auswaschen, das kontinentale Gestein verwittert wieder und der Zyklus kann von vorne beginnen.

Erst als vor etwa 580 Millionen Jahren wieder genügend Landfläche in Polnähe liegt, kann dieser Teufelskreis durchbrochen werden, da nun beim Vorrücken der Gletscher sehr viel mehr Gestein durch das Eis vor weiterer Verwitterung geschützt wird und dadurch genug Kohlendioxid in der Luft übrig bleibt, um die Erde warm genug zu halten, sodass die Gletscher den kritischen Breitengrad nicht mehr überschreiten können.

Unabhängig vom genauen Ausmaß dieser Eiszeiten ist sicher, dass nach ihrem Ende vor 580 Millionen Jahren die überlebenden Lebewesen beginnen, die Erde in einem beispiellosen Siegeszug für sich zu erobern. Diese erste Blütezeit des Lebens wollen wir uns im nächsten Kapitel genauer ansehen.

4

Erdaltertum

Nachdem die letzte der globalen Eiszeiten vor etwa 580 Millionen Jahren zu Ende geht, entsteht auf der Erde endlich wieder ein wärmeres Klima, in dem sich Leben entwickeln und ausbreiten kann. Diese Zeit vor 635 bis 542 Millionen Jahren mit der letzten großen Vereisung und der anschließenden freundlicheren Phase bezeichnet man als *Ediacarium* (früher auch als *Vendium* bezeichnet). Streng genommen gehört das Ediacarium damit noch zu dem Zeitalter vor dem Erdaltertum, also dem *Proterozoikum*. Ich habe das späte Ediacarium dennoch mit in das Kapitel zum Erdaltertum (*Paläozoikum*) hinzugenommen, da sich im späten Ediacarium nach dem Ende der großen Vereisungen vielzelliges Leben im Meer auszubreiten beginnt. Diese Entwicklung setzt sich im *Kambrium* vor 542 bis 488 Millionen Jahren fort und gewinnt an Fahrt.

4.1 Spätes Ediacarium und Kambrium: Vielzeller erobern das Meer

Nach dem Ende der großen Eiszeiten vor rund 580 Millionen Jahren eröffnet sich eine große Zahl neuer Lebensräume in den Ozeanen der Erde. Wie wir im vorherigen Kapitel gesehen haben, existieren zu dieser Zeit vermutlich bereits viele wichtige Zweige auf dem Stammbaum des Lebens. Archaeen und Bakterien gibt es wohl schon seit drei Milliarden Jahren, und auch die komplizierteren Eukaryoten dürften schon seit rund einer Milliarde Jahren existieren. Von unserer eigenen Entwicklungslinie haben sich Pflanzen, Pilze und viele einzellige Eukaryotengruppen bereits seit einigen 100 Millionen Jahren abgekoppelt, und es ist bereits ein kleiner Stammbaum vielzelliger Tiere mit mehreren ersten Ästen und Zweigen entstanden: Rippenquallen, Schwämme und Placozoa (Plattentiere) sowie die radialsymmetrischen Nesseltiere bilden eigene noch kleine Äste, und auch unser Ast der Zweiseitentiere (Bilateria) hat sich bereits in die Acoelomorpha (Tiere ohne Leibeshöhle) sowie vor Kurzem (rund 590 Millionen Jahre vor der Gegenwart) in die Protostomier (Urmünder) und Deuterostomier (Neumünder, dazu gehören wir) verzweigt (siehe Abb. 3.17).

All diesen Gruppen bietet sich nun nach dem Ende der großen Eiszeiten die Chance, die Ozeane zu erobern, und sie nehmen diese Chance wahr! Der Baum des Lebens kann nun wachsen, und aus dünnen Zweigen können dicke Äste werden, die sich immer weiter verzweigen, wobei im Laufe der Zeit viele der gebildeten Äste und Zweige auch wieder absterben werden, manchmal sogar in großer Zahl.

Die ersten bekannten fossilen Spuren mehrzelligen Lebens (meist mikroskopisch kleine Fossilien, die möglicherweise Larven oder Embryonen vielzelliger Tiere darstellen) sind rund 600 Millionen Jahre alt. In bestimmten Gesteinsschichten ab einem Alter von etwa 575 Millionen Jahren – also nach der großen Eiszeit – findet man dann die Fossilien größerer Lebewesen. Diese Lebewesen besitzen allerdings noch keine Kalkschalen oder Kalkskelette, sodass sie nur selten fossile Spuren hinterlassen. Nur unter günstigen Bedingungen bleiben die Abdrücke der Weichteile dieser Lebewesen erhalten, sodass diese Fossilien erst kurz nach dem Ende des Zweiten Weltkrieges entdeckt wurden, und zwar in den Ediacara-Hügeln nördlich von Adelaide in Südaustralien. Daher stammt auch der Name dieses Zeitalters, der erst im Mai 2004 offiziell beschlossen wurde. Die Lebewesen aus dieser Zeit vor rund 580 Millionen Jahren bezeichnet man entsprechend als *Ediacara-Fauna*. Später wurden ähnliche Fossilien auch an anderen Orten entdeckt.

Wie sehen diese ersten größeren Vielzeller aus, die zu jener Zeit beginnen, das Meer zu erobern? Wie schon erwähnt, besitzen sie noch keine festen Schalen oder Skelette, sodass man nur relativ undeutliche fossile Abdrücke als Fossilien findet, die sich häufig nur schwer interpretieren und einordnen lassen. Neben Abdrücken von Schwämmen und Nesseltieren findet man beispielsweise die farnblattähnliche *Charnia* (vermutlich ein vielzelliges Tier mit unklarer Einordnung), des Weiteren die wie eine kleine flüssigkeitsgefüllte Luftmatratze aussehende *Dickinsonia*, das ursprüngliche Zweiseitentier *Kimberella* (wahrscheinlich eine Art Urschnecke, Abb. 4.1) oder das wurmartige segmentierte Fossil *Spriggina* (vielleicht ein früher Gliederfüßer oder Ringelwurm). Die Abdrücke all dieser frühen Lebewesen sind jedoch meist so undeutlich, dass viele Fragen auch heute noch offen sind.

Vor 542 Millionen Jahren, am Ende des späten Ediacariums, stirbt ein großer Teil dieser Lebewesen aus, und neue Lebensformen verbreiten sich. Ein neues Zeitalter beginnt: das *Kambrium*, benannt nach dem lateinischen Wort *Cambria* für Wales, wo Schichten dieses Zeitalters zutage treten. Warum die meisten Lebewesen des Ediacariums an dessen Ende aussterben, ist umstritten. Vielleicht gibt es globale Veränderungen, die diese Lebewesen auslöschen, beispielsweise Klimaveränderungen. Vielleicht unterliegen sie aber

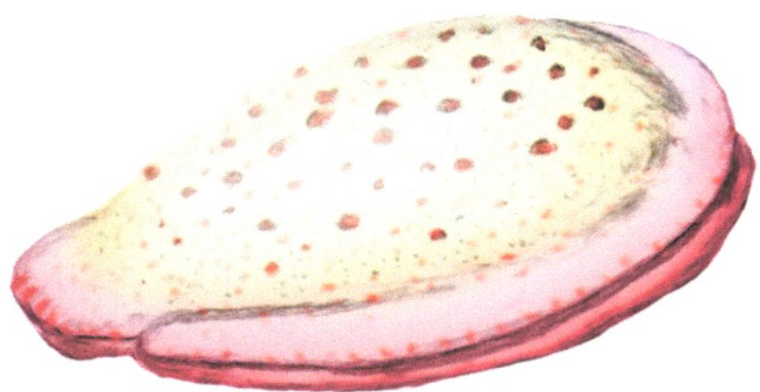

Abb. 4.1   Das Zweiseitentier *Kimberella* in einer künstlerischen Darstellung von © Nobu Tamura.

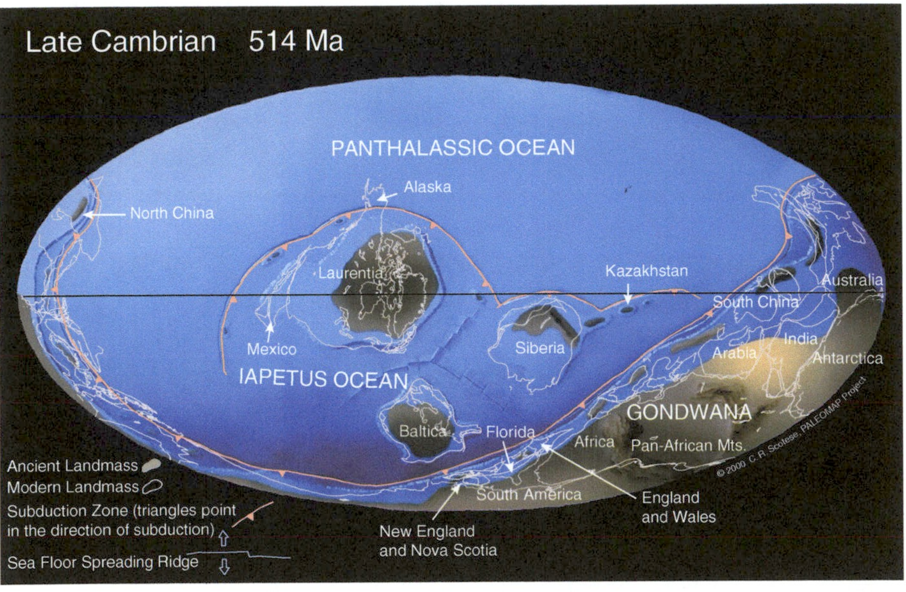

Abb. 4.2   Rekonstruktion der Kontinentalverteilung im späten Kambrium vor 514 Millionen Jahren. Die Kontinentalränder sind zu großen Teilen von flachen Meeren überflutet. Auf der Südhalbkugel sieht man den Superkontinent Gondwana. Die weißen Linien kennzeichnen die Konturen der heutigen Kontinente. © Paleomap Project von C. R. Scotese, http://www.scotese.com.

auch einfach nur den neuen Lebensformen, die gerade entstehen, wie z. B. neuen Raubtieren.

Wenn wir uns die Verteilung der Kontinente im Kambrium in Abb. 4.2 ansehen, so finden wir einen großen Kontinent auf der Südhalbkugel: *Gondwana*. Aus diesem Südkontinent werden ab dem späten Erdmittelalter die heutigen Kontinente Südamerika, Afrika, Antarktis, Australien sowie Indien hervorgehen, doch bis dahin ist es noch ein weiter Weg. Außerdem sind drei kleinere Kontinente zu sehen, die heute ungefähr Nordamerika (*Laurentia*, links in der Bildmitte), Nordosteuropa (*Baltica*, unten in der Bildmitte) und

Sibirien (*Siberia*, rechts in der Bildmitte) entsprechen. Mitteleuropa existiert noch nicht als zusammenhängendes Festland. Das Klima wird zu Beginn des Kambriums vermutlich deutlich wärmer als heute, die Pole sind weitgehend eisfrei und der Meeresspiegel steigt deutlich über seinen heutigen Pegel an, sodass die Ränder der Kontinente von warmen flachen Meeren überflutet werden, die gute Bedingungen für die Entwicklung des Lebens bieten.

Das Festland ist weiterhin unbewohnt und unbewachsen, aber im Meer findet man am Ende des Ediacariums und zu Beginn des Kambriums zum ersten Mal die Schalen schneckenartiger Weichtiere und anderer Organismen sowie zerbrochene Fragmente größerer Lebewesen. Man nennt diese Tierwelt daher auch *small shelly fauna* (also *kleinschalige Tierwelt*). Die Fossilien aus dieser Zeit sind tatsächlich meist nur wenige Millimeter groß.

Zu dieser Fauna gehören die sogenannten *Archaeocyathiden* (*Urbecher*), die vermutlich den Schwämmen zugeordnet werden können und typische Leitfossilien für die Gesteinsschichten des frühen Kambriums sind. Sie bilden rund zehn Zentimeter große becherförmige Körper, die wie Korallen am Untergrund festsitzen und deren Kalkgehäuse erste flache Riffe im Meer bilden. Noch vor dem Ende des Kambriums sterben sie vor gut 510 Millionen Jahren bereits wieder aus – warum, ist unbekannt.

Rund 540 bis 530 Millionen Jahre vor der Gegenwart beginnt die sogenannte *Kambrische Explosion*, in der innerhalb von nur fünf bis zehn Millionen Jahren fast alle modernen Tierstämme in den Fossilien sichtbar werden (mehr zu diesen Tierstämmen folgt etwas später). Es gibt aus einer etwas späteren Zeit (dem mittleren Kambrium vor etwa 505 Millionen Jahren) eine berühmte Fundstätte für Fossilien: den *Burgess Shale (Burgess-Schiefer)* im Yoho-Nationalpark in den Rocky Mountains, nahe der Stadt Field in British Columbia (Kanada). Natürlich existieren die Rocky Mountains im Kambrium noch nicht; sie entstehen erst ab dem späten Erdmittelalter, wobei die Sedimente der flachen kambrischen Meere angehoben und als Gesteinsschichten aufgefaltet werden. Die Fossilien im Burgess Shale sind so gut erhalten, dass sich nicht nur Schalen und Skelette, sondern auch Weichteile noch erkennen lassen (Abb. 4.3). Darüber hinaus gibt es weitere wichtige Fundstätten, insbesondere in China (Chengjiang, Provinz Yunnan).

Früher glaubte man, es handle sich bei der Kambrischen Explosion um eine Art Urknall mehrzelligen Lebens, doch mittlerweile sieht man das etwas differenzierter. So haben wir im vorherigen Kapitel gesehen, dass die Evolution vielzelliger Tiere auch in den 300 Millionen Jahren zuvor ständig vorangeschritten ist und bereits einige wichtige Hauptzweige entstanden sind. Das Besondere an der Kambrischen Explosion liegt darin, dass diese bereits bestehenden Hauptzweige sich in geologisch kurzer Zeit deutlich weiter verzweigen und dabei entsprechende Fossilien hinterlassen.

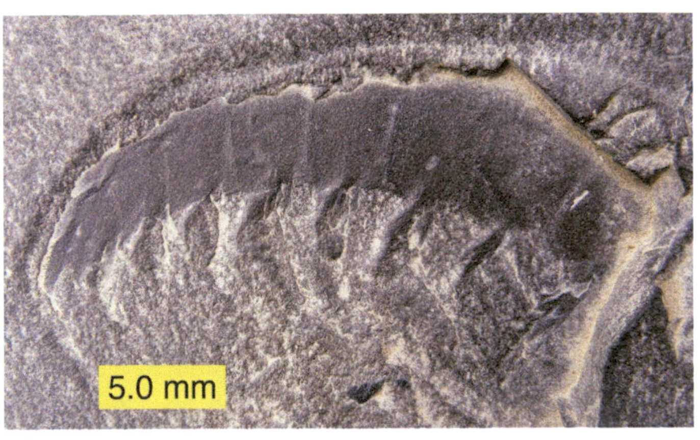

Abb. 4.3 Der Burgess-Schiefer in den Rocky Mountains Kanadas ist eine berühmte Fundstätte für Fossilien aus dem Kambrium. Hier sieht man einen dort gefundenen fossilen Greifer von *Anomalocaris*, der mit bis zu 1,2 Metern Länge das größte bekannte Tier aus dem frühen und mittleren Kambrium ist. Mit freundlicher Genehmigung von © Mark A. Wilson (Department of Geology, The College of Wooster).

Möglicherweise erhält die Evolution zu dieser Zeit einen Schub dadurch, dass nach den großen Eiszeiten nun endlich gute Bedingungen für die weitere Entwicklung vielzelliger Tiere herrschen, insbesondere warme flache Meere. Dabei könnte auch ein Konkurrenzkampf unter den immer komplexer werdenden Tiergruppen entbrennen, der die Evolution zusätzlich vorantreibt, da die Tiere immer neue Lebensräume und Nahrungsquellen erschließen müssen.

Man darf auch nicht vergessen, dass selbst ein im geologischen Sinne kurzer Zeitraum von fünf bis zehn Millionen Jahren durchaus eine lange Zeit ist, in der die Evolution große Fortschritte machen kann, wenn sich die Gelegenheit bietet, neue Lebensräume zu besiedeln. Schließlich hat diese Zeit beispielsweise ausgereicht, um unsere eigene Entwicklungslinie des Menschen von der des Schimpansen zu trennen, wie wir noch sehen werden. Evolution kann relativ schnell verlaufen, wenn dadurch neue Ressourcen erschlossen werden können oder starke Selektionskräfte am Werk sind (siehe dazu auch Abschnitt 4.4). Man braucht sich nur anzusehen, wie stark sich unsere Haustiere der Gegenwart bereits von ihren in freier Wildbahn lebenden Verwandten unterscheiden, obwohl sie mit Ausnahme des Hundes praktisch alle erst innerhalb der letzten 10 000 Jahre domestiziert wurden. Wir werden in Kapitel 6 noch genauer auf diese besondere Form der Evolution eingehen.

Zudem kann es irreführend sein, wenn man sagt, alle modernen Tierstämme bilden sich in kurzer Zeit. Aus heutiger Sicht mag es sich dabei um große Äste am Baum des Lebens handeln, aber im Kambrium sind es zunächst nur kleine neue Zweige. Betrachtet man den Baum nur aus heutiger Sicht mit seinen dicken Ästen, die weit in der Vergangenheit verzweigen, dann ist es so ähnlich, als ob ein Gärtner eine alte Eiche betrachtet und verwundert feststellt (Zitat aus Richard Dawkins Buch *Geschichten vom Ursprung des Lebens*, Ullstein-Verlag, 2008, S. 623):

> „Seltsam, dass an diesem Baum schon seit vielen Jahren keine neuen großen Äste gewachsen sind. Heute findet das Wachstum offenbar nur noch auf der Ebene der kleinen Zweige statt!"

Damals waren eben auch die heute großen Äste noch kleine Zweige. Die Unterschiede zwischen den einzelnen Zweigen auf dem Stammbaum des Lebens sind beim Entstehen dieser Verzweigungen noch gering und wachsen erst mit der Zeit an. Das wird deutlich, wenn wir uns bewusst machen, wodurch solche Verzweigungen und damit neue Arten eigentlich entstehen:

Eine Gruppe von Lebewesen, in der beliebige Mitglieder miteinander fruchtbare Nachkommen zeugen und dabei ihre Erbinformation neu kombinieren können, bezeichnet man als eine biologische *Art*. Sie entwickelt sich als Ganzes weiter, wobei sie sich durchaus im Laufe der Zeit verändern kann, da genetische Veränderungen auftreten können und die natürliche Selektion ungünstige Veränderungen aussterben lässt. Die Lebewesen einer Art haben ja nicht alle genau dieselben Erbinformationen, sondern es gibt eine gewisse Bandbreite, die sich mit der Zeit auch verschieben kann.

Man kann dieses biologische Konzept einer Art recht gut mit dem Konzept verschiedener menschlicher Sprachen vergleichen, beispielsweise Deutsch und Englisch. Sprecher verschiedener Sprachen verstehen sich untereinander normalerweise nicht, so wie sich Tiere verschiedener Arten nicht untereinander kreuzen. Sprache wird weitergegeben, indem Kinder von ihren Eltern die Sprache lernen. Eine Sprache wie Deutsch besitzt eine gewisse Bandbreite, also verschiedene Dialekte wie Hochdeutsch, Norddeutsch oder Schwäbisch. Und wie eine Tierart verändert sich auch eine Sprache im Laufe der Zeit: Ehemals gebräuchliche Wörter und Ausdrucksformen geraten in Vergessenheit und neue Wörter und Sprechweisen werden modern. Dieses Phänomen kennt jeder, der das Land seiner Kindheit verlässt und gelegentlich zu Besuch in dieses Land zurückkehrt: Die Menschen sprechen irgendwie etwas anders als früher. Meine Frau, gebürtige Kanadierin und seit Langem in Deutschland lebend, hat das oft beobachtet. Manchmal sickern sogar deutsche Wörter in das amerikanisch-kanadische Englisch ein, beispielsweise neuerdings das Wort „Gesundheit" anstelle von *bless you*. Umgekehrt werden auch oft Begriffe aus dem Englischen ins Deutsche übernommen. So ist z. B. das Wort *chillen*, im Sinne von „entspannen", besonders bei Jugendlichen mittlerweile recht gängig geworden, während ältere Menschen es zum Teil gar nicht verstehen.

Bei der Besiedelung Nordamerikas durch die Engländer kann man gut beobachten, was geschieht, wenn sich Sprecher einer Sprache in zwei voneinander getrennte Gruppen aufteilen, die untereinander kaum noch Sprache austauschen können. Das in Nordamerika und in England gesprochene Englisch beginnt sich zunehmend auseinanderzuentwickeln. Es gibt heute viele Wörter, in denen sich amerikanisches und britisches Englisch unterscheiden. Hier ein authentisches Beispiel: Eine englische Freundin fragte meine Frau vor vielen Jahren einmal: *„Does your child still take nappies?"* Meine Frau verstand unter *nappies* kurze Mittagsschläfchen, gemeint waren aber Windeln, die im amerikanischen Englisch *diapers* heißen. Es gab noch viel mehr dieser lustigen Missverständnisse, beispielsweise das britische *pushchair*, das sich für kanadische Ohren wie *Rollstuhl* anhört, obwohl ein Kinderwagen gemeint war, also ein *stroller* im amerikanischen Englisch.

Dieselbe Auseinanderentwicklung geschieht, wenn einzelne Teilgruppen einer Art sich kaum noch untereinander kreuzen können, beispielsweise weil sie räumlich getrennt werden. Auch hier verändern sich die getrennten Gruppen im Laufe der Zeit in unterschiedlicher Weise: Die Erbinformationen können sich zum einen rein zufällig verändern (die sogenannte *Gendrift*), insbesondere wenn die getrennten Gruppen relativ klein sind, sodass sich statistische Unterschiede in der Erbinformation stärker auswirken. Zum anderen können die Lebensbedingungen für die getrennten Gruppen unterschiedlich sein, sodass die *natürliche Selektion* im Laufe der Zeit verschiedene Eigenschaften begünstigt. Irgendwann werden die Unterschiede so groß, dass sich die Vertreter der Gruppen nicht mehr über die Gruppengrenzen hinweg miteinander kreuzen und fruchtbare Nachkommen zeugen können. Verschiedene Arten sind entstanden. In ähnlicher Weise können auch Sprachdialekte mit der Zeit so weit auseinanderlaufen, dass sich die Sprecher der verschiedenen Dialekte nicht mehr untereinander verstehen. So konnte aus der indogermanischen Ursprache, die vermutlich vor rund 5500 Jahren am Schwarzen Meer gesprochen wurde, die große Sprachfamilie der indogermanischen Sprachen entstehen, die neben den germanischen, romanischen und slawischen Sprachen auch beispielsweise die iranischen sowie viele indische Sprachen umfasst. Die Sprache zeigt beispielhaft, welche Vielfalt die Mechanismen der Evolution (hier die Sprachevolution) hervorbringen kann!

In meiner Heimatstadt Leverkusen sowie im Raum Köln und einigen anderen deutschen Städten kann man den möglichen Beginn einer Artbildung durch räumliche Separation und Anpassung an einen neuen Lebensraum gleichsam live beobachten. Seit mehreren Jahren findet man dort Schwärme leuchtend grüner Papageien (sogenannte *Halsbandsittiche*) – sie fliegen auch immer wieder durch unseren Garten und machen sich dabei durch ihre charakteristisch krächzenden Rufe bemerkbar. Wir waren nicht schlecht erstaunt, als unser damals noch kleiner Sohn sie erstmals entdeckte und aufgeregt „Papagei" rief. Ob diese Sittiche aus Zoos oder Tierhandlungen entkommen sind oder gar von ihren entnervten Tierhaltern ausgesetzt wurden, ist heute nicht mehr nachzuvollziehen. Jedenfalls haben sie es geschafft, sich im Schutz der Großstädte zu Tausenden zu behaupten und zu verbreiten. Da diese exotischen Vögel ursprünglich aus Afrika und Asien stammen, dürfte auf ihnen ein spürbarer Selektionsdruck lasten, der zu Anpassungen an unsere Klimazone führen sollte und auf diese Weise eine neue Sittich-Art hervorbringen könnte. Es wäre sicher interessant, im Detail zu verfolgen, wie schnell sich dieser Anpassungsdruck auswirkt.

Halten wir fest: Auch die Kambrische Explosion muss letztlich nach den ganz normalen Regeln der biologischen Evolution ablaufen, wie sie auch in der Gegenwart gelten, aber es ist durchaus möglich, dass im Kambrium besondere Bedingungen herrschen, die der Evolution neue Möglichkeiten eröffnen. Solche Möglichkeiten werden sich auch später immer wieder ergeben, beispielsweise wenn das Aussterben der Dinosaurier 65 Millionen Jahre vor der Gegenwart viele Lebensräume freimacht, die daraufhin von den Säugetieren in Besitz genommen werden.

Gibt es heute noch ernst zu nehmende Zweifel an der Evolution als Grundlage für die Entstehung des Lebens und seiner mannigfaltigen Erscheinungsformen? Selbst heute, mehr als 150 Jahre nach der Veröffentlichung von Charles Darwins bahnbrechendem Werk *Die Entstehung der Arten* (erschienen im Jahr 1859), hört man immer wieder solche Zweifel, meist aus dem Umfeld streng-religiöser Kreise. In der Wissenschaft ist die Evolution dagegen eine vollkommen akzeptierte Tatsache, was nicht bedeutet, dass wir sie in all ihren Feinheiten bereits vollkommen verstanden hätten. Ich möchte daher in diesem Buch die Gültigkeit der Evolution gar nicht erst weiter verteidigen (dies haben Biologen wie Richard Dawkins bereits engagiert getan), sondern sie genauso wie die spezielle Relativitätstheorie, die Quantenmechanik oder die Plattentektonik (Kontinentaldrift) einfach als akzeptierten Stand der Wissenschaft zugrunde legen.

Übrigens wurden auch die Relativitätstheorie und die Quantenmechanik im frühen 20. Jahrhundert intensiv bekämpft und von den Vertretern der sogenannten *Deutschen Physik* als *jüdische Physik* verunglimpft (Albert Einstein war bekanntlich jüdischer Herkunft). Auch Alfred Wegeners Theorie der Kontinentaldrift aus dem Jahr 1915 wurde erst um 1960 herum allgemein akzeptiert (mehr dazu in Abschnitt 4.3). Dennoch scheint die Evolution den Widerstand besonders herauszufordern – vermutlich, weil sie unsere eigene Entstehung und unsere Stellung unter den Lebewesen sehr unmittelbar betrifft. Der Gedanke, das ungeplante Ergebnis eines selbstständig ablaufenden

Zufallsprozesses zu sein, ist uns meist unangenehm. Ähnlich unangenehm sind die modernen Gedanken zum Multiversum aus Abschnitt 1.1, nach denen unser Universum nur eines von sehr vielen Universen sein könnte und nur deshalb günstige Bedingungen für unsere Existenz aufweist, da es uns sonst als Beobachter dieser Bedingungen in diesem Universum nicht gäbe (anthropisches Prinzip). Wenn wir jedoch die wahre Natur der Welt ergründen wollen, so dürfen wir unsere Augen auch vor unangenehmen Gedanken nicht einfach verschließen, sondern wir müssen versuchen, herauszufinden, wie weit sie tragen. Dabei zeigt sich: Die genannten Theorien (Evolution, Kontinentaldrift, Relativitätstheorie und Quantenmechanik) tragen sehr weit und bilden offenbar das Fundament, auf dem eine umfassende Beschreibung unserer Welt und unseres Planeten aufgebaut werden muss.

Wir hatten in Kapitel 3 bereits damit begonnen, uns einen ersten Überblick über den Stammbaum des Lebens zu verschaffen, insbesondere über unseren eigenen Zweig (Abb. 3.17). Dabei waren wir bis zur Aufspaltung der Zweiseitentiere (Bilateria) in die Protostomier (Urmünder) und die Deuterostomier (Neumünder) gekommen, die sich vermutlich im späten Ediacarium rund 590 Millionen Jahre vor der Gegenwart ereignet. Diese beiden Zweige fächern sich nun im Kambrium in viele weitere Teilzweige auf, wobei wir uns im Folgenden auf die für uns wichtigsten beschränken werden (ich orientiere mich bei den Stammbäumen in diesem Buch weitgehend an Richard Dawkins wunderbarem Werk *Geschichten vom Ursprung des Lebens*). Beginnen wir mit dem größeren der beiden Zweige: den Protostomiern (das sind gleichsam *die anderen*, denn *wir* sind die Deuterostomier).

Einen Eindruck vom verzweigten Stammbaum der Protostomier vermittelt Abb. 4.4. Wir sehen, dass zunächst drei Hauptzweige (sogenannte Überstämme) entstehen: die *Häutungstiere* (Ecdysozoa), die Lophotrochozoa und die *Plattwurmartigen* (Platyzoa, wobei dieser dritte Überstamm umstritten ist, denn er wird von manchen Autoren auch als Teilgruppe der Lophotrochozoa gesehen; nicht eingezeichnet sind die Pfeilwürmer (Chaetognatha), bei denen es sich vermutlich um einen isolierten urtümlichen Seitenzweig der Protostomier handelt). Versuchen wir, uns einen gewissen Überblick über diese Lebewesen zu verschaffen, da sie uns im Verlauf der Erdgeschichte immer wieder begegnen werden.

Der erste Hauptzweig, die Häutungstiere (Ecdysozoa), sind – wie der Name es schon sagt – Lebewesen, die sich während ihres Wachstums häuten müssen, da sie außen eine harte Hülle oder Schicht besitzen, die nicht mitwächst. Damit ist klar, dass sehr viele Tiere der Gegenwart zu dieser Gruppe gehören, z. B. alle Gliederfüßer (Arthropoden), zu denen heute unter anderem die Krebstiere, Insekten und Spinnentiere gehören.

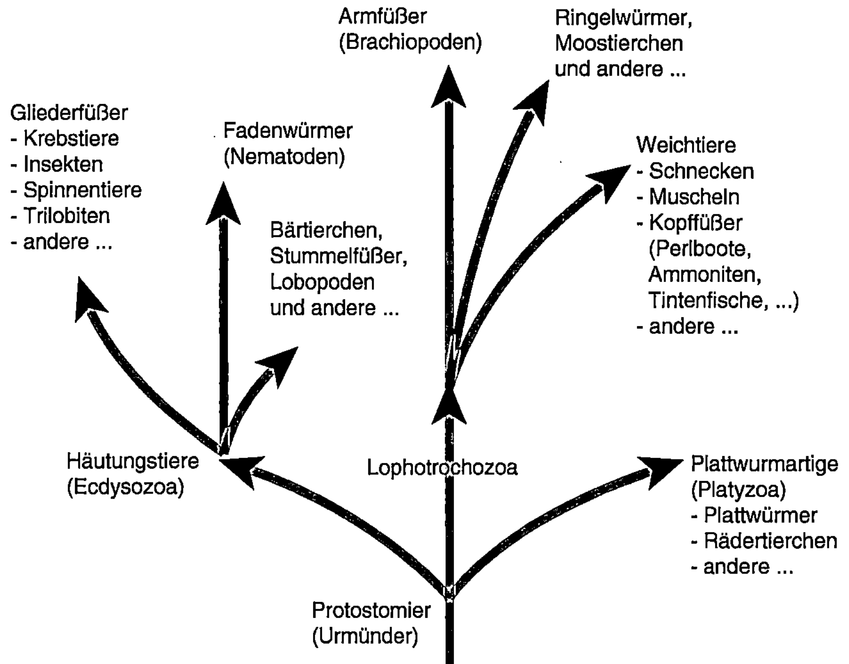

Abb. 4.4   Unvollständiger Stammbaum der Protostomier (Urmünder) mit den wichtigsten Tiergruppen in Anlehnung an © Richard Dawkins: *Geschichten vom Ursprung des Lebens*. Einige der hier dargestellten Zuordnungen sind allerdings noch umstritten.

Im Kambrium gibt es noch keine Insekten, doch andere Gliederfüßer entwickeln sich zu einer der vorherrschenden Tiergruppen in den Meeren des Kambriums. Besonders bekannt sind die *Trilobiten*, die äußerlich ein wenig an Kellerasseln erinnern (Abb. 4.5). Die ältesten Trilobiten sind rund 525 Millionen Jahre alt und stammen damit aus dem frühen Kambrium. Sie werden die Ozeane über fast 200 Millionen Jahre hinweg mit einer riesigen Artenvielfalt bevölkern, wobei sie sich ständig verändern und an neue Gegebenheiten anpassen. Erst am Ende des Perms, vor ca. 250 Millionen Jahren, werden sie beim größten globalen Massensterben aussterben (siehe Abschnitt 4.6). Damit sind Trilobiten sehr gute *Leitfossilien*, mit deren Hilfe sich die geologischen Gesteinsschichten des Erdaltertums gut identifizieren und unterscheiden lassen. Ob ein anderes typisches Tier des Kambriums, der zwischen 0,6 und 1,2 Meter große *Anomalocaris*, ebenfalls zu den Gliederfüßern gehört, ist nicht ganz klar (Abb. 4.3).

Eine weitere große Gruppe der Häutungstiere sind die *Fadenwürmer* (Nematoden). Diese winzigen unsegmentierten Würmchen gibt es heute mit sehr vielen Arten in großer Zahl fast überall, wo es feucht genug ist, beispielsweise

Abb. 4.5 Die Trilobiten sind Gliederfüßer, die die Meere während des gesamten Erdaltertums in großer Artenvielfalt bevölkern. Die hier abgebildete Art *Olenoides serratus* stammt aus den Mt. Stephen Trilobite Beds (mittleres Kambrium) nahe Field, British Columbia, Kanada. Mit freundlicher Genehmigung von © Mark A. Wilson (Department of Geology, The College of Woster).

im Boden, im Meer und Süßwasser, aber auch als Parasiten in Pflanzen und Tieren.

Ein sehr interessantes Lebewesen des Kambriums ordnet man mittlerweile ebenfalls den Häutungstieren zu, genauer den sogenannten Lobopoden, die eng verwandt mit den heutigen Stummelfüßern sind. Dieses Lebewesen trägt den Namen *Hallucigenia*, woran man erkennt, dass man es ursprünglich für ein sehr merkwürdiges Lebewesen hielt. Man hatte es aber bloß verkehrt herum rekonstruiert – die korrekte Interpretation von Fossilien hat eben durchaus seine Schwierigkeiten. Eine zeitgenössische Rekonstruktion zeigt Abb. 4.6.

Kommen wir zur zweiten Hauptgruppe der Protostomier: den Lophotrochozoa. Zu ihnen gehören neben einigen anderen meist wurmartigen Tiergruppen insbesondere die *Weichtiere* (Mollusken), die *Ringelwürmer* (Anneliden) und die *Armfüßer* (Brachiopoden). Bei manchen der Fossilien aus dem Kambrium ist es jedoch schwierig, eine genaue Zuordnung zu einer dieser Gruppen zu treffen, etwa bei der zwei bis fünf Zentimeter großen *Wiwaxia*, die wie *Hallucigenia* ein Fossil unter anderem aus dem Burgess-Schiefer ist (Abb. 4.7).

Abb. 4.6   Rekonstruktion der bis zu drei Zentimeter langen Gattung *Hallucigenia* aus dem mittleren Kambrium. © Nobu Tamura.

Abb. 4.7   Rekonstruktion der zwei bis fünf Zentimeter großen Gattung *Wiwaxia*. © Nobu Tamura.

Abb. 4.8 Perlboote sind lebende Fossilien, deren Vorfahren bereits im späten Kambrium existieren. Sie gehören wie die Ammoniten und Tintenfische zu den Kopffüßern. Im Bild ist ein *Nautilus pompilius* zu sehen. © Hans Hillewaert/CC-BY-SA-3.0

Die *Weichtiere* (Mollusken) bilden wieder eine sehr große Tiergruppe. Sie umfassen unter anderem die Schnecken, Muscheln und Kopffüßer (z. B. Ammoniten, Tintenfische und Perlboote). Die bekannten Ammoniten gibt es im Kambrium noch nicht, aber am Ende des Kambriums findet man erste Nautiliden, zu denen auch die heute noch lebenden Perlboote gehören (Abb. 4.8). Diese ersten Kopffüßer haben allerdings noch keine eingerollten, sondern gerade gestreckte Gehäuse; einrollen werden sich diese Gehäuse erst im Verlauf der weiteren Evolution.

Erste fossile Spuren der *Ringelwürmer* (Anneliden) findet man bereits im späten Ediacarium und Kambrium, insbesondere Säulen ihrer Gänge im Sandstein. Im Gegensatz zu den winzigen Fadenwürmern haben Ringelwürmer wie beispielsweise der Regenwurm einen segmentierten Körperbau ähnlich wie die Gliederfüßer. Dennoch sind Ringelwürmer nach neueren Forschungsergebnissen enger mit den nicht segmentierten Weichtieren verwandt, wie etwa das sehr ähnliche Larvenstadium zeigt, das für Weichtiere und Ringelwürmer charakteristisch ist. Der segmentierte Körperbau ist also demnach mehrfach im Laufe der Evolution entstanden, nämlich bei den Gliederfüßern und den Ringelwürmern (und später in gewissem Sinne auch bei den Wirbeltieren).

Die dritte große Gruppe der Lophotrochozoa, die *Armfüßer* (Brachiopoden), werden häufig mit den Muscheln verwechselt, da sie auf den ersten Blick ähnlich aussehen (Abb. 4.9). Sie sind jedoch anders aufgebaut und bilden einen eigenen Tierstamm, während die Muscheln zum Stamm der Weichtiere gehören. Armfüßer sind rechts-links-symmetrisch und haben eine obere (dorsale) und eine meist größere untere (ventrale) Schale, während Muscheln eine linke und eine rechte Schale oder Klappe haben. Die ältesten fossilen Armfüßer sind rund 530 Millionen Jahre alt (frühes Kambrium). Im Erdaltertum

Abb. 4.9   Ein fossiler Armfüßer aus dem Ordovizium (siehe Abschnitt 4.2). Man erkennt die Rechts-links-Symmetrie der Schale. Mit freundlicher Genehmigung von © Mark A. Wilson (Department of Geology, The College of Wooster).

bilden sie eine sehr weit verbreitete Tiergruppe, die wie die Trilobiten gut als Leitfossilien dienen kann. Die seit dem späten Kambrium existierenden Muscheln spielen gegenüber den Armfüßern im Erdaltertum noch keine große Rolle. Das große Massensterben am Ende des Perms 250 Millionen Jahre vor der Gegenwart wird die Armfüßer jedoch hart treffen, sodass die Muscheln das Zepter in vielen Riffen übernehmen. Immerhin werden die Armfüßer aber anders als die Trilobiten auch dieses Massensterben knapp überleben, sodass es sie auch heute noch gibt, wenn auch nicht mehr in derselben Artenvielfalt wie im Erdaltertum. Eine ihrer heutigen Gattungen, *Lingula*, gilt sogar als lebendes Fossil, da sie große Ähnlichkeit mit ihren fossilen Vorfahren aus dem Erdaltertum hat.

Zur dritten großen Gruppe der Protostomier, den *Plattwurmartigen* (Platyzoa), wollen wir hier nicht allzu viel sagen. Zu dieser Gruppe gehört neben den Plattwürmern (Plathelminthes) auch eine weit verbreitete Gruppe mikroskopisch kleiner Vielzeller: die Rädertierchen (Rotatoria). Übrigens darf man diese Plattwürmer nicht mit den Acoelomorpha aus dem vorherigen Kapitel verwechseln, die wir dort als primitive Plattwürmer ohne Leibeshöhle beschrieben hatten.

Soviel zu den *anderen*, also den Protostomiern. Kommen wir nun zu *uns*, den Deuterostomiern. In der Zeit nach der Trennung von den Protostomiern vor etwa 590 Millionen Jahren dürfte dieser Zweig des Lebens vermutlich aus kleinen wurmartigen Zweiseitentieren mit einem vom Mund zum Anus durchlaufenden Verdauungstrakt bestehen, aber man weiß über das Aussehen dieser Lebewesen nichts Genaueres. Einigermaßen sicher ist, dass vor rund 570 Millionen Jahren eine Gruppe dieser Lebewesen sich selbstständig macht und unabhängig von uns auf die Reise geht (Abb. 4.10). Diese Grup-

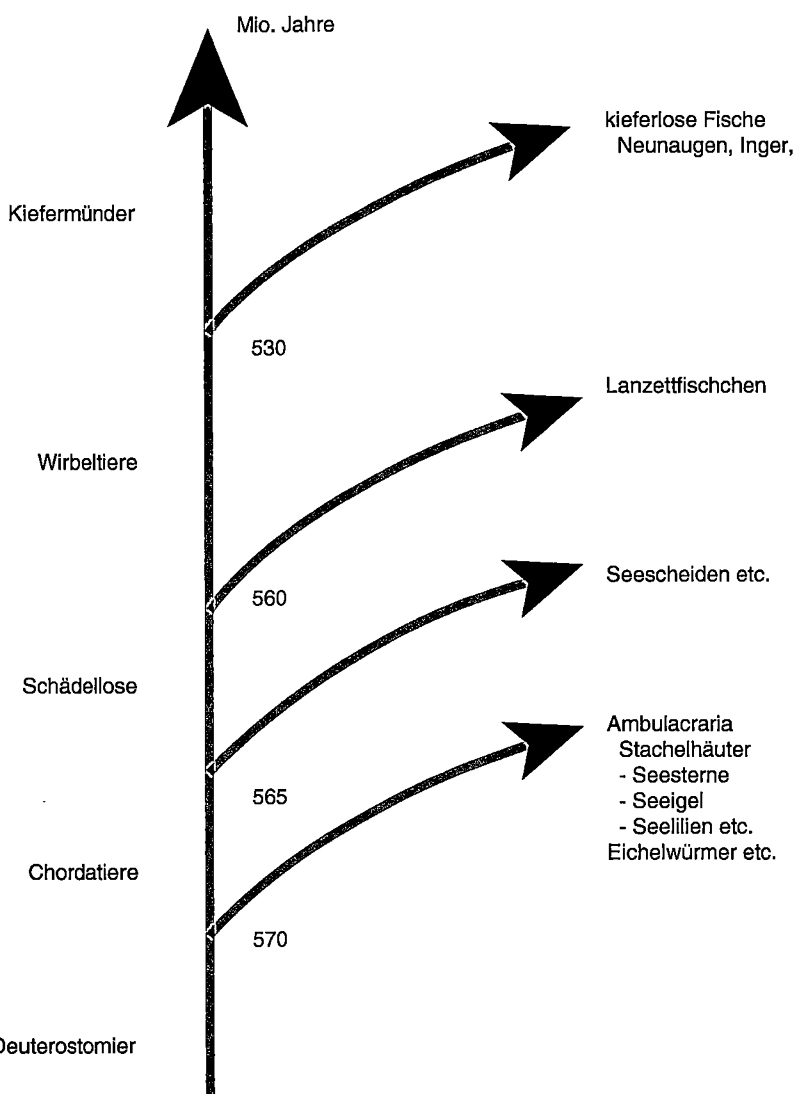

Abb. 4.10 Unvollständiger Stammbaum der Deuterostomier (Neumünder) mit den wichtigsten heute noch existierenden Abzweigungen von unserer eigenen Entwicklungslinie in Anlehnung an © Richard Dawkins, *Geschichten vom Ursprung des Lebens*.

pe bezeichnet man als Ambulacraria. Sie stellen unsere engsten Verwandten unter den wirbellosen Tieren dar und umfassen die Stachelhäuter (Seesterne, Seeigel, Schlangensterne, Seegurken, Haarsterne und Seelilien) sowie diverse wurmähnliche Tiergruppen (z. B. die Eichelwürmer). Fossilien von diversen urtümlichen Stachelhäutern findet man bereits im frühen Kambrium.

Auf den ersten Blick ist es sehr überraschend, dass Seesterne oder Seeigel an dieser Stelle im Stammbaum auftreten, denn das bedeutet, dass sie wie alle Proto- und Deuterostomier zu den Zweiseitentieren gehören müssen. Seesterne haben aber eine radialsymmetrische, meist fünfzählige Symmetrie, d. h. es gibt bei ihnen nicht vorne und hinten sowie rechts und links, sondern nur oben und unten, wobei sich der Mund unten und der Anus oben jeweils auf der Symmetrieachse befindet. Radialsymmetrische Tiere hatten sich aber bereits schon vor längerer Zeit von unserem Zweig verabschiedet, insbesondere die Nesseltiere (z. B. Quallen).

Das Mysterium lässt sich enträtseln, wenn wir uns die winzigen Larven der Stachelhäuter anschauen. Diese Larven sind nämlich wieder typische Zweiseitentiere. Eine Seesternlarve wird nun nicht etwa umständlich zu einem Seestern umgebaut, sondern im Inneren der Larve wächst ein Seestern im Miniaturformat heran, wobei später die übrige Larvenhülle abgestoßen wird. In gewissem Sinne kann man sich vorstellen, dass sich im Inneren der Larve ein eingerollter Wurm befindet, der fünf Segmente ausbildet, die zu den Armen des Seesterns heranwachsen.

Man sieht hier sehr schön, wie die Evolution funktioniert. Sie kann nicht in einem großen Schritt ein Zweiseitentier mal eben grundlegend in ein radialsymmetrisches Tier umbauen, sondern sie kann nur in kleinen Schritten die eine Form in die andere verbiegen, in diesem Fall also einrollen. Das Larvenstadium sieht dabei häufig ganz anders aus als das erwachsene Tier, und oft zeigt insbesondere die Larve, wo das Tier entwicklungsgeschichtlich einzuordnen ist.

Unsere übrig gebliebene Gruppe der Deuterostomier ohne die Ambulacraria (Seesterne & Co.), die sich soeben von uns getrennt haben, entwickelt sich zu den sogenannten *Chordatieren (Chordata)*. Das bedeutet, dass sich bei diesen Tieren entlang des Rückens ein elastischer Stab zur Stabilisierung ihres Körpers entwickelt (Abb. 4.11). Diesen Stab bezeichnet man als *Chorda dorsalis, Achsenstab* oder *Notochord.* Die Stabilisierung wird dabei durch einen erhöhten Innendruck der Zellen der Chorda erreicht, ähnlich wie bei einem aufgeblasenen länglichen Luftballon, nur natürlich mit einer Flüssigkeitsfüllung in den Zellen anstelle von Luft. Über der Chorda befindet sich normalerweise das *Neuralrohr*, das die Haupt-Nervenbahnen enthält. Man ahnt schon, dass dieser Aufbau gewisse Ähnlichkeiten mit einer Wirbelsäule aufweist, aber noch ist es nicht soweit.

Wenn wir den typischen Aufbau eines Chordatieres mit dem der meisten Protostomier vergleichen, so fällt ein wichtiger Unterschied auf: Bei Chordatieren sind die Organe weitgehend anders herum angeordnet als bei den meisten Protostomiern, beispielsweise den Gliederfüßern oder den Ringelwürmern. Oben und unten sind miteinander vertauscht. So liegt bei den

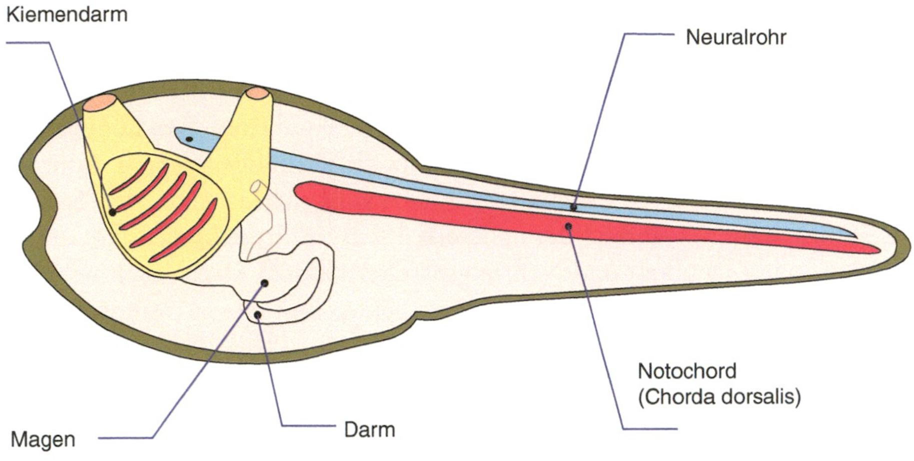

Abb. 4.11   Einige typische Merkmale der Chordatiere am Beispiel einer Seescheidenlarve. Abgeleitet von © Esculapio bzw. Frédéric Michel. Lizenz: CC BY-SA 3.0.

Chordatieren der Hauptnervenstrang auf der Rückenseite und das Herz auf der Bauchseite, bei den Insekten ist es umgekehrt, wie wir später noch sehen werden (Abschnitt 4.4, Abb. 4.29).

Dieser Unterschied zwischen Chordatieren und den meisten Protostomiern ist sehr überraschend: Warum sollte sich die Natur die Mühe machen, den Körperbau zweimal zu erfinden, und zwar ausgerechnet mit einer Vertauschung von oben und unten? Oder hat sie ihn komplett umgebaut? Kann die Evolution einen derartigen kompletten Körperumbau überhaupt hervorbringen? Welcher Vorteil könnte sich aus dieser aufwendigen Rekonstruktion ergeben, die den enormen Aufwand rechtfertigt? Die wahrscheinliche Antwort lautet: Es gibt keinen solchen Vorteil, und es gibt auch keinen Umbau. Die Vertauschung von oben und unten entsteht vermutlich einfach durch einen Zufall: Der Vorfahre der Chordatiere entscheidet sich offenbar aus irgendwelchen Gründen dafür, auf dem Rücken zu schwimmen. Man spricht auch von der *dorso-ventralen Umkehr.*

Es kommt in der Natur öfter vor, dass eine Verhaltensänderung den Fortgang der Evolution entscheidend beeinflusst. Auch heute noch finden wir Lebewesen, die eine solche Verhaltensänderung vornehmen. Moderne Beispiele für das Rückenschwimmen sind das Salinenkrebschen (*Artemia salina*), der Rückenschwimmende Kongowels (*Synodontis nigriventris*; ein beliebter Fisch für Aquarien, der auf diese Weise gut die Unterseite vom Blättern abweiden kann) oder der Seeotter (zumindest wenn er an der Wasseroberfläche schwimmt und mit Steinen Muscheln knackt, was in Rückenlage einfacher ist). Beim Kongowels gibt es auch bereits Anpassungen im Körperbau an die neue Schwimmweise: Sein Bauch ist aus Tarnungsgründen dunkler als sein Rücken, anders als bei normal schwimmenden Fischen.

Zurück zu unserer Gruppe der Chordatiere: Im späten Ediacarium besteht diese Gruppe möglicherweise aus kaulquappenähnlichen Geschöpfen, wie unsere nächste Weggabelung vor vielleicht 565 Millionen Jahren nahelegt. Der eine Teil dieser Geschöpfe (*unser* Teil) wird sich dabei zu den Fischen weiterentwickeln, während der andere Teil sich im Erwachsenenstadium am Meeresboden verankert und Nahrungspartikel aus dem Meerwasser herausfiltriert. Diese zweite Gruppe sind die Seescheiden und ihre Verwandten (auch Manteltiere, Tunicata oder Urochordata genannt).

Man könnte die *Seescheiden* als einen Beutel voller Meerwasser beschreiben, der nur einen Darm sowie Fortpflanzungsorgane besitzt und sich am Meeresboden festheftet. Da sie im Grunde wie Filteranlagen funktionieren, brauchen sie weder einen Schwanz noch eine Chorda oder ein aufwendiges Nervensystem. Aber wie kann ein derart einfaches Geschöpf zu den Chordatieren gehören? Doch Vorsicht! Bereits bei den Seesternen hatten wir etwas über die Bedeutung des Larvenstadiums gelernt. Tatsächlich besitzt die kaulquappenähnliche Seescheidenlarve sowohl einen Schwanz als auch eine Chorda (Abb. 4.11); diese gehen erst beim Übergang in die sesshafte erwachsene Form verloren, da sie dann nicht mehr gebraucht werden. Auch das Nervensystem bildet sich teilweise zurück – etwas drastisch sagt man oft, *sie frisst ihr eigenes Gehirn auf*.

Nachdem die sesshaften Seescheiden sich von uns verabschiedet haben, entwickelt sich unsere übrig gebliebene Gruppe aus kaulquappenähnlichen Chordatieren nun schrittweise weiter, wobei erste fischähnliche Merkmale entstehen. Im späten Ediacarium vor vielleicht 560 Millionen Jahren könnten diese Lebewesen teilweise so aussehen wie ein neuer Seitenzweig, der sich zu dieser Zeit abspaltet und aus dem eine Art lebendes Fossil hervorgegangen ist: die heutigen *Lanzettfischchen* (Abb. 4.12).

Das wenige Zentimeter lange Lanzettfischchen besitzt noch keine Wirbelsäule, sondern wie seine Vorfahren eine Chorda entlang des Rückens. Schädel, Unterkiefer und Gliedmaßen fehlen noch – wegen des fehlenden Schädels zählt man sie daher zur Gruppe der *schädellosen Fische* oder kurz der *Schädellosen* (Cephalochordata), deren einzige heute noch lebenden bekannten Arten sie darstellen. Im Erdaltertum sind die Schädellosen allerdings viel weiter verbreitet als heute. Ein bekanntes Fossil ist *Pikaia* aus dem Burgess-Schiefer des Kambriums, das einem heutigen Lanzettfischchen recht ähnlich zu sein scheint.

Immerhin besitzen Lanzettfischchen bereits einen Schwanz über dem Anus sowie seitliche Kiemenspalten, die sie aber noch nicht zum Atmen benutzen,

Abb. 4.12 Die Lanzettfischchen sind die einzigen noch lebenden Vertreter der schädellosen Chordatiere. © Hans Hillewaert, Lizenz: CC BY-SA 3.0.

sondern um Nahrungsteilchen aus dem Wasser herauszufiltern, ähnlich wie bei den Larven der Seescheide oben. Mit ihren Muskelblöcken können sie bereits mit seitlichen Wellenbewegungen wie Fische durch das Wasser schwimmen. Mit anderen Worten: Wir haben schon fast einen kleinen Fisch vor uns, wären da nicht die fehlenden Extremitäten und die fehlende Wirbelsäule samt Schädel.

Bei unserer Gruppe aus fischähnlichen Chordatieren ohne die Lanzettfischchen und ihre Verwandten entsteht nun – man möchte fast sagen: endlich – im Verlauf der nächsten Jahrmillionen die *Wirbelsäule* zusammen mit dem *Schädel*; man nennt sie daher *Wirbeltiere* (Vertebrata). Dabei ersetzt die Wirbelsäule ganz oder teilweise die Chorda dorsalis, die man bei uns Menschen beispielsweise noch in den Bandscheiben wiederfindet. Als Embryos haben aber alle Wirbeltiere zumindest vorübergehend noch eine Chorda. Kiefer und Extremitäten fehlen weiterhin. Mittlerweile sind Fossilien von Wirbeltieren bereits aus dem frühen Kambrium bekannt, wie z. B. das Fossil *Myllokunmingia*, das in China gefunden wurde und rund 530 Millionen Jahre alt ist.

Wenn wir uns wieder unseren eigenen Stammbaum in Abb. 4.10 ansehen, so finden wir eine Gruppe von urtümlichen kieferlosen Wirbeltieren, die sich ungefähr zu dieser Zeit, also vor etwa 530 Millionen Jahren, auf die selbstständige Reise macht und aus der die heute lebenden Neunaugen und Inger (Schleimaale) hervorgehen. Diese modernen Tiere vermitteln einen gewissen Eindruck davon, wie unsere Vorfahren zu dieser Zeit vielleicht aussehen, da sie sich seitdem nur wenig verändert haben. Neunaugen besitzen keine Kiefer, sondern die meisten Arten haben ein rundliches Maul mit kleinen spitzen Zähnchen, mit dem sie sich an Fischen festsaugen und als Parasiten von deren

Blut und Körpergewebe leben. Im Erdaltertum gibt es sehr viel mehr kieferlose Wirbeltierarten (Agnatha) als heute – nur Neunaugen und Inger sind übrig geblieben. Besonders häufig sind sie in Form der am Kopf gepanzerten Knochenhäuter *(Ostracodermi)* im Silur und Devon. Ob die im Erdaltertum weit verbreiteten sogenannten *Conodonten* schon zu den kieferlosen Wirbeltieren gehören oder eher den Lanzettfischchen ähneln, ist noch umstritten. Man findet sehr häufig kleine zahnähnliche Überreste vom Schlundapparat dieser Tiere, sodass sie wichtige Leitfossilien zur Altersbestimmung von Gesteinsschichten sind.

Mehr gibt es über unseren eigenen Zweig im großen Stammbaum des Lebens in diesem Abschnitt nicht zu sagen, denn die nächste wichtige Abzweigung findet erst im Ordovizium rund 460 Millionen Jahre vor der Gegenwart statt. Vielleicht ahnen Sie es: Sie hängt mit der Entwicklung von echten Kiefern zusammen.

Wir haben in diesem Abschnitt sehr viel über den Stammbaum der vielzelligen Tiere erfahren, nicht zuletzt über unsere eigene Entwicklungslinie. Wie aber sieht es mit den Pflanzen aus? Anscheinend ist über Pflanzen im Kambrium nicht allzu viel bekannt. Klar ist, dass es Algen im Plankton gibt und vermutlich auch mehrzellige Algen am Boden. Interessanter wird es im Ordovizium, wenn die Pflanzen beginnen, das noch karge Festland zu besiedeln (siehe Abschnitt 4.2).

Damit sind wir am Ende des Kambriums angekommen. Es endet vor 488 Millionen Jahren, wobei viele der vorherrschenden Arten aussterben und sich die Tier- und Pflanzenwelt der Ozeane grundlegend ändert. Der Grund dafür ist unklar.

Versetzen wir uns in unseren Reisenden auf dem 13 700 Kilometer langen Zeitpfad, der im Norden Australiens beginnt und am Kölner Dom endet. Ein Millimeter ist ein Jahr, ein Meter sind also 1 000 Jahre, ein Kilometer umfasst eine Million Jahre. Ein Menschenleben ist nur etwa acht Zentimeter lang. Das aktuelle Kapitel beginnt an der Zeitmarke *580 Millionen Jahre vor der Gegenwart*. Auf dem Zeitpfad bewegen wir uns in diesem Moment gerade durch Österreich, ungefähr in der Gegend von Linz. Wien liegt bereits hinter uns. Bis zum Ziel – der Gegenwart – sind es nur noch 580 Kilometer.

Wir sahen ganz zu Beginn des Zeitpfades, wie sich das Universum ausdehnt und wie sich die Materie zu Sternen und Galaxien zusammenballt, wie sich massereiche Sterne bilden und nach nur zehn bis 100 Kilometern auf dem Zeitpfad in gewaltigen Supernova-Explosionen die in ihnen gebildeten schwereren Elemente in den Weltraum hinausblasen. Ungefähr beim 9 100-sten Kilometer sahen wir, wie Sonne und Erde in einer kollabierenden Gas- und Staubwolke entstehen. Zu dieser Zeit befinden wir uns auf dem

Zeitpfad ungefähr im östlichen Usbekistan. Spätestens rund 1 000 Kilometer später gibt es erste Mikroorganismen auf der Erde. Das einzellige Leben entwickelt sich, die molekulare Zellmaschinerie wird immer komplexer, und es entstehen die drei Reiche des Lebens: Bakterien, Archaeen und schließlich Eukaryoten.

Vor rund 500 Kilometern konnten wir sehen, wie sich der Superkontinent Rodinia bildet, der dann vor etwa 200 Kilometern wieder auseinanderbricht. Innerhalb von ungefähr 300 Zeitpfadkilometern hat sich also die Lage der Kontinente auf der Erde grundlegend verändert. Dies wird sich auf den letzten 580 Kilometern bis zur Gegenwart wiederholen: Ein neuer Superkontinent (Pangäa) wird sich bilden, und er wird wieder zerbrechen.

Vor Kurzem ist die Erde noch ganz oder teilweise von einem dicken Eispanzer bedeckt (*Schneeball Erde*). Mehrere Male sind solche globalen Eiszeiten über die Erde hereingebrochen und wieder verschwunden. Doch nun ist es wärmer geworden, und zum ersten Mal sehen wir, wie sich größere vielzellige Tiere im Ozean weiträumig ausbreiten können. Die federartige *Charnia* und die kleine „Luftmatratze" *Dickinsonia* erscheinen und die „Urschnecke" *Kimberella* kriecht über den Meeresboden. Schalen oder Skelette haben diese Lebewesen aber noch nicht.

Während wir den Zeitpfad weitergehen, verändert sich das Bild. Gut 38 Kilometer weiter sterben viele dieser schwer zuzuordnenden Lebewesen aus und das erste Zeitalter des Erdaltertums beginnt: das *Kambrium*. Zum ersten Mal gibt es Lebewesen mit Schalen, die in größeren Mengen fossile Spuren hinterlassen!

Unser Weg durch das Kambrium ist etwa 54 Kilometer lang. Er beginnt vor 542 Millionen Jahren und endet vor 488 Millionen Jahren. Kurz nach dem Beginn des Kambriums betreten wir auf dem Zeitpfad bei Passau erstmals deutschen Boden (Abb. 4.13).

Die Kontinente sind nun zu großen Teilen von flachen warmen Meeren überdeckt. Auf der Südhalbkugel liegt ein großer Kontinent: Gondwana. Wir sehen, wie sich das vielzellige Leben ausbreitet und beginnt, die Lebensräume in den Ozeanen zu erobern. Die schwammähnlichen Archaeocyathiden bilden große Riffe. Nach wenigen Kilometern entwickeln sich die Gliederfüßer zu einer der vorherrschenden Tiergruppe in den Meeren. Besonders stark breiten sich die Trilobiten aus. *Wiwaxia* bewegt sich über den Meeresgrund und *Pikaia*, *Conodonten* sowie Vorfahren der Perlboote schwimmen durch das Wasser.

Nach 54 Kilometern endet schließlich das Kambrium. 488 Kilometer liegen noch vor uns. Wie es weitergeht, sehen wir gleich.

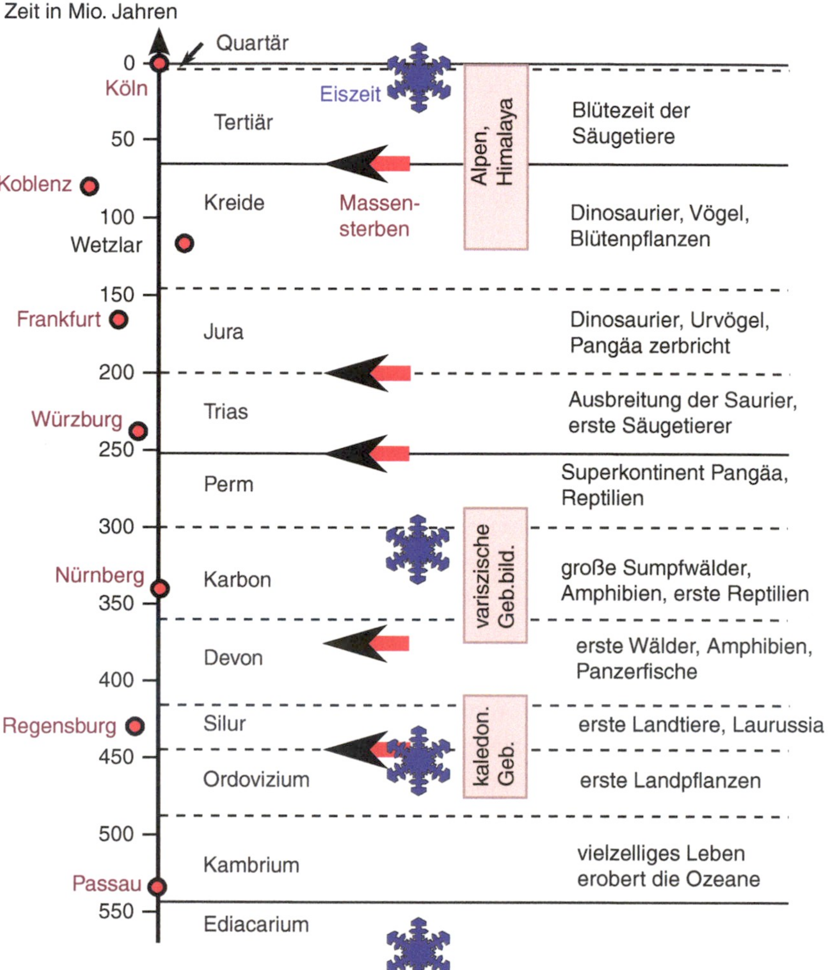

Abb. 4.13   Die letzten 550 Kilometer (Millionen Jahre) auf dem Zeitpfad, der im Norden Australiens mit dem Urknall beginnt und am Kölner Dom in der Gegenwart endet. Ein Kilometer entspricht einer Million Jahre, ein Millimeter steht also für ein Jahr. Links ist die ungefähre Lage der Städte dargestellt, an denen der Zeitpfad vorbeiführt. Die Pfeile kennzeichnen die fünf großen Massensterben der Erdgeschichte, die Sterne stehen für die großen Eiszeiten.

4.2   Ordovizium: erste Landpflanzen und am Ende eine Eiszeit

Wir befinden uns 488 Millionen Jahre vor der Gegenwart. Auf dem Zeitpfad sind also noch 488 Kilometer zurückzulegen, und 13 212 Kilometer liegen bereits hinter uns. Die letzten 54 Kilometer durchwanderten wir das Kambrium

Abb. 4.14 **a** Abdrücke von Graptolithen-Wohnröhren (*Pendeograptus fruticosus*) aus dem frühen Ordovizium, wie man sie häufig in Gesteinsschichten findet (© Mark A. Wilson). Sie sehen fast aus wie Laubsägeblätter. Vermutlich sind Graptolithen mit den Flügelkiemern (Pterobranchia) nahe verwandt. **b** Der heutige Flügelkiemer *Rhabdopleura normani* (© Philcha/Wikipedia). Man erkennt gut die beiden Tentakel in der Bildmitte, die zum Herausfiltern von Nahrungspartikeln aus dem Wasser dienen.

und sahen, wie nach den globalen Eiszeiten kleine Schalentiere, Trilobiten und andere mehrzellige Lebewesen begannen, die Ozeane zu erobern.

Viele von diesen Tierarten sind allerdings gerade ausgestorben – warum, ist unklar. Ein neues Zeitalter ist angebrochen: das Ordovizium. Es endet vor etwa 444 Millionen Jahren. Unser Weg auf dem Zeitpfad durch das Ordovizium ist also 44 Kilometer lang. Übrigens hat das Wort *Ordovizium* wie schon zuvor die Bezeichnung *Kambrium* wieder etwas mit Wales zu tun: Dieses Mal ist es der keltische Volksstamm der *Ordovicer*, der vor der römischen Invasion in Wales lebte und von dem sich der Name dieses Zeitalters ableitet.

Es ist im Ordovizium zunächst noch recht warm, der Meeresspiegel liegt hoch und große Teile der Kontinente sind von flachen, warmen Meeren bedeckt, in denen sich neue Lebewesen entwickeln. Besonders die sogenannten *Graptolithen* (Schriftsteine) erobern die Ozeane. Diese polypenähnlichen Tiere bilden am Meeresboden befestigte oder frei im Ozean schwimmende Kolonien. Die fossilen Überreste ihrer Wohnröhren sehen aus wie kleine Laubsägeblätter (Abb. 4.14a). Dabei bringen sie ständig neue Formen hervor, sodass sie gute Leitfossilien bilden – allerdings sterben sie im Karbon wieder aus. Offenbar sind die Graptolithen recht eng mit den heute noch lebenden Flügelkiemern (Pterobranchia) verwandt, sodass diese eine gewisse Vorstellung davon vermitteln, wie lebende Graptolithen aussehen könnten (Abb. 4.14b). In unserem Stammbaum der Deuterostomier in Abb. 4.10 gehören Graptolithen und Flügelkiemer als sogenannte Kiemenlochtiere zu den Ambulacraria, zu denen auch die Stachelhäuter (Seesterne etc.) gehören.

Abb. 4.15   *Orthoceras,* ein Kopffüßer aus dem Ordovizium. © Nobu Tamura.

Aber auch andere Tierfamilien, die wir teilweise aus dem Kambrium bereits kennen, können sich im Ordovizium mit neuen Arten und Formen im Ozean entfalten, beispielsweise die Trilobiten, die muschelähnlichen Armfüßer (Brachiopoden), Schwämme, Muscheln, Schnecken, Stachelhäuter (Seeigel, Seewalzen, Seesterne, Schlangensterne, Seelilien etc.) und besonders die Kopffüßer, bei denen sich Arten mit bis zu zehn Metern langen geraden Gehäusen entwickeln (Abb. 4.15). Im späten Ordovizium findet man auch erste Kopffüßer, deren Gehäuse beginnen, sich einzurollen, so wie wir das von den heutigen Perlbooten her kennen.

Nach dem Aussterben der schwammartigen *Archaeocyathiden (Urbecher),* deren becherförmige Gehäuse im Kambrium große Riffe bildeten, übernehmen nun andere Organismen zunehmend die Riffbildung, wie z. B. die ersten Korallen. Das Kalkgehäuse dieser Korallen des Erdaltertums ist noch deutlich anders aufgebaut als das Skelett heutiger Korallen. Betrachtet man dieses Gehäuse genauer, so kann man eine sehr interessante Entdeckung machen:

So wie man bei einem Baumstamm Jahresringe beobachten kann, so kann man bei Korallenskeletten Tagesringe beobachten, d. h. im Tag-Nacht-Rhythmus fügt die Koralle weitere dünne Anwachsringe zu ihrem Skelett hinzu. Zusätzlich kann man an den Ringen auch den Wechsel der Jahre erkennen, sodass man ablesen kann, wie viele Tagesringe pro Jahr hinzukommen. Bei heutigen Korallen sind das 365 Tagesringe pro Jahr, was uns nicht sonderlich überrascht. Schaut man sich jedoch die Anwachsringe der Korallen im Erdaltertum an, so findet man typischerweise rund 400 Tagesringe pro Jahr. Wenn wir davon ausgehen, dass sich die Dauer eines Jahres seit dem Erdaltertum nicht geändert hat, so müssen wir daraus folgern, dass die Tage kürzer gewesen sein müssen, sodass ein Jahr in jenem Zeitalter rund 400 Tage besitzt.

Das kommt uns bekannt vor, wenn wir an die Entstehung des Mondes zurückdenken. Aus Abschnitt 3.2 wissen wir, dass durch die Entstehung der Gezeiten ständig Rotationsenergie von der Erde auf den Mond übertragen wird, sodass sich dieser in der Gegenwart jedes Jahr um knapp vier Zenti-

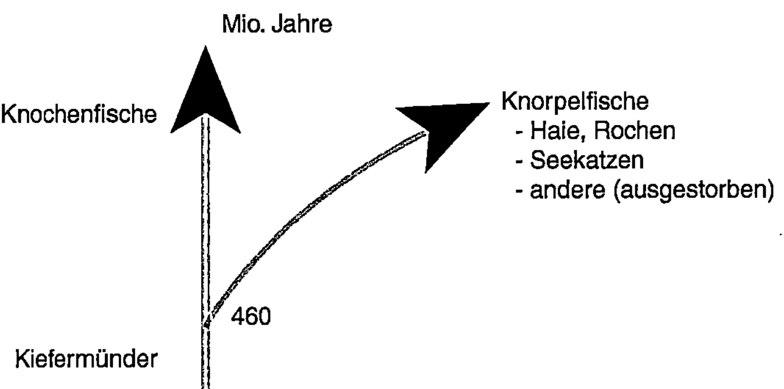

Abb. 4.16   Im Ordovizium gibt es nur eine wichtige Abzweigung von unserer eigenen Entwicklungslinie, bei der sich die Knorpelfische auf ihren selbstständigen Weg durch die Zeit begeben. Heutige Vertreter der Knorpelfische sind Haie, Rochen und Seekatzen (Seedrachen).

meter von der Erde entfernt und der Erdtag um 20 Mikrosekunden pro Jahr länger wird. Gehen wir 450 Millionen Jahre bis in das Ordovizium zurück, so kommen auf diese Weise 2,5 Stunden zusammen, d. h. im Ordovizium ist ein Erdtag nur rund 21,5 Stunden lang. In ein Jahr mit seinen 8 760 Stunden passen etwa 407 dieser kürzeren Tage hinein, wobei diese Zahl für die kommenden Erdzeitalter langsam schrumpfen wird. Das passt hervorragend zu den rund 400 Tagesringen pro Jahr, die man typischerweise bei den Korallen des Erdaltertums findet.

Kommen wir nun zu unserer eigenen Entwicklungslinie: den Wirbeltieren. Aus Skelett-Teilen im Kiemenbereich entstehen bei ihnen im Ordovizium die ersten Kiefer – man nennt diese Fische daher auch *Kiefermünder*. Etwa 460 Millionen Jahre vor der Gegenwart trennen sich die sogenannten *Knorpelfische* von unserer Linie und gehen ihren eigenen Weg (Abb. 4.16). Zu ihnen gehören heute die Haie, Rochen und die wenig bekannten Seekatzen (auch Seedrachen genannt). Diese Fische besitzen noch keine Knochen (Gräten), sondern ihr Skelett besteht aus Knorpel. Eine Schwimmblase zur Feinsteuerung des Auftriebs fehlt ebenfalls, sodass beispielsweise Haie ständig in Bewegung bleiben müssen, wenn sie nicht auf den Boden sinken wollen. Die Knorpelfische bilden die einzige wichtige Abzweigung von unserer Entwicklungslinie im Ordovizium.

Im Ordovizium beginnen auch die Pflanzen für uns interessant zu werden. Verschiedene (auch mehrzellige) Algenarten sind im Meer weit verbreitet, und es gelingt einigen von ihnen, zunehmend an Land Fuß zu fassen. Diese ersten einfachen Landpflanzen dürften vermutlich urtümliche Moose sein. Tiere werden es erst im nächsten Zeitalter (dem Silur) schaffen, an Land zu gehen. Den Pilzen gelingt es dagegen, zusammen mit den Pflanzen ebenfalls

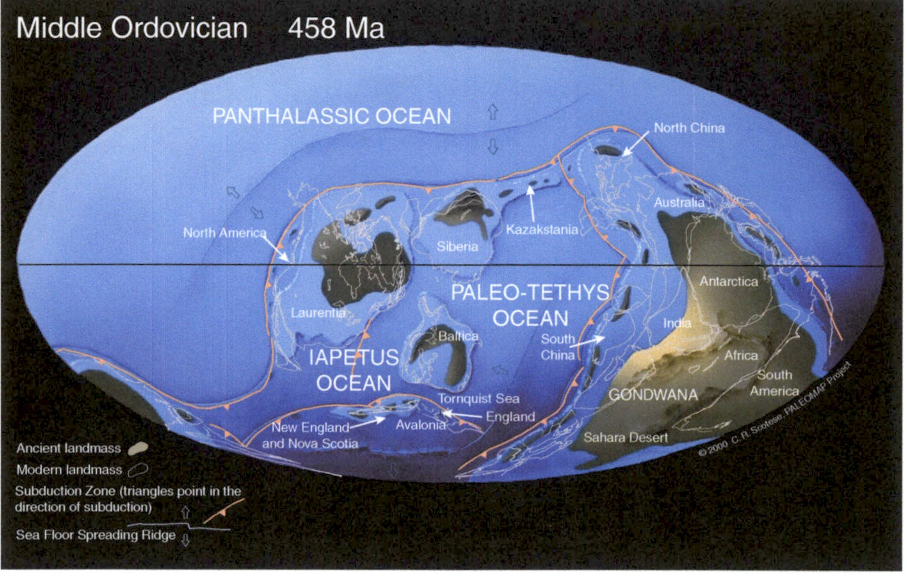

Abb. 4.17   Rekonstruktion der Kontinentalverteilung im mittleren Ordovizium vor 458 Millionen Jahren. Die Kontinentalränder sind zu großen Teilen von flachen Meeren überdeckt. Am Südpol hat sich bereits eine Eiskappe auf dem Superkontinent Gondwana gebildet. Die heutige Sahara liegt im Ordovizium in diesem eisbedeckten Gebiet. © Paleomap Project von C. R. Scotese, http://www.scotese.com.

das Land zu erobern, wobei sie häufig in Symbiosen eng mit den Pflanzen zusammenarbeiten. So können Pilze meist viel besser als Pflanzen Mineralien und Wasser aus dem Boden aufnehmen, sodass sie bei vielen Landpflanzen eng mit deren Pflanzenwurzeln zusammenarbeiten. Ein großer Teil des feinen Geflechts im Bereich vieler Pflanzenwurzeln gehört gar nicht zur Pflanze selbst, sondern ist ein Pilzmycel (*Mykorrhiza* genannt). Es ist gut möglich, dass diese Pilze den Pflanzen die Landbesiedelung erst ermöglichen.

Schauen wir uns die Verteilung der Kontinente an, wie sie im mittleren Ordovizium vor 458 Millionen Jahren aussieht (Abb. 4.17). Wie schon im Kambrium steht einigen kleineren Kontinenten der Superkontinent Gondwana gegenüber, der die heutigen Südkontinente Afrika, Australien, Antarktis und Südamerika sowie Indien umfasst. Nordafrika (speziell die heutige Sahara) liegt als Teil Gondwanas nahe am Südpol.

Am Ende des Ordoviziums kommt es zu einer der größten Vereisungen seit den globalen Eiszeiten vor Beginn des Kambriums. Der Superkontinent Gondwana wird zu großen Teilen von Gletschern überzogen, ähnlich wie die Antarktis heute. In der heutigen Sahara findet man heute noch viele Spuren dieser großen Vereisung, beispielsweise Moränenablagerungen und Gletscherschrammen in Gesteinen.

Allerdings ist selbst diese große Eiszeit wohl nicht so extrem wie die globalen Eiszeiten vor Beginn des Kambriums, denn sie beschränkt sich hauptsächlich auf den Bereich um den Südpol und die dort liegenden Teile von Gondwana. Der Meeresspiegel sinkt aufgrund der Gletscherbildung auf dem Festland, sodass viele der flachen tropischen Meeresregionen trockenfallen. Zudem kühlt das Meerwasser deutlich ab. Das Leben in den Ozeanen wird von diesem Kälteschock hart getroffen, und es kommt zum ersten der fünf großen Massensterben der Erdgeschichte.

4.3 Silur: kaledonische Gebirgsbildung und die ersten Landtiere

Langsam geht es auf unserem Zeitpfad weiter voran (siehe Abb. 4.13). Kambrium und Ordovizium liegen bereits hinter uns, das mehrzellige Leben im Meer hat sich etabliert und Pflanzen haben bereits begonnen, das Land zu erobern. Eine große Eiszeit hat gerade viele Arten in den Meeren ausgelöscht, doch nun kann sich das Leben wieder von dem Kälteschock erholen und neu ausbreiten. Ein neues Zeitalter beginnt vor 444 Millionen Jahren: das *Silur*, benannt nach dem einst in Wales lebenden keltischen Volksstamm der *Silurer*. Es endet vor 416 Millionen Jahren. Auf unserem Zeitpfad haben wir zu Beginn des Silurs also noch 444 Kilometer vor uns, und die nächsten 28 Kilometer werden uns durch dieses Zeitalter führen. Dabei kommen wir bei der schönen Stadt Regensburg vorbei, die rund 430 Kilometer Luftlinie von Köln entfernt ist.

Nach dem Ende der großen Eiszeit im späten Ordovizium wird es im Silur wieder recht warm. Wie schon im Kambrium und dem frühen Ordovizium ist der Wasserstand der Ozeane dem warmen Klima entsprechend wieder recht hoch. Flache warme Meere überspülen große Teile der Kontinente und lagern Sedimente aus Kalk, Sand und Schlamm ab. Im flachen warmen Wasser entstehen erstmals ausgedehnte Korallenriffe – entsprechende Kalksteine findet man heute beispielsweise auf der Ostseeinsel Gotland.

Viele Tiergruppen, die wir schon aus dem Ordovizium kennen, erholen sich und bilden neue Formen aus, wie etwa die Trilobiten, die muschelähnlichen Armfüßer und die polypenartigen Graptolithen. Bei den Kopffüßern finden sich zunehmend Formen mit eingerolltem Gehäuse. Riesige, bis zu zwei Meter lange Seeskorpione machen die flachen Meere unsicher (Abb. 4.18) – sie werden erst im Perm beim großen Massensterben wieder verschwinden.

Nachdem sich im Ordovizium vor rund 460 Millionen Jahren bereits die Knorpelfische (Haie etc.) von unserer eigenen Entwicklungslinie getrennt ha-

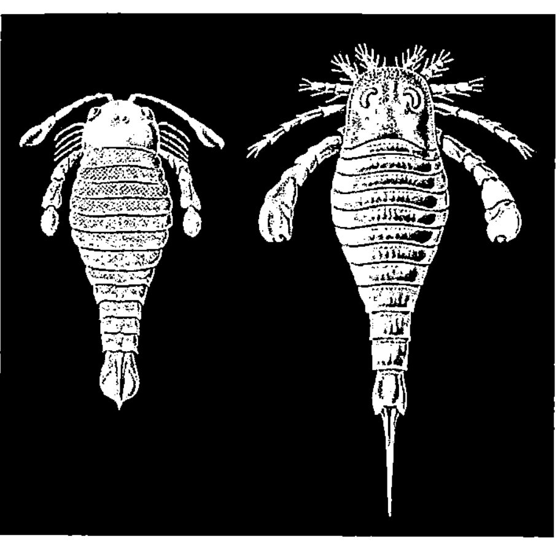

Abb. 4.18   Die bis zu zwei Meter langen Seeskorpione sind die größten Gliederfüßer, die man je auf der Erde gefunden hat. Im Bild sind die Gattungen *Pterygotus* (links) und *Eurypterus* (rechts) dargestellt. Aus: © Ernst Haeckel (*Kunstformen der Natur*).

ben, kommt es im Silur zu drei weiteren wichtigen Abspaltungen, bei denen sich die Strahlenflosser, die Quastenflosser und schließlich die Lungenfische selbstständig machen, während unsere eigene Linie die landbewohnenden Tetrapoden (Vierbeiner) hervorbringt (Abb. 4.19). Diese sehr interessante Entwicklung wollen wir uns etwas genauer ansehen:

Während das Skelett der Knorpelfische noch keine Knochensubstanz aufweist, entsteht bei unserer eigenen Linie im späten Ordovizium und frühen Silur ein Skelett aus Knochen (Gräten), sodass man auch von *Knochenfischen* spricht. Außerdem entsteht die *Schwimmblase*, mit der Knochenfische ihren Auftrieb im Wasser regeln können, indem sie die Gasmenge in der Schwimmblase verändern (Haie und andere Knorpelfische können das nicht, wie wir wissen). Interessanterweise entsteht die Schwimmblase aus einer primitiven ersten Fischlunge, d. h. die Lunge ist tatsächlich zuerst da! Offenbar ist es für einige Fische von Vorteil, öfter mal Luft holen zu können, beispielsweise in sauerstoffarmen Gewässern oder wenn der eigene Tümpel vorübergehend austrocknet. Ein Beispiel aus der Gegenwart, das diesen Vorteil belegt, ist der Zitteraal, der in den schlammigen Flüssen Südamerikas lebt und einen großen Teil seines Sauerstoffbedarfs über die Mundhöhle aus der Luft deckt, indem er etwa alle zehn Minuten auftaucht und nach Luft schnappt. Ein anderes heutiges Beispiel werden wir in Abschnitt 4.4 kennenlernen: den Schlammspringer. Weder Zitteraale noch Schlammspringer haben wirkliche Lungen, während die oben bereits genannten Lungenfische tatsächlich einfache Lungen besitzen – wir werden ihnen gleich wieder begegnen.

Im frühen Silur vor etwa 440 Millionen Jahren teilt sich diese Gruppe der Knochenfische in die *Strahlenflosser* (sozusagen die *normalen* Fische) und die

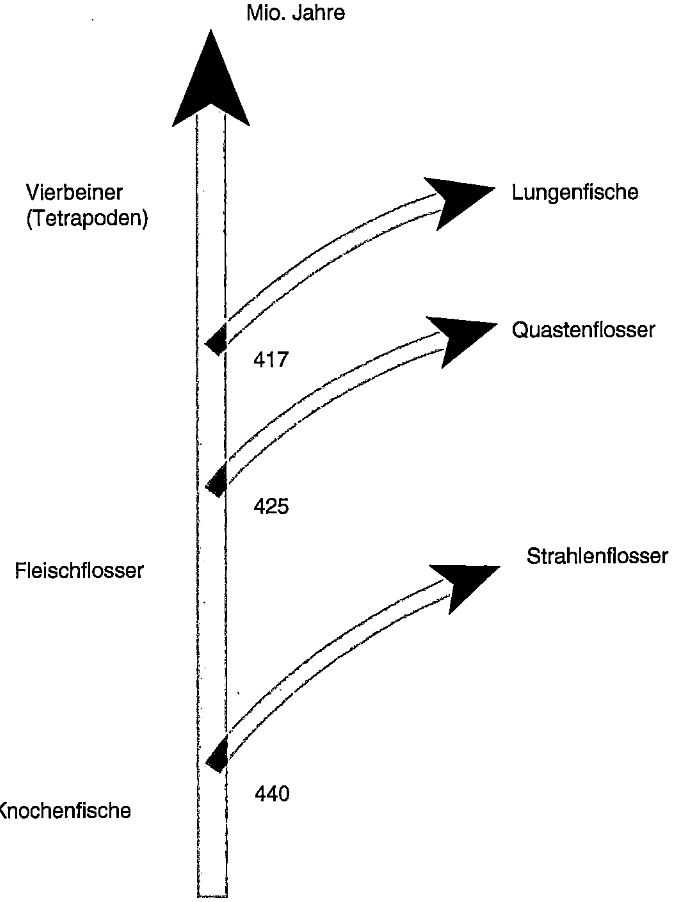

Abb. 4.19   Die drei wichtigsten Abzweigungen von unserer eigenen Entwicklungslinie im Silur in Anlehnung an © Richard Dawkins, *Geschichten vom Ursprung des Lebens*.

Fleischflosser (unsere eigene Linie) auf. Das Skelett in den Flossen sieht bei den Strahlenflossern fast aus wie ein Fächer, wobei die Muskeln sich in der Körperwand und weniger in den Flossen selbst befinden. Die Fleischflosser haben dagegen einen fleischigen Flossenansatz mit Muskeln in der Flosse selbst – eine sehr günstige Voraussetzung für einen späteren Landgang, bei dem Muskeln in den Extremitäten sehr nützlich sein werden.

Unsere Linie der Fleischflosser teilt sich im späten Silur in drei Zweige auf: in die *Quastenflosser*, die sich vor rund 425 Millionen Jahren selbstständig machen, sowie in die *Lungenfische* und die Vierbeiner (*Tetrapoden*; dazu gehören wir), die sich vor rund 417 Millionen Jahren trennen. Die Quastenflosser sind im Silur und besonders im Devon viel weiter verbreitet als heute. Lange hielt man sie sogar für ausgestorben, bis man schließlich im Jahr 1938

Abb. 4.20   Künstlerische Darstellung eines Komoren-Quastenflossers. © Robbie Cada for fishbase.org.

zufällig ein totes Exemplar im Beifang eines südafrikanischen Fischkutters entdeckte – eine Sensation, fast so, als hätte man einen kurz zuvor noch lebenden Dinosaurier gefunden (Abb. 4.20)! Aber erst 1987 gelang es erstmals, lebende Quastenflosser in etwa 200 Metern Tiefe bei den Komoren in freier Natur zu beobachten. Mittlerweile kennt man Quastenflosser nicht nur aus dem Meer zwischen den Komoren und Madagaskar, sondern auch aus dem Gebiet zwischen den indonesischen Inseln Borneo und Celebes sowie von der südafrikanischen Küste nahe der Grenze zu Mosambik. Es ist diesen urtümlichen Lebewesen tatsächlich gelungen, in tieferen Gewässern im Schutz von Steilhängen, Canyons oder Höhlen an einigen Stellen des indischen Ozeans die Jahrmillionen zu überdauern. Solche unvermuteten Boten aus der fernen Vergangenheit, die man lange verloren glaubte und die doch in verborgenen Nischen die Zeiten überdauern konnten, üben auf mich eine große Faszination aus. Wir werden später ein ähnliches Beispiel aus dem Pflanzenreich kennenlernen: die *Wollemie*, die man erst 1994 versteckt in einigen unzugänglichen Canyons der australischen Blue Mountains wiederentdeckte.

Auch die Lungenfische sind wie die Quastenflosser heute nur noch mit wenigen Arten vertreten. Sie besitzen zusätzlich zu ihren Kiemen einen oder zwei Lungenflügel, mit deren Hilfe sie beispielsweise Trockenzeiten überstehen oder im sauerstoffarmen Wasser überleben können. Wie es mit all diesen verschiedenen Fischlinien sowie mit unserer eigenen Linie, den zukünftigen Vierbeinern, weitergeht, wollen wir uns erst im nächsten Abschnitt genauer ansehen.

Kommen wir nun zu den Pflanzen, bei denen sich eine interessante Entwicklung anbahnt: Bereits im Ordovizium ist es den ersten Pflanzen (einfachen Moosen) gelungen, an Land Fuß zu fassen und damit einen Stammbaum der *Landpflanzen* zu begründen. Diese Landpflanzen entwickeln sich weiter und breiten sich zunehmend auf den Kontinenten aus, zumindest in Küstennähe und besonders an Flussläufen und Seen, denn sie sind noch in starkem

Abb. 4.21   Rekonstruktion von *Cooksonia*, einer der ältesten Gruppen von Gefäßpflanzen. © Ville Koistinen.

Maße auf Wasser angewiesen. Nach und nach entstehen die typischen Eigenschaften, ohne die größere Landpflanzen nicht existieren können: Leitbündel, mit denen sich Wasser nach oben transportieren lässt, Wurzeln für die Verankerung und Wasseraufnahme sowie Holzgewebe für die Festigkeit. Wegen der Leitbündel spricht man auch von *Gefäßpflanzen* in Abgrenzung zu den Moosen, die noch keine oder nur sehr einfache Leitbündel besitzen. Große Blätter gibt es meist noch nicht, denn diese würden noch zu viel Wasser verbrauchen. Stattdessen sind die Blätter (sofern vorhanden) noch klein und dornenartig. Weit verbreitet sind im späteren Silur die Gefäßpflanzen der Gattung *Cooksonia*, die fünf bis zehn Zentimeter groß werden können (Abb. 4.21). Sie vermehren sich wie die Moose über Sporen; Samenpflanzen gibt es noch nicht.

Neben den Pflanzen schaffen es nun auch die ersten Tiere, nicht nur in den Gewässern des Festlandes Fuß zu fassen, sondern auch auf dem Festland selbst (zumindest in Gewässernähe). Dies gelingt insbesondere den Gliederfüßern — so können vermutlich bereits die Seeskorpione zumindest für kurze Zeit das Wasser verlassen.

Geologisch prägend für das Silur ist die Entstehung des Kontinents *Laurussia*, der auch *Euramerika* genannt wird (Abb. 4.22). Dabei schiebt sich nahe am Äquator der östlich liegende Kontinent *Baltica* (das heutige Nordeuropa inklusive Russland, in der Bildmitte) gegen den etwas weiter westlich liegenden Kontinent *Laurentia* (das heutige Nordamerika mit Grönland, links in der Bildmitte) und vereint sich mit diesem. Auch der längliche Mini-Kontinent *Avalonia*, der sich Ende des Kambriums von Gondwana gelöst hat, gesellt sich von Süden her hinzu (Avalonia umfasst Teile von England, der Ostküste Nordamerikas und Mitteleuropas; Abb. 4.23). Dabei verschwin-

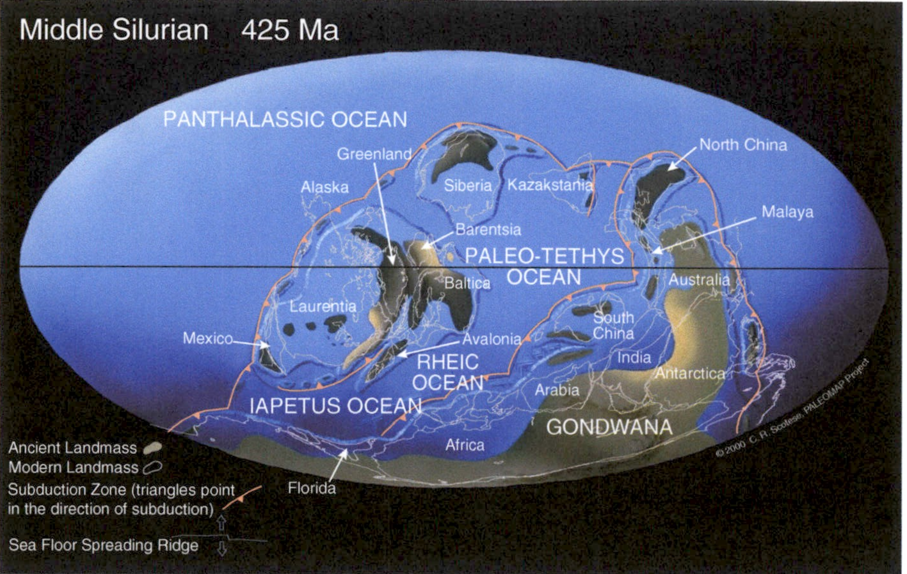

Abb. 4.22   Die Verteilung der Kontinente im Silur vor 425 Millionen Jahren. In der Bildmitte sieht man, wie Laurussia durch Kollision von Laurentia und Baltica entsteht und sich dadurch hohe Gebirge auffalten (kaledonische Gebirgsbildung). Südlich von Laurussia befindet sich der Superkontinent Gondwana, nördlich der kleine Kontinent Siberia. © Paleomap Project von C. R. Scotese, http://www.scotese.com.

den die dazwischenliegenden Ozeane und ihre Sedimente falten sich im Kollisionsbereich zur Gebirgskette der *Kaledoniden* auf. Man spricht von der *kaledonischen Orogenese (Gebirgsbildung)*. Im Silur ist die Gebirgskette der Kaledoniden vermutlich so hoch wie das heutige Himalaja-Gebirge. Davon ist in der Gegenwart nur noch vergleichsweise wenig übrig: Teile der *Appalachen* im Osten Nordamerikas sowie die Gebirge in Skandinavien, Grönland und Schottland – *Caledonia* ist übrigens das lateinische Wort für Schottland.

So wie Relativitätstheorie und Quantenmechanik die Grundpfeiler für die Physik unserer Welt darstellen und die Evolution die Basis für die Entwicklung des Lebens bildet, so ist die Bewegung der Kontinente der entscheidende Mechanismus, der die geologische Struktur der Erdoberfläche prägt. Man spricht hier auch von *Kontinentaldrift* bzw. *Plattentektonik*. Die Theorie der Kontinentaldrift wurde insbesondere von Alfred Wegener im Jahr 1915 vertreten und durch viele geologische Hinweise untermauert. So passen beispielsweise Südamerika und Afrika wie zwei Puzzlestücke erstaunlich gut zueinander, und der Gedanke liegt nahe, dass sie zwei auseinandertreibende Bruchstücke eines größeren Kontinents sind. Heute wissen wir, dass Alfred Wegener recht hatte, denn wir können mittlerweile dank GPS und anderer Techniken die Bewegung der Kontinente sogar direkt messen: Sie driften

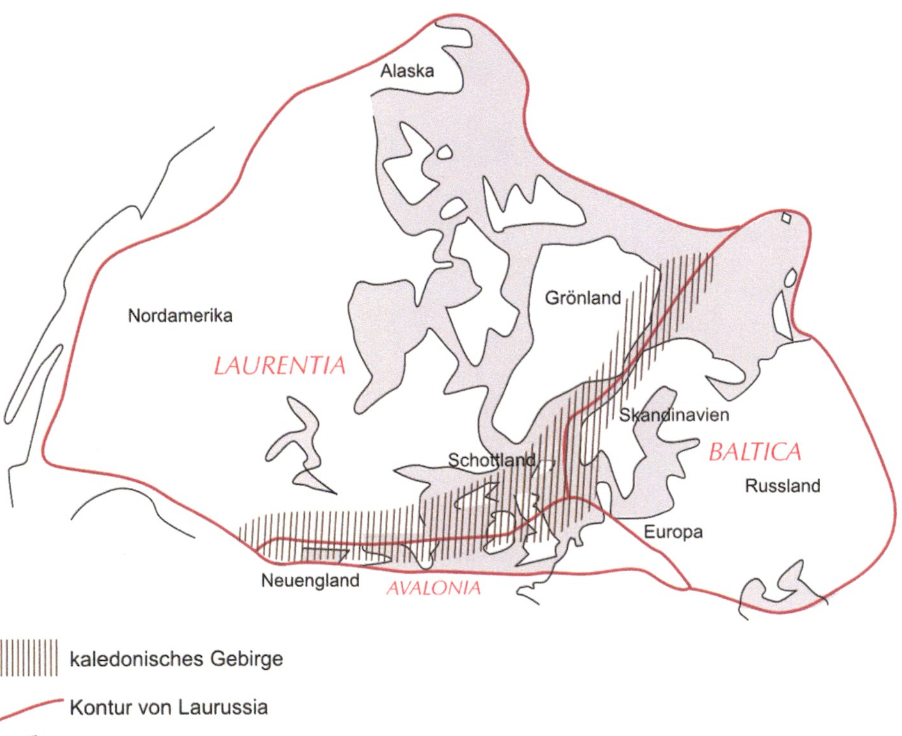

Abb. 4.23   Der neu gebildete Kontinent Laurussia entsteht durch Kollision der Kontinente Laurentia, Baltica und Avalonia. In der Kollisionszone entsteht das kaledonische Gebirge (schraffierter Bereich). Zur Orientierung sind außerdem die Küstenlinien der heutigen Kontinente eingezeichnet. Grafik von © Thomas Robert mit kleinen Anpassungen.

mit Geschwindigkeiten zwischen rund einem und zehn Zentimetern pro Jahr über den Globus.

Alfred Wegener hatte nur ein Problem: Er wusste nicht, warum sich die Kontinente bewegen. Daher konnte sich seine Theorie lange nicht durchsetzen. Erst um 1960 erkannte man den wesentlichen Mechanismus, sodass die Bewegung der Kontinente seitdem allgemein akzeptiert ist. Wir haben diesen Mechanismus bereits mehrfach erwähnt: Es sind im Wesentlichen die langsamen Konvektionsströme des zähplastischen Gesteins im Erdmantel, die die Platten der Erdkruste erfassen und gleichsam mitnehmen, wobei Platten und Mantelmaterial ein zusammenhängendes komplexes Gesamtsystem bilden (siehe Abb. 3.4 in Abschnitt 3.2). Dabei wird Mantelmaterial vom heißen Erdkern aufgeheizt, sodass es sich ausdehnt und langsam in Richtung Erdoberfläche aufsteigt. Dort bewegt es sich zur Seite, kühlt ab und sinkt an anderer Stelle wieder nach unten.

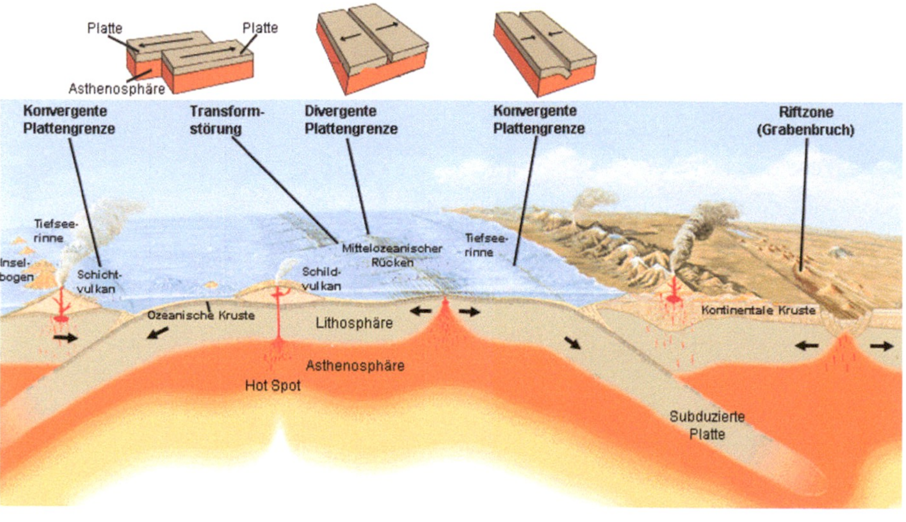

Abb. 4.24 Darstellung verschiedener tektonischer Plattengrenzen. Man sieht, wie an Mittelozeanischen Rücken aufsteigendes Mantelmaterial neuen Ozeanboden bildet, wie dieser zu beiden Seiten driftet und an Tiefseerinnen wieder in den Erdmantel abtaucht (Subduktion). Rechts erkennt man eine Riftzone (Grabenbruch), bei dem aufsteigendes Mantelmaterial die kontinentale Kruste aufbricht und die Bruchstücke auseinandertreiben wird, wobei zwischen den Kontinenten ein neuer Ozean entsteht. © Jose F. Vigil, USGS/USGov.

Das Mantelmaterial ist dabei nicht etwa flüssig, sondern aufgrund des großen Drucks im herkömmlichen Sinn fest und elastisch – so kann es beispielsweise seismische Scherwellen weiterleiten, wie sie bei Erdbeben entstehen; eine Flüssigkeit kann das nicht. Betrachtet man jedoch Zeiträume von vielen Millionen Jahren, so verhält sich Mantelmaterial wie eine zähe Flüssigkeit. Daher habe ich die Konsistenz des Mantelmaterials weder als fest noch als flüssig, sondern als *zähplastisch* bezeichnet. Wir kennen dieses Phänomen z. B. von Gletschern: Gletschereis ist fest, aber dennoch kann es sich unter starkem Druck langsam verformen, sodass der Gletscher ins Tal fließen kann.

An den Stellen, an denen das Mantelmaterial bis zur Erdoberfläche aufsteigt, breitet es sich seitlich aus, erstarrt und bildet so fortlaufend neue ozeanische Kruste. Dabei wird der bereits vorhandene Ozeanboden zu den Seiten weggedrängt bzw. von dem sich darunter seitlich bewegenden Mantelmaterial weggezogen. Solche Stellen nennt man *Spreizungszonen* oder *Mittelozeanische Rücken*. Ein Beispiel aus der Gegenwart ist der Mittelatlantische Rücken, zu dem auch Island gehört. Der Ozeanboden sinkt an anderen Stellen wieder nach unten in den Erdmantel ab, etwa wenn er auf ein Hindernis wie eine Kontinentalplatte trifft. Diese Stellen nennt man *Subduktionszonen* (Abtauchzonen), die sich meist als Tiefseegräben bemerkbar machen (Abb. 4.24).

Ozeanboden wird also ständig neu gebildet und taucht an anderen Stellen wieder ab. Tatsächlich ist in der Gegenwart kein Ozeanboden älter als 200 Millionen Jahre, und rund die Hälfte des Ozeanbodens der Gegenwart bildet sich erst nach dem Aussterben der Dinosaurier 65 Millionen Jahre zuvor.

Die Blöcke der Kontinente schwimmen gleichsam auf dem zähen Erdmantel, horizontal eingebettet in den umgebenden Ozeanboden, und folgen zusammen mit ihm der Bewegung des zähplastischen Mantelmaterials. Man kann sie sich wie Schiffe vorstellen, die im Packeis eingefroren sind und zusammen mit diesem Packeis der Bewegung einer darunter liegenden sehr zähen Flüssigkeit folgen. Dabei erreichen sie Geschwindigkeiten von wenigen Zentimetern im Jahr, was ungefähr der Geschwindigkeit entspricht, mit der unsere Fingernägel wachsen (ein sehr beliebter Vergleich). Die Kontinentalblöcke bestehen aus leichterem Material (z. B. Granit) und können daher anders als der Ozeanboden nicht in das schwerere Material des Erdmantels abtauchen. Wie auf einem Förderband werden sie langsam zusammen mit dem umgebenden Ozeanboden von den ozeanischen Rücken weg und zu den Subduktionszonen hin bewegt. Dabei kann es zu Kollisionen der Kontinentalblöcke kommen, wie der Zusammenstoß von Laurentia und Baltica zeigt. An den Kollisionsstellen entstehen hohe Gebirge, wie im Fall von Laurentia und Baltica das kaledonische Gebirge. Auch in der Gegenwart wachsen solche Gebirge: Das heute größte Gebirge der Welt, der Himalaja, wächst seit rund 40 Millionen Jahren aufgrund der Kollision der Indischen mit der Eurasischen Platte, wobei er auch heute noch um mehr als einen Zentimeter pro Jahr angehoben wird. Umgekehrt kann sich unter einer Kontinentalscholle eine neue Spreizungszone auftun, sodass die Scholle zerreißt und sich zwischen den Bruchstücken neuer Meeresboden bildet. Genau dies geschieht im Jura an mehreren Stellen Pangäas und in der Gegenwart im Osten Afrikas am Großen Afrikanischen Grabenbruch (Great Rift Valley).

Wenden wir uns nach diesem Exkurs wieder den Kontinenten des Silurs zu: Laurussia ist im Silur gleichsam das kleinere Gegenstück zum südlichen Großkontinent Gondwana, der uns schon mehrfach begegnet ist. Laurussia und Gondwana sowie etwas später auch das nordöstlich liegende Siberia (im Wesentlichen das heutige Sibirien) werden sich am Ende des Erdaltertums zum Superkontinent *Pangäa* vereinen. Erst im Jura wird Laurussia schließlich auseinanderbrechen und Europa wird sich von Nordamerika trennen, wobei zwischen ihnen der Atlantik entsteht.

Die kaledonische Gebirgsbildung führt dazu, dass am Ende des Silurs vor etwa 416 Millionen Jahren der Meeresspiegel wieder etwas abfällt, sodass einige zuvor überflutete Gebiete trockenfallen. Die Erosion beginnt, die neuen kaledonischen Hochgebirge abzutragen und einzuebnen und dabei das Material dieses Gebirges in großen Sedimentschichten abzulagern. Ein neues Zeitalter beginnt: das Devon.

4.4　Devon: das Zeitalter der Fische, erste Wälder und Amphibien

Wir sind auf dem Zeitpfad seit der Entstehung vielzelligen Lebens bereits recht gut vorangekommen. Dabei haben wir gesehen, wie nach den globalen Eiszeiten des Ediacariums dieses mehrzellige Leben sich in den Meeren ausbreiten konnte, wie die ersten Pflanzen im Ordovizium das Land eroberten, wie am Ende des Ordoviziums eine neue Eiszeit die Erde überzog und viele Lebewesen auslöschte, und wie es danach im Silur wieder warm wurde und viele Bereiche der Meere wieder besiedelt werden konnten. Im Silur schafften es nach den Pflanzen schließlich auch einige Tiere, in Wassernähe an Land zu gehen. Die Kollision der beiden kleineren Kontinente Baltica und Laurentia ließ in diesem Zeitalter einen neuen Kontinent entstehen: Laurussia. In der Kollisionszone bildete sich dabei das kaledonische Gebirge, das ähnlich hoch gewesen sein muss wie der heutige Himalaja.

Nach dem Ende des Silurs befinden wir uns momentan am Beginn des *Devons*, etwa 416 Millionen Jahre vor der Gegenwart. Namensgeber für das Devon ist die britische Grafschaft Devon oder auch Devonshire im Südwesten Englands. Dieses Zeitalter wird etwa 360 Millionen Jahre vor der Gegenwart enden. Unser Weg auf dem Zeitpfad durch das Devon wird also 56 Kilometer (d. h. 56 Millionen Jahre) lang sein. Regensburg liegt auf unserem Weg von Australien nach Köln bereits hinter uns, und Nürnberg werden wir erst im nächsten Zeitalter, dem Karbon, passieren (siehe Abb. 4.13).

Schauen wir uns die Verteilung der Kontinente im Devon in Abb. 4.25 an: Es gibt wie schon im Silur im Wesentlichen zwei Kontinente: den südlichen Großkontinent Gondwana sowie den kleineren äquatorialen Kontinent Laurussia (Euramerika), der das kaledonische Gebirgsmassiv trägt, das bei der Entstehung Laurussias im Silur entstanden ist. Oberhalb von Laurussia erkennen wir außerdem den Kleinkontinent Siberia. Gondwana und Laurussia bewegen sich aufeinander zu, denn zwischen diesen beiden Kontinenten liegt im Ozean eine große Subduktionszone, in welcher Ozeanboden in den Erdmantel abtaucht (siehe Abschnitt 4.3). Auf lange Sicht wird sich so bis zum Perm der Superkontinent *Pangäa* bilden.

Die heutigen Kontinente sind nach wie vor kaum zu erkennen, und viele der heute trocken liegenden Landesteile sind im warmen Klima des Devons von flachen Meeren überflutet. Gondwana umfasst dabei unverändert die heutigen Südkontinente (Südamerika, Afrika, Antarktis, Australien) sowie

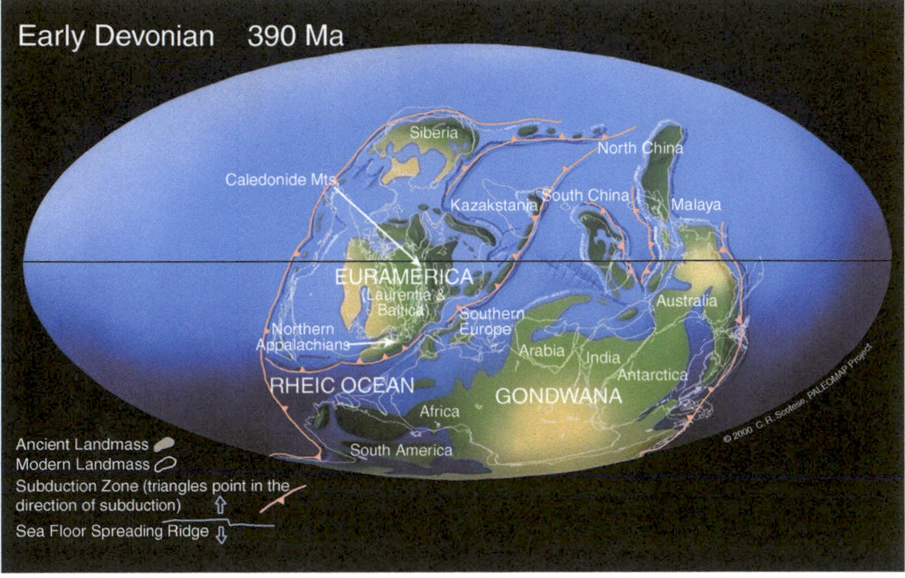

Abb. 4.25   Die Verteilung der Kontinente im frühen Devon. Die Kontinente nähern sich zunehmend einander an. © Paleomap Project von C. R. Scotese, http://www.scotese.com.

Indien und Südeuropa, wobei Südamerika als Teil Gondwanas am Südpol liegt. Nord- und Mitteleuropa sind dagegen Teil Laurussias, das außerdem Nordamerika umfasst. Europa ist also immer noch kein zusammenhängender Kontinent, aber durch die Annäherung Gondwanas an Laurussia deutet sich an, dass es im späten Devon und Karbon zusammenfinden wird. Bei dieser erneuten Kollision zweier Kontinentalplatten entstehen wie bereits im Silur wieder hohe Gebirgszüge – die *variszische Gebirgsbildung* beginnt. Dabei falten sich insbesondere die heutigen europäischen Mittelgebirge auf, beispielsweise das *Rheinische Schiefergebirge*, das im Devon zuvor von einem flachen Meer bedeckt ist.

Von all diesen einstigen Hochgebirgen ist aufgrund der Erosion in der Gegenwart nicht mehr allzu viel übrig. Im Devon wird das zuvor im Silur entstandene kaledonische Hochgebirge bereits zu großen Teilen abgetragen und eingeebnet. Dabei entstehen teilweise kilometerdicke Sedimentschichten aus Abtragungsschutt, beispielsweise die bekannten Rotsedimente (unter anderem der sogenannte *Old-Red-Sandstein*), die dem Kontinent Laurussia auch den Beinamen *Old Red Continent* eingebracht haben und insbesondere in England und Schottland weit verbreitet sind.

In der Tier- und Pflanzenwelt setzen sich die Entwicklungen des Silurs weiter fort. In den Ozeanen finden wir neue Arten der Trilobiten, Armfüßer,

Abb. 4.26   Der etwa 40 Zentimeter lange *Coccosteus* ist ein kleinerer Plattenhäuter des Devons. © Nobu Tamura.

Muscheln, Schnecken und Stachelhäuter. Die aus dem Ordovizium und Silur bekannten Graptolithen, deren Wohnröhren die typischen laubsägeblattähnlichen Fossilien hinterlassen, sind dagegen bereits recht selten; sie sterben endgültig im frühen Karbon aus.

In den flachen warmen Meeren des Devons entstehen große Riffe aus Kalkstein, die heute beispielsweise als sogenannte *Riffkalke* oder *Massenkalke* in vielen deutschen Mittelgebirgen zu sehen sind. Manche dieser Kalkgesteine beherbergen heute große Tropfsteinhöhlen, wie z. B. die *Atta-Höhle* (Attendorner Tropfsteinhöhle) bei Attendorn im Sauerland. Die Riffe bilden sich aus den Kalkskeletten damaliger Korallen und sogenannter *Stromatoporen*, die mit den Schwämmen verwandt sind. Es gibt Stromatoporen bereits im Silur, aber ihre Blütezeit ist das Devon. Am Ende des Devons geht ihre Bedeutung stark zurück, und am Ende der Kreidezeit sterben sie schließlich zusammen mit den Dinosauriern endgültig aus.

Aus der Gruppe der Kopffüßer treten im Devon mit den *Goniatiten* die ersten Vertreter der Ammoniten auf. Ihr Gehäuse ist bereits vollständig eingerollt. Ammoniten werden im Erdmittelalter (Trias, Jura, Kreide) noch eine dominante Rolle in den Ozeanen spielen, bevor sie dann am Ende der Kreidezeit komplett aussterben – wir gehen daher erst später genauer auf sie ein.

Im Ordovizium und Silur sind bereits nach und nach die verschiedenen großen Entwicklungszweige der Wirbeltiere entstanden: Fische ohne und mit Kiefer, Knorpelfische (Haie etc.), Strahlenflosser (die typischen Fische), Quastenflosser, Lungenfische und schließlich unsere eigene Gruppe (die Tetrapoden oder Vierbeiner), die im Begriff ist, das Festland zu erklimmen. Alle diese Gruppen entwickeln sich im Devon in großer Vielfalt weiter fort. Man bezeichnet das Devon daher gelegentlich auch als das *Zeitalter der Fische*. Dabei entstehen auch stark gepanzerte Formen (*Panzerfische*) wie die sogenannten Plattenhäuter (*Placodermi*), die ihre Blütezeit im Devon haben (Abb. 4.26). Der größte Plattenhäuter ist mit einer Länge von bis zu zehn Metern *Dunkleosteus*.

Abb. 4.27 Der Tetrapode *Ichthyostega* lebt im späten Devon vor rund 370 Millionen Jahren. Seine Länge beträgt gut einen Meter. © Nobu Tamura.

Die Landeroberung durch unseren eigenen Entwicklungszweig (die Tetrapoden) verläuft im Devon Schritt für Schritt. Mittlerweile sind eine ganze Reihe von Fossilien bekannt, die unterschiedlich ausgeprägte Anpassungsstufen an das Leben auf dem Festland darstellen, wobei wir einige dieser Stufen am Ende des Devons schon annähernd als urtümliche Amphibien bezeichnen können. Am bekanntesten ist sicher *Ichthyostega*, der zwar noch einen Fischschwanz, aber auch bereits vier Beine besitzt (Abb. 4.27). Dabei bieten die fleischigen Flossenansätze der Fleischflosser, zu denen die Tetrapoden entwicklungsgeschichtlich gehören, gute Voraussetzungen für die Entwicklung von Beinen. Auch die Lunge ist bereits grundsätzlich vorhanden, wie wir bereits gesehen haben, da es auch im Wasser nützlich sein kann, den Sauerstoff der Luft nutzen zu können (Stichwort Lungenfische). Die frühesten Tetrapoden wie etwa *Acanthostega* nutzen ihre schwachen Beine wohl ausschließlich zur Fortbewegung am Boden von Gewässern, ähnlich wie viele heutige Molche. Erst spätere Formen wie *Ichthyostega* sind in der Lage, das Wasser länger zu verlassen und ihre Beine auch für die Fortbewegung an Land zu nutzen.

Eine moderne Analogie zum Landgang der Tetrapoden im Devon sind die heutigen Schlammspringer, die in den Mangrovenwäldern tropischer Küsten zu Hause sind (Abb. 4.28). Sie gehören nicht zu den Fleischflossern, sondern wie die meisten heutigen Fische zu den Strahlenflossern. Bei Ebbe suchen sie im Schlick nach Nahrung oder fressen Insekten und Spinnen, wobei sie ihre Vorderflossen wie kleine Arme zur Fortbewegung nutzen. Dabei nutzen sie ihre Kiemennebenhöhlen zur Luftatmung – in diesem Sinne hat sich bei ihnen die Luftatmung unabhängig von den Tetrapoden auf andere Weise ein weiteres Mal entwickelt. Würden alle heutigen Landtiere durch eine große Katastrophe ausgelöscht, so kann man sich gut vorstellen, wie sich aus diesen Schlammspringern im Laufe der Zeit neue Landtierarten entwickeln könnten, welche die frei gewordenen Lebensräume erneut in Besitz nehmen. Diese

Abb. 4.28   Die heutigen Schlammspringer bilden ein modernes Analogon zum Landgang der Tetrapoden im Devon. Mit freundlicher Genehmigung von © Bjørn Christian Tørrissen. www.bjornfree.com.

neuen Landtiere wären allerdings nicht direkt mit den heutigen Landtieren verwandt. So würde sich ihr Atmungsorgan wohl aus der genannten Kiemennebenhöhle entwickeln, während unsere Lunge der Schwimmblase der Fische entspricht.

Diese Weiterentwicklung der Schlammspringer wäre ein schönes Beispiel für das sogenannte *Dollo-Gesetz* der Evolution, nach dem Evolution nie zweimal exakt denselben Weg einschlägt oder gar im Detail rückwärts abläuft. Einmal ausgestorbene Tierarten oder verschwundene komplexe Merkmale entstehen *im Detail* kein zweites Mal. Wichtig ist dabei der Zusatz „*im Detail*", denn natürlich kann die Evolution auf verschiedenen Wegen zu ähnlichen Ergebnissen kommen, und das tut sie auch sehr häufig (man spricht von *konvergenter Evolution*). Beispielsweise brauchen größere Landlebewesen ein Atmungsorgan, das aus Effizienzgründen durchaus ähnliche Formen annehmen kann, auch wenn es sich auf unterschiedliche Weise in der Evolution entwickelt. Ein anderes schönes Beispiel bietet der stromlinienförmige Körperbau der Delfine und Fische: Er sieht bei beiden sehr ähnlich aus, da Delfine und Fische beide nur so den Strömungswiderstand des Wassers bei der Fortbewegung minimieren können. Da Delfine aber von an Land lebenden

Säugetieren abstammen, haben sie ihre Stromlinienform unabhängig von den Fischen ein zweites Mal entwickelt und dabei nicht etwa die Fischform ihrer fernen Fisch-Vorfahren reaktiviert. Man erkennt das z. B. daran, dass Delfine ihre Schwanzflosse auf und ab bewegen und nicht wie Fische von links nach rechts. Dieses Bewegungsmuster der Delfine entspricht den Bewegungen der Wirbelsäule ihrer an Land lebenden direkten Vorfahren (man denke an ein galoppierendes Säugetier). Fische bewegen sich dagegen mit seitlichen Wellenbewegungen durch das Wasser. Übrigens haben Delfine auch nicht die Kiemen ihrer Fischvorfahren reaktiviert, obwohl Delfin-Embryos sie kurzzeitig im Ansatz besitzen (in der Embryonalentwicklung spiegelt sich nämlich bis zu einem gewissen Grad die Stammesgeschichte der Lebewesen wider, sodass bei Delfinen wie bei Menschen kurzzeitig Kiemenansätze entstehen und wieder verschwinden).

Warum aber kehrt sich Evolution nicht im Detail um oder beschreitet zweimal denselben Weg? Streng verboten ist das nicht; es ist nur extrem unwahrscheinlich. Zu jeder Zeit stehen für die weitere Evolution einer Art sehr viele Möglichkeiten offen, die gleichsam zufällig ausgewählt werden und sich anschließend bewähren müssen. Evolution verläuft daher meist nicht geradlinig, sondern oft in vielen kleinen verschlungenen Zickzackbewegungen, je nachdem, welche Möglichkeiten zu den einzelnen Zeiten genutzt werden und wie sich die äußeren Selektionsbedingungen verändern. Es ist sehr unwahrscheinlich, dass ein solcher längerer, gewundener Zickzackweg exakt rückwärts oder im Detail ein zweites Mal beschritten wird.

An dieser Stelle bietet sich eine interessante Analogie zwischen Dollo-Gesetz und *zweitem Hauptsatz der Thermodynamik* an, den wir in Abschnitt 1.2 bereits kennengelernt haben. Wir erinnern uns: Die *Entropie* (also in gewissem Sinne die Unordnung) eines abgeschlossenen Systems nimmt mit der Zeit immer zu, was umgekehrt der Zeit eine Richtung verleiht. Auch hier ist es nicht streng verboten, dass die Entropie abnimmt, und für sehr kurze Zeiten wird sie das in sehr kleinem Maße auch tun. Es ist aber extrem unwahrscheinlich, dass sie über längere Zeiten signifikant abnimmt.

Oft kommt ein verschlungener Evolutionsweg dadurch zustande, dass die äußeren Bedingungen keineswegs stabil sind, sondern sich häufig verändern. Bei bestimmten *Galapagosfinken* auf einer der abgelegenen Galapagosinseln konnte man beispielsweise über 25 Jahre hinweg dokumentieren, wie in Dürrejahren die durchschnittliche Körpergröße und Schnabellänge bei den überlebenden Finken zunahmen, da diese Finken die einzigen noch vorhandenen zähen *Tribulus*-Samen besser fressen konnten, während in Zeiten mit besserem Nahrungsangebot die mittlere Körpergröße und Schnabellänge eher abnahmen, da die Finken auf andere Samen zurückgreifen konnten und ein großer Körperbau unnötig viel Energie verbraucht. Die Änderungen nach einem Dürrejahr waren zwar relativ klein (ungefähr 5 % Zunahme bei der mittleren Körpergröße und knapp 4 % bei der Schnabellänge), aber eine Folge mehrerer Dürrejahre kann so in Summe einen deutlichen Entwicklungstrend hervorrufen (die Details zu dieser interessanten Beobachtung findet man z. B. in Richard Dawkins Buch *Geschichten vom Ursprung des Lebens*, Begegnung 16 – Die Geschichte des Galapagosfinken, sowie in den Veröffentlichungen von Peter und Rosemary Grant, deren Forschungsarbeiten wir viele dieser Erkenntnisse verdanken).

Evolution ist also schnell genug, sodass auch einzelne Dürrejahre einen messbaren Effekt haben. Sie wird aber durch wechselnde Bedingungen immer wieder hin- und hergeworfen, sodass sie insgesamt meist nur wenig vorankommt. Wenn sich allerdings stabile Bedingungen einstellen, beispielsweise das völlige Ausbleiben von Dürrezeiten, dann kann die Evolution oft überraschend schnell reagieren. Evolution erfolgt im Vergleich zu geologischen Zeiträumen relativ rasch, aber da sie meist hin- und hergeworfen wird, ist dies in Fossilien nicht sichtbar. Fossilien zeigen eher die langfristigen Evolutionstrends, und die gelegentlichen schnellen Evolutionsschübe stellen sich oft als abrupter Wechsel in den Fossilfunden dar.

Wenn man die Analogie zwischen Evolution und Thermodynamik noch etwas weitertreibt, dann kann man die feine Zickzackbewegung eines Evolutionsweges mit der Wärmebewegung eines Moleküls in einer Flüssigkeit oder einem Gas vergleichen. Jede Art ist ständigen kleinen Veränderungen unterworfen, so wie ein Molekül in einer Flüssigkeit ständig von den anderen Molekülen hin- und hergestoßen wird. Solange keine großräumigen Druckunterschiede in der Flüssigkeit herrschen, wird dieses Molekül nur langsam in eine zufällige Richtung vorankommen. Analog kann auch die Evolution einer Art fast zum Stillstand kommen, z. B. wenn sie bereits gut an ihren Lebensraum angepasst ist (man denke an lebende Fossilien). Es gibt zwar ständige kleine Veränderungen in der Erbinformation, doch diese führen nicht zu größeren Änderungen im Körperbau des Lebewesens.

Anders ist es, wenn Druckunterschiede herrschen und beispielsweise die Flüssigkeit die Möglichkeit erhält, sich in einem großen Gefäß auszubreiten. Dann weisen die Zickzackpfade der Moleküle großräumige Vorzugsrichtungen zu den noch unbesetzten Teilen des Gefäßes auf. Ähnlich kann man sich vermutlich den Lauf der Evolution vorstellen, wenn starke Selektionskräfte wirken oder neue unbesetzte Lebensräume und ökologische Nischen auf ihre Besiedelung warten. Evolution kann dann plötzlich überraschend schnell verlaufen, wie wir bei der Kambrischen Explosion gesehen haben. Allerdings muss man mit solchen physikalischen Analogien auch vorsichtig sein, da man sich im Detail anschauen muss, wie weit sie tragen. Zur Veranschaulichung sind sie aber sicher nützlich.

Wenn wir oben immer wieder von der Eroberung des Festlandes durch die Wirbeltiere sprechen, so muss man sich davor hüten, dahinter einen zielgerichteten Prozess zu vermuten. Kein Fisch will je das Festland erobern, sondern es gibt einfach Bedingungen, unter denen Lungen oder Gliedmaßen auch für einen Fisch vorteilhaft sind. Der Schlammspringer profitiert davon, dass er bei Ebbe in der Lage ist, außerhalb des Wassers im Schlamm nach Nahrung suchen zu können. Er ist an seinen Lebensraum, die Gezeitenzone des Mangrovenwaldes, sehr gut angepasst. Vermutlich werden sich aus seinem Evolutionszweig aber niemals reine Landlebewesen entwickeln, solange diese Lebensräume durch bereits gut angepasste Tierarten besetzt sind. Sollte eine zukünftige Katastrophe diese Tierarten allerdings auslöschen, sieht die Sache schon ganz anders aus!

Die unter Paläontologen und Geologen bekannte Frage „*Was will ein Fisch an Land?*" ist also wohl falsch gestellt. Wenn er überhaupt etwas will, dann wäre neben der Nahrungssuche ein weiteres mögliches Szenario, dass er einfach zurück ins Wasser möchte, weil sein Tümpel ausgetrocknet ist, wobei er bis zum nächsten Tümpel einen Landgang in Kauf nehmen muss. Dass die dafür notwendigen Fähigkeiten zufällig hilfreich für ein Leben an Land sein könnten, wird den Fisch nicht weiter interessieren.

Nicht nur bei den Wirbeltieren, auch bei den anderen Zweigen auf dem Stammbaum des Lebens tut sich im Devon einiges. Insbesondere die Gliederfüßer, die bereits vor den Wirbeltieren an Land gegangen sind, entwickeln sich dort weiter, wobei eine heute sehr artenreiche Klasse entsteht: die *Insekten*. Die ersten Insekten dürften dabei vermutlich noch flügellos sein. Wenn wir uns den inneren Aufbau eines Insekts in Abb. 4.29 ansehen, so erkennen wir, dass sich der Hauptnervenstrang im Bauchbereich und die Hauptarterie sowie das Herz im Rückenbereich befinden – also genau umgekehrt wie bei den Chorda- und Wirbeltieren und damit bei uns selbst. Das kennen wir bereits aus Abschnitt 4.1 (Abb. 4.11), wo wir vermutet hatten, dass sich der Vorfahre der Chordatiere und damit unser eigener Vorfahre aus irgendwelchen Gründen dafür entschieden hat, auf dem Rücken zu schwimmen.

Neben den Landtieren breiten sich auch die Landpflanzen im Devon weiter aus. Moose und erste sporentragende Gefäßpflanzen gab es ja bereits im Silur, wie wir wissen. Sie entwickeln sich im Devon weiter, wobei aus den Gefäßpflanzen die *Bärlappgewächse* sowie die *Farne* (unter anderem die *Echten Farne* sowie die *Schachtelhalme*) hervorgehen, die sich beide wie ihre Vorfahren über Sporen vermehren und daher auch als *Gefäßsporenpflanzen* bezeichnet werden. Ab dem späten Devon spalten sich zudem die *Samenpflanzen* vom Entwicklungszweig der Farne ab. Anders als Gefäßsporenpflanzen verbreiten sich Samenpflanzen nicht mehr über Sporen, sondern über fertige Samen, in denen bereits der komplette Pflanzenembryo in einer schützenden Schale ent-

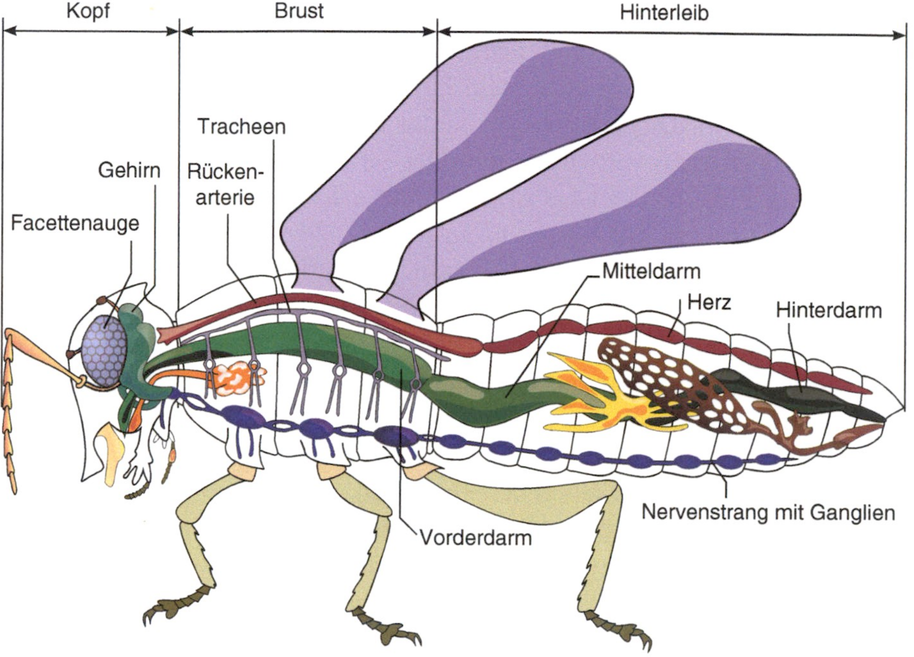

Abb. 4.29   Innerer Aufbau eines typischen Insekts. Anders als bei den Wirbeltieren liegen bei Insekten der Hauptnervenstrang im Bauchbereich und die Hauptarterie im Rückenbereich. © Piotr Jaworski.

halten ist. Sie benötigen daher zur Befruchtung kein stehendes Wasser für die schwimmenden Samenzellen mehr und werden sich besonders in trockeneren Lebensräumen als sehr erfolgreiche Gruppe erweisen.

Gegen Ende des Devons gibt es bereits Wälder mit hohen Bäumen, die der Atmosphäre zunehmend Kohlendioxid entziehen und sie dafür im Gegenzug mit Sauerstoff anreichern (siehe Abb. 3.14 in Abschnitt 3.3). Aus den Überresten dieser Wälder entstehen die ältesten Kohlevorkommen der Erde, die man beispielsweise auf der nördlich von Norwegen liegenden Bäreninsel findet. Dieser Trend wird sich im kommenden Zeitalter, dem Karbon, noch verstärken.

Im späten Devon kommt es vor etwa 375 Millionen Jahren wie bereits rund 75 Millionen Jahre zuvor am Ende des Ordoviziums zu einem globalen Massensterben, wobei insbesondere das Leben in den Ozeanen betroffen ist, wie z. B. die Panzerfische sowie die vielen Riffe, die zum größten Teil absterben. Ursache ist vermutlich wie schon im Ordovizium eine Abkühlung des Erdklimas mit entsprechender Eisbildung an den Polen und Schwankungen des Meeresspiegels. Immerhin verringern die aufstrebenden Landpflanzen den Anteil des Treibhausgases Kohlendioxid in der Atmosphäre deutlich, sodass eine dadurch verursachte globale Abkühlung plausibel ist. Drei weitere große

Massensterben werden im weiteren Verlauf der Erdgeschichte noch folgen, wobei sich das größte von ihnen am Ende des Perms ereignen wird (siehe Abb. 4.13 in Abschnitt 4.1).

4.5 Karbon: Sumpfwälder, Kohle und Gletscher

Wir befinden uns 360 Millionen Jahre vor der Gegenwart. Das Devon ist gerade zu Ende gegangen, und viele Meereslebewesen sind soeben einem Massensterben zum Opfer gefallen. Ein neues Zeitalter beginnt: das Karbon. Es ist benannt nach dem lateinischen Wort *carbo* für Kohle, denn im Karbon entstehen viele der großen Steinkohlevorkommen der Gegenwart, sodass man auch vom Steinkohlenzeitalter spricht (mehr dazu weiter unten).

Das Karbon wird rund 60 Millionen Jahre andauern und etwa 300 Millionen Jahre vor der Gegenwart enden. Noch haben wir vom Beginn des Karbons bis zur Gegenwart also etwa 360 Kilometer Zeitpfad vor uns, und 13 340 Kilometer Zeitpfadwanderung liegen seit dem Urknall bereits hinter uns. Auf unserem Weg von Australien zum Kölner Dom kommen wir im Karbon an der Stadt Nürnberg vorbei, die rund 340 Kilometer Luftlinie von Köln entfernt ist.

Die letzten 56 Kilometer haben wir das Devon durchstreift und gesehen, wie Fische die Meere bevölkerten, wie auf dem Land die ersten großen Wälder entstanden und wie diese von Gliederfüßern und den ersten Amphibien in Besitz genommen wurden. Der Äquatorial-Kontinent Laurussia und der große Südkontinent Gondwana haben sich aufeinander zubewegt und begonnen zu kollidieren, womit die *variszische Gebirgsbildung* eingeleitet wurde. Dieser Vorgang findet nun im Karbon seinen Höhepunkt, wobei an der Kollisionsfront der Kontinentalplatten ein Hochgebirge entsteht, dessen Überreste wir heute unter anderem als Teile der Appalachen Nordamerikas sowie in den meisten europäischen Mittelgebirgen wiederfinden. Langsam schließt sich der Ozean zwischen Laurussia und Gondwana und ein neuer Superkontinent beginnt, Gestalt anzunehmen: Pangäa (Abb. 4.30).

Am Äquator entstehen in Laurussia und Teilen des heutigen China große tropische Sumpfwälder, während sich am Südpol im Verlauf des Karbons eine große Eiskappe über Gondwana bildet, sodass der Meeresspiegel deutlich absinkt (wir gehen weiter unten noch genauer darauf ein). In den tropischen Sumpfwäldern erreicht das Leben an Land erstmals eine Verbreitung, wie man sie aus der Gegenwart kennt. Die Everglades im Süden des heutigen Floridas dürften einen Eindruck davon vermitteln, wie die Tropenwälder des Karbons aussehen könnten, wobei allerdings ganz andere Pflanzen vorherrschen. Beson-

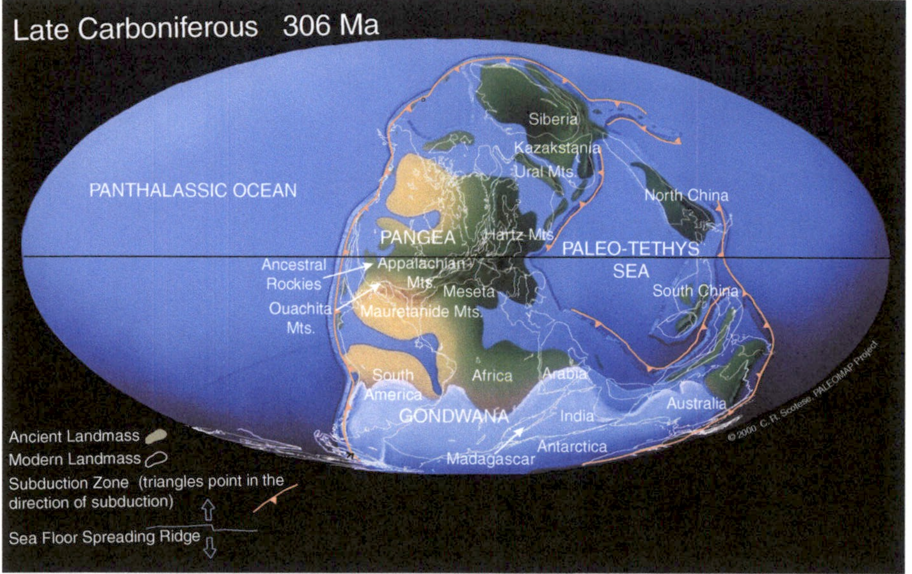

Abb. 4.30   Die Verteilung der Kontinente im späten Karbon. Gondwana im Süden ist von mächtigen Gletschern bedeckt. Nordamerika und Teile Europas liegen als Bestandteile Laurussias im Karbon weitgehend in den Tropen am Äquator und sind immer wieder von großen Sumpfwäldern bedeckt. © Paleomap Project von C. R. Scotese, http://www.scotese.com.

ders häufig findet man große baumartige *Bärlappgewächse* (insbesondere die sogenannten Schuppen- und Siegelbäume) sowie große *Schachtelhalme.* Farne aller Größen bis hin zu großen Baumfarnen sind weit verbreitet (Abb. 4.31).

Die trockeneren und kälteren Gebiete der Erde außerhalb der Tropenzone – wie große Teile Gondwanas – sind sehr viel spärlicher bewachsen. Gegen Ende des Karbons findet man aus der Gruppe der Samenpflanzen dort erste *Nadelgewächse (Koniferen).*

Die tropischen Wälder bieten vielen Gliederfüßern hervorragende Bedingungen für ihre weitere Entwicklung. Aufgrund der ausgedehnten Wälder steigt der Sauerstoffgehalt der Luft auf Werte bis zu 35 % und liegt damit sogar höher als in der Gegenwart (etwa 20 %). Nie wieder wird der Sauerstoffgehalt der Erdatmosphäre so hoch wie im Karbon sein (siehe Abb. 3.14)! Bei diesem hohen Sauerstoffgehalt können manche Insekten sehr groß werden, denn trotz ihrer Größe kann so immer noch genug Sauerstoff durch die weit verzweigten Atemröhrchen (Tracheen) direkt in den Körper gelangen. Beispiele sind die Riesenlibelle *Meganeura,* die eine Flügelspannweite von bis zu 60 Zentimetern erreicht, der Tausendfüßer-artige *Arthropleura,* der fast zwei Meter lang werden kann, oder der bis zu 70 Zentimeter lange Riesenskorpion *Pulmonoscorpius kirktonensis* (Abb. 4.32).

Abb. 4.31   Heutige Baumfarne in Hahei, Neuseeland. © cmfotoworks/Fotolia.com

Auch die amphibienartigen Tetrapoden, die im Devon schrittweise das Land erklimmen konnten, finden in den Sumpfwäldern des Karbons günstige Bedingungen vor. Dabei spalten sie sich im frühen Karbon vor etwa 340 Millionen Jahren in zwei Teilzweige auf (Abb. 4.33). Der eine Zweig umfasst alle heutigen *Amphibien*, während aus dem anderen Zweig die sogenannten *Amnioten* hervorgehen – zu diesem Zweig gehören auch wir. Die Amphibien bleiben bis zum späten Karbon die dominierenden Landwirbeltiere, wobei noch im Karbon die Entwicklungslinien der heutigen Frösche und Kröten (Froschlurche), der Salamander und Molche (Schwanzlurche) sowie der schlangenartigen Blindwühlen (Schleichenlurche) entstehen. Da Amphibien im Karbon noch kaum Konkurrenz an Land haben, entwickeln sie eine große Verbreitung und Artenvielfalt. Manche Arten erreichen Größen von mehreren Metern, beispielsweise *Eryops* (Abb. 4.34).

Die Amnioten umfassen alle heutigen Landwirbeltiere außer den Amphibien, also Reptilien, Vögel und Säugetiere. Im Karbon dürften sie heutigen Eidechsen relativ ähnlich sehen, weshalb man sie auch oft als urtümliche Reptilien bezeichnet (Abb. 4.35). Das Wort *Amnioten* leitet sich dabei vom *Amnion* ab, also der innersten Eihaut, die bei Amnioten als innerste Teilschicht der Fruchtblase das Fruchtwasser mitsamt dem darin schwimmenden Embryo einschließt und ihn damit gleichsam mit einer Art kleinem Privatteich umgibt (wie Richard Dawkins es ausdrückt). Amnioten werden dadurch bei der

Abb. 4.32   Der bis zu 70 Zentimeter lange Riesenskorpion *Pulmonoscorpius kirktonensis* lebt im frühen Karbon im heutigen Schottland. © Nobu Tamura.

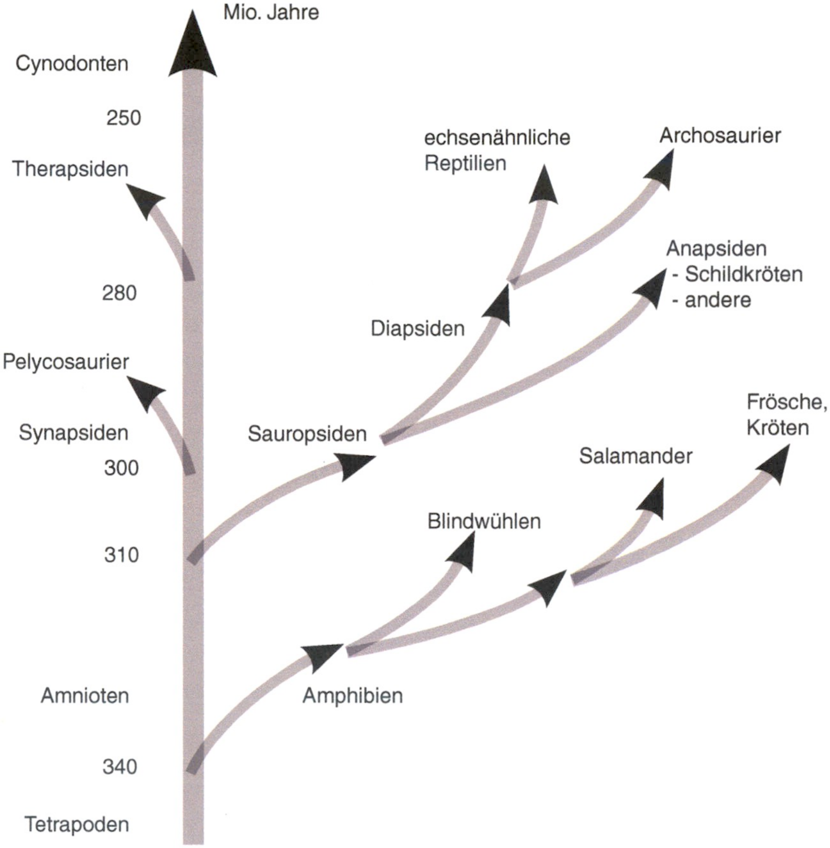

Abb. 4.33   Die wichtigsten Entwicklungslinien der Tetrapoden im Karbon und Perm (einige heute ausgestorbene Entwicklungszweige wurden zur Vereinfachung weggelassen). Die senkrecht nach oben verlaufende Linie stellt unseren eigenen Entwicklungsweg dar.

Abb. 4.34   Das bis zu zwei Meter lange Amphibium *Eryops* lebt im späten Karbon und frühen Perm. © Nobu Tamura.

Abb. 4.35   Eine der ersten Amniotenarten ist der eidechsenartige *Hylonomus*. Er lebt im späten Karbon vor rund 315 Millionen Jahren. © Nobu Tamura.

Fortpflanzung vom Wasser weitgehend unabhängig, während Amphibien dafür weiterhin meist einen echten Teich oder ein anderes Gewässer brauchen. Außerdem sind Amnioten-Eier von einer wasserdichten und zugleich luftdurchlässigen Eischale umgeben, die eine schnelle Austrocknung verhindert. Amnioten schützen auch sich selbst mit einer wasserdichten Haut vor dem Vertrocknen, während die Haut von Amphibien ständig feucht sein muss und Wasser sehr schnell verliert. Damit sind Amnioten viel besser an trockenes Klima angepasst als die noch vorherrschenden Amphibien. Das wird sich in späteren trockeneren Zeitaltern noch als wichtig erweisen!

Im späten Karbon vor rund 310 Millionen Jahren spalten sich die Amnioten in zwei Teilzweige auf: die *Sauropsiden* und die *Synapsiden* (siehe Abb. 4.33). Aus den Sauropsiden gehen im Perm dann zunächst die Anapsiden und später die Archosaurier sowie die echsenähnlichen Reptilien hervor, während unser eigener Zweig, die Synapsiden, gleichsam in drei Wellen die Pelycosaurier, die Therapsiden und die Cynodonten hervorbringen wird. Etwas vereinfacht kann man sagen, dass die Synapsiden den Zweig bilden, aus dem die Säugetiere hervorgehen werden, während aus den Sauropsiden die Reptilien, Saurier und schließlich die Vögel entstehen werden. Mehr zur Weiterentwicklung dieser beiden Amniotenlinien erfahren wir in Abschnitt 4.6.

Auch das Leben in den Ozeanen verändert sich im Karbon. Am Ende des Devons waren viele Meereslebewesen ausgestorben. Die im Devon vorherrschenden Panzerfische erholen sich nicht mehr davon. An ihre Stelle treten andere beweglichere Fische, insbesondere Knorpelfische (Haie) sowie verschiedene Strahlenflosser (zu dieser Gruppe gehört die überwiegende Mehrzahl der heute lebenden Fischarten, wie wir bereits wissen).

Die meisten urtümlichen Korallen sowie die schwammähnlichen Stromatoporen des Devons erholen sich ebenfalls kaum vom marinen Massensterben. Riffe werden daher im Karbon nur noch in geringem Maße gebildet, z. B. von *Moostierchen* und *Seelilien*. Andere neue Gesteinsbildner sind große *Foraminiferen*. Dabei handelt es sich um eine sehr formenreiche Gruppe einzelliger Eukaryoten mit vielgestaltigen Kalkskeletten, die bis zu einigen Zentimetern groß werden können und wichtige Leitfossilien darstellen. Foraminiferen gibt es bereits mindestens seit dem Kambrium, und auch heute noch leben etwa 10 000 Foraminiferenarten in den Gewässern unserer Erde.

Die muschelähnlichen *Armfüßer* findet man weiterhin in den Ozeanen des Karbons, aber ihre wichtigste Blütezeit, das Devon, ist vorbei. *Trilobiten*, die vorherrschende Tiergruppe des Kambriums, gibt es mittlerweile kaum noch.

Das Klima des Karbons ist unserem Klima der Gegenwart vermutlich relativ ähnlich, wobei es in der zweiten Hälfte des Karbons kälter und trockener wird und eine *Eiszeit* entsteht. Es handelt sich zwar nicht um eine so katastrophale Eiszeit, wie sie die Erde rund 600 Millionen Jahre vor der Gegenwart erleben musste. Aber es ist dennoch eine Eiszeit, denn man definiert eine Eiszeit dadurch, dass sich an mindestens einem der Pole bleibendes Eis bildet. Demnach befinden wir uns auch in der Gegenwart in einer Eiszeit! In den meisten Erdzeitaltern ist die Erde auch an den Polen weitgehend eisfrei, d. h. Eiszeiten bilden eher die Ausnahme. Der Meeresspiegel liegt in diesen warmen Zeiten entsprechend hoch und große Teile der Kontinente sind von flachen tropischen Meeren bedeckt. Kein Wunder also, dass man an vielen Stellen auf Fossilien von Meereslebewesen und auf Meeressedimente stößt.

Es ist vielleicht überraschend, dass wir in der Gegenwart in einer Eiszeit leben sollen. Nun gut: An den Polen gibt es große Eisschilde, aber sagt man nicht immer, dass die letzte Eiszeit mehr als 10 000 Jahre in der Vergangenheit liegt? Die Antwort darauf ist: In einer Eiszeit ist es nicht immer gleichmäßig kalt, sondern die mittlere Temperatur oszilliert zwischen sogenannten Kalt- und Warmzeiten. In der Gegenwart finden diese Wechsel zwischen Kalt- und

Warmzeit etwa alle 100 000 Jahre statt (auf unserem Zeitpfad also alle 100 Meter), wobei die Warmzeiten nur rund 15 000 Jahre lang sind. Ursachen für diese Oszillation der Temperatur während einer Eiszeit sind zyklische Schwankungen in der Neigung der Erdachse, in der Exzentrizität der elliptischen Erdbahn um die Sonne sowie andere Einflüsse.

Das, was wir oft als die letzte *Eiszeit* bezeichnen, ist also lediglich die letzte Kaltzeit, die vor etwa 12 000 Jahren zu Ende geht. Die gesamte Eiszeit der Gegenwart dauert dagegen schon rund 30 Millionen Jahre, denn so lange gibt es schon Gletscher in der Antarktis. In der Arktis gibt es dagegen erst seit rund 2,7 Millionen Jahren eine bleibende Eiskappe. Mehr zu diesem interessanten Thema werden wir in Kapitel 6 erfahren.

Auch in der Eiszeit des späten Karbons gibt es solche Oszillationen der mittleren Temperatur und der Eismenge am Südpol. Entsprechend schwankt auch der relativ niedrige Meeresspiegel. Die großen Sumpfwälder am Äquator werden daher immer wieder von Meeren überspült und von Meeressedimenten verschüttet. Diese Sedimente stammen zum großen Teil aus den nahen variszischen Gebirgszügen, die sich aufgrund der andauernden Kollision Laurussias mit Gondwana weiter auffalten und ständig durch die Erosion wieder abgetragen werden. Bedeckt von diesen Sedimenten kann das organische Material nicht oxidieren und verwandelt sich im Laufe der Zeit unter dem Einfluss von genügend Druck und Hitze schließlich in die *Steinkohle*, die wir heute im Ruhrgebiet und Saarland, in England, im Osten der USA sowie in Nordchina finden und abbauen. Alle diese Gebiete liegen im Karbon in den Tropen! Im Ruhrgebiet werden im Karbon so Schichten mit einer Mächtigkeit von bis zu 3 000 Metern angehäuft, wobei sich rund 200 Kohleflöze (also Kohleschichten mit bis zu zwei Metern Dicke) mit Meeressedimenten abwechseln. Jedes Kohleflöz steht dabei für einen tropischen Sumpfwald, der sich beim letzten Rückgang des Meeresspiegels neu bildet und beim erneuten Anstieg des Wassers wieder im Meer versinkt und unter Sedimenten begraben wird.

Je enger Laurussia und Gondwana zusammenrücken, umso mehr feuchte Küstengebiete gehen verloren. Das Klima über dem Großkontinent Pangäa, der nach und nach entsteht, wird immer kontinentaler und damit trockener. Die großen Sumpfwälder verschwinden so am Ende des Karbons weitgehend, und mit ihnen verschwinden auch viele Tier- und Pflanzenarten. Diejenigen Arten, die besser an die zunehmende Trockenheit angepasst sind, breiten sich aus, unter ihnen die Nadelgewächse (auch Koniferen genannt) und die Amnioten. Ein neues Zeitalter beginnt: das Perm.

4.6 Perm: Pangäa und das größte Massensterben der Erdgeschichte

Am Ende des Karbons vor rund 300 Millionen Jahren befindet sich die Erde in einer Eiszeit, ähnlich der Eiszeit in unserer Gegenwart. Während des sich anschließenden Perms geht diese Eiszeit zu Ende und die globale Temperatur steigt. Das Perm endet rund 250 Millionen Jahre vor der Gegenwart nach 50 Millionen Jahren Dauer mit dem größten Massensterben, das es je auf der Erde gegeben hat.

Schauen wir uns zuerst die Lage der Kontinente an: Im Karbon sind der äquatoriale Kontinent Laurussia und der Südkontinent Gondwana bereits eng zusammengerückt und miteinander verschmolzen, wobei das variszische Gebirge entstanden ist. Die Bildung dieses Gebirges kommt im Perm zum Stillstand und die Erosion beginnt, es langsam abzutragen, wobei aus dem Abtragungsschutt in Teilen Mitteleuropas zwei charakteristische Ablagerungsschichten entstehen: das *Rotliegend* und darüber der kupferhaltige *Zechstein*, der von Überflutungen Mitteleuropas im späten Perm herrührt, als sich das *Germanische Becken* abzusenken beginnt (mehr dazu im nächsten Kapitel).

Im frühen Perm stößt der Kleinkontinent Siberia zu den anderen Kontinenten hinzu, sodass nun praktisch alle Landmassen im Superkontinent *Pangäa* vereint sind. Dabei entsteht das Uralgebirge, das heute Asien von Europa trennt (Abb. 4.36). Am Fuß dieses Gebirges liegt das ehemalige russische Gouvernement Perm, nach dem dieses Zeitalter benannt ist. Da der Norden Pangäas nun auch große Teile Asiens mit umfasst, bezeichnet man ihn häufig als *Laurasien (Laurasia)*, im Unterschied zu Laurussia (Euramerika), das bereits seit dem Karbon Teil Pangäas ist.

Auf der riesigen Landmasse Pangäas wird das Klima immer trockener, und in seinem Inneren erstrecken sich große Wüstengebiete. Die Temperatur nimmt im Perm langsam zu, und nach und nach verschwinden die Gletscher des Karbons. Der mit Schwankungen steigende Meeresspiegel überspült dabei immer wieder Teile der Kontinente, sodass mächtige Salzlagerstätten entstehen.

Das trockene kontinentale Klima Pangäas prägt die Lebenswelt auf dem Festland. Die großen Sumpfwälder des Karbons mit ihren Gefäßsporenpflanzen (Bärlappgewächse, Farne etc.) sind weitgehend verschwunden, und Tiere und Pflanzen treten an ihre Stelle, die besser mit dem trockenen kontinentalen Klima zurechtkommen: Amnioten und Samenpflanzen.

Bei den Samenpflanzen breiten sich die Nadelgewächse (Koniferen) weiter aus. Einige von ihnen ähneln bereits unseren heutigen Tannen und Fichten.

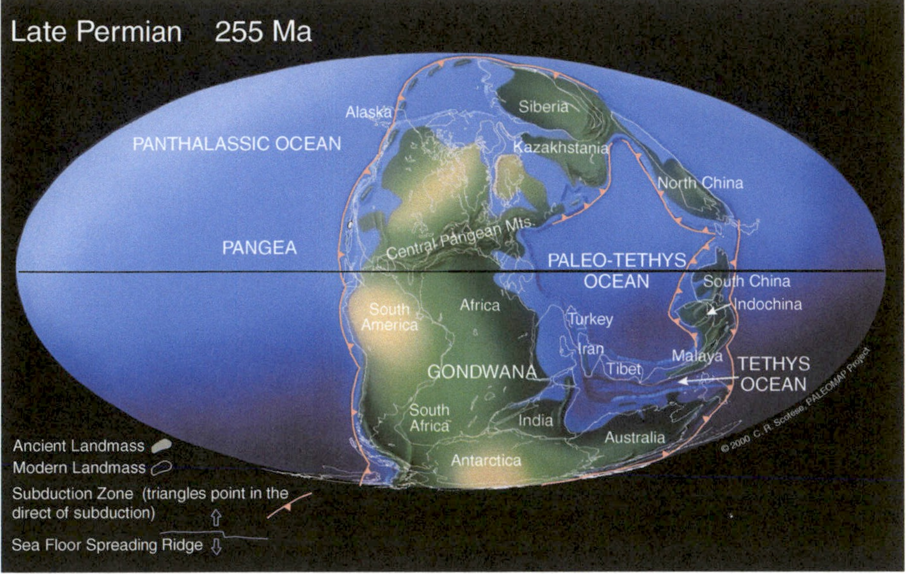

Abb. 4.36 Der Superkontinent Pangäa im späten Perm. © Paleomap Project von C. R. Scotese, http://www.scotese.com.

Im kalten Süden Pangäas (also dem ehemaligen Gondwana) verbreiten sich auch laubabwerfende Bäume, insbesondere die Gattung *Glossopteris*.

Die Amnioten hatten sich bereits im Karbon vom Zweig der Amphibien getrennt, die in den feuchten Wäldern des Karbons dominierten. Im trockeneren Perm übernehmen nun die Amnioten zunehmend die Vorherrschaft gegenüber den Amphibien, denn sie sind mit ihrer wasserdichten Haut und ihren festen Eischalen viel besser an das Leben außerhalb des Wassers angepasst. Bereits im späten Karbon hatten sie sich in die beiden Zweige der *Sauropsiden* und *Synapsiden* aufgeteilt, und wir sind schon im letzten Abschnitt kurz auf die weiteren Verzweigungen dieser Gruppen eingegangen (siehe Abb. 4.33). Das wollen wir uns nun etwas genauer ansehen:

Die erste urtümliche Reptiliengruppe, die sich bei den Sauropsiden abspaltet, sind die Schildkröten oder allgemeiner die *Anapsiden* (Schläfengrubenlose, Abb. 4.37), deren letzte heute noch lebende Gruppe vermutlich die *Schildkröten* sind. Die andere Teilgruppe der Sauropsiden, die *Diapsiden*, besitzen zwei Schädelfenster hinter den Augen, die gute Ansatzpunkte für kräftige Kiefermuskeln bieten. Man muss jedoch mit der Bestimmung von Verwandtschaftsverhältnissen über die Anzahl der Schädelfenster vorsichtig sein, da diese sich im Verlauf der Evolution verändern kann. So vertreten einige Wissenschaftler die Ansicht, dass die Schildkröten ursprünglich Schä-

Abb. 4.37   Der etwa zwei Meter lange *Scutosaurus* ist ein sogenannter Pareiasaurier, der am Ende des Perms lebt. Pareiasaurier gehören zu den Anapsiden und sind damit vermutlich Verwandte oder Vorfahren der Schildkröten. © Nobu Tamura.

delfenster besessen und diese erst im Laufe der Zeit wieder verloren haben, sodass sie nicht den Anapsiden, sondern den Diapsiden zuzuordnen sind.

Aus den Diapsiden gehen im mittleren Perm die *Archosaurier* und die *echsenähnlichen Reptilien* hervor (auf andere inzwischen ausgestorbene Diapsidenlinien gehen wir im nächsten Kapitel teilweise noch ein). Fast alle Reptiliengruppen der Gegenwart (Brückenechsen, Leguane, Chamäleons, Schlangen etc.) gehören zu den echsenähnlichen Reptilien. Sie behalten die schlängelnde Fortbewegung ihrer Vorfahren bei, wobei ihre Beine seitlich am Körper verbleiben.

Die einzigen heute noch lebenden Nachkommen der Archosaurier sind die *Vögel* und die *Krokodile*. Das bedeutet, dass Krokodile enger mit den Vögeln verwandt sind als mit allen heutigen echsenähnlichen Reptilien oder gar den Schildkröten. Die große Zeit der Archosaurier beginnt erst im nächsten Zeitalter, der Trias, wenn aus ihnen die Dinosaurier hervorgehen werden. Eine Linie dieser Dinosaurier lebt auch heute noch: die Vögel. Die Dinosaurier verdrängen in der Trias zunehmend die bis dahin vorherrschenden säugetierähnlichen Reptilien (Synapsiden).

Die Synapsiden umfassen unsere eigene Abstammungslinie, sind also im Perm gleichsam unsere frühen Verwandten. Sie besitzen typischerweise nur ein Schädelfenster im Schläfenbereich hinter den Augen. Die ersten Synapsiden, die es bereits im späten Karbon gab, sind die sogenannten *Pelycosaurier*, die teilweise wie kleine Drachen aussehen. Der bekannteste Pelycosaurier ist sicher *Dimetrodon* mit seinem markanten Rückensegel (Abb. 4.38). Trotz ihres saurierähnlichen Aussehens sind die Pelycosaurier aber keine Vorfahren der viel später lebenden Dinosaurier, wie wir gesehen haben, sondern unser eigener Vorfahre gehört zu ihnen. Damit ist auch klar: Die Säugetiere sind *nicht* die Nachfahren der Dinosaurier!

Im mittleren Perm verschwinden die Pelycosaurier weitgehend, und eine zweite Synapsidenwelle nimmt ihren Platz ein: die Therapsiden (Abb. 4.39). Diese werden bis zur späten Trias die Erde mit einem breiten Spektrum sehr unterschiedlicher Arten bevölkern und sind bis dahin die vorherrschenden

Abb. 4.38   *Dimetrodon* ist ein bis zu vier Meter langer Pelycosaurier des frühen Perms.
© Nobu Tamura.

Abb. 4.39   Die Gattung *Lystrosaurus*, die zur Therapsidengruppe der Dicynodonten gehört, überlebt das Massensterben am Ende des Perms. Sie stellt in der frühen Trias die dominierenden Pflanzenfresser. Die Abbildung zeigt die Art *Lystrosaurus murrayi*. © Nobu Tamura.

Landtiere, ähnlich wie die Säugetiere der Gegenwart. Die Existenz des Superkontinents Pangäa begünstigt ihre globale Ausbreitung, da keine großen Ozeane die Kontinente voneinander trennen. Unsere Vorfahren und ihre Verwandten sind also bereits über eine lange Zeit die dominierenden Landlebewesen, bevor die Dinosaurier in der Trias zunehmend das Zepter übernehmen, das sie erst beim Massensterben am Ende der Kreide vor 65 Millionen Jahren wieder an die Nachfahren der Therapsiden übergeben werden, nämlich an die Säugetiere.

Das große Massensterben am Ende des Perms setzt den Therapsiden sehr zu, sodass nur wenige Linien überleben. Eine überlebende Linie, zu der auch unsere eigenen Vorfahren gehören, sind die *Cynodonten* (Hundezähner,

Abb. 4.40   Der Cynodont *Procynosuchus* lebt im mittleren und späten Perm. Die Cynodonten sind den Säugetieren bereits recht ähnlich. © Nobu Tamura.

Abb. 4.40). Die wenigen überlebenden Cynodonten- und Therapsidenarten wie beispielsweise *Lystrosaurus* breiten sich in der Trias wieder stark aus und besetzen die frei gewordenen Lebensräume mit neuen Arten, wobei sich viele verloren gegangene Körperformen und Lebensweisen erneut entwickeln – allerdings nur ungefähr und nicht im Detail, wie uns das Dollo-Gesetz gezeigt hat (Abschnitt 4.4). Mit der Zeit wächst in Form der Dinosaurier eine starke Konkurrenz heran, die ihnen das Leben in der späten Trias zunehmend schwer machen wird. In der Kreidezeit vor rund 100 Millionen Jahren werden sie bis auf eine einzige Gruppe alle aussterben. Diese überlebende Gruppe sind wir, die Säugetiere. Mehr dazu in den nächsten Kapiteln.

Man kann sich vereinfacht vorstellen, dass im Perm und in der frühen Trias die drei Synapsidengruppen der Pelycosaurier, Therapsiden und Cynodonten in drei aufeinanderfolgenden Wellen die Lebensräume an Land besetzen, wobei immer wieder große Artengruppen aussterben und durch nachfolgende Arten ersetzt werden. Dabei entwickeln diese Synapsiden im Laufe der Evolution immer mehr Eigenschaften, wie sie für Säugetiere typisch sind: Die Beine wandern zunehmend unter den Körper, befinden sich also nicht mehr seitlich am Körper, wie bei den meisten Reptilien. Ein Fell und ein innerer Thermostat für die Aufrechterhaltung einer hohen Körpertemperatur entwickeln sich. Einige Knochen des Kiefers werden zu den Gehörknöchelchen des Innenohrs und verbessern so die Hörfähigkeit, und es entstehen Backenzähne mit mehreren Höckern, die das Zerkauen von Nahrung ermöglichen. Anders als die meisten heutigen Säugetiere legen die Synapsiden des Perms und der Trias aber weiterhin nach Reptilienart Eier.

Auch bei den Dinosauriern werden wir in der Trias einige ähnliche Entwicklungen finden. Bei ihnen wandern die Beine ebenfalls unter den Körper, und anstelle eines Fells entwickeln einige Dinosaurier Federn. Zumindest die Nachfahren dieser gefiederten Dinosaurier, die heutigen Vögel, sind warmblütig.

Am Ende des Perms, etwa 250 Millionen Jahre vor der Gegenwart, kommt es zum bereits mehrfach erwähnten schlimmsten Massensterben der Erdgeschichte, schlimmer noch als die beiden Massensterben zuvor am Ende des

Ordoviziums und im späten Devon, und auch schlimmer als die beiden Massensterben, die am Ende der Trias und am Ende der Kreidezeit noch kommen werden (siehe Abb. 4.13).

Besonders das Leben im Meer ist stark betroffen, speziell alle am Meeresboden lebenden Arten, die Nährstoffe aus dem Wasser filtern, wie z. B. Armfüßer. Man schätzt, dass rund 70 % der an Land lebenden Tierarten sowie etwa 95 % der im Meer lebenden Arten dem Massensterben zum Opfer fallen. An Land sind sogar die widerstandsfähigen Insekten stark betroffen. Die Trilobiten, die schon seit fast 300 Millionen Jahren (also bereits seit der Kambrischen Explosion) die Erde mit einer riesigen Artenvielfalt bevölkerten, sterben endgültig aus – sie waren allerdings bereits spätestens seit dem Karbon immer seltener geworden.

Von der ehemals großen Artenvielfalt vieler überlebender Gruppen bleiben teilweise nur wenige stark dezimierte Arten übrig, beispielsweise bei den Dicynodonten die Gattung *Lystrosaurus* (Abb. 4.39) oder bei den Armfüßern die Gattung *Lingula*, die es als lebendes Fossil selbst heute noch gibt. Viele überlebende Arten sind unmittelbar nach dem Massensterben sogar so selten, dass von ihnen bisher keine Fossilien aus der Zeit direkt nach dem Perm gefunden wurden und man sie für ausgestorben halten könnte. Erst nach und nach vermehren sie sich wieder und tauchen in den Fossilienfunden erneut auf.

Das große Massensterben am Ende des Perms führt dazu, dass sich die Kräfteverhältnisse des Lebens ändern. Bisher weit verbreitete Gruppen sind stark geschwächt, sodass andere Gruppen nun die Gelegenheit nutzen können, die frei gewordenen Lebensräume zu übernehmen. So sterben viele Landwirbeltiere des Perms aus und machen den Weg frei für die Ausbreitung neuer Wirbeltiergruppen in der Trias, insbesondere die Cynodonten und die Dinosaurier. Im Meer gewinnen die Ammoniten gegenüber den stammesgeschichtlich älteren Nautiliden (Perlboote und ihre Verwandten) an Bedeutung, und die Armfüßer geraten gegenüber den konkurrierenden Muscheln ins Hintertreffen. Kein Wunder also, dass bisher immer wieder von den Armfüßern die Rede ist, während diese in der Gegenwart relativ selten und wenig bekannt sind. Muscheln kennt dagegen heute jeder.

Was ist die Ursache für das schlimmste Massensterben der Erdgeschichte am Ende des Perms, 250 Millionen Jahre vor der Gegenwart? Leider ist die Ursache bis heute nicht endgültig geklärt und wird weiterhin kontrovers diskutiert. Auffällig ist, dass sich zeitgleich mit dem Massensterben in Sibirien gigantische Supervulkanausbrüche ereignen. Eine sogenannte *Super-Plume*, eine Art riesige Magmablase, steigt dabei vermutlich aus dem unteren Erdmantel bis an die Erdoberfläche Sibiriens auf, dringt durch Risse in der Erdkruste nach oben und ergießt sich in großen Mengen über das sibirische Festland, sodass dort über einen Zeitraum von knapp 600 000 Jahren hinweg

Abb. 4.41   Der hier gezeigte Ausbruch des Pinatubo auf den Philippinen im Jahr 1991 ist eine der größten Vulkaneruptionen des 20. Jahrhunderts. Die Supervulkanausbrüche zum Ende des Perms dürften noch sehr viel größer gewesen sein. © U.S. Geological Survey, Richard P. Hoblitt.

ausgedehnte Felder aus Flutbasalten mit bis zu drei Kilometern Mächtigkeit entstehen: die sogenannten *Sibirischen Trapps*. Sie bedecken eine Fläche, die etwa siebenmal so groß wie Deutschland ist.

Diese sibirischen Supereruptionen am Ende des Perms haben vermutlich einen großen Einfluss auf das Klima der Erde, denn sie blasen große Staub- und Schwefelwolken sowie große Gasmengen in die Atmosphäre, insbesondere das Treibhausgas Kohlendioxid (Abb. 4.41). Neuere Forschungen zeigen, dass das ausströmende Magma außerdem möglicherweise Erdöl führende

Schichten sowie Kohleflöze in Brand steckt, sodass weitere gewaltige Rauchwolken und zusätzliche Treibhausgase entstehen. Die Staub- und Schwefelwolken blockieren in diesem Szenario zunächst für einige 1 000 Jahre das Sonnenlicht und sorgen so für eine entsprechende Abkühlung der Erde. Gletscher bilden sich und der Wasserspiegel der Ozeane sinkt. Die Schwefelwolken verbinden sich mit Wasser zu Schwefelsäure und saurer Regen fällt herab.

Später, wenn die Staubwolken aus der Atmosphäre gewaschen sind, machen sich die ausgestoßenen Treibhausgase bemerkbar und sorgen für eine starke Aufheizung der Erde, möglicherweise sogar für mehrere Millionen Jahre. Aus dem Kühlschrank wird ein globales Treibhaus, die Gletscher schmelzen und der Meeresspiegel steigt. Außerdem können andere vulkanische Gase zusätzlich die Ozonschicht zerstören, sodass die aggressive UV-Strahlung der Sonne den Erdboden erreicht.

Die Aufheizung der Erde durch die Treibhausgase könnte sogar zu einem *Umkippen der Ozeane* führen, bei dem diese sich in eine lauwarme, stinkende Kloake verwandeln, in der kaum noch Sauerstoff vorhanden ist und in der Fäulnisbakterien Schwefelwasserstoff erzeugen, der nicht nur die Ozeane, sondern auch die Atmosphäre vergiften könnte. Kurzum: Die Erde verwandelt sich in einen ausgesprochen unangenehmen und lebensfeindlichen Ort.

Ob die intensive vulkanische Aktivität ausreicht, ein solches Szenario hervorzurufen und so das große Massensterben am Ende des Perms zu erklären, ist umstritten. Vielleicht kommen weitere Ursachen hinzu. So könnte bei der globalen Erwärmung das an vielen Stellen auf dem Meeresboden abgelagerte instabile *Methanhydrat* in kurzer Zeit zerfallen und so große Methangasmengen in den Ozeanen freisetzen. Wer Frank Schätzings Roman *Der Schwarm* gelesen hat, kennt dieses Szenario. Methan ist wie Kohlendioxid ein Treibhausgas, das zur Erderwärmung führt – allerdings rund 20- bis 30-mal effektiver als Kohlendioxid. Dieses starke Treibhausgas heizt dann die Erde zusätzlich auf. Außerdem wird bei der langsamen Oxidation des Methangases Sauerstoff verbraucht, sodass es zu einem Sauerstoffmangel im Ozean und in der Atmosphäre kommen kann.

Es gibt noch weitere mögliche Ursachen. Vielleicht schlägt sogar ein Asteroid auf der Erde ein, wie man das auch als Ursache für das spätere Ende der Dinosaurier vermutet. Allerdings spricht das Fehlen des Edelmetalls Iridium in den entsprechenden Sedimenten gegen diese Asteroiden-Hypothese. Iridium ist auf der Erde sehr selten, sogar seltener als Gold oder Platin, da es wie andere Metalle bei der Bildung der Erde weitgehend in den Erdkern abgesunken ist (siehe Abschnitt 3.2). Es kommt aber in Meteoriten häufiger vor. Vielleicht liegt auch eine Kombination mehrerer Ursachen vor. Wir wollen hier nicht weiter in diese schwierige Diskussion einsteigen.

Mit dem großen Massensterben vor etwa 250 Millionen Jahren geht nicht nur das Perm, sondern auch das Erdaltertum (Paläozoikum) zu Ende. Auf unserem Zeitpfad von Australien nach Köln passieren wir ungefähr zu diesem Zeitpunkt die Stadt Würzburg. Ab hier beginnt das *Erdmittelalter* (Mesozoikum) und mit ihm das Zeitalter der Dinosaurier.

5

Erdmittelalter

Wir befinden uns nun – 250 Millionen Jahre vor der Gegenwart – am Beginn einer neuen Epoche: dem Erdmittelalter (Mesozoikum). Versuchen wir zunächst, uns auf unserem Zeitpfad zu orientieren, bei dem ein Millimeter einem Erdenjahr entspricht, sodass der gesamte Zeitpfad vom Urknall bis zur Gegenwart rund 13 700 Kilometer lang ist und damit etwa von Nordaustralien bis nach Köln reicht.

Während der ersten zwei Drittel auf diesem Zeitpfad gibt es unser Sonnensystem und unsere Erde noch nicht; sie entstehen erst 4 600 Kilometer vor seinem Ende, also auf unserem Weg von Australien nach Köln ungefähr im östlichen Usbekistan. Spätestens 1 000 Kilometer weiter – auf dem Zeitpfad in der Nähe des Kaspischen Meeres – gibt es dann einzelliges Leben, beispielsweise Cyanobakterien, die bereits Photosynthese betreiben. Doch es dauert noch recht lange, bis sich komplexeres mehrzelliges Leben auf der Erde ausbreiten kann.

Momentan, am Beginn des Erdmittelalters, befinden wir uns nur noch 250 Kilometer vor dem Ende des Zeitpfades. 13 450 Kilometer liegen hinter uns. Wir sind also bereits in Deutschland, ungefähr bei Würzburg (siehe Abb. 4.13). Nur noch 1,8 % des Weges liegen vor uns.

Etwa 350 Kilometer ist es her, dass die große globale Vereisung der Erde zu Ende ging und mehrzelliges Leben begann, die Ozeane zu erobern. Vor 200 Kilometern sahen wir erste Landpflanzen, etwa 20 bis 30 Kilometer später eroberten auch die ersten Tiere das Festland (Gliederfüßer wie Spinnentiere und Tausendfüßer, später dann die ersten amphibienartigen Tetrapoden). Rund 100 Kilometer ist es her, dass große Sumpfwälder entstanden. Sie verschwanden vor 50 Kilometern bei der Bildung Pangäas wieder, und reptilienartige Amnioten begannen, den Amphibien die Vorherrschaft streitig zu machen. Schließlich kam es vor wenigen Kilometern zum größten Massensterben der Erdgeschichte, zeitgleich mit sehr großen Vulkanausbrüchen. Unter anderem verschwanden dabei die Trilobiten, die bereits seit 300 Zeitpfad-Kilometern die Weltmeere bevölkerten.

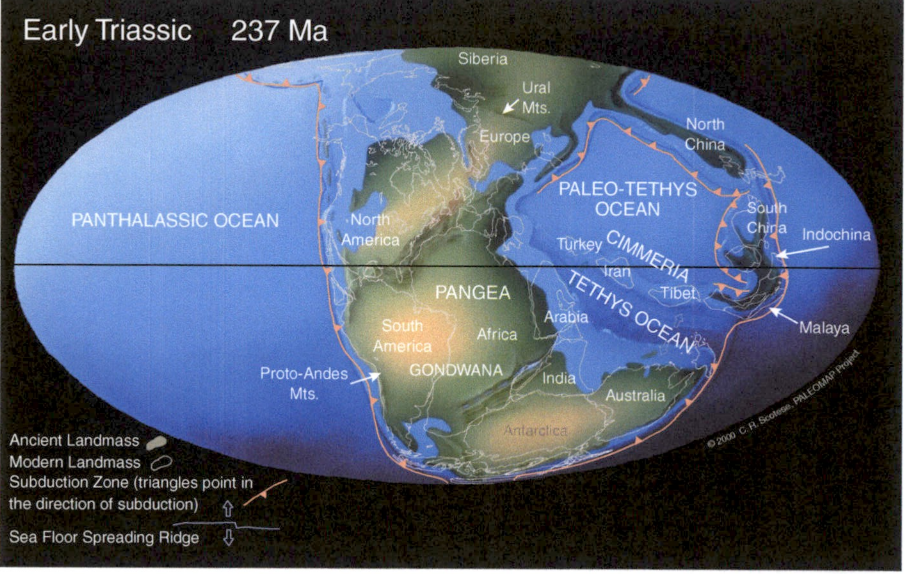

Abb. 5.1   Die Kontinente in der frühen Trias vor 237 Millionen Jahren. Der Höhepunkt der Bildung Pangäas ist erreicht. Man erkennt, wie ein flaches Meer Teile Mitteleuropas und Nordamerikas bedeckt. Im nächsten Zeitalter, dem Jura, wird der Zerfall Pangäas sichtbar werden. © 2009 Paleomap Project von C. R. Scotese, http://www.scotese.com.

5.1   Trias: erste Saurier und Säugetiere

Die Trias beginnt etwa 250 Millionen Jahre vor der Gegenwart – sie wird rund 50 Millionen Jahre dauern. Die Welt steht nach dem schlimmsten Massensterben aller Zeiten nun zu Beginn der Trias vor einem Neubeginn. Wie schon zuvor im Perm ist fast die gesamte Landmasse zu einem einzigen Superkontinent vereint: *Pangäa* (Abb. 5.1). Landtierarten können sich daher praktisch auf dem gesamten Festland ausbreiten, wie man an den Fossilienfunden aus dieser Zeit heute noch gut erkennen kann. Das Klima in Pangäa ist zumeist kontinental, heiß und trocken. Große Wüsten und trockene Hochebenen bedecken weite Teile des Superkontinents. Das heutige Mitteleuropa ist langsam nach Norden gewandert und befindet sich mittlerweile im subtropischen Wüstengürtel, ähnlich wie die Sahara der Gegenwart. Im Karbon hatte es noch in den Tropen gelegen und war mit tropischen Sumpfwäldern bedeckt gewesen, doch diese Zeiten sind lange vorbei.

Sogar in den Polargebieten herrscht in der recht warmen Trias noch ein einigermaßen gemäßigt-feuchtes Klima, d. h. sie sind – anders als in der Gegenwart – nicht von Eiskappen bedeckt. Zwischen den trockenen Wüsten und den Polargebieten gibt es größere Waldgebiete.

Abb. 5.2 Der etwa ein Meter lange räuberische *Cynognathus* (ein Cynodont) ist in der frühen Trias weit verbreitet. © Nobu Tamura.

Viele Lebensräume sind durch das katastrophale Massensterben am Ende des Perms frei geworden, und die Überlebenden beginnen nun, diese Lebensräume neu zu erobern, auch wenn die Artenvielfalt des Perms in der frühen Trias noch nicht wieder erreicht wird. Es dauert seine Zeit, bis sich auch komplexe Ökosysteme neu formieren können.

Bei der Rückeroberung der Lebensräume sind manche Arten schneller als andere, und manche alte Vorherrschaft wird gebrochen. Ammoniten drängen die Nautiliden (Perlboote und Verwandte) zunehmend ins Abseits und entwickeln eine große Artenvielfalt, und Muscheln verdrängen langsam die Armfüßer. Neue modernere Korallenarten erscheinen und bilden kleine Riffe. Auch die Amphibien erholen sich wieder, und in der frühen Trias erscheint der erste Urfrosch (*Triadobatrachus*). Sogar eines der größten Amphibien aller Zeiten lebt in der Trias: der mehr als vier Meter lange *Mastodonsaurus* (der natürlich – trotz seines Namens – als Amphibium kein Saurier ist).

Die Therapsiden und die von ihnen abstammenden Cynodonten überleben ebenfalls mit einigen Arten das Perm-Massensterben und erleben in der frühen Trias einen erneuten Aufschwung, wobei sie viele Lebensräume ein weiteres Mal mit neuen Arten besetzen können – wir sind bereits in Abschnitt 4.6 kurz darauf eingegangen. *Cynognathus*, ein Cynodont, ist in der frühen Trias eines der dominierenden Raubtiere (Abb. 5.2). Nach ihrer erneuten Blütezeit zu Beginn der Trias werden Therapsiden und Cynodonten allerdings nach und nach von den Archosauriern verdrängt und sterben in der frühen Kreidezeit schließlich aus.

Es gibt allerdings eine Abstammungslinie der Cynodonten, die bis in die Gegenwart überlebt: die *Säugetiere*. Diese Linie entsteht im Laufe der späten Trias, wobei es schwerfällt, eine klare Abgrenzung zu treffen, ab wann man die

Abb. 5.3 *Adelobasileus cromptoni* ist vermutlich ein frühes Säugetier oder säugetierähnliches Tier aus der späten Trias. Ob das Tier tatsächlich wie hier dargestellt aussieht, ist wie bei vielen anderen ausgestorbenen Tieren schwer zu sagen, da es dafür zu wenige Fossilfunde gibt. © Nobu Tamura.

Vertreter dieser Linie als Säugetiere bezeichnen kann. Der Übergang zwischen verschiedenen Arten verläuft kontinuierlich fließend über die Zeit hinweg. Wenn wir also in diesem Buch von der Aufspaltung in einzelne Entwicklungswege sprechen, so sind die Unterschiede zwischen diesen Entwicklungswegen anfangs sehr gering und verstärken sich erst im Laufe der Zeit. Es gibt keinen scharfen Sprung, bei dem die Eltern noch keine Säugetiere sind, wohl aber ihre direkten Nachkommen.

Die frühen Säugetiere sind vermutlich kleine spitzmausähnliche Tiere, die sich im Schutz der Nacht von Insekten ernähren. Ein Beispiel für ein solches frühes Säugetier oder zumindest säugetierähnliches Tier ist *Adelobasileus cromptoni* (Abb. 5.3). Im Erdmittelalter spielen diese kleinen Säugetiere nur eine geringe Rolle gegenüber den dominierenden Sauriern. Erst etwa 65 Millionen Jahre vor der Gegenwart werden sie nach einem weiteren großen Massensterben die Gelegenheit bekommen, die Dinosaurier zu verdrängen und zur beherrschenden Tiergruppe der Kontinente zu werden. So wie die Dinosaurier in Form der Vögel bis in die Gegenwart überleben, so besteht die Gruppe der Cynodonten in Form der Säugetiere bis in die Gegenwart fort.

Die Tatsache, dass sich die frühen Säugetiere unter der Bedrohung durch Archosaurier und Dinosaurier wohl nur in der Nacht ins Freie trauen konnten, hinterlässt bis heute Spuren. So könnte die Entwicklung eines Fells eine Anpassung an die kühleren Nachttemperaturen sein. Außerdem sind auch heute noch viele Säugetiere nachtaktiv, wie etwa ein Großteil der Nagetiere. Auffällig ist, dass Säugetiere im Tageslicht meist deutlich schlechter sehen können als Reptilien oder Vögel, besonders was die Farbwahrnehmung betrifft, die im Dunkeln der Nacht keine Rolle spielt. Reptilien, Vögel und vermutlich auch Dinosaurier besitzen häufig vier verschiedene farbempfindliche Zelltypen in der Netzhaut (die sogenannten *Zapfen*), die unterschiedlich stark auf verschiedene Lichtwellenlängen reagieren. Pro Zapfentyp kann ein Lebewesen eine Grundfarbe wahrnehmen, sodass diese Reptilien und Vögel auf vier verschiedene Grundfarben kommen. Die meisten höheren Säugetiere besitzen dagegen nur zwei verschiedene Farbrezeptoren, d. h. ihre Vorfahren haben als Geschöpfe der Nacht offenbar einen Teil der im Dunkeln nutzlosen Farbrezeptoren eingebüßt. Sie können daher nur zwei Grundfarben unterscheiden, die wir beispielsweise Gelb und Blau nennen könnten, sowie die Mischtöne, die sich daraus bilden lassen. Die Grundfarbe Rot und die zugehörigen Mischtöne existiert für sie dagegen nicht. Die Welt ist für die meisten Säugetiere also weniger bunt als für Reptilien und Vögel.

Es gibt allerdings zwei Ausnahmen, bei denen sich unabhängig voneinander ein dritter Farbrezeptor wieder neu gebildet hat, wobei dieser aber nicht identisch mit einem Farbrezeptor der Reptilien und Vögel ist. Diese beiden Ausnahmen sind einerseits die Altweltaffen, zu denen auch wir gehören, sowie andererseits die Brüllaffen, die zu den Neuweltaffen gehören (mehr dazu im nächsten Kapitel). Offenbar ist es für diese meist tagaktiven Lebewesen wichtig, Farben gut erkennen zu können, um beispielsweise die Farbe reifer Früchte gut vom sonstigen Grün des Waldes zu unterscheiden. Dennoch ist unsere Farb-Sinneswelt aus drei Grundfarben ärmer als die vieler Reptilien und Vögel, die über eine vierte Grundfarbe verfügen.

Die von uns wahrnehmbaren Farben lassen sich in einem Farbdreieck anordnen, an dessen Ecken die drei Grundfarben liegen, wobei in der Dreiecksfläche dazwischen die Mischtöne angeordnet werden. Da wir uns nur für den Farbton und nicht für dessen Intensität interessieren, genügt ein solches Farbdreieck, da sich in ihm die *relativen* Anteile der drei Grundfarben zueinander darstellen lassen (will man auch die Intensität mit betrachten, so braucht man einen dreidimensionalen Farbraum, dessen Achsen die verschiedenen Intensitäten der drei Grundfarben darstellen, die sich überlagern).

Für die Darstellung der Farbwahrnehmung vieler Vögel und Reptilien analog zum Farbdreieck braucht man einen dreidimensionalen Tetraeder mit vier Grundfarben-Ecken, bei dem jeder Punkt im Inneren eine mögliche Mischfarbe aus den vier Grundfarben darstellt. Dabei reicht der Farbtetraeder auch in den ultravioletten Bereich des Spektrums, der für uns nicht sichtbar ist. Man weiß mittlerweile, dass Vögel dieses für uns nicht wahrnehmbare Farbspektrum nutzen, um z. B. mit einem im UV-Licht schillernden Gefieder einen Partner anzulocken.

Im Verlauf der Trias werden die Synapsiden (Therapsiden, Cynodonten und die ersten Säugetiere) zunehmend in den Hintergrund gedrängt, und die Sauropsiden (Anapsiden, echsenähnliche Reptilien und besonders die Archosaurier) übernehmen die Vorherrschaft. Dabei entstehen viele neue Zweige im Stammbaum des Lebens. Es würde zu weit führen, hier im Detail auf die

Abb. 5.4   Die Brückenechse ist ein lebendes Fossil aus der Trias. © Tim Vickers.

komplizierten Verzweigungen einzugehen, aber wir wollen uns zumindest einige dieser Zweige kurz ansehen:

Ein bekanntes lebendes Fossil aus der Gruppe der echsenähnlichen Reptilien der Trias sind die *Brückenechsen*, die weitgehend unverändert bis zur Gegenwart überleben (Abb. 5.4). Im Erdmittelalter sind sie weit verbreitet, aber in der Gegenwart gibt es sie nur noch auf einigen kleinen isolierten neuseeländischen Inseln. Hoffen wir, dass wir nicht die letzte Menschengeneration sind, die diese uralten Reptilien noch als lebende Wesen und nicht nur als versteinerte Fossilien zu Gesicht bekommt.

Aus der Gruppe der Anapsiden sind möglicherweise die *Schildkröten* die einzigen Überlebenden der Gegenwart, wobei die genaue Einordnung der Schildkröten noch umstritten ist, wie wir aus dem vorherigen Kapitel bereits wissen. Schildkröten gibt es seit der späten Trias.

Die Gruppe der Archosaurier bringt in der Trias die bis zur Gegenwart fortbestehende Gruppe der *Krokodile* sowie die heute ausgestorbenen *Flugsaurier* und *Dinosaurier* und einige andere ausgestorbene Gruppen hervor (Abb. 5.5). Bedenkt man, dass die Vögel die einzige heute noch lebende Entwicklungslinie der Dinosaurier sind, so bedeutet das, dass die Krokodile die engsten noch lebenden Verwandten der Vögel sind – nur diese beiden Archosaurierlinien schaffen es bis in die Gegenwart.

Die bedeutendste Archosauriergruppe des Erdmittelalters sind die Dinosaurier, deren Entwicklungszweig in der mittleren Trias vor rund 235 Millionen Jahren entsteht. Über die Dinosaurier sind bereits viele Bücher geschrieben worden, sodass ich mich hier auf einige zentrale Informationen beschränken möchte.

Man unterteilt die Dinosaurier anhand des Aufbaus ihres Beckens in zwei große Gruppen: die *Saurischia* (Echsenbeckendinosaurier) und die pflanzenfressenden *Ornithischia* (Vogelbeckendinosaurier, wobei diese Bezeichnung

Abb. 5.5 *Arizonasaurus* ist ein urtümlicher Archosaurier Nordamerikas. Er lebt in der mittleren Trias. © Nobu Tamura.

Abb. 5.6 Der etwa drei bis fünf Meter lange Theropode *Herrerasaurus* ist einer der ältesten bekannten Dinosaurier. Er lebt in der späten Trias. © Nobu Tamura.

verwirrend ist, denn die Vögel sind Nachfahren der Echsenbeckensaurier). Zu den Saurischia gehören die zweibeinigen, meist fleischfressenden *Theropoden* wie *Tyrannosaurus rex* und die langhalsigen, pflanzenfressenden *Sauropoden* wie *Brachiosaurus*. Die *Ornithischia* umfassen beispielsweise *Iguanodon, Ankylosaurus, Triceratops* und *Stegosaurus*. Alle diese genannten Dinosaurier leben allerdings erst im Jura oder in der Kreidezeit, und wir werden ihnen in den nächsten beiden Abschnitten wieder begegnen.

Die Dinosaurier der Trias sind meist kleine zweibeinige Theropoden wie *Eoraptor, Herrerasaurus* (Abb. 5.6) und *Coelophysis*. In der späteren Trias entwickeln sich dann auch große Dinosaurier wie der bis zu zehn Meter lange *Plateosaurus*, einer der ersten Sauropoden.

Die Dinosaurier sind in der späten Trias bereits recht erfolgreich und verdrängen nach und nach viele andere Amniotenarten, insbesondere die bis dahin vorherrschenden Therapsiden und Cynodonten. Insgesamt dominieren Dinosaurier für gut 150 Millionen Jahre die Kontinente, bis sie schließlich

Abb. 5.7   Fischsaurier (Ichthyosaurier) in einer künstlerischen Darstellung von © Nobu Tamura.

65 Millionen Jahre vor der Gegenwart aussterben. Damit sind Dinosaurier an Land eine der erfolgreichsten Wirbeltiergruppen der Erdgeschichte!

Neben den Krokodilen und den Dinosauriern sind die *Flugsaurier (Pterosaurier)* die dritte große Linie, die in der Trias aus den Archosauriern hervorgeht. Sie gehören also nicht zur Gruppe der Dinosaurier, sondern entstehen parallel. Flugsaurier sind die ersten fliegenden Wirbeltiere. Erst sehr viel später werden Vögel und Fledertiere (fliegende Säugetiere) das Fliegen noch zwei weitere Male eigenständig neu entdecken. Bekannte Flugsaurier sind *Pteranodon* und *Quetzalcoatlus*, die beide in der Kreidezeit leben (mehr dazu in Abschnitt 5.3).

Auch die in der Trias entstehenden *Fischsaurier* (*Ichthyosaurier*, Abb. 5.7) sind keine Dinosaurier und noch nicht einmal Archosaurier, sondern sie sind eine eigene Diapsidengruppe, die ungefähr parallel zu den Archosauriern zu sehen ist (wir haben sie als ausgestorbene Gruppe ohne heutige Nachkommen in Abb. 4.33 zur Vereinfachung weggelassen). Sie sind das Analogon zu den heutigen Walen und Delfinen und leben wie diese nur im Meer, besonders im tropischen Tethys-Ozean im Osten Pangäas, wo sie wie heutige Wale Luft atmen. Fischsaurier und Wale bilden ein sehr anschauliches Beispiel für das Phänomen der konvergenten Evolution, das uns bereits in Abschnitt 4.4 begegnet ist: Die schnelle Fortbewegung im Wasser erzwingt eine Stromlinienform des Körpers, sodass Landwirbeltiere, die sich komplett auf das Leben im Wasser einlassen, im Laufe der Zeit diese Form annehmen. Dabei reaktivieren sie aber nicht etwa die Körperform ihrer Fisch-Vorfahren, sondern die Stromlinienform wird durch Umgestaltung des Landwirbeltierkörpers gleichsam neu entwickelt. Fischsaurier bringen sogar wie Wale und Delfine lebende Junge zur Welt, wie entsprechende Fossilfunde beweisen.

Natürlich gäbe es noch sehr viel mehr über die Sauropsiden der Trias zu erzählen, beispielsweise über die meeresbewohnenden *Flossenechsen* (Sauropterygia) oder über *Chirotherium*, einem frühen Archosaurier, von dem nur Fußspuren bekannt sind. Wir haben aber bis zur Gegenwart noch über 200 Kilometer Zeitpfad vor uns, auf dem es noch viel zu entdecken gibt, sodass wir nicht zu lange verweilen wollen.

Bei den Pflanzen der Trias setzt sich der Trend aus dem Perm weiter fort, d. h. die Samenpflanzen gewinnen gegenüber den Sporenpflanzen weiter an Boden, da Letztere auf genügend Feuchtigkeit angewiesen bleiben, die im kontinental-heißen Klima Pangäas selten ist. Im südlichen Teil Pangäas (dem früheren Gondwana) herrschen laubabwerfende Samenfarne wie *Glossopteris* vor. Im Norden Pangäas (Laurasien, zu dem auch das früher eigenständige Laurussia gehört) dominieren dagegen Nadelgewächse. Ginkgos und Palmfarne beginnen sich zu verbreiten. Eine charakteristische Pflanze der Trias ist *Pleuromeia*, die wie ein Säulenkaktus aussieht und wie die Siegelbäume des Karbons zu den Bärlappgewächsen gehört.

Gegen Ende der Trias treten mögliche erste Vorläufer der Bedecktsamer (Blütenpflanzen) auf, z. B. die sogenannten *Bennettitales*. Diese sehen zwar noch ähnlich wie Palmfarne aus, weisen aber bereits einige Merkmale der Bedecktsamer auf. Die Bedecktsamer werden in der Zukunft noch eine bedeutende Rolle spielen und ab der Kreidezeit zur dominierenden Pflanzengruppe heranwachsen. Alle bisherigen Samenpflanzen sind dagegen sogenannte *Nacktsamer*, d. h. ihr Samen ist noch nicht von einer Hülle aus miteinander verwachsenen Fruchtblättern umgeben. Bei Kirschen und Äpfeln (beides heutige Bedecktsamer) kennen wir diese Hülle als schmackhaftes Fruchtfleisch. Die größte heute noch lebende Gruppe nacktsamiger Pflanzen sind die Nadelhölzer (Koniferen).

Für Deutschland und einige andere Gegenden Mitteleuropas ist die Trias auch in geologischer Sicht eine bedeutende Epoche, denn an vielen Stellen treten dort in der Gegenwart die in der Trias entstandenen Gesteinsschichten zutage. Dabei zeigt sich eine typische Abfolge von drei charakteristischen Schichten, die der Trias (was *Dreiheit* bedeutet) ihren Namen gegeben haben: *Buntsandstein*, *Muschelkalk* und *Keuper*. Diese drei Schichten gibt es in anderen Teilen der Erde so nicht. Sie zeigen die besondere Situation, die in der Trias im sogenannten *Germanischen Becken* herrscht – einer großen Tiefebene im Zentrum Europas, die im Perm entstanden ist und sich ungefähr von England über Deutschland bis nach Polen erstreckt.

Abb. 5.8 So könnte Deutschland in der Buntsandsteinzeit (frühe Trias) aussehen. Im Hintergrund der Wüstenlandschaft erkennt man das Flachmeer, das in der Muschelkalkzeit (mittlere Trias) von Süden her auf das Festland vordringt. © E. Fraas, Erik Jaeger. Aus: Edgar Dacqué, *Die Erdzeitalter* (1930).

Der *Buntsandstein* entsteht in diesem Becken in der frühen Trias (vor 250 bis 243 Millionen Jahren) durch rote Ablagerungen, die Flüsse dort hinterlassen. Da Mitteleuropa in der Trias im subtropischen Wüstengürtel liegt (Abb. 5.8), führen diese Flüsse wohl nicht immer Wasser, ähnlich wie die sogenannten Wadis in heutigen Wüstengebieten.

Im Süden grenzt ein subtropisches Flachmeer an das Germanische Becken – gleichsam ein Vorläufer des heutigen Mittelmeeres, wobei allerdings die Alpen noch nicht existieren. Im Bereich dieses Meeres entstehen mächtige Kalkablagerungen mit vielen Meeresfossilien, die man heute angehoben und aufgefaltet im Alpenraum findet, beispielsweise in den Kalkalpen, zu denen auch unsere Zugspitze gehört. Im Alpenraum findet man also nicht die typische Dreiheit der Schichten wie weiter nördlich, weshalb man dort geologisch im Gegensatz zur *Germanischen Trias* von der *Alpinen Trias* spricht.

Dieses Flachmeer dringt in der frühen bis mittleren Trias (vor 243 bis 235 Millionen Jahren) von Süden her auf das Festland vor und hinterlässt dort die typische *Muschelkalkschicht*, die aus Kalk- und Tonablagerungen besteht und viele Fossilien enthält, z. B. Muscheln, Armfüßer, Kopffüßer und Seelilien. Vermutlich gleicht das Germanische Becken in dieser Zeit einem flachen subtropischen Wattenmeer, in dem zwischenzeitlich sogar Lagunen entstehen, die vom offenen Meer abgeschnitten sind, sodass sich Salzlagerstätten bilden können – eine davon befindet sich beispielsweise nahe dem heutigen Heilbronn.

In der mittleren bis späten Trias (vor 235 bis 200 Millionen Jahren) weicht das Meer bis auf kurze Zwischenepisoden wieder zurück, und es entstehen die sogenannten *Keuperschichten*, die aus recht bunten Sand- und Tonsteinen bestehen, deren Körnung aber deutlich feiner ist als zuvor im Buntsandstein. Das bei der Bildung Pangäas entstandene variszische Hochgebirge, welches sich unter anderem im Bereich unserer heutigen deutschen Mittelgebirge erstreckt, ist in der späten Trias demnach bereits deutlich weiter abgetragen als noch in der frühen Trias, denn bei kleinerem Gefälle können Flüsse auch nur kleinere Teilchen weitertransportieren und schließlich ablagern. Es ist faszinierend, wie es uns solche Details selbst nach so langer Zeit ermöglichen, ein konsistentes Bild der damaligen Welt zusammenzufügen. Beim Bau der Autobahn zwischen Heilbronn und Nürnberg fand man im Jahr 1977 zufällig in der Gemeinde Kupferzell die Überreste eines komplexen Ökosystems aus den Sümpfen der Keuperzeit, die unser Bild der späten Trias in Deutschland weiter vervollständigen. Zu den reichhaltigen Funden gehören beispielsweise Skelette von *Mastodonsaurus*, den wir oben bereits kennengelernt haben.

Am Ende der Trias, 200 Millionen Jahre vor der Gegenwart, beginnt Pangäa langsam, erste Risse zu zeigen. Es entstehen Riftsysteme im Zentrum Pangäas, in die schließlich das Meer vordingen kann. Die Bildung des Atlantiks kündigt sich hier an. Dabei kommt es zu großen Magmafluten in der sogenannten *Central Atlantic Magmatic Province* (CAMP), die man heute als dicke Basaltschichten auf den Kontinenten rund um den Zentralatlantik findet.

Ob diese Magmafluten etwas mit dem Massensterben am Ende der Trias zu tun haben, ist unklar. Bei diesem vierten Massensterben der Erdgeschichte verschwinden viele Meereslebewesen, Landwirbeltiere und die letzten großen Amphibien von der Erde. Insgesamt ist dieses Massensterben deutlich weniger ausgeprägt als am Ende des Perms, aber es genügt, um neue Nischen für die Dinosaurier zu eröffnen, die diese freien Plätze im kommenden Zeitalter – dem Jura – nutzen werden. Die große Zeit der Dinosaurier ist damit angebrochen.

5.2 Jura: Dinosaurier erobern die Welt, Pangäa zerbricht

Etwa 200 Millionen Jahre vor der Gegenwart beginnt das zweite Zeitalter des Erdmittelalters: der Jura. Diese Epoche wird rund 55 Millionen Jahre andauern und etwa 145 Millionen Jahre vor der Gegenwart in die Kreidezeit

Abb. 5.9   Die Kontinente im späten Jura vor 152 Millionen Jahren. Man erkennt, wie Pangäa langsam zerbricht. Der Zentralatlantik trennt Gondwana von Nordamerika, und auch Ost- und Westgondwana stehen kurz davor, sich zu trennen. Große Teile Europas sind von flachen Meeren bedeckt. © 2009 Paleomap Project von C. R. Scotese, http://www.scotese.com.

übergehen. Auf unserem Zeitpfad vom Norden Australiens zum Kölner Dom kommen wir im Jura in der Nähe der Stadt Frankfurt vorbei, die rund 150 Kilometer Luftlinie von Köln entfernt ist (siehe Abb. 4.13).

Im Jura setzt sich der Zerfall Pangäas, der bereits in der Trias begonnen hat, schrittweise fort (Abb. 5.9). Dabei bilden sich zunächst der Zentralatlantik und der Golf von Mexiko als schmale, aber ständig breiter werdende Wasserstraßen in der Mitte Pangäas und trennen Laurasien im Norden von Gondwana im Süden. Auch Gondwana selbst zeigt erste Zerfallserscheinungen, bleibt aber bis zur frühen Kreidezeit noch weitgehend intakt.

Nordamerika und Eurasien bleiben im Kontinent Laurasien noch bis zum Tertiär miteinander verbunden, wobei Teile der Verbindung allerdings überflutet sind. Das heutige Europa ist im späten Jura über lange Zeiten hinweg eine Ansammlung größerer Inseln inmitten eines flachen Meeres. Das Auseinanderbrechen Pangäas bewirkt, dass das warme Klima an vielen Stellen des Festlandes wieder feuchter als in der Trias wird, da nun wieder mehr Meeresküsten in der Nähe liegen. Insgesamt ist der Meeresspiegel im feucht-warmen Klima des Jura wegen fehlender Eiskappen an den Polen wieder recht hoch, und flache Meere bedecken neben großen Teilen Europas auch immer wieder

Abb. 5.10   *Stegosaurus* lebt im späten Jura. © Nobu Tamura.

einige Landstriche anderer Kontinente, beispielsweise Teile der großen Zentralebenen Nordamerikas (*Sundance Sea*).

Im Jura und in der Kreidezeit erleben die Dinosaurier ihre große Blüte. Sie sind die beherrschenden großen und mittelgroßen Landtiere. Wie wir bereits wissen, unterscheidet man bei den Dinosauriern anhand des Beckenknochens zwei große Gruppen: die *Saurischia* (Echsenbeckendinosaurier, zu denen die *Theropoden* und die langhalsigen, pflanzenfressenden *Sauropoden* gehören) sowie die pflanzenfressenden *Ornithischia* (Vogelbeckendinosaurier wie *Stegosaurus*, der im späten Jura lebt, Abb. 5.10).

Sind die Dinosaurier im frühen Jura zumeist noch eher klein (ähnlich wie der erst im späten Jura lebende *Compsognathus*, Abb. 5.11), so entstehen im späten Jura einige der größten Dinosaurier aller Zeiten: riesige Sauropoden wie *Camarasaurus, Brachiosaurus, Brontosaurus* (auch als *Apatosaurus* bekannt) und *Diplodocus* (Abb. 5.12) sowie große fleischfressende Theropoden wie *Megalosaurus, Ceratosaurus* und *Allosaurus* (Abb. 5.13). Da Pangäa schrittweise auseinanderbricht, unterscheidet sich dabei die Tierwelt auf den einzelnen Bruchstücken zunehmend, aber es würde zu weit führen, hier in die Details zu gehen.

Wie wir wissen, hatten sich aus den Archosauriern in der Trias neben den Dinosauriern und den Krokodilen die Flugsaurier (Pterosaurier) entwickelt. Ein typischer Flugsaurier des Jura ist *Rhamphorhynchus*. Seine Flügelspannweite beträgt je nach Art zwischen rund 0,5 und 1,5 Metern. Anders als viele spätere Flugsaurier besitzt er noch einen langen Schwanz. Die großen Flugsaurier der Kreidezeit wie *Pteranodon* haben dagegen nur noch kurze Schwänze.

Abb. 5.11   Der nur Truthahn-große *Compsognathus* ist ein Theropode aus dem späten Jura. Ob er wie hier dargestellt ein urtümliches Federkleid besitzt, ist noch ungewiss. © Nobu Tamura.

Abb. 5.12   *Diplodocus* ist mit bis zu 27 Metern Körperlänge einer der längsten bekannten Sauropoden. © Nobu Tamura.

Auf den Inseln Europas entwickeln sich im späten Jura aus kleinen Theropoden die ersten Urvögel, insbesondere der etwa krähengroße *Archaeopteryx* (Abb. 5.14). Dabei mag es eine Rolle spielen, dass die isolierten Inseln einen gewissen Schutz vor konkurrierenden Tierarten oder Räubern bieten. Auch in der Gegenwart findet man ja häufig dieses Phänomen, dass auf isolierten Inseln Tierarten existieren, die den Kontakt mit der Tierwelt der großen Kontinente nicht überleben würden. *Archaeopteryx* besitzt schon ein Federkleid mit großen Schwungfedern, hat aber noch wie die Saurier Finger mit Krallen

Abb. 5.13 *Allosaurus* ist einer der größten Theropoden des späten Jura. © Nobu Tamura.

Abb. 5.14 Der etwa Krähen-große Urvogel *Archaeopteryx* lebt im späten Jura. © Nobu Tamura.

und einen schnabelartigen Kiefer mit Zähnen. Bisher sind nur zehn Skelette von *Archaeopteryx* bekannt, die man alle in den Sedimenten des späten Jura in Süddeutschland (dem Solnhofener Plattenkalk) gefunden hat.

Abb. 5.15 *Oligokyphus* ist ein Vertreter der Tritylodontiden, die zu den letzten lebenden Cynodonten gehören. Er lebt im frühen Jura in England. © Nobu Tamura.

Seit 1996 sind aus China eine Reihe kleiner gefiederter Theropoden bekannt, die in der frühen Kreidezeit leben und neben *Archaeopteryx* weitere Zwischenformen bei der Entwicklung der Vögel darstellen. Sie können noch nicht fliegen, was darauf hindeutet, dass Federn analog zu den Haaren der Säugetiere zunächst dazu dienen, die vermutlich warmblütigen Tiere vor der Kälte der Umgebung zu schützen.

Die einst große Gruppe der Therapsiden und Cynodonten ist im Jura weitgehend verschwunden. Eine der letzten noch lebenden Cynodontengruppen sind die Tritylodontiden (Abb. 5.15). Sie sind den Säugetieren bereits sehr ähnlich, werden diesen aber meist noch nicht zugeordnet – die Übergänge sind allerdings fließend, sodass es nicht immer leicht ist, frühe Säugetiere von späten Cynodonten abzugrenzen.

Normalerweise würde man Milchdrüsen als kennzeichnendes Merkmal für Säugetiere verwenden, doch diese sind in Fossilien nicht mehr erkennbar, sodass man andere Merkmale verwenden muss, wie beispielsweise die Struktur des Kiefergelenks und des Mittelohrs. Bei Säugern sind nämlich bestimmte Knochen des Kiefergelenks im Laufe der Evolution in das Mittelohr gewandert und sorgen dort als Gehörknöchelchen für die Schallübertragung vom Trommelfell zum Innenohr. Dabei gibt es Übergangsformen, bei denen eine eindeutige Klassifizierung als Säugetier schwerfällt.

Manchmal unterscheidet man zusätzlich noch *Säugerartige* (Mammaliaformes) und *echte Säugetiere (Mammalia)* voneinander, wobei Letztere den letzten gemeinsamen Vorfahren von Kloakentieren, Beuteltieren und Plazentatieren sowie all seine Nachkommen umfassen. Mit anderen Worten: Nur echte Säugetiere gibt es in der Gegenwart noch, während alle Säugerartigen analog zu den Cynodonten aussterben. Wir wollen diese Unterscheidung hier nicht vornehmen und einfach zusammenfassend von Säugetieren sprechen.

Eines der ältesten Säugetiere aus dem frühen Jura ist das nur etwa drei Zentimeter lange, spitzmausähnliche *Hadrocodium wui*. Auch wenn die frühen Säugetiere im Jura sicher nur einen geringen Anteil bei den kleineren Landtieren stellen, so gibt es doch gerade in neuerer Zeit Fossilienfunde, die zeigen, dass sie durchaus bereits eine gewisse Artenvielfalt entwickeln. Beispiele sind der biberartige *Castorocauda* aus dem mittleren Jura (Abb. 5.16) sowie die

Abb. 5.16 *Castorocauda* ist ein frühes biberartiges Säugetier aus dem mittleren Jura. © Nobu Tamura.

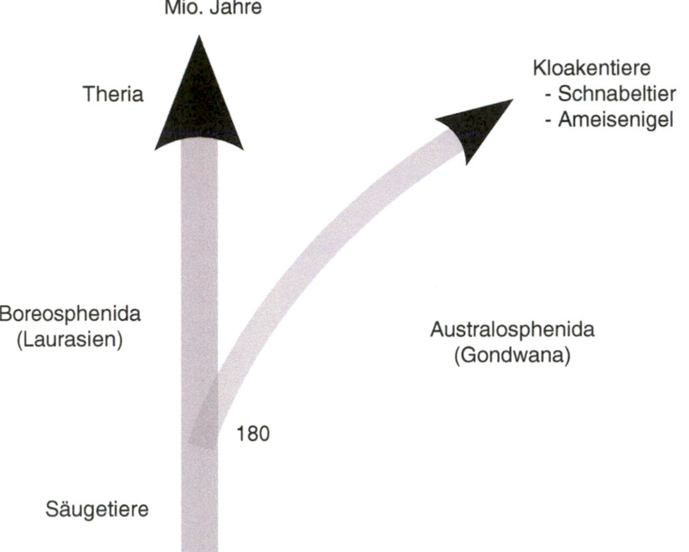

Abb. 5.17 Vereinfachte Darstellung der Aufspaltung der Säugetiere im frühen Jura vor etwa 180 Millionen Jahren in Anlehnung an © Richard Dawkins. Heute ausgestorbene Seitenzweige sind nicht dargestellt.

große Gruppe der nagetierähnlichen Multituberculata (mehr zu dieser heute ausgestorbenen Säugetiergruppe in Abschnitt 5.3).

Wie bei vielen anderen auf dem Festland lebenden Tieren führen die auseinanderbrechenden Teile Pangäas auch bei den Säugetieren zu einer ersten größeren Aufspaltung der Entwicklungslinien (Abb. 5.17). Wir erinnern uns: Eine Aufspaltung in neue Linien setzt immer eine weitgehende genetische Trennung voraus, und das Auseinanderbrechen Pangäas führt im frühen Jura vor rund 180 Millionen Jahren genau zu einer solchen Trennung. Nach einer noch etwas spekulativen Theorie entstehen dadurch im Norden Pangäas (Laurasien) die sogenannten *Boreosphenida*, während im Süden Pangäas (Gondwana) die *Australosphenida* ihren eigenen unabhängigen Entwicklungsweg

Abb. 5.18   Das Schnabeltier ist eine der fünf heute noch lebenden Kloakentierarten, die die urtümlichste heute noch lebende Säugetiergruppe bilden. Mit freundlicher Genehmigung von © Dr. Philip Bethge. www.bethge.org

gehen. Dabei steht *boreo* (lat.: *boreus*) für „nördlich" und *australo* (lat.: *australis*) für „südlich" (*Australien* bedeutet entsprechend einfach nur *Südland*).

Fast alle heutigen Säugetiere – auch wir selbst – stammen vermutlich von den *Boreosphenida* ab, also von den nördlichen Säugetieren. Man ordnet ihre heute noch lebenden Vertreter der Gruppe der *Theria* zu, die alle Plazentatiere und Beuteltiere umfassen – diese beiden Linien werden sich in der frühen Kreidezeit voneinander trennen; mehr dazu in Abschnitt 5.3.

Die südlichen Säugetiere Gondwanas, also die *Australosphenida*, sind in der Gegenwart fast ausgestorben. Man ordnet die heute noch lebenden drei Gattungen mit fünf Arten der Gruppe der *Kloakentiere* zu, da bei ihnen wie bei Reptilien und Vögeln sowohl Darmausgang als auch Harnwege und Fortpflanzungsorgane in einer einzigen Körperöffnung münden: der Kloake. Manchmal verwendet man statt dem Begriff *Kloakentiere* die Bezeichnung *Ursäuger (Protheria)*, wobei man die Kloakentiere dann als den heute noch lebenden Zweig aller Ursäuger ansieht – ich werde hier nicht so streng zwischen Ursäugern und Kloakentieren unterscheiden. Im Einzelnen gehören zu den heutigen Kloakentieren das Schnabeltier (Abb. 5.18), der Kurzschnabel-Ameisenigel und die drei Arten des Langschnabel-Ameisenigels. Nur im weitgehend isoliert liegenden Australien, Neuguinea und Tasmanien gelingt es diesen Kloakentieren, bis in die Gegenwart zu überleben.

Kloakentiere sind recht urtümliche Säugetiere, die man auch als eine Art Zwischenform zwischen den säugetierähnlichen Reptilien und den anderen Säugetieren ansehen kann. Wie die Reptilien besitzen sie eine Kloake und legen kleine Eier. Andererseits besteht bei ihnen wie bei allen Säugetieren der Unterkiefer nur noch aus einem Knochen, während die anderen ehemaligen Kieferknochen im Ohr als Gehörknöchelchen ihren Dienst tun. Zitzen zum Milchsaugen besitzen die Kloakentiere nicht; stattdessen sickert die Milch bei ihnen aus den Poren eines bestimmten Hautbereichs und muss von den Jungtieren aufgeleckt werden.

Wenn ich heutige Kloakentiere als urtümlich oder gar primitiv bezeichne, so meine ich damit nicht, dass sie keine hoch entwickelten Lebewesen wären, sondern nur, dass sie eine große Ähnlichkeit mit den frühen Säugetieren aufweisen. Das Schnabeltier ist sogar ein besonders bemerkenswertes Lebewesen, denn es besitzt einen sehr feinen elektrischen Sinn in seinem gummiartigen Schnabel, mit dem es im schlammigen Wasser zielsicher seine Beutetiere (kleine Würmer und Krebse) aufspürt. Es ist dabei in der Lage, die schwachen elektrischen Felder wahrzunehmen, die von den Muskeln seiner Beutetiere ausgehen. Primitiv im Sinne von „einfach" kann man diese hoch entwickelte Fähigkeit nun wirklich nicht nennen.

Neben Sauriern, Vögeln und kleinen Säugetieren gibt es im Jura auf dem Land natürlich noch eine Vielzahl weiterer Tierarten: Insekten, Reptilien, Amphibien und viele mehr. Es würde zu weit führen, sie hier alle zu erwähnen.

In der Pflanzenwelt des Jura sind Nacktsamer wie Nadelbäume (unter anderem Mammutbäume, Kiefern und Araukarien), Ginkgobäume (Abb. 5.19) und Palmfarne weit verbreitet. Die ersten Bedecktsamer (Blütenpflanzen) treten auf (*Archaefructus*). Insgesamt ist die Pflanzenwelt im feucht-warmen Jura deutlich üppiger als im kontinentalen trockenen Klima des Perms und der Trias.

In den ausgedehnten warmen flachen Meeren des Jura entwickelt sich eine vielfältige Lebenswelt. Fischsaurier (Ichthyosaurier) und Flossenechsen breiten sich aus – wie wir bereits wissen, gehören sie nicht zu den Dinosauriern, sondern sie sind Reptilien, die wie die heutigen Wale und Delfine den Weg zurück ins Wasser angetreten haben.

Die *Ammoniten* erreichen im Jura ihre größte Artenvielfalt (Abb. 5.20). Ähnlich wie bei den Perlbooten besteht ihr eingerolltes Gehäuse aus mehreren Kammern, die durch Querwände voneinander getrennt sind. Nur die vorderste Kammer wird von dem Tier gleichsam bewohnt. Die anderen leeren Kammern können über kleine Röhrchen mit Gas oder Wasser gefüllt werden, sodass das Tier wie ein Tauchboot seinen Auftrieb verändern und dadurch auf- oder abtauchen kann. Besonders wichtig für die Bestimmung einzelner

Abb. 5.19 Der heutige Ginkgobaum (*Ginkgo biloba*) ist die einzige überlebende *Ginkgo*-Art und gilt als eines der ältesten lebenden Fossilen der Pflanzenwelt. Nur im Südwesten Chinas haben natürliche Bestände die Jahrmillionen bis zur Gegenwart überdauert. Heute ist er ein beliebter Baum für Städte, Parks und Gärten. Foto: © Tim Resag.

Ammonitenarten in Fossilienfunden ist die sogenannte *Lobenlinie*, an der die Querwände der einzelnen Kammern mit der umgebenden Schale verbunden sind. Diese Lobenlinie ist teilweise kompliziert gefaltet und geknickt, wodurch sich bei minimalem Materialverbrauch die Stabilität des Gehäuses erhöhen lässt. Im Laufe der Evolution haben sich so sehr verschiedenartige und dabei immer komplexere Lobenlinien etabliert, wodurch sich unterschiedli-

Abb. 5.20 *Asteroceras*, ein Ammonit aus dem frühen Jura. © Nobu Tamura.

che Ammonitenarten teilweise hervorragend als Leitfossilien eignen, um einzelne Gesteinsschichten voneinander zu unterscheiden.

Bei den Kopffüßern erleben außer den Ammoniten auch die *Belemniten* eine Blütezeit. Sie ähneln den heutigen Kalmaren, wobei sie im Jura bis zu 1,5 Meter lang werden können. Manchmal werden durch Wasserströmungen viele ihrer röhrenförmigen Innenskelette an einem Ort zusammengeschwemmt – die entsprechenden Fossilfunde nennt man Belemniten-Schlachtfelder.

Auch andere wirbellose Tiere (Schwämme, Korallen, Muscheln) blühen in den warmen Flachmeeren auf. Bei den Stachelhäutern sind vor allem die Seelilien zu erwähnen, von denen man besonders schöne Funde in Deutschland bei Holzmaden (nahe Kirchheim an der Schwäbischen Alb) gefunden hat. Sie werden dort zusammen mit vielen anderen wunderschönen Meeresfossilien aus dem sogenannten Schwarzen Jura im weltbekannten *Urwelt-Museum Hauff* gezeigt.

Der Begriff *Schwarzer Jura* kennzeichnet im mitteleuropäischen Raum die früheste Sedimentschicht aus dunklem Tonschlamm, die sich im Jura im dortigen Flachmeer ablagert. Darüber befinden sich die später abgelagerten Meeressedimente des *Braunen Jura*, die aus Mergel und Sandstein bestehen (die braune Farbe stammt von darin enthaltenen Eisenverbindungen). Als Letztes entstehen die hellen Kalksedimente des *Weißen Jura*, die man beispielsweise als Kalkfelsen in der Schwäbischen und Fränkischen Alb findet und die teilweise als wertvolles Baumaterial genutzt werden. Bekannt ist hier der Solnhofener Plattenkalk, in dem man z. B. alle bisher bekannten Skelette des Urvogels *Archaeopteryx* entdeckt hat, wie wir oben gesehen haben. Namensgebend für den Jura ist das *Juragebirge* nordwestlich des Genfer Sees, das hauptsächlich aus Meeressedimenten der Jurazeit besteht. Das Juragebirge ist mir als Physiker besonders dadurch bekannt, dass ein Teil des größten Teilchenbeschleunigers unserer Zeit (der *Large Hadron Collider*, LHC) unter dem südöstlichen Randbereich des Juragebirges verläuft.

Der Jura endet etwa 145 Millionen Jahre vor der Gegenwart *nicht* mit einem Massensterben (man möchte fast schon sagen: *ausnahmsweise*), sondern geht relativ ereignislos mit einer vorübergehenden Klimaabkühlung in das letzte Zeitalter des Erdmittelalters über: die Kreidezeit. Schauen wir uns im nächsten Abschnitt also an, wie es in diesem Zeitalter den Sauriern, den gerade entstandenen Vögeln sowie den kleinen unscheinbaren Säugetieren auf den auseinanderdriftenden Bruchstücken Pangäas ergeht.

5.3 Kreidezeit: Blütezeit und Ende der Dinosaurier

Auf unserem Zeitpfad ist das Ende nun schon fast in Sicht. Wir befinden uns am Beginn der Kreidezeit – oft auch kurz als *Kreide* bezeichnet – 145 Millionen Jahre vor der Gegenwart, also auf unserem Zeitpfad rund 145 Kilometer Luftlinie von Köln entfernt. Dabei haben wir Frankfurt gerade hinter uns gelassen (siehe Abb. 4.13).

Wir werden in diesem Abschnitt mehr als die Hälfte des noch verbleibenden Weges zurücklegen, denn die Kreidezeit dauert rund 80 Millionen Jahre und endet mit dem Aussterben der Dinosaurier etwa 65 Millionen Jahre vor der Gegenwart. Am Ende der Kreidezeit sind wir also auf dem Zeitpfad nur noch 65 Kilometer vor Köln, beispielsweise irgendwo auf der A3 zwischen Westerwald und Siebengebirge. So gesehen ist das Ende der Dinosaurier gar nicht so weit von der Gegenwart entfernt, wenn man es in diesen Dimensionen betrachtet. Bedenkt man, dass die ersten Dinosaurier in der mittleren Trias etwa 235 Millionen Jahre vor der Gegenwart entstehen, so sieht man, dass sie über mehr als 150 Millionen Jahre hinweg die Erde bevölkern und über lange Zeit sogar dominieren. Die Zeit ihrer Herrschaft ist mehr als doppelt so lang wie die Zeit seit ihrem Aussterben. Die Dinosaurier sind an Land eine der erfolgreichsten Tiergruppen der Erdgeschichte, und in Gestalt der Vögel existieren sie im weiteren Sinne auch heute noch!

Schauen wir uns zunächst die Verteilung der Kontinente in Abb. 5.21 an. Man kann es kurz so zusammenfassen: Der Zerfall Pangäas geht weiter und die heutige Verteilung der Kontinente zeichnet sich langsam ab. Es ist warm (kein Eis an den Polen), der Meeresspiegel liegt sehr hoch und flache warme Meere überfluten große Teile der Kontinente.

Der Zerfall Pangäas zieht sich in mehreren Schritten vom Jura bis zur späten Kreidezeit über mehr als 100 Millionen Jahre hin. Dabei hatte sich im mittleren Jura vor rund 170 Millionen Jahren zunächst der Zentralatlantik (inklusive Golf von Mexiko) zwischen Laurasien und Gondwana geöffnet und diese beiden Kontinente voneinander getrennt. In der frühen Kreide-

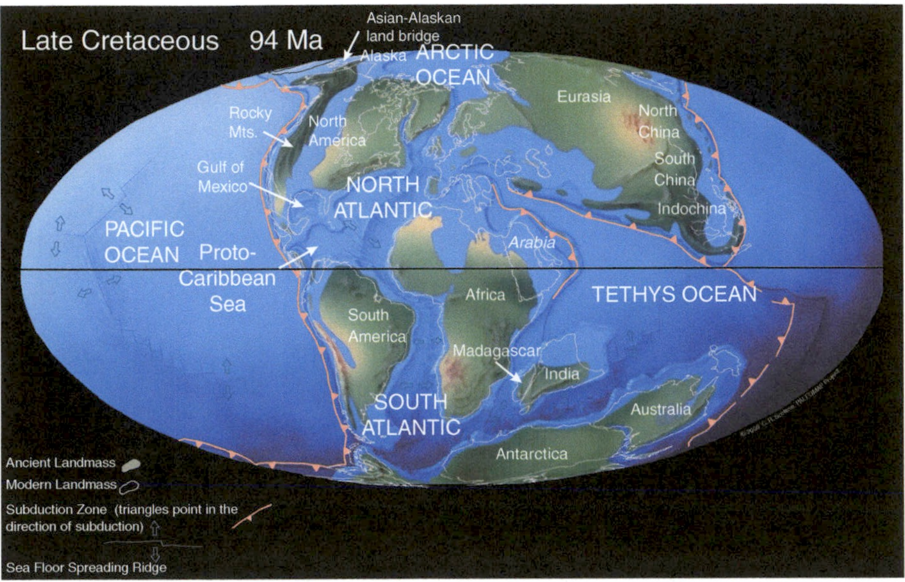

Abb. 5.21   Die Erde in der späten Kreidezeit vor 94 Millionen Jahren. Der Südatlantik hat sich geöffnet, Indien driftet recht schnell nach Norden und lässt Madagaskar dabei vor Afrikas Küste zurück. Nordamerika und Europa sind noch bei Grönland miteinander verbunden, ebenso wie Australien und die Antarktis. Afrika und Südamerika sind weitgehend isoliert. Flache Meere bedecken große Teile der Kontinente, besonders in Eurasien und im mittleren Westen Nordamerikas. © 2009 Paleomap Project von C. R. Scotese, http://www.scotese.com.

zeit vor rund 140 Millionen Jahren beginnt dann auch der uralte Kontinent Gondwana zu zerbrechen. Der aus Südamerika und Afrika bestehende westliche Teil (oft *Atlantica* genannt) trennt sich dabei vom östlich liegenden Rest Gondwanas (Antarktis, Indien und Australien), wobei sich der südindische Ozean öffnet.

In der mittleren Kreidezeit vor rund 90 bis 100 Millionen Jahren zerfallen dann auch diese beiden Bruchstücke Gondwanas (Abb. 5.21). Der Südatlantik öffnet sich und trennt Südamerika von Afrika, sodass beide zu weitgehend isolierten Kontinenten werden. Ungefähr zu dieser Zeit machen sich weiter östlich auch Madagaskar und Indien selbstständig und driften nach Norden, wobei Indien sich sehr viel schneller bewegt als Madagaskar und schließlich im Tertiär sogar mit Asien kollidiert, während Madagaskar vor der Ostküste Afrikas zur Ruhe kommt.

Anders als Gondwana bleibt Laurasien bis zur späten Kreidezeit weitgehend intakt und teilt sich erst im frühen Tertiär vor rund 60 Millionen Jahren endgültig in Nordamerika sowie Eurasien. Auch Australien bleibt noch bis zu dieser Zeit mit der Antarktis verbunden, die sich seit der Entstehung Pangäas ständig in Südpolnähe befindet. Nach der Trennung wird Australien dann recht schnell nach Norden driften – mehr dazu in Kapitel 6.

Das Klima in der Kreidezeit ist nach einer kühleren Anfangsphase insgesamt warm und zugleich auch in vielen Landesteilen recht feucht, wobei die Lage der Kontinente es ermöglicht, dass warmes Wasser aus den Tropen bis in die Polargebiete gelangt und diese aufwärmt. So bleibt neben der Arktis auch die Antarktis eisfrei, anders als heute, wo eine ringförmige Meeresströmung die isolierte Antarktis ungestört umkreist und von warmen Strömungen abschirmt.

Entsprechend dem warmen Klima ist der Meeresspiegel in der Kreidezeit sehr viel höher als in der Gegenwart, sodass flache Meere große Teile der Kontinente überfluten, wie etwa in Mitteleuropa und im mittleren Westen Nordamerikas, wo der *Western Interior Seaway* den nordamerikanischen Kontinent zeitweise sogar in zwei Hälften teilt. Man schätzt, dass die höchsten Pegelstände des Meeresspiegels in der Kreidezeit mehr als 200 Meter über dem heutigen Pegelstand liegen. Zum Vergleich: In der Gegenwart liegt Köln nur etwa 50 Meter über dem Meeresspiegel, läge also beim Pegelstand der Kreidezeit rund 150 Meter unter der Wasseroberfläche. Die heutige Ostsee liefert mit einer mittleren Wassertiefe von rund 50 Metern eine gute Vorstellung davon, wie die kontinentalen Flachmeere der Vergangenheit aussehen, nur dass diese Meere meist deutlich wärmer als die heutige Ostsee sind. .

Im feucht-warmen Klima der Kreidezeit gedeiht an vielen Stellen eine artenreiche Pflanzenwelt. Viele Pflanzen kennen wir schon aus dem Jura: Bärlappgewächse, Baumfarne, Palmfarne, Ginkgos, Nadelbäume und Farne. Bereits im Jura traten die ersten Bedecktsamer (Blütenpflanzen) auf. Nun, in der Kreidezeit, breiten diese sich zunehmend aus, während Nacktsamer und Gefäßsporenpflanzen langsam an Bedeutung verlieren. So entstehen in der späten Kreidezeit Laubbaumarten wie Eiche, Ahorn und Walnuss und machen den anderen Bäumen zunehmend Konkurrenz.

Blütenpflanzen sind darauf angewiesen, dass Insekten die Pollen von Blüte zu Blüte tragen. Umgekehrt sind diese Insekten auch auf den Nektar der Blüten angewiesen. Es überrascht daher nicht, dass sich zugleich mit den Blütenpflanzen auch die entsprechenden Insekten entwickeln und ausbreiten (man spricht von *Koevolution*, also *gemeinsamer Entwicklung*). So entstehen beispielsweise die ersten Bienen. Insgesamt bringen die Insekten in der Kreidezeit eine große Artenvielfalt hervor, von denen viele ihren heutigen Nachkommen bereits recht ähnlich sind.

Aus der Pflanzenwelt der Kreidezeit gibt es ein besonders interessantes lebendes Fossil: die *Wollemie* (*Wollemia nobilis*). Die ältesten bekannten fossilen Spuren dieses urtümlichen Verwandten der Araukarien sind etwa 90 Millionen Jahre alt. Man nahm bis zum Jahr 1994 an, dass die Wollemie seit rund zwei Millionen Jahren ausgestorben sei. Im September 1994 entdeckte dann aber David Noble, ein Mitarbeiter des Wollemi-Nationalparks in Australien, auf einer seiner Wanderungen durch diesen Park in einem abgelegenen Canyon zufällig einige Exemplare eines merkwürdigen Baums, der später durch Vergleich mit Fossilien als Wollemie identifiziert werden konnte. Insgesamt haben weniger als 100 *Wollemia*-Exemplare versteckt in diesem Canyon und einigen Nachbarcanyons die Jahrmillionen bis zur Gegenwart überlebt. Momentan finden intensive Bemühungen zur Erhaltung und Vermehrung dieser Art statt. Mittlerweile kann man sogar kleine Jungpflanzen für den eigenen Garten kaufen und so mithelfen, das Überleben dieser Pflanzen zu sichern. Auch in meinem Garten wächst seit einigen Jahren eine kleine Wollemie, allerdings leider nicht ausgepflanzt, sondern in einem Kübel, da unsere deutschen Winter mitunter doch deutlich zu kalt für Wollemien sein können (Abb. 5.22). In der Garage hat diese robuste Pflanze aber bereits einige kalte Winter problemlos überstanden.

Die Kreidezeit ist eine wahre Blütezeit für Dinosaurier. Allerdings verschwinden auch viele Arten des Jura oder sind stark dezimiert, wie z. B. *Diplodocus*, *Stegosaurus* und *Allosaurus*. Neue Arten treten an ihre Stelle, wobei sich die Tierwelt der nun voneinander getrennten Kontinente zunehmend unterscheidet. Bekannte Dinosaurier der Kreidezeit sind der Theropode *Tyrannosaurus rex* (Abb. 5.23), der große Pflanzenfresser *Iguanodon* sowie der gehörnte *Triceratops* (Abb. 5.24).

Seit 1996 hat man in der nordchinesischen Provinz Liaoning mehrere Fossilien gefiederter Dinosaurier aus der Kreidezeit gefunden, die (wie zuvor *Archaeopteryx* in Mitteleuropa) auf die Abstammung der Vögel von den Dinosauriern hinweisen. Wie wir bereits wissen, dienen ihre daunenartigen Federn vermutlich dem Wärmeschutz, denn fliegen können diese Dinosaurier damit nicht. Man weiß mittlerweile, dass auch viele andere kleine Raubsaurier wie beispielsweise die bekannten *Velociraptoren* gefiedert sind (Abb. 5.25).

Auch die Vögel selbst entwickeln sich weiter und beginnen, mit zunehmender Artenvielfalt die Erde zu bevölkern. Wie bei den Säugetieren werden viele dieser Arten am Ende der Kreidezeit aussterben, sodass im Tertiär die wenigen überlebenden Arten einen erneuten Anlauf nehmen müssen, die Welt zu besiedeln. Dies gelingt den Flugsauriern nicht. Sie sind in der frühen und mittleren Kreidezeit zwar noch häufig und entwickeln zum Teil riesige Formen mit kurzem Schwanz (Abb. 5.26). Gegen Ende der Kreidezeit werden sie jedoch zunehmend von den aufkommenden Vögeln verdrängt und sterben schließlich aus.

Die Säugetiere spielen im Jura und in der Kreidezeit weiterhin eine untergeordnete Rolle gegenüber den Dinosauriern. Wie wir aus Abschnitt 5.2 wissen, hatten sich im frühen Jura vor rund 180 Millionen Jahren nach einer noch et-

Abb. 5.22   Eine kleine Wollemie. © Jörg Resag.

was umstrittenen neueren Theorie die Säugetiere bereits in zwei große Zweige aufgeteilt (siehe Abb. 5.17): die *Boreosphenida* im nördlichen Laurasien und die *Australosphenida* im südlichen Gondwana, wobei von den Australosphenida die heutigen Kloakentiere (Schnabeltier und Verwandte) abstammen, die im Gegensatz zu allen anderen heute lebenden Säugetieren (den Theria) keine lebenden Jungen zur Welt bringen, sondern wie ihre reptilienartigen Vorfahren Eier legen.

Die Aufspaltung der Säugetiere in verschiedene Zweige schreitet in der Kreidezeit weiter voran, sodass eine zunehmende Zahl verschiedener Gruppen und Arten entsteht (Abb. 5.27 zeigt ein Beispiel: *Repenomamus giganticus*). Dabei wird diese Aufspaltung durch das zunehmende Auseinanderbrechen Gondwanas gefördert. Allerdings fallen viele der neuen Entwicklungszweige

Abb. 5.23 Der Raubsaurier *Tyrannosaurus rex* erreicht ein Gewicht von bis zu sieben Tonnen. Er lebt in der späten Kreidezeit in Nordamerika. © Nobu Tamura.

Abb. 5.24 *Triceratops* ist mit einem Gewicht von sechs bis zwölf Tonnen schwerer als ein afrikanischer Elefant. © Nobu Tamura.

dem Massensterben am Ende der Kreidezeit oder späteren Sterbewellen zum Opfer. Ein Beispiel für eine solche ausgestorbene Säugetiergruppe sind die *Multituberculata*, die große Ähnlichkeit mit den Nagetieren aufweisen, aber mit diesen nicht näher verwandt sind. Sie entstehen im mittleren Jura vor rund 165 Millionen Jahren und sterben erst etwa 130 Millionen Jahre später (nämlich vor rund 35 Millionen Jahren) wieder aus, d. h. sie überleben sogar das Ende der Dinosaurier am Ende der Kreidezeit. Warum sie schließlich den-

Abb. 5.25   Der bis zu zwei Meter lange Raubsaurier *Velociraptor* lebt in der späten Kreidezeit. Neuere Erkenntnisse zeigen, dass er Federn besitzt. © Nobu Tamura.

Abb. 5.26   Der große Flugsaurier *Pteranodon* erreicht eine Flügelspannweite von sieben bis neun Metern. © Nobu Tamura.

Abb. 5.27   Der Fleischfresser *Repenomamus giganticus* ist mit zwölf bis 14 Kilogramm eines der größten bekannten Säugetiere des Erdmittelalters. Er beweist, dass die Säugetiere bereits vor dem Aussterben der Dinosaurier eine gewisse Artenvielfalt erreichen. © Nobu Tamura.

noch aussterben, ist unklar – man vermutet, dass sie von den später entstehenden konkurrierenden Nagetieren verdrängt werden (siehe unten). In der Kreidezeit sind sie jedoch eine der am meisten verbreiteten Säugetiergruppen.

Es ist häufig unklar, wie ausgestorbene Säugetiergruppen wie die Multituberculata entwicklungsgeschichtlich im Detail einzuordnen sind, da man kein genetisches Material zur Verfügung hat, das man für molekulare Verwandtschaftsanalysen heranziehen könnte. Wir wollen uns daher im Folgenden auf diejenigen Entwicklungslinien konzentrieren, die es auch in der Gegenwart noch gibt. Da von den Australosphenida heute nur noch fünf eng verwandte Kloakentierarten leben, fallen damit alle anderen Aufspaltungen und Seitenzweige dieser Säugetiergruppe unter den Tisch. Wenden wir uns also den *Boreosphenida* zu, die sich im nördlichen Laurasien entwickeln. Alle heute lebenden Säugetiere außer den Kloakentieren gehören zu dieser Gruppe – man nennt sie auch *Theria*, wie wir bereits wissen.

Den Theria gelingt es, ausgehend von Laurasien auch die meisten anderen Erdteile zu besiedeln, noch bevor diese zu weit voneinander entfernt sind. In der frühen Kreidezeit vor etwa 140 Millionen Jahren entstehen aus den Theria dann zwei große Entwicklungslinien: die *Beuteltiere* und die *Plazentatiere* (Abb. 5.28).

Bei den Beuteltieren wächst der Embryo nicht wie bei den Plazentatieren über eine lange Zeit in einer Gebärmutter heran und wird über eine Nabelschnur und eine Plazenta so lange versorgt, bis er gut entwickelt geboren wird. Stattdessen wird er als winziges Würmchen geboren, kriecht mühevoll in den Beutel der Mutter und saugt sich dort an einer Zitze fest. Erst später, wenn er weit genug entwickelt ist, wird er diese Zitze immer öfter loslassen und schließlich auch den schützenden Beutel häufiger verlassen. In gewissem Sinne kann man den Beutel als eine Art äußere Gebärmutter bezeichnen, und die Zitze spielt die Rolle der Nabelschnur.

Ihre größte Artenvielfalt erreichen die Beuteltiere im frühen Tertiär in Südamerika, während sie in Laurasien schließlich aussterben. Von Südamerika wandert vor spätestens 55 Millionen Jahren (oder auch früher) eine kleine Gründerpopulation über die damals eisfreie Antarktis bis nach Australien und Neuguinea und driftet auf diesem kleinen Kontinent zusammen mit den dortigen Kloakentieren hinaus in den Südpazifik. Die Isolation Australiens endet erst gut 40 Millionen Jahre später, etwa 15 Millionen Jahre vor der Gegenwart. Erst dann ist das nördlich liegende Asien nahe genug, sodass es einigen wenigen Plazentatieren (Fledertieren und einigen Nagetieren) gelingt, nach Australien vorzudringen und den dortigen Beuteltieren und Kloakentieren Konkurrenz zu machen. In Australien entwickeln die Beuteltiere im Tertiär wie schon zuvor in Südamerika eine große Artenvielfalt und können sich dort bis in die Gegenwart hinein gegenüber den wenigen eingewanderten Plazen-

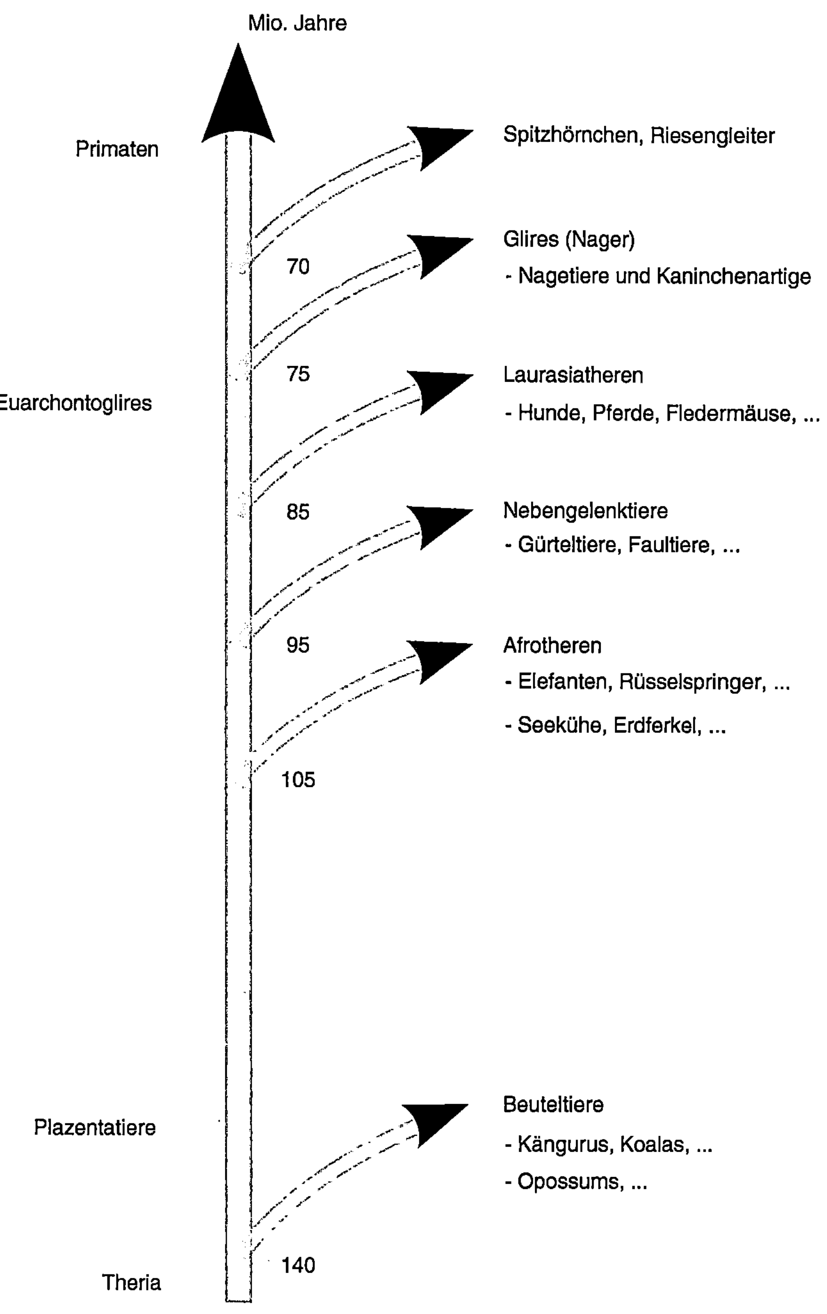

Abb. 5.28 Aufspaltung der Theria (heutige Säugetiere, die keine Kloakentiere sind) in der Kreidezeit mit den wichtigsten heute noch lebenden Entwicklungslinien in Anlehnung an © Richard Dawkins. Dabei zeigt die senkrechte Linie unseren eigenen Entwicklungszweig bis zur Entstehung der Primaten.

Abb. 5.29 *Eomaia scansoria* lebt vor etwa 125 Millionen Jahren in China und gilt als einer der ältesten Vertreter im Stamm aller Plazentatiere (wobei er nicht unbedingt schon eine Plazenta besitzt). © Nobu Tamura.

tatieren behaupten. Dabei entwickeln sie teilweise ähnliche Formen wie die anderen Säugetiere in den übrigen Erdteilen – wieder ein schönes Beispiel für konvergente Evolution. Beispiele sind der Tasmanische Beutelwolf, der unserem Wolf recht ähnlich ist (der letzte Beutelwolf starb 1936 in einem Zoo), oder die unterirdisch lebenden Beutelmulle, die den afrikanischen Goldmullen ähneln. Kängurus sind dagegen mit ihrer meist hüpfenden Fortbewegung einzigartig – einige Arten kann man wohl am ehesten als Gegenstück der Antilopen ansehen. Es gibt allerdings auch kletternde Baumkängurus, und es gibt sogar zehn bis 20 Millionen Jahre vor der Gegenwart ein fleischfressendes Raubkänguru. Beutelwale entstehen dagegen nie – ein Beutel ist im Wasser für den auf Atemluft angewiesenen Nachwuchs wohl einfach zu unpraktisch.

Auch Südamerika ist über eine lange Zeit von den anderen Kontinenten isoliert, sodass sich dort eine einzigartige Tierwelt entwickeln kann (siehe auch weiter unten). Im Unterschied zu Australien entsteht aber etwa drei Millionen Jahre vor der Gegenwart bei Panama eine feste Landverbindung zu Nordamerika, in dem zu dieser Zeit schon lange keine Beuteltiere mehr leben. Für die meisten südamerikanischen Beuteltiere bedeutet dieser Kontakt das Ende. Einer der wenigen Überlebenden ist das Opossum (Beutelratte), das es sogar bis nach Nordamerika schafft (mehr dazu in Kapitel 6).

Die zweite Gruppe der Theria, die Plazentatiere (oder *Eutheria*; einer der ältesten Vertreter ist *Eomaia scansoria*, Abb. 5.29), spalten sich auf den auseinanderdriftenden Kontinenten der mittleren Kreidezeit schrittweise weiter auf. Vor rund 105 Millionen Jahren entstehen so im zunehmend isolierten Afrika die sogenannten *Afrotheren*, zu denen die heutigen Elefanten, Rüsselspringer, Seekühe (Dugongs und Manatis), Schliefer, Erdferkel und Tenreks gehören. Die Seekühe sind neben den Walen die einzigen Säugetiere, die sich komplett an das Leben im Wasser angepasst haben und nie an Land gehen (ähnlich wie die Fischsaurier). Antilopen und Zebras sind dagegen keine Afrotheren – sie wandern erst viel später über neue Landbrücken nach Afrika ein, so wie sich im Gegenzug einige Afrotheren in andere Erdteile ausbreiten. Die Afrotheren der Kreidezeit haben wohl noch wenig Ähnlichkeit mit ihren heutigen

Nachkommen. Viele von ihnen sehen vermutlich eher wie kleine Spitzmäuse aus. Manche der heutigen spitzmausähnlichen Tenrek-Arten dürften ihren Vorfahren aus der Kreidezeit vermutlich recht ähnlich sehen, ebenso wie die Eurasische Spitzmaus, die zu den Laurasiatheren gehört (siehe unten).

Fast zeitgleich, nämlich vor rund 95 Millionen Jahren, entstehen im mittlerweile ebenfalls isolierten Südamerika die *Nebengelenktiere (Xenarthra)*, wobei die genaue Reihenfolge der Abspaltungen von Afrotheren und Nebengelenktieren noch unsicher ist. Kurz zuvor hatte sich Südamerika von Afrika getrennt, sodass sich dort nach dem Ende der Dinosaurier im Tertiär eine einzigartige Säugetierwelt aus Nebengelenktieren, Beuteltieren und speziellen, heute ausgestorbenen Huftieren entwickeln kann. Die Nebengelenktiere haben ihren Namen von speziellen Zusatzgelenken zwischen den Lendenwirbeln, die dort die Wirbelsäule stabilisieren, was insbesondere beim Graben in der Erde sehr nützlich ist. Heute gehören zu den Nebengelenktieren nur noch die Gürteltiere, die Faultiere und die Ameisenbären.

Auch in Laurasien entsteht vor etwa 85 Millionen Jahren ein eigener Säugetierzweig, die *Laurasiatheren.* Dieser Zweig trennt sich dort von unserer eigenen Säugetiergruppe, den *Euarchontoglires*, die alle heutigen Nager, Spitzhörnchen, Riesengleiter und Primaten umfasst (siehe unten). Heute gehören zu den Laurasiatheren die Carnivora (Hunde, Katzen, Bären etc.), die Unpaarhufer (Pferde, Tapire, Nashörner etc.), die Paarhufer (z. B. Antilopen, Hirsche, Rinder, Kamele, Flusspferde und – man glaubt es kaum – die Wale, die enge Verwandte der Flusspferde sind), die Fledermäuse und Flughunde, denen es in Konkurrenz zu den Vögeln gelingt, sich in der Luft zu behaupten, außerdem die urtümlich wirkenden Schuppentiere sowie Insektenfresser wie Maulwürfe, Igel und Spitzmäuse. Von all diesen Tierarten ist in der Kreidezeit natürlich noch wenig zu sehen – lediglich die heutigen Spitzmäuse könnten eine gewisse Ähnlichkeit mit ihren Vorfahren in der Kreidezeit aufweisen.

Wie schon in den früheren Kapiteln wollen wir uns wieder genauer ansehen, wie sich unsere eigene Abstammungslinie weiterentwickelt, die innerhalb der *Euarchontoglires* weiterläuft und von der immer wieder neue Entwicklungslinien anderer Tiergruppen abzweigen (siehe Abb. 5.28 weiter oben). Als Erstes machen sich vor rund 75 Millionen Jahren die Vorfahren der *Nager (Glires)* selbstständig, zu denen heute die Nagetiere und die Kaninchenartigen gehören. Etwa 40 % aller Säugetierarten sind Nagetiere, wobei viele von ihnen dämmerungs- oder nachtaktiv sind – das Erbe der nachtaktiven Säugetiere früherer Zeitalter macht sich hier wieder bemerkbar! Dann, vor rund 70 Millionen Jahren, trennt sich die Linie der heutigen *Spitzhörnchen* und *Riesengleiter* von uns, während die Mitglieder unserer eigenen Linie ab dieser Weggabelung als *Primaten* bezeichnet werden. Bevor jedoch die vermutlich eher wie Spitzhörnchen aussehenden Vertreter dieser frühen Prima-

Abb. 5.30 Die mit den Waranen und Schlangen verwandten Mosasaurier werden bis zu 17 Meter lang. Sie erinnern an im Wasser lebende Riesenwarane, deren Gliedmaßen sich zu Flossen umgebildet haben. Wie die Fischsaurier (Ichthyosaurier) bringen sie lebende Junge zur Welt. © Nobu Tamura.

ten die Chance erhalten, affenähnliche Merkmale zu entwickeln, muss erst ihre Konkurrenz aus dem Weg geräumt werden: die Dinosaurier.

Soviel zur Entwicklung der Säugetiere in der Kreidezeit. Aber nicht nur an Land, sondern auch im Meer existiert eine reichhaltige Lebenswelt. So gibt es eine Vielzahl von Meeresreptilien, beispielsweise die riesigen *Mosasaurier*, die mit den heutigen Waranen und Schlangen verwandt sind (Abb. 5.30). Die Seeigel erleben eine Blütezeit, wobei man nicht nur radialsymmetrische Formen findet, sondern auch rechts-links-symmetrische Formen (wir erinnern uns: Seeigel gehören als Stachelhäuter zu den Zweiseitentieren). Außerdem findet man Fische, moderne Haie sowie eine Vielzahl von Belemniten und Ammoniten. Gegen Ende der Kreidezeit geht die Evolution dabei recht ungewöhnliche Wege, die auf Veränderungen in der Umwelt (beispielsweise sehr warmes Klima) hindeuten und die möglicherweise bereits Vorboten des Massensterbens am Ende der Kreidezeit sind. So entwickeln die Ammoniten Riesenformen mit bis zu zwei Metern Durchmesser, man findet meterlange Belemniten sowie bizarr geformte Muscheln mit bis zu einem Meter Größe.

Abb. 5.31   Kreidefelsen auf Rügen. Ölgemälde von Caspar David Friedrich (1818). Mit freundlicher Genehmigung von © Museum Oskar Reinhart am Stadtgarten, Winterthur.

Auch bei den ganz kleinen Lebewesen im Meer tut sich in der Kreidezeit einiges: So breiten sich etwa Kalkalgen zunehmend im Meer aus. In einigen flachen Meeren der späten Kreidezeit lagern sich die winzigen Kalkskelette dieser Algen am Meeresboden in dicken Schichten ab und bilden so die weichen Kalksteine (Kreide), die diesem Zeitalter seinen Namen gegeben haben. Heute findet man diese Kreideschichten als weiße Klippen insbesondere an vielen Stellen Nordwesteuropas, z. B. auf der Ostseeinsel Rügen (Abb. 5.31) oder bei Dover an der südenglischen Küste.

Die Kreidezeit und mit ihr das Erdmittelalter enden 65 Millionen Jahre vor der Gegenwart mit einem großen Massensterben. Dieses fünfte und bisher letzte Massensterben ist zwar nicht so groß wie das Massensterben am Ende des Perms 185 Millionen Jahre zuvor (also 250 Millionen Jahre vor der Gegenwart), aber es ist sicher das bekannteste Massensterben, denn es bedeutet das

Abb. 5.32 So ungefähr könnte der Einschlag des Asteroiden am Ende der Kreidezeit aussehen. © Don Davis/JPL/NASA.

Ende für die seit über 150 Millionen Jahren erfolgreichen Dinosaurier. Besonders hart trifft es auch das Leben im Meer: Riffe und ihre Bewohner sterben reihenweise ab. Sogar die Ammoniten, die im Erdmittelalter in großer Artenvielfalt die Meere bevölkern, sterben aus. Auch die Meeresreptilien erwischt es tödlich. An Land sterben neben den Dinosauriern auch die Flugsaurier komplett aus. Vögel und Säugetiere überleben, wenn auch stark dezimiert.

Wie kommt es zu diesem Massensterben? Der entscheidende Auslöser könnte der Asteroid mit einem Durchmesser von etwa zehn Kilometern sein, der zum Ende der Kreidezeit auf der Yukatan-Halbinsel im heutigen Mexiko einschlägt (Abb. 5.32). Zur Zeit des Einschlags ist dieses Gebiet von einem flachen Meer bedeckt. Der auch Chicxulub-Krater genannte Einschlagskrater ist in der Gegenwart nicht mehr direkt sichtbar, da er durch Erosion abgetragen und unter kilometerdicken Sedimentschichten begraben ist. Erst 1991 wurde er anhand von kreisförmigen Variationen der Erdgravitation in diesem Gebiet nachgewiesen und wird seitdem mit modernen Techniken intensiv untersucht und vermessen. Aber auch schon vorher vermutete man, dass ein großer Asteroid zu dieser Zeit die Erde getroffen haben musste, denn in der entsprechenden Gesteinsschicht zwischen Kreide und Tertiär (der sogenannten *K/T-Grenze*) findet man eine erhöhte Konzentration des seltenen Edelmetalls Iridium, das in Meteoriten deutlich häufiger ist als in der Erdkruste (wir sind in Abschnitt 4.6 bereits darauf eingegangen).

Die Energie des Einschlags ist enorm: Sie ist 10 000- bis 100 000-mal größer als die Gesamtenergie aller existierenden Atomwaffen. Erdbebenartige Schockwellen durchlaufen die Erde, deren Ausmaße alle uns bekannten Erdbeben in den Schatten stellen. Bis zu 100 Meter hohe Tsunamis rasen durch den Golf von Mexiko und verwüsten die Küstengebiete. Wäre der Asteroid in einen tiefen Ozean eingeschlagen, so wären die Tsunamis mehrere Kilometer hoch gewesen. Da der Einschlagsort jedoch in einem flachen Meeresgebiet liegt, blieben der Erde diese Extrem-Tsunamis weitgehend erspart.

Große Gesteinsmengen werden bis in den Weltraum hinauf geschleudert und erzeugen sekundäre Einschläge an vielen Stellen der Erde. Ein Regen aus glühenden Meteoren prasselt fast überall auf die Erde nieder und heizt die Atmosphäre auf. Waldbrände kontinentalen Ausmaßes sind die Folge. Nordamerika wird von einer zentimeterdicken Staubschicht überzogen. In Kraternähe ist die Schicht aus herabregnendem Material Hunderte von Metern dick. Im Krater selbst dringt wie bei einem gigantischen Vulkanausbruch zähflüssiges Magma aus dem Erdmantel nach oben. Vulkanasche und Staub werden in die Atmosphäre geschleudert und hüllen die Erde ein. Es wird dunkel und kalt auf der Erde, und die Photosynthese der Pflanzen kommt weitgehend zum Erliegen.

Man kann die Liste der Folgekatastrophen noch weiter fortsetzen: saurer Regen, Treibhauseffekt, giftige Gase und vieles mehr. Ob dies ausreicht, das globale Massensterben zu erklären, ist unklar, denn niemand kann die Folgen wirklich gut abschätzen. Die meisten Wissenschaftler gehen mittlerweile aber davon aus, dass der Einschlag des Asteroiden wohl eine der wesentlichen Ursachen des Massensterbens ist.

Möglicherweise ist das Massenaussterben auch auf eine Kombination mehrerer Faktoren zurückzuführen. Ein solcher zusätzlicher Faktor könnte der massive Vulkanismus am Ende der Kreidezeit sein. Das kennen wir bereits vom größten Massensterben der Erdgeschichte aus Abschnitt 4.6 (am Ende des Perms). In der Kreidezeit gibt es über lange Zeiträume intensive vulkanische Aktivitäten. So entstehen bei einer der größten vulkanischen Episoden der Erdgeschichte am Meeresgrund des Pazifiks ab etwa 120 Millionen Jahren vor der Gegenwart riesige kilometerdicke Schichten aus Flutbasalt, die eine

Fläche von der Größe Alaskas überdecken. Die dabei freigesetzten Treibhausgase sind vermutlich eine der Ursachen für das ungewöhnlich warme Klima der Kreidezeit. Zum Ende der Kreidezeit ereignen sich dann besonders intensive Ausbrüche in Südindien. Das austretende Magma bildet bis zu zwei Kilometer dicke Basaltschichten, die schließlich große Teile Indiens bedecken. Man nennt sie die *Dekkan-Trapps*. Erinnern wir uns: Am Ende des Perms bildeten sich analog die *Sibirischen Trapps*. Bis heute ist unklar, wie stark die globalen Auswirkungen dieser Super-Vulkanausbrüche sind. Staub und Treibhausgase wären durchaus in der Lage, das Klima auf der Erde zu verändern und das Leben zu schwächen. Ein großer Asteroideneinschlag könnte dann vielen Lebewesen den Rest geben.

So traurig ein Massensterben wie dieses am Ende der Kreidezeit zunächst auch ist – letztlich eröffnet es wie schon die vier anderen Massensterben zuvor der Evolution die Möglichkeit, neue Wege zu gehen. Bisher unterdrückte Arten erhalten die Chance, die frei gewordenen Lebensräume für sich zu erobern. Diese Chance werden die Säugetiere in den nächsten 65 Millionen Jahren ergreifen, und so schafft es auch schließlich unsere eigene Art, die Bühne der Welt zu betreten. Mehr dazu im nächsten Kapitel.

6
Erdneuzeit

Das Erdmittelalter ist gerade mit dem fünften großen Massensterben der Erdgeschichte zu Ende gegangen. Neben vielen anderen Tiergruppen sind dabei die Dinosaurier, die so lange erfolgreich die Erde dominierten, endgültig verschwunden, und die Blütezeit der Säugetiere ist angebrochen. Ein neues Zeitalter zieht herauf: die *Erdneuzeit* (Känozoikum). Sie beginnt vor 65 Millionen Jahren und reicht bis in die Gegenwart.

Orientieren wir uns kurz auf unserem Zeitpfad, der im Norden Australiens mit dem Urknall beginnt und im Kölner Dom mit der Gegenwart endet. Ein Millimeter Zeitpfad entspricht einem Jahr, wie wir wissen. Wir befinden uns also zu Beginn der Erdneuzeit etwa 65 Kilometer vor Köln. Die Dinosaurier, die uns die letzten 170 Kilometer begleitet haben, sind soeben verschwunden.

Den größten Teil der restlichen Strecke werden wir mit dem Tertiär in Abschnitt 6.1 zurücklegen. Unser Weg durch das Tertiär wird uns dabei bis in das Stadtgebiet von Köln führen, nur noch 2,6 Kilometer Luftlinie vom Kölner Dom entfernt. Die letzten 2,6 Kilometer (das Quartär) werden wir dann in Abschnitt 6.2 zurücklegen. Sie sind geprägt vom Wechsel der eiszeitlichen Kalt- und Warmzeiten und der Entwicklung der verschiedenen Menschenarten bis hin zu unserer eigenen Art *Homo sapiens*.

6.1 Tertiär: Blütezeit der Säugetiere und die Entstehung der Menschen

Das Tertiär beginnt vor etwa 65 Millionen Jahren und endet vor 2,6 Millionen Jahren mit der großräumigen Vereisung beider Polkappen, die bis zur Gegenwart andauert. In der Literatur wird das Tertiär häufig in die beiden Zeitalter *Paläogen* (65 Millionen bis 23 Millionen Jahre vor der Gegenwart) und *Neogen* (23 Millionen bis 2,6 Millionen Jahre vor der Gegenwart) unterteilt. Bisweilen wurde das Neogen sogar bis zur Gegenwart angesetzt, sodass das Quartär ein Teil des Neogens wurde. Wir wollen in diesem Buch die traditionelle Aufteilung der Erdneuzeit in Tertiär und Quartär verwenden – so

© Springer-Verlag GmbH Deutschland, ein Teil von Springer Nature 2012
J. Resag, *Zeitpfad*, https://doi.org/10.1007/978-3-662-57980-0_6

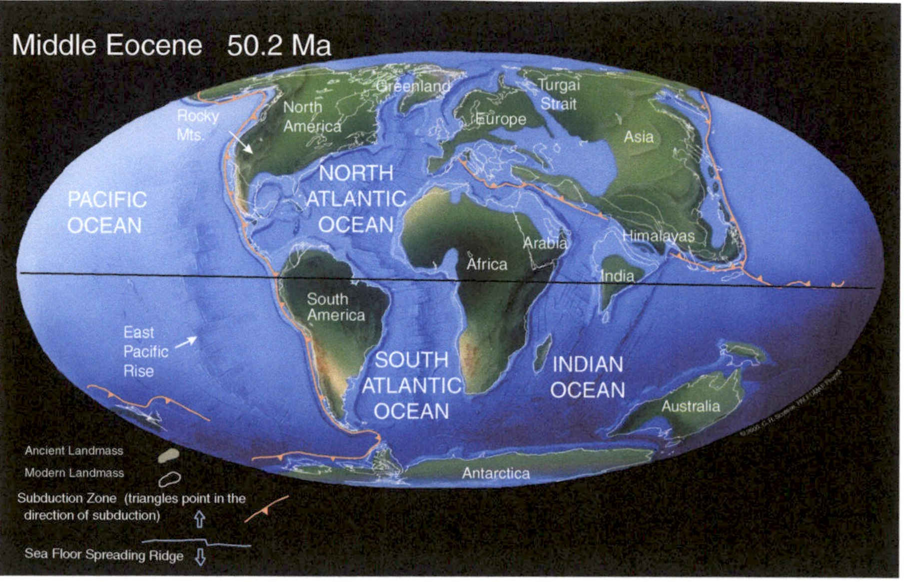

Abb. 6.1   Die Erde vor rund 50 Millionen Jahren. Indien kollidiert mit Südasien und verursacht so die Auffaltung des Himalajas. Australien hat sich von der Antarktis gelöst und driftet als isolierter Kontinent nach Norden. Auch Afrika und Südamerika sind isoliert, und Nordamerika hat sich gerade bei Grönland von Eurasien getrennt. © Paleomap Project von C. R. Scotese, http://www.scotese.com.

können wir uns mit der ganz jungen Erdgeschichte und der Entwicklung des Menschen im Quartär in einem eigenen Abschnitt intensiver beschäftigen. Da das Tertiär sehr viel länger als das Quartär andauert, werden wir es zusätzlich in die Zeitalter Paläozän, Eozän, Oligozän, Miozän und Pliozän unterteilen, wie man sie weiter unten in Abb. 6.2 wiederfindet.

Schauen wir uns zunächst wieder die Lage der Kontinente an (Abb. 6.1). Im Tertiär bewegen sich die Kontinente fast bis an ihre heutigen Positionen. Indien driftet recht schnell mit bis zu 20 Zentimetern pro Jahr nach Norden und kollidiert vor rund 50 Millionen Jahren mit Asien, sodass sich im späten Tertiär schließlich das riesige Himalaja-Gebirge und das Tibetische Hochland bilden. Zu Beginn des Tertiärs vor rund 60 Millionen Jahren löst sich Australien von der Antarktis und wandert wie Indien zuvor ebenfalls schnell nach Norden, auf Kollisionskurs mit Südostasien. Etwas später zerbricht auch der letzte intakte Teil Pangäas, der Nordkontinent Laurasien, wobei Nordamerika und Grönland sich im Norden endgültig von Eurasien trennen und der Nordatlantik sich ausbildet.

In Mitteleuropa entstehen im Tertiär der Oberrheingraben und Vulkanlandschaften wie Eifel und Westerwald, während das uralte variszische Gebirge immer tiefgründiger verwittert. Dabei entstehen dicke Tonschichten, die heute beispielsweise im Kannenbäckerland des Westerwaldes zur Produktion von Keramiken genutzt werden.

Im Verlauf des Tertiärs sinkt der Meeresspiegel, verursacht durch die veränderte Anordnung der Kontinente und eine sich bildende Eiskappe in der Antarktis. Die Flachmeere im Inneren Nordamerikas und Europas verschwinden so zunehmend, allerdings nicht gleichmäßig, da es durch Schwankungen im Meeresspiegel immer wieder zu einem Kommen und Gehen dieser flachen Meere kommt. Bei niedrigem Meeresspiegel existieren im späten Tertiär zeitweise Landbrücken zwischen Afrika und Eurasien sowie zwischen Nordamerika und Sibirien. Zum Ende des Tertiärs rund drei Millionen Jahre vor der Gegenwart entsteht auch zwischen Nord- und Südamerika eine Landbrücke – mit schwerwiegenden Folgen für die Tierwelt dieser beiden Kontinente (mehr dazu später).

Das Klima ist in der ersten Hälfte des Tertiärs noch tropisch warm. So gibt es in Deutschland Sumpflandschaften mit tropischer Vegetation. In der zweiten Hälfte des Tertiärs kühlt das Klima dann zunehmend ab und geht zum Quartär hin in die Eiszeit über, in der wir in der Gegenwart leben.

Mittlerweile kann man die Temperatur, die auf der Erde in vergangenen Zeiten herrschte, mit einer sehr interessanten physikalischen Methode abschätzen. Dazu nutzt man, dass Sauerstoffatome in zwei Varianten (Isotopen) vorkommen: in der gängigen Variante mit sechs Protonen und sechs Neutronen im Atomkern und in der seltenen etwas schwereren Variante mit acht Neutronen im Kern (und derselben Protonenzahl, denn sonst wäre es ja kein Sauerstoff). Man bezeichnet diese beiden Sauerstoffisotope als ^{16}O und ^{18}O, wobei die hochgestellte Zahl die Gesamtzahl der Nukleonen (Protonen plus Neutronen) im Atomkern angibt. Vereinfacht kann man nun sagen: Je wärmer es ist, umso leichter verdunstet auch Wasser mit dem schweren Sauerstoffisotop, und umso weniger schwerer Sauerstoff bleibt im Meerwasser und den dort gebildeten Kalkschalen von Meerestieren übrig. Damit kann man den Anteil des schweren Sauerstoffs in Meeresfossilien als Temperaturindikator verwenden. Verstärkt wird dieser Effekt, wenn sich das verdunstete Wasser an den Polen als Eisschild ansammelt und so dem Ozean entzogen wird. Je dicker die Eisschilde sind und je kälter es ist, umso mehr schweren Sauerstoff enthält der Ozean und mit ihm die Kalkschalen, die Meerestiere zu dieser Zeit darin bilden.

Schaut man sich das Klima des Tertiärs und Quartärs mit dieser Methode an, so kann man eine allgemeine Abkühlungstendenz erkennen (Abb. 6.2). Im frühen Eozän vor rund 55 bis 45 Millionen Jahren gibt es zunächst eine Phase mit sehr warmem Klima (das sogenannte Eozän-Optimum) – dies ist die wärmste Zeit des Tertiärs, während der sogar im arktischen Kanada und in Sibirien mittlere Jahrestemperaturen von bis zu 18 Grad Celsius herrschen!

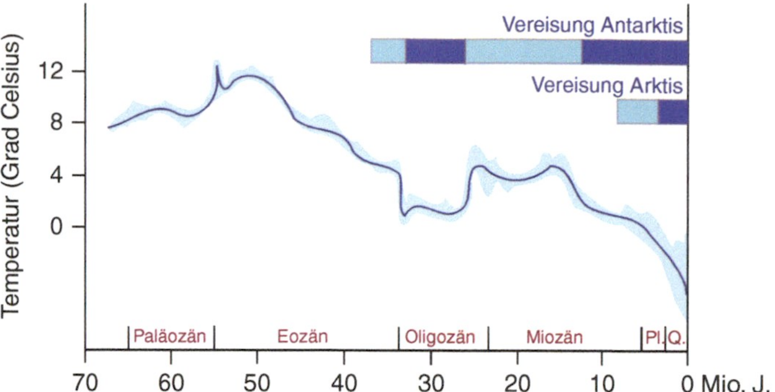

Abb. 6.2   Darstellung der langfristigen Temperaturkurve für die Tiefsee im Tertiär, wie sie mit der ^{18}O-Methode ermittelt wurde, wobei formale Temperaturwerte unter null Grad Celsius den Vereisungsgrad der Pole repräsentieren (Pl. steht für Pliozän, Q. für Quartär). Kurzfristige Schwankungen, wie sie insbesondere in den letzten fünf Millionen Jahren auftreten (Kalt- und Warmzeiten), spiegeln sich in der hellblau dargestellten Schwankungsbreite der Messwerte wider (sind also hier nicht im Detail dargestellt). Die türkisfarbenen Balken entsprechen einer teilweisen oder vorübergehenden Vereisung, die dunkelblauen Balken einer völligen und permanenten Vereisung von Arktis bzw. Antarktis. Die Grafik wurde erstellt in Anlehnung an © J. Zachos, M. Pagani, L. Sloan, E. Thomas, K. Billups: „Trends, Rhythms and Aberrations in Global Climate 65 Ma to Present", *Science* 292, S. 686, 27. April 2001.

Ganz zu Anfang dieser warmen Phase vor etwa 56 Millionen Jahren gibt es sogar einen kurzen heftigen Ausschlag, der für einen Anstieg der globalen Temperatur um rund fünf Grad für rund 100 000 Jahre spricht (das sogenannte Paläozän/Eozän-Temperaturmaximum, kurz PETM). Ursache dafür sind vermutlich große Mengen Treibhausgase, die beim Auseinanderbrechen Laurasiens und der Bildung des Nordatlantiks frei werden.

Nach dem Temperaturmaximum vor rund 50 Millionen Jahren beginnt die Temperatur zu fallen, und vor 34 Millionen Jahren fällt sie ganz rapide, sodass sich in der Antarktis ein Eispanzer bildet – das allgemeine Kennzeichen für eine Eiszeit.

Die weitere Abkühlung seit der Bildung der antarktischen Eiskappe verläuft dann keineswegs geradlinig. Vermutlich taut die Antarktis vor rund 25 Millionen Jahren sogar ein- oder mehrmals zumindest teilweise wieder auf, um später erneut zu vereisen. Spätestens vor etwa zwölf Millionen Jahren friert dann aber die Antarktis endgültig bis zur Gegenwart zu.

Die Eiszeit beginnt also in diesem Sinne nicht erst mit dem Beginn des Quartärs vor 2,6 Millionen Jahren, sondern es gibt seit etwa 50 Millionen Jahren eine allmähliche Abkühlungstendenz, die ihren Höhepunkt im Quartär erreicht. Ein wichtiger Mechanismus zur Bildung des Eispanzers in der Antarktis dürfte in der Öffnung der Drake-Meeresstraße zwischen Südamerika und der Antarktis liegen. Es gab zwar schon länger keine geschlossene Landbrücke zwischen Südamerika und der Antarktis mehr, doch erst vor etwa 35 bis 40 Millionen Jahren wird die Meeresstraße groß und tief genug, sodass sich eine kreisförmige Meeresströmung um die Antarktis ausbilden kann. Damit ist die Antarktis von wärmeren Meeresströmungen abgeschnitten, wie sie im Norden noch für längere Zeit eine dauerhafte Vereisung der Arktis verhindern. Erst zu Beginn des Quartärs vor 2,6 Millionen Jahren bildet sich dann auch in der Arktis ein permanenter Eispanzer. Wie empfindlich dieser arktische Eispanzer auf Erwärmungen des Klimas reagiert, können wir in der Gegenwart ganz aktuell beobachten: Während der Niederschrift dieses Kapitels im September 2011 geht die Meldung durch die Nachrichten, dass das Meereis in der Arktis auf die kleinste Fläche zusammengeschmolzen ist, die jemals gemessen wurde. Sowohl die Nordostpassage vor Russlands arktischer Nordküste als auch die Nordwestpassage im kanadischen Inselarchipel sind eisfrei und für Schiffe befahrbar. Der Treibhauseffekt und die dadurch hervorgerufene globale Erwärmung werden sicher dafür sorgen, dass dies nicht die letzte Rekordmeldung dieser Art bleibt.

Das Klima des späten Tertiärs und Quartärs weist einige Ähnlichkeiten mit dem Klima des späten Karbons auf. Auch im Karbon bildete sich eine Eiskappe am Südpol und der Meeresspiegel lag entsprechend niedrig, wobei der Wechsel zwischen Kalt- und Warmzeiten zu entsprechenden Schwankungen im Meeresspiegel und damit zur periodischen Überschwemmung der tropischen Sumpfwälder und zur Bildung von Kohle führte. Genau diese Klimaschwankungen gibt es auch in der Eiszeit des späten Tertiärs und Quartärs – wir leben gerade in einer kurzen Zwischenwarmzeit inmitten einer seit mehreren Millionen Jahren andauernden Eiszeit, wie wir in Abschnitt 6.2 sehen werden. Im Rhythmus der Klimaschwankungen steigt und fällt auch im späten Tertiär und Quartär der Meeresspiegel. So entstehen bereits im späten Tertiär in der Zeit vor rund 30 bis 20 Millionen Jahren in Deutschland große Braunkohlevorkommen, wie z. B. in der heutigen Niederrheinischen Bucht. Bei niedrigem Meeresspiegel bilden sich in den dortigen Moorlandschaften dicke Torfschichten, die dann bei hohem Meeresspiegel überflutet und mit Meeressedimenten abgedeckt werden. Allerdings steigen Druck und Temperatur durch die Abdeckung nicht so weit an, wie dies bei den stärker abgedeckten Kohleschichten aus dem Karbon geschieht, sodass nur Braunkohle und keine Steinkohle entsteht.

Wie wir im letzten Kapitel gesehen haben, führte das Massensterben am Ende der Kreidezeit zum Aussterben der Dinosaurier, Flugsaurier, Meeressaurier, Ammoniten und vieler anderer Tiergruppen. Zu den Überlebenden gehören die Vögel und die Säugetiere. Zwar werden auch bei diesen Tiergruppen viele Arten ausgelöscht, aber einige wenige schaffen es in die Erdneuzeit hinein. Sie haben nun die Chance, die frei gewordenen Lebensräume neu zu besiedeln, und sie blühen zu großer Artenvielfalt auf.

Der Stammbaum der Säugetiere hatte bereits im Jura und in der Kreidezeit viele Seitenzweige entwickelt, von denen einige den Sprung in das Tertiär schaffen (siehe Abb. 5.17 und 5.29). Die drei großen heute noch lebenden Zweige sind die eierlegenden Kloakentiere, zu denen das heutige Schnabeltier gehört, die Beuteltiere sowie die Plazentatiere, die sich auf den auseinanderdriftenden Kontinenten in weitere Teilgruppen aufteilten: die Afrotheren in Afrika (zu ihnen gehören Rüsseltiere, Seekühe etc.), die Nebengelenktiere im isolierten Südamerika (wie die heutigen Gürteltiere und Faultiere) sowie die Laurasiatheren (sie umfassen die heutigen Wölfe, Huftiere, Fledermäuse etc.) und die Euarchontoglires in Laurasien, welche die Linien der Nager, Spitzhörnchen, Riesengleiter und Primaten (und damit auch uns selbst) hervorbringen. Auch die große Gruppe der nagetierähnlichen Multituberculata überlebt zunächst, stirbt aber noch im Tertiär etwa 30 Millionen Jahre vor der Gegenwart aus.

Die überlebenden Säugetierarten sind meist kleine spitzmausähnliche nachtaktive Geschöpfe. Nun, nach dem Ende der Dinosaurier, steht ihnen im ersten Zeitalter des Tertiärs (dem *Paläozän* vor 65 bis 56 Millionen Jahren) die Welt offen und sie nehmen die bald wieder üppig wachsenden Wälder zunehmend in Besitz. Ähnlich ist es mit den Vögeln, die sich über die ganze Welt verbreiten.

Auch die ähnlich wie Spitzhörnchen aussehenden Ur-Primaten, die das Massensterben am Ende der Kreidezeit überlebt haben, fächern sich nun in der neuen Saurier-freien Welt in neue Entwicklungslinien auf (Abb. 6.3). Die feuchten, warmen Wälder des frühen Tertiärs bieten ihnen dazu optimale Bedingungen. So entsteht vor rund 63 Millionen Jahren (also vermutlich kurz nach dem Massensterben) die Gruppe der *Feuchtnasenaffen (Strepsirhini)*, die man oft mit den Koboldmakis zu den *Halbaffen (Prosimiae)* zusammenfasst, wobei die Koboldmakis aber keine Feuchtnasen-, sondern Trockennasenaffen sind (siehe unten).

In der Gegenwart findet man Feuchtnasenaffen fast nur noch auf der Insel Madagaskar vor der Ostküste Afrikas. Madagaskar hatte sich gut 40 Millionen Jahre vor der Entstehung der Feuchtnasenaffen vom Festland abgespalten, sodass sich eine ganz eigene Tier- und Pflanzenwelt auf dieser großen Insel herausbilden konnte, zu der beispielsweise die *Tenreks* gehören, die wir bereits als Mitglieder der Afrotheren kennengelernt haben. Irgendwie gelingt es im mittleren Tertiär einer kleinen Gründerpopulation von Feuchtnasenaffen, diese Insel zu erreichen. Man kann sich gut vorstellen, wie ein tropischer Sturm eine Gruppe Feuchtnasenaffen auf dahintreibenden Baumstämmen auf das offene Meer hinausbläst, bis sie schließlich das Glück haben, an Madagaskars

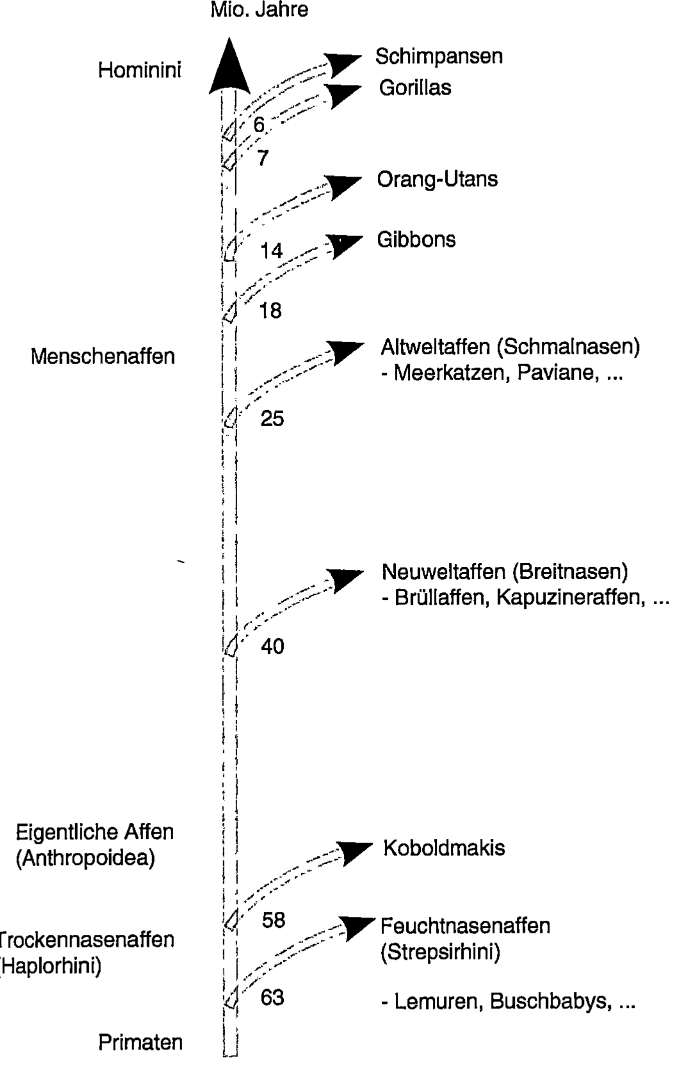

Abb. 6.3   In dieser Abbildung sind die heute noch lebenden Entwicklungslinien der Primaten dargestellt, die im Tertiär und Quartär von unserer eigenen senkrecht dargestellten Linie abzweigen (Zeitangaben in Anlehnung an © Richard Dawkins).

Küste zu stranden. Solche unfreiwilligen Seereisen sind zwar sicher selten, aber sie kommen im Verlauf der Erdgeschichte immer wieder vor, denn auch wenn sie in jedem einzelnen Jahr sehr unwahrscheinlich sind, so genügt es, dass sie im Laufe vieler Jahrmillionen ein einziges Mal gelingen!

In den letzten Jahren konnten wir Menschen einige Erfahrungen mit Ereignissen sammeln, die sehr unwahrscheinlich zu sein scheinen und die dennoch weitreichende Folgen haben, wenn sie ein einziges Mal geschehen. Ein großer atomarer Unfall bei einem einzelnen Kernkraftwerk scheint recht unwahrscheinlich zu sein, wenn man den Betreibern Glauben schenkt. Bei Hunderten von Kernkraftwerken über einen Zeitraum von vielen Jahrzehnten kommt aber dennoch eine gewisse Wahrscheinlichkeit zusammen, dass es einmal zu einem großen atomaren Unfall kommt, und wenn er geschieht, sind seine Folgen katastrophal, wie Tschernobyl und Fukushima gezeigt haben. Wenn man diese gravierenden Folgen betrachtet, die ganze Landstriche unbewohnbar machen, so ist man sicher gut beraten, auch ein scheinbar geringes Unfallrisiko sehr ernst zu nehmen. Ich kann mir sehr gut vorstellen, dass wir Menschen langfristig nicht bereit sein werden, dieses Risiko zu tragen. Ähnliches gilt übrigens auch für das Risiko eines nuklearen Schlagabtauschs *„aus Versehen"*, der noch viel schlimmere Folgen hätte.

Zurück zu den Feuchtnasenaffen: In Afrika und anderen Kontinenten werden die Feuchtnasenaffen nach und nach weitgehend von den sich entwickelnden Trockennasenaffen verdrängt. Die *Trockennasenaffen (Haplorhini)* sind die zweite Gruppe, die vor rund 63 Millionen Jahren neben den Feuchtnasenaffen aus den Ur-Primaten hervorgeht. Zu den Trockennasenaffen gehören auch unsere eigenen Vorfahren.

Im isolierten Madagaskar können sich die Feuchtnasenaffen bis heute behaupten, denn den Trockennasenaffen gelingt die erfolgreiche Seereise nach Madagaskar offenbar nicht. Die heute in Madagaskar lebenden Feuchtnasenaffen bezeichnet man als *Lemuren* (Abb. 6.4), während die in Afrika und Asien übrig gebliebenen Arten als *Loriartige* bezeichnet werden. Vor rund 1 500 bis 2 000 Jahren gelingt allerdings dann doch noch einer Trockennasenaffenart die Seereise nach Madagaskar: uns. Seit dieser Zeit machen wir den Feuchtnasenaffen auch dort Konkurrenz. Viele Feuchtnasenaffenarten sind seitdem bereits ausgestorben, und ich kann nur hoffen, dass es uns gelingt, wenigstens die verbliebenen Arten zu schützen.

Die ersten Trockennasenaffen sind vermutlich tagaktiv und sehen möglicherweise ähnlich wie Koboldmakis aus, nur mit kleineren Augen. Die Linie der *Koboldmakis* macht sich dann vor rund 58 Millionen Jahren auf ihren eigenen Weg durch die Zeit, wobei sie wieder zu einer nachtaktiven Lebensweise übergeht. Unsere eigene Gruppe, die *(Eigentlichen) Affen (Anthropoidea)*, bleibt im Gegensatz zu den Koboldmakis tagaktiv.

Durch ihre meist tagaktive Lebensweise verlieren die Trockennasenaffen und damit auch wir selbst allerdings ein wichtiges Hilfsmittel für das nächtliche Sehen, das andere Säugetiere wie Hunde und Katzen sowie die oft nachtaktiven Feuchtnasenaffen noch besitzen: das *Tapetum lucidum*, eine reflektierende Schicht hinter der Netzhaut, die das Licht ein zweites Mal durch die lichtempfindlichen Netzhautzellen schickt und so deren Lichtausbeute fast verdoppelt. Diese Reflexionsschicht ist der Grund dafür, dass die Augen

Abb. 6.4 Der Diademsifaka ist eine heutige Lemurenart Madagaskars und gehört damit zu den Feuchtnasenaffen. Sifakas bewegen sich auf dem Boden zwischen Bäumen auf zwei Beinen vorwärts, allerdings eher hüpfend als gehend. © C. Michael Hogan.

vieler Säugetiere im Dunkeln leuchten, wenn man sie mit einer Taschenlampe oder einem Scheinwerfer anleuchtet. Die Koboldmakis haben wie alle anderen Trockennasenaffen diese Schicht nicht mehr, und sie ist im Verlauf der Evolution auch nicht erneut bei ihnen entstanden. Diesen Mangel gleichen sie durch extrem große Augen aus (Abb. 6.5).

Das nächste Zeitalter des Tertiärs ist das *Eozän*, das den Zeitraum von 56 bis 34 Millionen Jahren vor der Gegenwart umfasst – wir nähern uns auf unserer Zeitpfad-Reise dem Kölner Dom also bereits auf nur 34 Kilometer. Wie oben erwähnt, beginnt das Eozän mit einem schnellen Anstieg der globalen Temperatur um etwa fünf Grad Celsius für einige 100 000 Jahre, gefolgt von einer längeren Warmphase, die ihr Maximum vor rund 50 Millionen Jahren erreicht. Während dieser Warmphase herrscht im arktischen Kanada und Sibirien ein Klima, das mit unserem heutigen gemäßigten Klima in Mitteleuropa problemlos mithalten kann. Sogar in der Antarktis ist es noch warm genug, sodass dort Wälder gedeihen. Anschließend geht es mit den Temperaturen dann immer mehr bergab, bis schließlich am Ende des Eozäns die Antarktis eine ganzjährige Eiskappe entwickelt. In der Arktis ist es dagegen für ganzjähriges Eis immer noch deutlich zu warm.

In Deutschland dominieren im Eozän warme sumpfige Gegenden. Man weiß recht genau, wie es bei uns vor rund 47 Millionen Jahren aussieht, denn es gibt eine weltberühmte Fundstätte für Fossilien aus dieser Zeit: die *Grube Messel* bei Darmstadt, die sogar zum UNESCO-Weltnaturerbe ernannt wur-

Abb. 6.5   Ein nachtaktiver Koboldmaki mit seinen extrem großen Augen. Ihre Entwicklungslinie entsteht vor rund 58 Millionen Jahren, als sich die Trockennasenaffen in die Koboldmakis und die (Eigentlichen) Affen aufspalten. © Magalhães on Dutch Wikipedia.

de, nachdem sie nur knapp der geplanten Nutzung als Müllkippe entgangen war. Im Eozän ist die Grube Messel noch ein tiefer Vulkansee, ähnlich den heutigen Maaren der Eifel. Im sauerstoffarmen Wasser am Grund des Sees bilden sich nach und nach dicke Sedimentschichten, die sich bis zur Gegenwart in Ölschiefer umwandeln, wobei darin eingeschlossene Tiere und Pflanzen sehr gut erhalten bleiben. Bisher hat man beispielsweise Überreste eines ausgestorbenen Primaten (*Darwinius masillae*; dieser Fund wird nach der Tochter des Wissenschaftlers Jørn H. Hurum auch „Ida" genannt) sowie über 70 Fossilien eines etwa fuchsgroßen Urpferdes (*Propalaeotherium*, Abb. 6.6) gefunden, das sich von Blättern und Früchten ernährte – mehr zur Evolution der Primaten und der Pferde siehe weiter unten.

Im warmen Klima des Eozäns entwickeln sich die Säugetiere fast sprunghaft weiter, und es würde ganze Seiten füllen, hier näher darauf einzugehen. Eines der größten Säugetiere des Eozäns ist mit vier Metern Länge und 1,6 Metern Schulterhöhe das nordamerikanische *Uintatherium*, das zu den Laurasiatheren gehört (Abb. 6.7).

Im mittleren Eozän vor etwa 40 Millionen Jahren spaltet sich von den *Affen* der Seitenzweig der *Neuweltaffen (Breitnasen)* ab (siehe Abb. 6.3). Man findet

Abb. 6.6   **a** Fossil des Urpferdchens *Propalaeotherium* aus der Grube Messel auf einer Briefmarke der © Deutschen Bundespost von 1978. **b** Rekonstruktion dieses Urpferdchens von © Nobu Tamura.

Abb. 6.7   Das vier Meter lange *Uintatherium* ist eines der größten Säugetiere des Eozäns. © Nobu Tamura.

sie heute in Süd- und Mittelamerika – daher der Name –, aber sie entstehen vermutlich in Afrika und gelangen spätestens vor 26 Millionen Jahren nach Südamerika, das zu dieser Zeit schon seit mindestens 60 Millionen Jahren nicht mehr mit Afrika verbunden ist und daher eine ganz eigene Tierwelt aus Beuteltieren, Nebengelenktieren und heute ausgestorbenen Huftieren beherbergt. Allerdings ist der Atlantik im Eozän noch nicht so breit wie heute, sodass den Neuweltaffen offenbar wieder eine dieser unwahrscheinlichen Seereisen gelingt, ähnlich wie zuvor den Feuchtnasenaffen nach Madagaskar. Der älteste bekannte fossile Vertreter der Neuweltaffen wurde in Bolivien gefunden und heißt *Branisella*. Er ist ungefähr 26 Millionen Jahre alt, und man kann an den Fossilfunden erkennen, dass *Branisella* mit den in Afrika leben-

Abb. 6.8 Der Haubenkapuziner (*Cebus apella*) gehört zu den Neuweltaffen der Gegenwart. © José Reynaldo da Fonseca.

den Affen dieser Zeit eng verwandt ist. Seine Vorfahren müssen demnach in den Jahrmillionen zuvor den Atlantik überwunden haben. Eine andere im Eozän in Nordamerika und anderen Kontinenten weit verbreitete Primatengruppe, die sogenannten *Omomyiden*, sind dagegen keine Vorfahren der Neuweltaffen, sondern sie gehören zur Linie der Koboldmakis und sterben vor rund 30 Millionen Jahren aus.

Heutige Neuweltaffen sind unter anderem die Brüllaffen, Kapuzineraffen (Abb. 6.8), Tamarine, Seidenäffchen, Nachtaffen und Klammeraffen. Bis auf die Nachtaffen sind sie alle tagaktiv, wobei die nachtaktiven Nachtaffen analog zu den Koboldmakis auf das lichtreflektierende Tapetum lucidum verzichten müssen und dies durch größere Augen ausgleichen. Die Brüllaffen sind uns bereits in Kapitel 5 begegnet, als wir erfahren haben, dass bei ihnen ebenso wie bei den Menschenaffen das dreifarbige Sehen neu entstanden ist, wenn auch auf jeweils unterschiedliche Weise.

Die größte Ordnung innerhalb der Säugetiere sind die Nagetiere, deren Linie sich in der Kreidezeit von unserer eigenen Entwicklungslinie getrennt hatte (siehe Abb. 5.28). Sie umfassen in der Gegenwart etwa 40 % aller Säugetierarten – wir sind in Abschnitt 5.3 bereits kurz darauf eingegangen. Im Eozän entstehen viele der heutigen Nagetiergruppen und breiten sich in Nordamerika, Eurasien und Afrika aus. Darüber hinaus gelingt auch ihnen wie den Neuweltaffen vor rund 30 Millionen Jahren die unfreiwillige Seereise über den schmalen Atlantik von Afrika ins isolierte Südamerika. Aus diesen ersten südamerikanischen Nagetiersiedlern entstehen dann im Laufe der Zeit die heute dort lebenden Nagetiere, die man als *Meerschweinchenverwandte (Caviomorpha)* bezeichnet. Zu ihnen gehören z. B. Meerschweinchen, Pakas, Baumstachler und Chinchillas. Da die isolierte Tierwelt Südamerikas ganz andere ökologische Nischen eröffnet als Afrika oder Eurasien, entstehen auch sehr ungewöhnliche Nagetiere, beispielsweise das *Capybara (Hydrochoerus hydrochaeris,* auch Wasserschwein genannt), das als das größte heute noch lebende Nagetier gilt. Andere Nagetiere werden noch größer, etwa der mehr als zwei Meter lange *Telicomys,* der rund drei Millionen Jahre vor der Gegenwart ausstirbt, als sich bei Panama die Landbrücke nach Nordamerika bildet – mehr dazu später. Übrigens gelingen den Nagetieren rund fünf bis zehn Millionen Jahre vor der Gegenwart noch einige weitere Seereisen, und zwar nach Australien!

Die Säugetiere im Eozän schaffen es nicht nur, nach und nach alle Lebensräume an Land zu besiedeln, sondern sie sind auch in der Lage, einzelne Lebensräume im Wasser zu besetzen und sich sogar völlig an das Leben im Wasser anzupassen. Ein Beispiel dafür kennen wir bereits aus Abschnitt 5.3: die Seekühe, die zu den Afrotheren gehören. Ein anderes Beispiel sind die Wale und Delfine, die zu den Laurasiatheren gehören, und zwar zur Gruppe der Paarhufer, wie man erst in neuerer Zeit mithilfe molekularbiologischer Methoden herausgefunden hat. Ihre engsten Verwandten sind die Flusspferde! Richard Dawkins drückt es in seinem Buch *Geschichten vom Ursprung des Lebens* (Ullstein, 2008) in *Die Geschichte des Flusspferdes* so aus (S. 294): „Man kann sich einen Wal als das vorstellen, was ein Flusspferd gerne wäre, wenn es sich von der Tyrannei der Schwerkraft befreien könnte." Flusspferde ruhen zwar gerne im Wasser, gehen aber zur Nahrungsaufnahme auch an Land und fressen dort beispielsweise Gräser, während Wale das Wasser nie verlassen und ihren Körperbau daher vollkommen auf diesen Lebensraum umstellen können.

Man kann heute anhand von Fossilien gut nachvollziehen, wie sich bei den Walen der Übergang von an Land lebenden Paarhufern des frühen Eozäns zum meeresbewohnenden Lebewesen vollzieht. So lebt einer der frühesten Walverwandten, der wolfsähnliche *Pakicetus,* im frühen Eozän vor 50 Millionen Jahren noch am Ufer von Gewässern. Der etwas später lebende robbenartige *Ambulocetus* ist mit drei Metern Länge bereits deutlich größer und schon stark an das Schwimmen im Wasser angepasst. Man findet noch einige weitere Übergangsformen, und im späten Eozän vor 40 Millionen Jahren bevölkern bereits große Walarten wie *Basilosaurus* den offenen Ozean (Abb. 6.9). Innerhalb von nur zehn Millionen Jahren (also gerade einmal zehn Zeitpfad-Kilometern) kann also aus einem Paarhufer ein Wal entstehen – hier haben wir wieder ein Beispiel dafür, wie schnell Evolution verlaufen kann, wenn sich eine passende Gelegenheit bietet.

Abb. 6.9 *Basilosaurus* ist eine ausgestorbene Walgattung aus dem späten Eozän (und damit natürlich ein Säugetier und kein Saurier). © Nobu Tamura.

Abb. 6.10 Der zwei Meter große Laufvogel *Gastornis* ist vermutlich eines der größten Landraubtiere im frühen Tertiär. Allerdings ist noch umstritten, ob er wirklich ein Fleischfresser war. © Nobu Tamura.

So wie die Säugetiere entwickeln auch die Vögel im Eozän eine große Artenvielfalt und besetzen eine Vielzahl von Lebensräumen. So ist vor rund 60 bis 40 Millionen Jahren eines der größten Landraubtiere vermutlich der etwa zwei Meter große Raublaufvogel *Gastornis* (Abb. 6.10). Parallel dazu entstehen auch im isolierten Südamerika große fleischfressende Laufvögel (die sogenannten *Terrorvögel* oder Riesenkraniche). Unter den Säugetieren sind die *Creodonten* (auch Urraubtiere genannt) die vorherrschenden Fleischfresser im frühen Tertiär. Sie sehen den heutigen hunde- und katzenartigen Raubsäugern (*Carnivora*) recht ähnlich, sind aber eine eigene Säugetiergruppe. Im späten Tertiär sterben sie aus, während es Carnivoren wie den *Säbelzahnkatzen* gelingt, sich an die Spitze der Nahrungskette zu setzen.

Auf das Eozän folgt für die nächsten rund zehn Millionen Jahre das *Oligozän* (vor 34 bis 23 Millionen Jahren). Wie wir bereits wissen, beginnt es mit einem deutlichen Temperaturrückgang, der zur Bildung eines Eispanzers in der Antarktis führt. Die *Alpen* werden durch die Kollision der afrikanischen und europäischen Kontinentalplatten zunehmend emporgedrückt, wobei die dicken Meeresablagerungen des Erdmittelalters zu hohen Gebirgsketten zusammengeschoben werden. Dasselbe geschieht auch im fernen Asien bei der Kollision Indiens mit Asien, wobei das Himalaja-Gebirge langsam beginnt, emporzuwachsen.

Im Oligozän entstehen viele Säugetiergruppen der Gegenwart. Das vermutlich größte Landtier dieser Zeit ist das fünf Meter hohe und 20 Tonnen schwere *Paraceratherium* (früher auch *Baluchitherium* oder *Indricotherium* genannt), das zu den Nashornartigen (Rhinocerotoidea) gehört, aber selbst kein Horn besitzt. Zum Vergleich: Elefanten können bis zu vier Meter hoch und bis zu fünf Tonnen schwer werden, sind also rund viermal leichter als das *Paraceratherium*.

Aus den Primaten im damals zeitweise isolierten Afrika gehen im späten Oligozän vor rund 25 Millionen Jahren die beiden Zweige der *Altweltaffen (Schmalnasen)* und der *Menschenaffen* hervor. Die Bezeichnungsweisen sind hier nicht ganz einheitlich: So spricht man oft etwas vorsichtiger von *Menschenartigen*, wenn man Gibbons nicht zu den Menschenaffen zählen möchte, und bezeichnet die Altweltaffen als *Geschwänzte Altweltaffen*, während man deren gemeinsame Vorfahren mit den Menschenartigen als Altweltaffen bezeichnet (gleichsam als Gegenstück zu den Neuweltaffen). Über solche Begriffe lässt sich sicher trefflich streiten, aber dieses Buch ist ja kein Zoologie-Lehrbuch, sodass wir es nicht übertreiben wollen. Abstammungsbäume sind nun einmal komplexe Strukturen mit kontinuierlichen Übergängen, die sich nur schwer in ein Namensschema pressen lassen, zumal gerade in jüngster Zeit mithilfe molekulargenetischer Methoden immer wieder neue Erkenntnisse gewonnen werden, die zu Änderungen in solchen Stammbäumen führen. Die in diesem Buch gezeigten Stammbäume bilden da keine Ausnahme.

Alt- und Neuweltaffen werden zusammen auch oft als *Kleinaffen* bezeichnet – im Gegensatz zu Menschenaffen besitzen sie häufig einen Schwanz. Zu den Altweltaffen gehören beispielsweise die heutigen Stummelaffen, Languren, Nasenaffen, Meerkatzen, Paviane, Mandrills und Makaken.

Mit dem Ende des Oligozäns geht vor 23 Millionen Jahren auch das *Paläogen* zu Ende, und das *Neogen* beginnt mit dem *Miozän*, das den Zeitraum

Abb. 6.11   *Dinotherium* ist ein Verwandter des Elefanten aus dem späten Tertiär. © Nobu Tamura.

vor 23 bis 5,3 Millionen Jahren umfasst. Im späten Miozän kommen wir auf unserem Zeitpfad auf der A3 am Dreieck Heumar vorbei, das ungefähr noch acht Kilometer Luftlinie vom Kölner Dom entfernt ist.

Die Auffaltung der Alpen und des Himalajas kommen im Miozän weiter voran. In Süddeutschland schlägt vor etwa 14,6 Millionen Jahren ein rund 1,5 Kilometer großer Meteorit ein und setzt dabei schlagartig die Energie von vielen Tausend Atombomben frei. Der dabei entstehende Krater von etwa 25 Kilometern Durchmesser bildet heute das *Nördlinger Ries*.

Es wird in der ersten Hälfte des Miozäns noch einmal wärmer, sodass die Antarktis vorübergehend abtaut, um dann in der kühleren zweiten Hälfte des Miozäns wieder zu vereisen – bis heute. Insgesamt ist es im Miozän immer noch wärmer als heute, und Wälder bedecken große Teile der Erde. Eine Vielzahl neuer Tierarten entsteht, die heute lebenden Arten teilweise schon recht ähnlich sind. Ein Beispiel ist *Dinotherium* (auch *Deinotherium* oder Hauer-Elefant genannt, Abb. 6.11), ein frühes Rüsseltier und damit ein Verwandter des Elefanten, wobei seine Stoßzähne noch relativ kurz sind.

In der kühler und trockener werdenden zweiten Hälfte des Miozäns entwickelt sich zunehmend ein neuer Landschaftstyp, der auch für die Gegenwart sehr charakteristisch ist: ausgedehnte offene Graslandschaften. Es ist schon erstaunlich, aber niemals zuvor hat es ausgedehnte Prärien oder Savannen mit Gras gegeben. Dabei kommt es zu einer Koevolution von Tieren und Pflanzen: Gras profitiert davon, wenn Weidetiere vorhanden sind, denn diese dezimieren seine Konkurrenten, während es selbst aufgrund seiner Widerstandsfähigkeit recht gut mit ihnen zurechtkommt. Umgekehrt profitieren Weidetiere vom Gras, das ihnen als relativ sichere Nahrungsquelle dient. Als Anpassung an die Graslandschaften verändert sich ihr Körperbau: Sie werden größer und ihre Beine und Füße verändern sich, damit sie sich schneller in der offenen Steppe fortbewegen können, und ihr Gebiss passt sich an die neue relativ harte Hauptnahrung Gras an.

Ein sehr gut untersuchtes Beispiel, bei dem sich diese Entwicklung erkennen lässt, ist die Evolution des Pferdes. Bereits im frühen Eozän gibt es erste fuchsgroße Urpferde, die als Waldbewohner von Laub und Früchten leben und noch wenig mit unseren heutigen Pferden gemeinsam haben. Fossilien solcher Urpferde sind beispielsweise im Ölschiefer der Grube Messel gut erhalten geblieben (siehe Abb. 6.6). *Pliohippus*, der vor rund 15 Millionen Jahren die Prärien Nordamerikas durchstreift, sieht unseren heutigen Pferden dagegen schon recht ähnlich. Zwischen diesen beiden Arten sind viele weitere Übergangsformen bekannt, die die schrittweise Anpassung an das Leben in der Prärie deutlich machen.

Der größte Teil der Evolution der Pferde findet in Nordamerika statt, da sich besonders auf diesem Kontinent große Graslandschaften etablieren können. Später wandern verschiedene Pferdearten auch immer wieder in andere Kontinente aus. Am Ende der letzten Kaltzeit vor rund 10 000 Jahren sterben schließlich alle Pferdearten in ihrer ursprünglichen Heimat Nordamerika sowie in Südamerika vollständig aus. Keiner weiß, warum, aber es könnte durchaus etwas mit der Ausbreitung von uns Menschen zu tun haben (siehe auch Abschnitt 6.2). Erst die Europäer bringen Pferde vor rund 400 Jahren wieder auf den amerikanischen Kontinent zurück – sehr zum Erstaunen der amerikanischen Ureinwohner, die sich zu dieser Zeit natürlich nicht mehr an diese ehemaligen Mitbewohner der nordamerikanischen Prärien erinnern können. Alle heute noch lebenden amerikanischen Wildpferde stammen von diesen mitgebrachten Pferden ab und sind letztlich verwilderte Hauspferde.

Auch unsere eigene Entwicklung hängt vermutlich mit der Entstehung von Graslandschaften im östlichen Afrika zusammen, denn unser Körperbau ist weniger an das Klettern in Wäldern und mehr an das Laufen in offenen Savannen angepasst. Allerdings sind die genauen Gründe für die Entstehung unseres aufrechten Gangs und großen Gehirns nicht ganz einfach zu durchschauen, wie wir noch sehen werden.

Das frühe Miozän ist eine Blütezeit für Menschenaffen mit zahlreichen Gattungen. Sie sind zu dieser Zeit viel weiter verbreitet als heute. In der Gegenwart gibt es lediglich noch drei nicht-menschliche Menschenaffengattungen: Orang-Utans (*Pongo*), Gorillas (*Gorilla*) und Schimpansen (*Pan*) (und wenn

Abb. 6.12 Die Menschenaffengattung *Proconsul* lebt im frühen und mittleren Miozän in Afrika. © Nobu Tamura.

man sie noch dazuzählen will: die Familie der Gibbons). Sie kommen nur noch in wenigen Randlebensräumen der Erde vor und sind stark gefährdet, da ihre Lebensräume durch uns Menschen zunehmend vernichtet werden und sie in den verbliebenen Refugien sogar teilweise noch gejagt werden. Es wäre tragisch, wenn unsere Enkel ihre engsten Verwandten im Tierreich nur noch ausgestopft im Museum bewundern könnten und wir die einzige überlebende Art der einst weit verbreiteten Gruppe der Menschenaffen wären. Unser eigenes Aussterben erschiene dann fast wie die konsequente Fortsetzung dieses Prozesses, was uns motivieren sollte, unsere Verwandten so gut wie möglich zu schützen und für uns selbst sowie für kommende Generationen zu bewahren.

Einer der ältesten bekannten Menschenaffen ist *Proconsul* – er lebt vor rund 21 bis 14 Millionen Jahren in Afrika (Abb. 6.12). Andere bekannte afrikanische Gattungen sind *Afropithecus* und *Kenyapithecus*, während man aus Asien beispielsweise *Ramapithecus* und *Gigantopithecus* (eine Art Riesen-Orang-Utan) kennt.

Es gibt einige Unklarheiten, was die Frage angeht, wann sich im Miozän unsere eigenen Vorfahren in Afrika und wann in Asien aufhalten. In seinem Buch *Geschichten vom Ursprung des Lebens* vertritt Richard Dawkins beispielsweise die Auffassung, dass sich die Weiterentwicklung der Menschenaffen vor etwa 20 Millionen Jahren von Afrika nach Asien verlagert, um dann vor zehn Millionen Jahren nach Afrika zurückzukehren, wo sie zwischenzeitlich ausgestorben sind. Dabei muss man bedenken, dass die Landverbindung zwischen Asien und Afrika immer wieder vom Meer überflutet ist, denn der schwankende Meeresspiegel liegt im Tertiär im Mittel höher als heute.

Wenn man diese Idee zugrunde legt, so erfolgen die nächsten beiden Abzweigungen heute noch lebender Menschenaffen von unserer eigenen Abstammungslinie in Asien: Vor rund 18 Millionen Jahren gehen die *Gibbons* ihren eigenen Weg, und vor etwa 14 Millionen Jahren folgen ihnen die *Orang-Utans*. Gibbons sind recht kleine Menschenaffen, die sich heute in den Wäldern Südostasiens mit langen Armen elegant von Ast zu Ast hangeln, aber bei Bedarf auch aufrecht über einen Ast balancieren können – vielleicht ein erster Vorbote unseres eigenen aufrechten Gangs. Einen Schwanz haben sie wie alle Menschenaffen nicht mehr; er wäre beim Schwinghangeln wohl auch nur im Weg. Orang-Utans gibt es heute nur noch in den Wäldern der indonesischen Inseln Borneo und Sumatra, und auch dort ist ihr Bestand bereits stark bedroht. Sie leben meist als Einzelgänger, anders als die anderen Menschenaffen, die in Gruppen leben. Die Bezeichnung *Orang-Utan* stammt übrigens aus der Malaiischen Sprache und bedeutet *Waldmensch* – eine sehr treffende Bezeichnung!

Die nächsten beiden noch heute existierenden Abzweigungen von unserer eigenen Entwicklungslinie finden im späten Miozän in Afrika statt, wobei sich vor rund sieben Millionen Jahren die *Gorillas* und etwas später – etwa vor sechs Millionen Jahren – die *Schimpansen* auf ihren eigenen Entwicklungsweg begeben, aus denen die Gemeinen Schimpansen und die deutlich kleineren Bonobos hervorgehen (Abb. 6.13). Afrika ist zu dieser Zeit noch wesentlich feuchter und stärker bewaldet als heute. Sogar in der heutigen Sahara existiert damals noch eine Savanne mit vereinzelten Bäumen.

Auch wenn es auf den ersten Blick nicht so aussieht, so folgt aus dem Stammbaum in Abb. 6.3, dass Schimpansen enger mit uns Menschen verwandt sind als mit den Gorillas oder gar den asiatischen Orang-Utans. Tatsächlich sind wir Menschen im Tierreich die engsten Verwandten der Schimpansen und umgekehrt! Biologisch sind wir fast so etwas wie eine nackte, aufrecht gehende Schimpansenart. Allerdings ist eine enge Verwandtschaft nicht unbedingt gleichbedeutend mit einer großen Ähnlichkeit, wie wir oben am Beispiel der eng verwandten Wale und Flusspferde gesehen haben. Schimpansen und Menschen unterscheiden sich sehr deutlich, denn wir Menschen machen bis zur Gegenwart eine rasante Evolution durch, bei der wir unser Fell verlieren, den aufrechten Gang, ein großes Gehirn und schließlich sogar Sprache und Kultur entwickeln.

Dabei entsteht als Erstes vor rund fünf bis sieben Millionen Jahren der aufrechte, bipede Gang, lange bevor es zu einer Vergrößerung des Gehirns kommt. Er ist das Kennzeichen unseres eigenen Entwicklungszweiges, der bei der Abspaltung der Schimpansen entsteht. Man bezeichnet diesen Zweig als die Gruppe der *Hominini*, wobei es bei der Bezeichnungsweise einige Verwirrung gibt, da auch andere Bezeichnungen wie *Hominiden* in unterschiedlicher

Abb. 6.13 Die Schimpansen sind im Tierreich unsere engsten lebenden Verwandten. Das Bild zeigt ein Schimpansen-Weibchen (*Pan troglodytes*) mit Jungtier. © Ikiwaner/ Wikipedia.

Bedeutung verwendet werden. Heute bezeichnet man mit dem Begriff *Hominidae* die Familie der Großen Menschenaffen einschließlich der Hominini, aber ohne die Gibbons.

Etwas vereinfacht kann man sich die Hominini als *Affenmenschen* oder *menschenähnliche Affen* vorstellen, und zwar in dem Sinne, dass diese Lebewesen zu Beginn ähnlich wie aufrecht gehende Schimpansen aussehen, wobei ihr Gehirn ungefähr dieselbe Größe wie ein Schimpansengehirn aufweist. Die frühen Hominini können also zwar schon auf zwei Beinen gehen, aber viel mehr Gemeinsamkeiten mit dem modernen Menschen bestehen noch nicht. Das beginnt sich erst etwa 2,5 Millionen Jahre vor der Gegenwart langsam zu

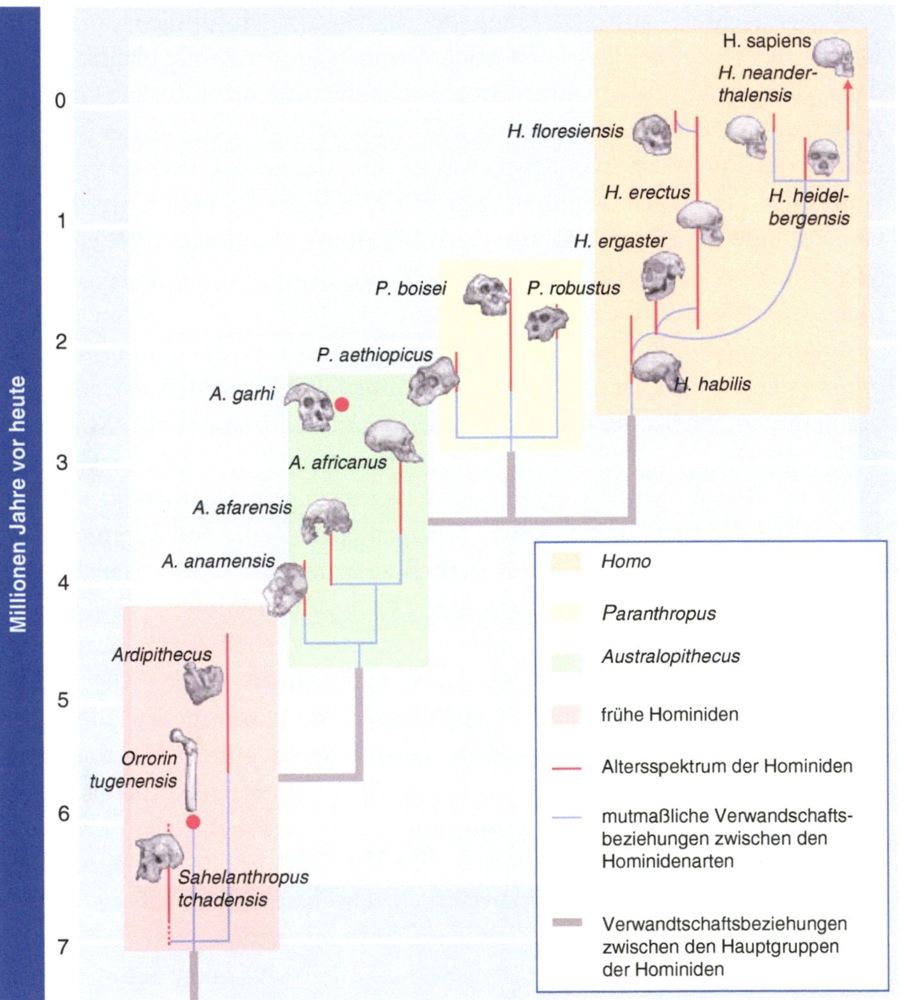

Abb. 6.14 Evolutionsstammbaum der Hominini (in der Abbildung Hominiden genannt). © Spektrum Akademischer Verlag.

ändern, als die Gattung *Homo* das Licht der Welt erblickt. Außer der Gattung
Homo zählt man zu den Hominini normalerweise noch die Gattungen *Sahelanthropus, Orrorin, Ardipithecus, Australopithecus* sowie die letzteren sehr ähnlichen Gattungen *Kenyanthropus* und *Paranthropus.* Allerdings gibt es auch
andere Auffassungen darüber, wann genau eine Gattung den Hominini zuge-
rechnet werden kann. Auch die Abgrenzungen der Gattungen untereinander
ist nicht immer ganz klar, was uns nicht wundert, denn es muss ja kontinuierliche Entwicklungswege über die einzelnen Gattungen hinweg geben, unter
anderem unseren eigenen Abstammungszweig. Abb. 6.14 zeigt eine entsprechende Übersicht.

Wie entsteht der aufrechte Gang, der charakteristisch für die Hominini ist? Das ist bis heute nicht wirklich geklärt, und es gibt mehrere plausible Ideen dazu. Eine der Grundannahmen ist dabei häufig, dass der aufrechte Gang eine Anpassung an die neu entstehenden Grasländer im Osten Afrikas ist. Es erscheint günstig, wenn man beispielsweise über das hohe Gras hinweg blicken kann oder bei langen Wanderungen in der Steppe die Hände frei hat, um Gegenstände oder Nahrung zu tragen. Allerdings kommen auch vierfüßige Weidetiere hervorragend in der Savanne zurecht, sodass der aufrechte Gang nicht grundsätzlich überlegen sein kann.

Außerdem stammt der 2001 im Tschad gefundene frühe Hominini *Sahelanthropus tchadensis* gar nicht aus den Savannen im Osten Afrikas, sondern aus der heutigen Sahelzone, die zu dieser Zeit zum Teil bewaldet ist. Möglicherweise entsteht der aufrechte Gang also gar nicht in der Savanne, sondern im Wald. Bei Affen, die sich wie Gibbons schwinghangelnd fortbewegen, könnte es in Anpassung an das Schwinghangeln zu einer Reihe von Veränderungen im Körperbau kommen, die auf dem Boden den aufrechten Gang einfach angenehmer machen als den vierfüßigen Gang. Auch Gibbons bewegen sich gelegentlich im aufrechten Gang über Äste hinweg, ebenso wie Orang-Utans in bestimmten Situationen. Wenn dann bei der zunehmenden Klimaabkühlung die Trockenheit in einigen Gegenden Afrikas zunimmt und die Wälder von Savannen abgelöst werden, dann entspricht der aufrechte Gang für die betroffenen Affen einfach besser ihrem bereits veränderten Körperbau.

Nicht immer dienen Veränderungen in der Evolution dazu, ein Lebewesen besser an seine Umwelt anzupassen. Entscheidend ist, dass es eine höhere Chance hat, seine Gene weiterzuvererben. Das kann man auch dadurch erreichen, dass man für das andere Geschlecht *attraktiver* wird. Irgendwann haben Pfauenweibchen beispielsweise eine Vorliebe für lange Schwanzfedern bei ihren männlichen Artgenossen entwickelt, sodass sich im Laufe der Zeit der bekannte Pfauenschwanz entwickelt hat. Ähnliche Entwicklungen findet man häufig im Tierreich, z. B. bei den Paradiesvögeln. Man spricht hier von *sexueller Selektion*. Dabei entsteht ein sich selbst verstärkender Prozess, der zu ganz ungewöhnlichen Veränderungen führen kann. Richard Dawkins schreibt dazu in seinem Buch *Geschichten vom Ursprung des Lebens* in *Die Geschichte des Pfaus*: „Schnelle, scheinbar willkürliche Evolutionsschübe in seltsame Richtungen bedeuten für mich immer eines: sexuelle Selektion."

Da liegt der Gedanke nahe, dass der aufrechte Gang und besonders die spätere fast explosionsartige Entwicklung des Gehirns Ergebnisse einer sexuellen Selektion sein könnten. Wer weiß, vielleicht finden es die Frauen unserer frühen Vorfahren irgendwann einfach besonders schick und imponierend, wenn Männer aufrecht gehen können, sodass die Mode entsteht, aufrecht zu gehen. Vielleicht ist es auch attraktiv, wenn Männer und Frauen besonders intelligente Dinge tun können – mir fallen dabei sofort die mittelalterlichen Minnesänger ein, die vor ihrer Angebeteten eigene Lieder vortragen, um sie zu beeindrucken und die eigene kulturelle Kompetenz unter Beweis zu stellen. Unser großes Gehirn wäre dann womöglich ein – wie Dawkins es ausdrückt – mentaler Pfauenschwanz.

Natürlich kann ein großes Gehirn auch ganz konkrete Überlebensvorteile mit sich bringen, die seine Entwicklung vorantreiben – man denke an den Gebrauch und die Herstellung von Werkzeugen, mit denen sich neue Nahrungsquellen erschließen lassen, oder an die Vorteile sozialer Kooperation, wie sie insbesondere durch die Entstehung der Sprache möglich werden.

Wie es auch immer genau geschieht: Der aufrechte Gang entwickelt sich bei unseren Vorfahren insgesamt deutlich früher als die Vergrößerung des Gehirns. Erst werden die Hände für neue Tätigkeiten frei, und erst dann folgt das Gehirn, um diese neuen Möglichkeiten auch zu nutzen.

Es würde zu weit führen, hier genauer auf die verschiedenen Fossilienfunde der einzelnen Hominini-Arten einzugehen, die die weitere Entwicklung dieser Affenmenschen dokumentieren. Dabei muss man beachten, dass viele dieser Arten nicht unbedingt unsere Vorfahren sein müssen, denn es entstehen viele Seitenlinien, die wieder aussterben. Nur eine einzige Entwicklungslinie der Hominini bringt heute noch lebende Nachkommen hervor, nämlich unsere eigene Linie! Ein recht bekannter Fossilienfund ist *Lucy*, ein Australopithecine (*Australopithecus afarensis*, Abb. 6.15, links), der vor rund 3,2 Millionen Jahren in Ostafrika lebt. Es gibt auch direkte Beweise für den aufrechten Gang aus dieser Zeit, nämlich versteinerte Fußspuren, die zwei oder vielleicht auch drei Australopithecinen vor 3,6 Millionen Jahren in frischer Vulkanasche bei Laetoli im Norden von Tansania hinterlassen – es hat schon etwas Ehrfurchtgebietendes, wenn man sich vorstellt, dass lange vor der Entstehung unserer eigenen Menschenart an dieser Stelle menschenähnliche Wesen aufrecht nebeneinander herlaufen und genau diese Fußspuren hinterlassen.

Bei der Betrachtung der Hominini haben wir das Miozän bereits verlassen und sind in das *Pliozän* eingetaucht, das vor 5,3 Millionen Jahren beginnt und 2,6 Millionen Jahre vor der Gegenwart endet. Die Abkühlung des Erdklimas setzt sich im Pliozän weiter fort, wobei es insgesamt instabiler wird – mehr dazu in Abschnitt 6.2.

Aufgrund der zunehmenden Vereisung der Antarktis sinkt der Meeresspiegel, und vor etwa drei Millionen Jahren entsteht eine Landbrücke zwischen Nord- und Südamerika, mit starken Auswirkungen auf die seit rund 90 Millionen Jahren weitgehend isolierte Tierwelt Südamerikas. Beutelratten und Nebengelenktiere (z. B. Riesenfaultiere, Gürteltiere und Glyptodonten, Abb. 6.16) breiten sich von Südamerika nach Nordamerika aus, während viele Plazentatiere wie Hunde, Katzen, Kamele und Tapire von dort nach Südame-

Abb. 6.15   Rekonstruktion des *Australopithecus afarensis* (3,7 bis 2,9 Millionen Jahre, links) hinter einem Schädel des *Homo sapiens* (rechts). © Museum für Naturkunde, Berlin, Carola Radke. Wissenschaftliche Rekonstruktionen: Atelier WILDLIFE ART, W. Schnaubelt & N. Kieser für das Hessische Landesmuseum Darmstadt.

Abb. 6.16   *Doedicurus* ist mit einer Länge von bis zu 3,5 Metern einer der größten Glyptodonten (Riesengürteltiere) und gehört damit zu den Nebengelenktieren Südamerikas. Es stirbt erst vor rund 11 000 Jahren aus, sodass die frühen Ureinwohner Südamerikas ihm vermutlich noch begegnet sind. © Nobu Tamura.

rika einwandern. Man spricht vom *Großen Amerikanischen Faunenaustausch.* Den südamerikanischen Beuteltieren bekommt die neue Konkurrenz insgesamt schlecht: Nur die Beutelratten, zu denen das Opossum gehört, und die spitzmausähnlichen Mausopossums überleben in Nord- und Südamerika bis zur Gegenwart. Gut, dass den Beuteltieren und auch den urtümlichen Kloakentieren mit Australien ein Kontinent zur Verfügung steht, der auch heute noch weitgehend isoliert ist, sonst würden uns diese interessanten Säugergruppen fast nur noch in Form versteinerter Fossilien begegnen.

Eine weitere neue Landbrücke taucht im späteren Tertiär bei niedrigem Meeresspiegel während der Kaltzeiten immer wieder bei der heutigen Beringstraße zwischen Asien und Nordamerika auf. Viele Tierarten nutzen sie für ihre Ausbreitung. Auch 15 000 Jahre vor der Gegenwart existiert diese Landbrücke und ermöglicht es damit den modernen Menschen, nach Amerika vorzudringen. Umgekehrt gelingt bereits mehrere Millionen Jahre vorher vielen Weidetieren Nordamerikas (wie Pferden und Kamelen) über diese Landbrücke der Vorstoß nach Eurasien und Afrika.

6.2 Quartär: Eiszeit und Menschen

Wir sind nun fast am Ende unserer 13 700 Kilometer langen Reise angekommen. Nur noch 2,6 Kilometer Zeitpfad liegen vor uns: das Quartär. Es umfasst die Zeit vor rund 2,6 Millionen Jahren bis zur Gegenwart, wobei man die letzten rund 11 000 Jahre des Quartärs als *Holozän* und die Zeit davor als *Pleistozän* bezeichnet. Auf unserem Zeitpfad zum Kölner Dom befinden wir uns bereits auf Kölner Stadtgebiet, ungefähr im Bereich der rechtsrheinischen Köln-Arcaden in Köln-Kalk (was zumindest den meisten Kölnern vermutlich ein Begriff ist). Damit sind wir bereits dem Kölner Dom so nahe gekommen, dass wir das Ziel unserer Zeitpfadreise genauer angeben müssen. Wir entscheiden uns für den Mittelpunkt des kreuzförmigen Domgrundrisses, sodass wir die letzten rund 50 Meter bereits innerhalb des Doms zurücklegen.

Das Quartär ist von zwei Dingen geprägt: Von der Vereisung beider Polkappen und von der Entwicklung des Menschen bis hin zu unserer eigenen Art. Beides wollen wir uns hier genauer ansehen.

Da das Quartär geologisch ein sehr kurzer Zeitraum ist, entspricht die Verteilung der Kontinente in diesem Zeitalter weitgehend der heutigen Verteilung. Die Größe der Eispanzer an den Polen schwankt jedoch stark, sodass der Meeresspiegel immer wieder steigt und fällt. Entsprechend werden in den Zwischen-Warmzeiten wiederholt Teile der Kontinente von flachen Meeren überflutet, so wie heute beispielsweise Nord- und Ostsee, und fallen dann in den Kaltzeiten wieder trocken, so wie zuletzt vor 18 000 Jahren beim letzten Maximum der Eisausbreitung (Abb. 6.17).

Seit dem mittleren Miozän vor rund zwölf Millionen Jahren ist das Erdklima kalt genug, sodass sich in der Antarktis eine permanente Eiskappe bilden kann (siehe Abb. 6.2). Der Abwärtstrend der mittleren Temperatur verstärkt sich mit dem Beginn des Pliozäns vor 5,3 Millionen Jahren noch einmal, wo-

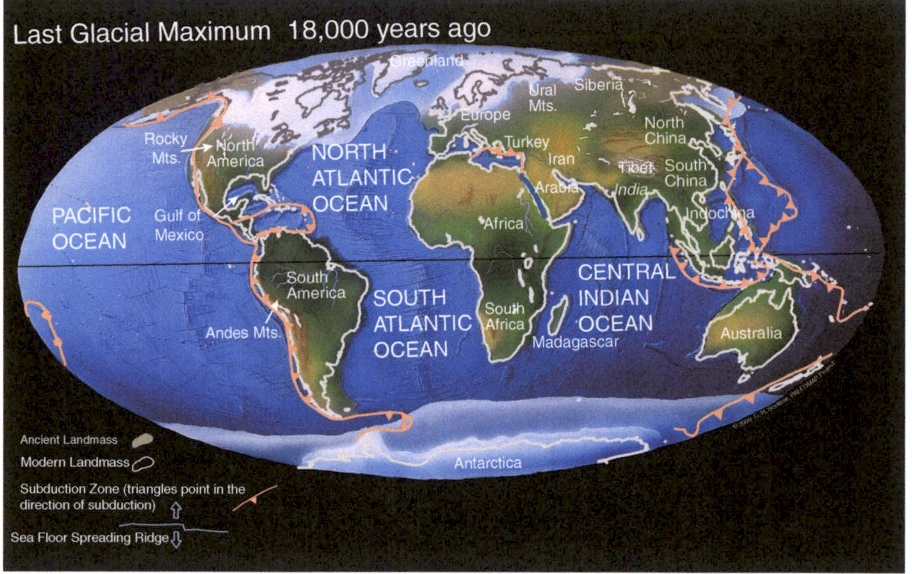

Abb. 6.17   Die Erde vor 18 000 Jahren auf dem Höhepunkt der letzten Vereisung. © Paleomap Project von C. R. Scotese, http://www.scotese.com.

bei starke kurzfristige Schwankungen auftreten. Abb. 6.18 zeigt die entsprechenden Schwankungen in der Eismenge für die letzten 450 000 Jahre, wie sie mithilfe der ^{18}O-Methode ermittelt werden konnte.

Seit dem Beginn des Quartärs vor 2,6 Millionen Jahren ist es kalt genug, sodass sich auch am Nordpol eine Eiskappe ausbilden kann. Wenn ganzjährige Eisschilde an den Polen vorhanden sind, spricht man von einer Eiszeit, wie wir wissen. Demnach leben wir auch in der Gegenwart in einer Eiszeit. Betrachtet man die Erde seit dem Kambrium vor gut 500 Millionen Jahren, so sind normalerweise die Pole eisfrei und flache tropische Meere überspülen weite Teile der Kontinente – ganz anders als heute. Das letzte Mal, dass sich die Erde in einer Eiszeit ähnlich wie heute befand, liegt schon sehr lange zurück: im späten Karbon und frühen Perm vor rund 320 bis 280 Millionen Jahren, also noch vor den Dinosauriern.

Eine Eiszeit ist typischerweise von starken Klimaschwankungen geprägt, die unter anderem von periodischen Schwankungen in der Neigung der Erdachse und der genauen Ellipsenform der Erdbahn um die Sonne beeinflusst werden – man spricht von *Milanković-Zyklen*. Die Neigung der Erdachse schwankt etwa alle 41 000 Jahre zwischen 21,1 und 24,5 Grad hin und her, wobei eine stärkere Neigung zu stärker ausgeprägten Jahreszeiten führt. Die Form der Erdbahn (*Exzentrizität*) pendelt vereinfacht dargestellt etwa alle 100 000 Jahre zwischen einer stärker und schwächer ausgeprägten Ellipsen-

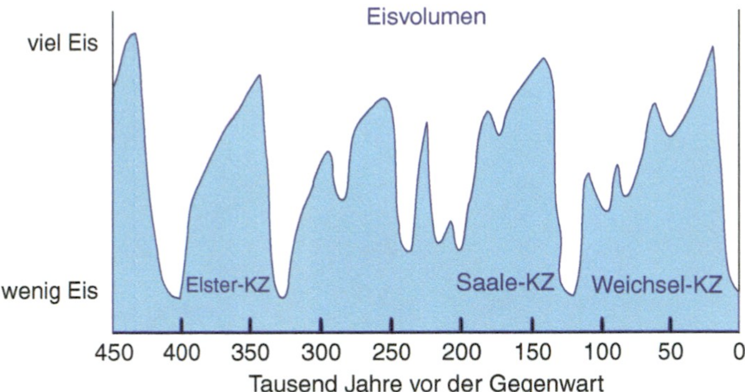

Abb. 6.18 Diese Grafik zeigt das mittlere Eisvolumen der letzten 450 000 Jahre, wie es mithilfe des schweren Sauerstoff-18-Isotops in bestimmten Kalkablagerungen ermittelt wurde (sehr kurzfristige überlagerte Schwankungen sind nicht eingetragen). Zusätzlich sind die gängigen Bezeichnungen für die Vergletscherungen Nordeuropas eingetragen: Weichsel-, Saale und Elster-Kaltzeit (KZ). In ähnlicher Form setzt sich die Kurve weiter in die Vergangenheit fort, wobei ab etwa einer Million Jahre vor der Gegenwart die Schwankungen in Richtung Vergangenheit kleiner werden und die mittlere Eismenge langsam schrumpft.

form, wobei die Sonne in einem Brennpunkt der Bahn liegt, sodass der Abstand der Erde zur Sonne im Laufe eines Jahres zwischen einem Minimalwert und einem Maximalwert pendelt. Wenn beispielsweise die Erdachse gerade so orientiert ist, dass im Sommer der Nordhalbkugel zugleich der Abstand zur Sonne minimal wird, so verstärkt dies die Jahreszeiten auf der Nordhalbkugel und schwächt sie auf der Südhalbkugel ab. Je elliptischer die Erdbahn nun ist, umso stärker ist dieser Effekt. Hinzu kommt die Präzession der Erdachse, deren Orientierung im Raum wie bei einem Kreisel etwa alle 26 000 Jahre einen vollen Kreis um eine Achse senkrecht zur Erdbahn beschreibt. Wenn also zunächst im Sommer der Nordhalbkugel die Sonne der Erde am nächsten ist, so geschieht dies etwa 13 000 Jahre später im Sommer der Südhalbkugel.

All diese Effekte überlagern sich zu einem komplizierten Gesamteinfluss, der aber nicht ausreicht, die Stärke der Temperaturschwankungen in vollem Umfang zu erklären. Daher muss es auf der Erde sich selbst verstärkende Mechanismen geben, die von den astronomischen Bedingungen angestoßen werden und ein Umspringen von einem Warm-Modus in einen Kalt-Modus und umgekehrt bewirken können. Wenn sich beispielsweise Eis bildet, so reflektiert dieses das Sonnenlicht zum großen Teil zurück in den Weltraum und sorgt so für weitere Abkühlung und damit für mehr Eis. Zusätzlich bindet das Eis viel Wasser und lässt den Meeresspiegel sinken, sodass flache Meere trocken fallen. Das trocken gefallene Land reflektiert nun ebenfalls mehr Sonnenlicht zurück in den Weltraum, als es das flache Meer zuvor getan hat. Eine weitere Abkühlung ist die Folge.

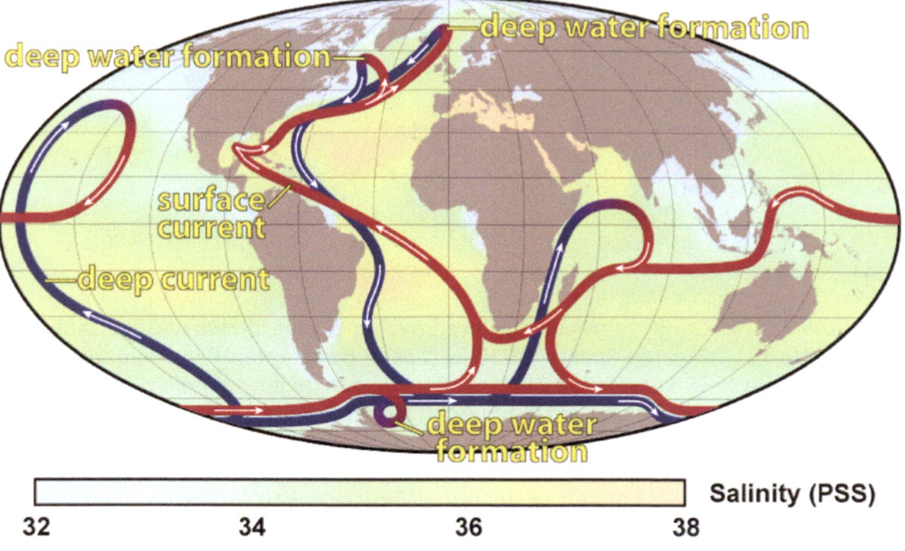

Abb. 6.19   Die thermohaline Zirkulation der Ozeane, auch globales Förderband genannt. Oberflächenströmungen (*surface currents*) sind rot, Tiefenströmungen (*deep currents*) blau dargestellt. Tiefenwasser entsteht insbesondere im Nordatlantik durch das Absinken von Oberflächenwasser (*deep water formation*). Außerdem ist farblich der Salzgehalt (*salinity*) dargestellt, wobei PSS für *Practical Salinity Scale* steht. © Robert Simmon, NASA, Robert A. Rohde.

Begünstigt wird diese positive Rückkoppelung, wenn sich Landmassen wie die Antarktis in Polnähe befinden, sodass sich dort große Eisschilde bilden können, die den Ozeanen Wasser entziehen. Ganz ähnlich war es etwa 300 Millionen Jahre zuvor im späten Karbon, als sich Gondwana am Südpol befand. Eiszeiten setzen offenbar generell große Landmassen an mindestens einem der Pole voraus, auf denen sich dann große Eiskappen bilden können.

Eine zentrale Rolle für das Erdklima spielen die globalen Meeresströmungen, die wie eine große Zentralheizung riesige Wärmemengen in die Polarregionen transportieren – man spricht von der *thermohalinen Zirkulation* oder von dem *globalen Förderband* (Abb. 6.19). Angetrieben wird diese Zirkulation zu großen Teilen dadurch, dass im Nordatlantik Oberflächenwasser abkühlt und zusätzlich durch Eisbildung sein Salzgehalt steigt, sodass seine Dichte anwächst und es nach unten auf den Grund des Atlantiks sinkt. Dort bewegt es sich als kaltes Tiefenwasser bis zur Antarktis und weiter in den Indischen und Pazifischen Ozean, wo es wieder an die Oberfläche kommt und schließlich an der Meeresoberfläche wieder zurück bis zum Nordatlantik strömt. Schwächt sich diese globale Wasserzirkulation nun ab oder kommt gar zum Erliegen, so fällt gleichsam die Zentralheizung für die Polarregionen aus und eine Eiszeit entsteht.

Die Zusammenhänge zwischen der Form der Erdbahn, der Neigung der Erdachse und den Meeresströmungen sowie anderen verstärkenden Mechanismen sind komplex und aktueller Gegenstand der Forschung. Offenbar sorgen sie insgesamt dafür, dass die Erde bei kleinen Änderungen in der Erdbahn und der Neigung der Erdachse relativ schnell zwischen einem Kaltzustand und einem Warmzustand umschalten kann, wobei man die genauen Zusammenhänge noch nicht im Detail versteht. Für das langfristige Umschalten zwischen einer viele Millionen Jahre andauernden globalen Eiszeit und einer noch längeren Warmzeit spielt dann auch die Drift der Kontinente und die dadurch überhaupt möglichen Meeresströmungen eine entscheidende Rolle.

Betrachten wir Abb. 6.18, so sehen wir, dass etwa alle 100 000 Jahre die Kaltzeiten (*Glaziale*) von kurzen Zwischen-Warmzeiten (*Interglazialen*) unterbrochen werden. In einer solchen Zwischen-Warmzeit (*Holozän* genannt) leben wir seit etwa 11 000 Jahren. Auf unserem Zeitpfad können wir uns vorstellen, wie uns unser Weg von Osten her am Köln-Deutzer Messebahnhof vorbei über die Hohenzollern-Eisenbahnbrücke in Richtung Dom führt, wobei uns ungefähr alle 100 Meter für vielleicht zehn bis 15 Meter eine kurze Warmzeit begegnet. Auch die letzten etwa zehn Meter innerhalb des Doms sind eine solche Warmzeit.

Die Periodizität von rund 100 000 Jahren ist allerdings nicht besonders sauber ausgeprägt, wie Abb. 6.18 zeigt. Die Kurve sieht eher so aus, als seien verschiedene kurz- und längerfristige Schwankungen einander überlagert, und das ist ja auch tatsächlich der Fall, wenn wir an die unterschiedlichen Schwankungen der Erdachse oder der Ellipsenform der Erdbahn denken.

Häufig werden umgangssprachlich die einzelnen Kaltzeiten (Glaziale) selbst als *Eiszeiten* bezeichnet. Wir wollen hier jedoch unter *Eiszeit* generell einen längerfristigen Klimazustand verstehen, der durch Eis an mindestens einem der Pole gekennzeichnet ist. Die Schwankungen während dieser Eiszeit bezeichnen wir dann als *Kalt*- und *Warmzeiten* (siehe auch Abschnitt 4.5 zum Karbon). In diesem Sinne ist das gesamte Quartär sowie ein Teil des Tertiärs eine Eiszeit, und diese Eiszeit dauert weiterhin an. Wir leben gerade bloß in einer Zwischen-Warmzeit, die aber immer noch deutlich kälter ist als die langfristigen globalen Warmzeiten wie etwa im frühen Tertiär, in denen es kein Eis an den Polen gibt.

Es gibt also innerhalb des Quartärs ungefähr 20 bis 30 Wechsel zwischen Kalt- und Warmzeiten, wobei das genaue Abzählen bei der chaotisch anmutenden Temperaturkurve nicht ganz einfach ist. Das sind deutlich mehr als die drei Kaltzeiten Nordeuropas, die man womöglich früher aus dem Schulunterricht noch kennt. Sie werden meist als *Weichsel-*, *Saale-* und *Elster-Kaltzeit* bezeichnet. Dabei sieht man beispielsweise in Abb. 6.18, dass die Saale-Kaltzeit, die normalerweise von 300 000 bis 130 000 Jahren vor heute datiert wird, von ein oder zwei Warmzeiten unterbrochen wird, sodass man manchmal auch nur die spätere Kälteperiode als eigentliche Saale-Kaltzeit und die frühere Kälteperiode als Fuhne-Kaltzeit bezeichnet – ein Zeichen dafür, dass die Unterteilung in sauber getrennte Kalt- und Warmzeiten nicht so einfach ist, denn auch innerhalb einer Kaltzeit kann es wärmere Zwischenepisoden geben und umgekehrt. Zur weiteren Verwirrung trägt bei, dass die Vereisungen im Alpenraum andere Namen tragen, da sie dort nach Flüssen aus dem Alpenvorland benannt sind: *Würm-, Riß-, Mindel-* und *Günz-Kaltzeit*, wobei die Zuordnung zu den Benennungen der Kaltzeiten Nordeuropas nicht immer ganz einfach ist.

In den Kaltzeiten wachsen die Eisschilde an den Polen und den Gebirgen massiv an, besonders auf der Nordhalbkugel. Entsprechend sinkt der Meeresspiegel. So ist Nordeuropa beim letzten Eis-Maximum vor 18 000 Jahren ähnlich wie heute Grönland von einem kilometerdicken Eispanzer bedeckt, der bis nach Flensburg, Hamburg und Berlin reicht; in der früheren Saale-Kaltzeit stößt das Eis sogar bis an den Rand der deutschen Mittelgebirge vor. Noch heute kann man im Landschaftsbild die Folgen der Eisvorstöße gut erkennen: Grund- und Endmoränen bedecken beispielsweise weite Teile Norddeutschlands, Flüsse wie die Elbe und Seengebiete wie die Mecklenburgische Seenplatte liegen teilweise in ehemaligen Urstromtälern, die am Rand der Eisflächen das dort entstehende Schmelzwasser aufnehmen, und in vielen ehemaligen Gletscherzungenbecken findet man heute Seen wie den Starnberger See oder den Bodensee.

Der Meeresspiegel liegt auf dem Höhepunkt der letzten Vereisung um etwa 120 Meter niedriger als heute. Flachmeere wie die Nordsee fallen teilweise trocken und neue Landbrücken bilden sich wie z. B. im Gebiet der Beringstraße zwischen Alaska und Sibirien. Die Winter in Europa sind in einer solchen Kaltzeit sehr frostig, da der Golfstrom fast zum Erliegen kommt. In Mitteleuropa herrschen vor 18 000 Jahren arktische Klimaverhältnisse und in Norddeutschland durchstreifen Eisbären die Landschaft. Die Tropen sind dagegen nur wenig von der allgemeinen Abkühlung betroffen.

Die Zwischen-Warmzeiten sind mit rund 15 000 Jahren deutlich kürzer als die Kaltzeiten. Sie beginnen teilweise sehr plötzlich und gehen dann eher langsam wieder in eine neue Kaltzeit über, wie man an der annähernden Sägezahnform in der Eisvolumen-Grafik in Abb. 6.18 sieht. Dabei kann es auch zu kurzfristigeren Schwankungen kommen, die den allgemeinen Trend überlagern. Insgesamt ist das Klima in den Zwischen-Warmzeiten (wie heute) zwar wärmer als in den Kaltzeiten, aber immer noch deutlich kälter als in den globalen Warmzeiten, die den größten Teil der Erdgeschichte bestimmen.

Abb. 6.20 Mammuts im Schnee. © Nobu Tamura.

Der Wechsel zwischen Kalt- und Warmzeiten prägt die Tier- und Pflanzenwelt im Quartär. Charakteristisch für die Kaltzeiten des Quartärs in Mitteleuropa, Nordasien und Nordamerika sind beispielsweise Riesenhirsche, große Höhlenbären, Mastodonten, Wollnashörner, Bisons, Höhlenlöwen und Mammuts (Abb. 6.20). In den Zwischenwarmzeiten leben in Mitteleuropa andere Tierarten, wie z. B. Waldelefanten, Waldnashörner und Wasserbüffel. Immer wieder müssen sich die Lebewesen an den Wechsel des Klimas anpassen oder den wandernden Klimazonen hinterherziehen. Das gelingt nicht immer, sodass zahlreiche Arten aussterben, besonders in Europa und Nordafrika, wo Mittelmeer und Alpen die Wanderungen erschweren.

Auffällig ist, dass es im Quartär viele große Säugetierarten gibt (die sogenannte *Megafauna*). So gibt es neben den oben genannten Arten in Australien beispielsweise Riesenkängurus und Riesenwombats (Abb. 6.21), in Afrika Riesenkamele und große Wölfe und in Südamerika elefantengroße Riesenfaultiere und Riesengürteltiere (Glyptodonten). Viele dieser großen Arten sterben allerdings mit dem Beginn der aktuellen Zwischenwarmzeit aus, sodass von ihnen heute nur noch Elefanten, Nashörner und Flusspferde am Leben sind. Der Grund für ihr Aussterben am Ende der letzten Kaltzeit ist bis heute unklar. Es könnte am Klimawechsel liegen, aber die vorhergehenden

Abb. 6.21   Das Riesenwombat (*Diprotodon*) ist das größte bekannte Beuteltier. Es lebt in Australien vor 1,8 Millionen Jahren bis vor rund 40 000 Jahren. Seine Schulterhöhe beträgt bis zu zwei Meter und sein Gewicht kann fast drei Tonnen erreichen. © Nobu Tamura.

Klimawechsel hatten diese großen Tiere auch überstanden. Möglicherweise sind diese Großsäuger auch die ersten Opfer unserer eigenen Art – schließlich sind diese Tiere sicher eine lohnende Jagdbeute für die Menschen der ausklingenden letzten Kaltzeit.

Damit sind wir beim zweiten Hauptthema des Quartärs angekommen: Der Entwicklung des Menschen. In Abschnitt 6.1 hatten wir gesehen, wie sich etwa sieben Millionen Jahre vor der Gegenwart in Afrika die Abstammungslinien von Schimpansen und Hominini trennen. Die Hominini des Tertiärs ähneln aufrecht gehenden Schimpansen, deren Gehirn noch relativ klein ist. Wir hatten sie auch als Affenmenschen oder menschenähnliche Affen bezeichnet. Die letzte dieser affenähnlichen Arten, *Paranthropus robustus* (auch als *Australopithecus robustus* bezeichnet), stirbt im Quartär vor etwa einer Million Jahren aus.

Aus der Hominini-Gattung der Australopithecinen entwickeln sich zu Beginn des Quartärs die ersten Arten unserer eigenen Gattung *Homo*, die zunächst parallel zu den Australopithecinen im östlichen Afrika leben. Dabei ist die Abgrenzung zwischen den Australopithecinen und der Gattung *Homo* gar nicht so eindeutig, denn es muss ja fließende Übergänge zwischen den beiden Gattungen geben. Ein wichtiges Unterscheidungsmerkmal ist die Größe des Gehirns. So haben Schimpansen und Australopithecinen ein Gehirn, das rund doppelt so groß ist wie das typische Gehirn anderer gleich großer Säugetiere. Bei den typischen frühen Menschen der Gattung *Homo* ist das Gehirn bereits rund viermal so groß, und bei unserer eigenen Art sowie dem Neandertaler ist es sogar rund sechsmal so groß wie vergleichbare Säugetiergehirne.

Warum sich unser Gehirn so sprunghaft vergrößert, ist nicht wirklich geklärt. Wir hatten bereits im vorherigen Abschnitt einige Ideen dazu kennengelernt (Nutzung der Hände, sexuelle Selektion). Möglicherweise wird die Entstehung der Gattung *Homo* auch durch die massiv einsetzende globale Eiszeit des Quartärs begünstigt, denn Ostafrika trocknet in diesem Eiszeitklima zunehmend aus. Die erfindungsreichen und flexiblen *Homo*-Arten haben in dieser schwieriger werdenden Umwelt vielleicht einen Vorteil gegenüber anderen Hominini.

Die ersten Arten der Gattung *Homo*, die so in Ostafrika vor rund zwei Millionen Jahren leben, sind *Homo habilis* (der „geschickte Mensch") und *Homo rudolfensis* (der Name weist auf den Fundort am Rudolfsee – heute Turkanasee – in Kenia hin). Die Unterscheidung einzelner Arten ist dabei nicht immer leicht, und es kursieren auch andere Bezeichnungen. Um entsprechenden Diskussionen aus dem Weg zu gehen, bezeichnet Richard Dawkins daher alle diese Arten einfach als *Habilinen*. Diese Habilinen verwenden bereits scharfkantig behauene Steine zum Zerlegen ihrer Beute und erschließen sich so neue Nahrungsquellen.

Die erste Menschenart, die nach heutigem Wissen Afrika verlässt und sich weiträumig bis nach Asien und Europa hinein verbreiten kann, ist *Homo erectus*, was übersetzt „der aufgerichtete Mensch" bedeutet. Auch hier findet man noch andere Namen für ähnliche Arten wie *Homo ergaster* (die in Afrika lebende frühe Variante von *Homo erectus*, wobei *ergaster* für „arbeitend" steht und auf den Gebrauch von Werkzeugen hinweisen soll; Abb. 6.22). Dawkins nennt sie alle einfach übergreifend wahlweise *Erekten* oder *Ergasten*. Die Unterschiede zwischen Habilinen, Erekten und uns selbst sind ähnlich groß, d. h. die Erekten stehen irgendwo in der Mitte zwischen uns und den Habilinen.

Homo erectus und seine Verwandten erscheinen etwa 1,8 Millionen Jahre vor der Gegenwart. Ein berühmtes Fossil von *Homo erectus* ist der Junge von Turkana (*Turkana Boy*), benannt nach dem Turkanasee in Kenia. Mit einem Alter von rund 1,5 Millionen Jahren ist es das älteste nahezu vollständig erhaltene Skelett eines frühen Menschen überhaupt.

Die Erekten sind sehr erfolgreich: Fast 1,5 Millionen Jahre lang bevölkern sie die Erde, weit über Afrika hinaus. Man findet sie in Europa sowie im nahen und fernen Osten bis nach China (Pekingmensch) und Java (Javamensch). Lediglich die kalten nördlichen Breiten Europas und Asiens sowie Australien und Amerika erreichen sie vermutlich nicht.

Insgesamt leben aber wohl trotz dieser weiten Verbreitung nur wenige 10 000 Vertreter dieser Menschenart zeitgleich auf der Erde – die Bevölkerungsdichte ist also gering, besonders im Vergleich zu heute.

Die Verbreitung der Erekten über die Welt geht dabei vermutlich eher langsam voran: Pro Generation vielleicht einige Kilometer beim Besiedeln noch unbesetzter Nachbargebiete. Insgesamt können so jedoch innerhalb von

Abb. 6.22   Die „Hominidenfamilie". Oberste Reihe, von links nach rechts: *Kenyanthropus platyops*, *Homo neanderthalensis*. Mittlere Reihe, von links nach rechts: *Australopithecus afarensis*, *Paranthropus boisei*, *Homo habilis*. Untere Reihe, von links nach rechts: *Australopithecus africanus*, *Homo erectus*, *Australopithecus anamensis*, *Homo rudolfensis*. © Wissenschaftliche Rekonstruktionen: Atelier WILDLIFE ART, W. Schnaubelt & N. Kieser für das Hessische Landesmuseum Darmstadt. Foto: Wolfgang Fuhrmannek (Hessisches Landesmuseum Darmstadt).

nur einigen 10 000 Jahren kontinentale Entfernungen zurückgelegt werden (ein Rechenbeispiel: Bei fünf Generationen in 100 Jahren und zehn Kilometern Verbreitung pro Generation kommen 50 Kilometer in 100 Jahren oder 5 000 Kilometer in 10 000 Jahren zusammen).

Sein schon recht großes Gehirn verleiht *Homo erectus* die Fähigkeiten, die er zur Besiedlung der Erde braucht: Er benutzt vermutlich Feuer, stellt aufwendige Steinwerkzeuge her und verfügt über weit entwickelte Jagdtechniken. Vermutlich kann er auch Hütten bauen und Kleidung anfertigen. Ob er allerdings bereits sprechen kann, ist unklar.

Die Erekten bleiben über die 1,5 Millionen Jahre ihrer Existenz nicht unverändert, sondern entwickeln sich regional unterschiedlich weiter, wobei ihr Gehirn weiter wächst. Ab etwa 900 000 Jahren vor der Gegenwart entstehen so verschiedene Arten der Gattung *Homo*, die Dawkins zusammenfassend als *Archaische* bezeichnet, wobei eine klare Abgrenzung zu den Erekten schwierig ist. Ihr Gehirn besitzt fast schon dieselbe Größe wie unser eigenes. Zu den Archaischen gehört beispielsweise der *Heidelbergmensch (Homo heidelber-*

gensis), der vor rund 600 000 bis 200 000 Jahren in Europa lebt und nach einem fossilen Unterkiefer dieser Art benannt wurde, den man im Jahr 1907 in einer Sandgrube der Gemeinde Mauer bei Heidelberg fand. Ebenfalls ein Archaischer ist der *Rhodesiamensch (Homo rhodesiensis)* aus Sambia in Afrika, der dort vor etwa 300 000 bis 125 000 Jahren existiert, wobei manchmal der Rhodesiamensch auch zu dem Heidelbergmensch gezählt wird. Es ist generell schwierig, aus den wenigen Fossilienfunden hier ein stimmiges Gesamtbild der einzelnen Arten zusammenzusetzen und offene Fragen über ihr gegenseitiges Verwandtschaftsverhältnis eindeutig zu klären. Hier werden die nächsten Jahrzehnte sicher noch viele neue Erkenntnisse und vielleicht auch manche Überraschung bringen.

Aus den Archaischen entsteht in Europa vor rund 200 000 bis 130 000 Jahren eine Menschenart, die unserer eigenen Menschenart dort noch begegnet sein muss: der *Neandertaler (Homo neanderthalensis)*. Im Jahr 1856 wurden Knochenstücke dieser Menschenart in einem Steinbruch des Neandertals bei Mettmann entdeckt, einer kleinen Stadt östlich von Düsseldorf. Heute befindet sich in der Nähe der Fundstätte das bekannte Neanderthal-Museum – ein beliebtes Ausflugsziel im Köln-Düsseldorfer Raum.

Der Neandertaler lebt außer in Süd- und Mitteleuropa auch im angrenzenden Nahen Osten. Körperlich ähnelt er den Archaischen etwas mehr als wir, wobei es letztlich einen kontinuierlichen Übergang zum Heidelbergmenschen gibt. Er ist körperlich etwas robuster und stärker gebaut als unsere eigene Menschenart, dabei aber etwas kleiner. Sein Gehirnvolumen ist sogar etwas größer als unseres, wobei seine Intelligenz vermutlich annähernd vergleichbar mit unserer ist – entsprechende kulturelle Hinterlassenschaften deuten dies an. So stellen die Neandertaler Speere, Keilmesser und Kleidung her und nutzen das Feuer. Vermutlich können sie sogar ähnlich wie wir sprechen – zumindest weist ihr Zungenbein die dafür notwendigen anatomischen Voraussetzungen auf, und sie verfügen über die gleiche *FOXP2-Genvariante* wie wir. Man weiß mittlerweile, dass diese Genausprägung für die Entwicklung der Sprachfähigkeit eine wichtige Rolle spielt. Menschen, die Mutationen dieses Gens aufweisen, leiden unter starken Sprachstörungen und sind nicht in der Lage, artikuliert zu sprechen oder Sprache in vollem Umfang zu verstehen.

Insgesamt ist der Neandertaler also vermutlich eine hoch entwickelte und intelligente Menschenart, ähnlich wie wir selbst. Über 100 000 Jahre hinweg kann er sich behaupten, bis er vor etwa 30 000 Jahren während der letzten Kaltzeit ausstirbt. Es ist durchaus möglich, dass er von unserer eigenen Menschenart langsam verdrängt wird, als sich diese vor rund 40 000 Jahren anschickt, Europa zu besiedeln.

Unsere eigene Art, der *moderne Mensch* (*Homo sapiens*, wörtlich übersetzt der „weise/vernünftige Mensch"), entsteht parallel zu den Neanderta-

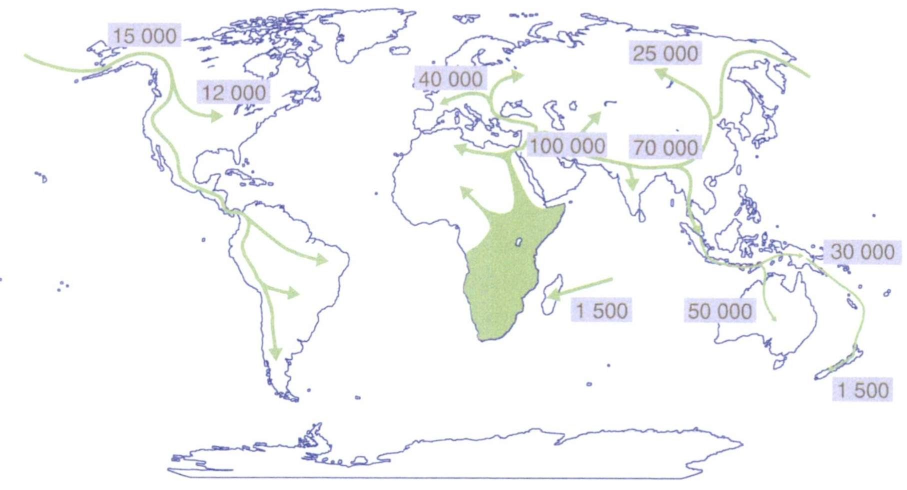

Abb. 6.23   Ausbreitung des modernen Menschen (*Homo sapiens*) von Afrika aus (die Zahlen entsprechen Zeitangaben in Jahren vor heute). © Spektrum Akademischer Verlag.

lern Europas aus den Archaischen in Afrika, wobei es wieder kontinuierliche Übergänge gibt, sodass man streng genommen gar nicht sagen kann, wann der allererste *Homo sapiens* in Afrika lebt. Meist wählt man etwas willkürlich die Zeit vor rund 160 000 Jahren als Wendepunkt, da aus dieser Zeit die sogenannten Herto-Fossilienfunde stammen, die man in der Afar-Senke Äthiopiens gefunden hat. Diese Frühmenschen stehen gleichsam zwischen den Archaischen Afrikas und uns selbst. Ab spätestens etwa 100 000 Jahren vor der Gegenwart gibt es in Afrika Menschen, die von heutigen Menschen kaum noch zu unterscheiden sind.

Unsere heutige Form des *Homo sapiens* gibt es also seit mindestens 100 000 Jahren – auf unserem Zeitpfad sind das die letzten 100 Meter, die wir ungefähr zur Hälfte bereits innerhalb des Kölner Doms zurücklegen, da wir uns oben als Ziel unserer Reise für den Mittelpunkt des kreuzförmigen Domgrundrisses entschieden hatten! Der Zeitpunkt vor 100 000 Jahren dürfte auch ungefähr der Startpunkt sein, ab dem unsere Art beginnt, sich von Afrika aus über die Erde auszubreiten, so wie es mehr als eine Million Jahre zuvor schon dem *Homo erectus* gelang (Abb. 6.23). Diese sogenannte *Out of Africa-Theorie* wird auch durch genetische Untersuchungen gestützt: Alle heutigen Menschen sind sehr nahe miteinander verwandt, wobei es die größten Unterschiede in Afrika gibt. Genau so erwartet man es, wenn sich unsere Art in Afrika entwickelt und einige kleinere Gruppen von dort aus in die Welt auswandern.

Es ist nicht einfach, die komplizierten Wanderungswege zu rekonstruieren, die wir Menschen im Laufe der Jahrtausende genommen haben. In Ergänzung zu Fossilfunden gelingt es hier in neuerer Zeit, mithilfe genetischer Verwandtschaftsanalysen deutliche Fortschritte zu erzielen. Dabei stellt sich heraus, dass es vermutlich mehrere Siedlungswellen gibt, bei denen zuvor ausgewanderte Menschen durch neue Einwanderungswellen verdrängt werden können – ähnliche Beispiele kennen wir aus unserer Zeit, wenn man etwa an die Verdrängung der Ureinwohner Amerikas oder Australiens durch einwandernde Europäer denkt.

Die geringe Vielfalt bei bestimmten menschlichen Genen deutet darauf hin, dass es vor rund 70 000 bis 80 000 Jahren bei unseren Vorfahren zu einem sogenannten *genetischen Flaschenhals* kommt. Demnach schrumpft die weltweite Bevölkerung des modernen Menschen kurzzeitig auf nur einige 1 000 bis 10 000 Individuen zusammen und entgeht nur knapp dem Aussterben. Die Ursache für diesen Rückgang ist umstritten. Denkbar ist, dass der gewaltige Ausbruch des Supervulkans Toba auf der indonesischen Insel Sumatra vor etwa 74 000 Jahren derart viel Asche und Staub in die Atmosphäre schleudert, dass es zu einer starken Abkühlung des globalen Klimas kommt – einem vulkanischen Winter. Diese extreme Kälteperiode könnte das Ende für viele Menschengruppen auf der Erde bedeuten.

Bei ihrer Ausbreitung stoßen die modernen Menschen immer wieder auf die Vertreter anderer Menschenarten (Erekten und Archaische), die diese Gebiete bereits lange zuvor besiedelt haben. In Europa lebt beispielsweise bereits der Neandertaler, als moderne Menschen diesen Kontinent vor rund 40 000 Jahren ebenfalls in Besitz nehmen. Gut 10 000 Jahre später sterben die Neandertaler dort aus, vielleicht verdrängt von unserer eigenen Art. Es ist gut möglich, dass unsere Art auch in anderen Teilen der Erde die dort lebenden Menschenarten nach und nach verdrängt. Bis dahin existieren aber über viele Jahrzehntausende hinweg neben unserer Menschenart auch andere Menschenarten auf der Erde. Die letzte von ihnen ist möglicherweise *Homo floresiensis*. Diese nur etwa einen Meter großen Menschen leben auf der indonesischen Insel Flores und könnten Nachfahren von *Homo erectus* sein, wobei diese Zuordnung umstritten ist. Erst vor etwa 12 000 Jahren sind sie vermutlich einem großen Vulkanausbruch auf der Insel zum Opfer gefallen.

Die Menschen folgen bei ihrer Besiedelung der Erde häufig dem Verlauf von Flüssen und Meeresküsten. So gelangen sie im Laufe der Zeit der asiatischen Küste folgend bis nach Südostasien, und vor rund 50 000 bis 60 000 Jahren gelingt es ihnen sogar, Australien zu erreichen (Abb. 6.23). Offenbar sind Menschen zu dieser Zeit bereits in der Lage, mit Booten den Ozean zu überqueren, denn auch bei dem niedrigeren Meeresspiegel während der damaligen

Kaltzeit ist Australien durch mindestens 100 Kilometer Ozean von Asien getrennt und liegt damit von Asien aus gesehen wohl außer Sichtweite.

Vor rund 15 000 Jahren wandern die Vorfahren der indianischen Ureinwohner Amerikas in mehreren Wellen von Asien nach Amerika ein. Der Meeresspiegel liegt während dieser letzten ausklingenden Kaltzeit um 50 bis 100 Meter tiefer als heute, sodass Amerika und Asien durch eine breite Landbrücke bei der heutigen Beringstraße miteinander verbunden sind.

Erst in jüngster Zeit gelingt es Menschen, auch weitere Strecken über die Ozeane zurückzulegen. Die Einwohner der südostasiatischen Inselwelt beherrschen vor 2 000 bis 3 000 Jahren das Hochsee-Segeln bereits so gut, dass sie die Fidschi-Inseln, Samoa und Tonga erreichen. Vor rund 1 500 Jahren gelingt es den Vorfahren der Maori schließlich, mit Neuseeland eine der letzten bewohnbaren Flächen zu besiedeln.

Die Zeit vor rund 40 000 Jahren markiert einen Wendepunkt in der menschlichen Geschichte. Bis zu diesem Zeitpunkt verändern sich menschliche Werkzeuge und Gegenstände nur langsam, doch danach findet man zunehmend Höhlenmalereien und andere Zeichen, die auf die Entwicklung einer menschlichen Kultur hindeuten – oder genauer mehrerer menschlicher Kulturen in den verschiedenen Regionen der Erde. Beispiele sind die berühmten Höhlenmalereien in der Höhle von Lascaux in Frankreich, in der Höhle von Altamira in Spanien (Abb. 6.24) oder die Felszeichnungen der australischen Aborigines. Die Entstehung einer Kultur bedeutet eine zunehmende Beschleunigung für die menschliche Entwicklung, denn neben der relativ langsamen biologischen Evolution gibt es nun eine sehr viel schnellere *kulturelle Evolution*. Während sich vor 50 000 Jahren die Lebenswelt von einer Generation zur nächsten kaum unterscheidet, ändert sich die Welt der Gegenwart mittlerweile so schnell, dass wir manchmal kaum noch Schritt halten können.

Das letzte Maximum der Vereisung in der Weichsel-Kaltzeit befindet sich vor etwa 18 000 Jahren, also nur 18 Meter vor dem Ende unseres Zeitpfades. Danach wird es langsam und unter Schwankungen wieder wärmer und unsere aktuelle Zwischen-Warmzeit beginnt, eingebettet in die globale Eiszeit, die schon seit über 2,6 Millionen Jahren anhält. Als den Beginn unserer aktuellen Neo-Warmzeit, dem *Holozän*, wählt man meist einen deutlichen Temperaturanstieg vor etwa 11 700 Jahren, wobei es allerdings auch danach noch zu einigen Temperaturschwankungen mit zwischenzeitlichen Abkühlungen kommt, bei denen vermutlich das Absinken von Oberflächenwasser im Nordatlantik durch große Schmelzwassermengen gestört wird, sodass sich die globale Meereszirkulation für einige 100 Jahre verändert. Erst vor knapp 10 000 Jahren steigt die Temperatur dann recht dauerhaft an. In Mitteleuropa und Nord-

Abb. 6.24 Tierdarstellung aus der Höhle von Altamira in Spanien. © Ramessos/Wikipedia.

amerika weicht die Tundra in dem wärmer werdenden Klima zurück und Wälder breiten sich aus.

Das abtauende Eis der Eisschilde sammelt sich in großen Eisstauseen, beispielsweise im Gebiet der heutigen Ostsee. Der Meeresspiegel steigt schrittweise um mehr als 120 Meter im Vergleich zur maximalen Eisausdehnung vor 18 000 Jahren. Die weit im Norden liegende Küste der Nordsee verschiebt sich langsam nach Süden, und vor etwa 7 000 Jahren werden schließlich die Britischen Inseln vom europäischen Festland getrennt.

Beginnend mit dem Ende der letzten Kaltzeit kommt es nach und nach bei vielen der damals lebenden Menschen zu einer tief greifenden Veränderung ihrer Lebensweise: Aus Jägern und Sammlern werden sesshafte Bauern und Viehzüchter. Diese als *landwirtschaftliche (neolithische) Revolution* bezeichnete Umstellung beginnt im Vorderen Orient und findet später vermutlich unabhängig davon auch in Ägypten, China und Mittelamerika statt. Im Laufe der Zeit setzt sich diese Lebensweise in den meisten menschlichen Gesellschaften durch; allerdings gibt es selbst heute noch vereinzelt Menschengruppen, die nach uralter Tradition als Jäger und Sammler leben. Auffällig ist, dass der

Beginn der bäuerlichen Lebensweise mit dem Ende der letzten Kaltzeit zusammenfällt. Möglicherweise verändert sich die Lebenswelt der Menschen durch diesen Klimawandel so, dass die Jagd und das Sammeln von Nahrung nicht mehr überall ausreichen, um alle Menschen dort zu ernähren. Auch das Aussterben vieler großer eiszeitlicher Tiere könnte eine Rolle spielen – wir sind weiter oben bereits kurz darauf eingegangen. Womöglich bringen sich die menschlichen Jäger selbst um einen Teil ihrer Lebensgrundlage, indem sie diesen Großtieren zu intensiv nachstellen. Auch Jäger und Sammler leben nicht unbedingt im Einklang mit der Natur!

Die landwirtschaftliche Revolution ereignet sich vermutlich gar nicht so revolutionär, wie der Begriff andeutet, sondern dürfte sich als allmählicher Übergang vollziehen, der eher zufällig als geplant verläuft. Dabei kommen auch vielfältige Zwischenformen zwischen dem eher nomadenhaften Leben der Jäger und Sammler und der sesshaften, bäuerlichen Lebensweise vor. Ein Beispiel für eine solche Zwischenform sind Hirtennomaden, die mit ihren Rinder-, Ziegen- oder Rentierherden umherziehen.

Während Rentiere erst seit etwa 3 000 Jahren von uns Menschen als Nutztiere gehalten werden und daher ihren wild lebenden Vorfahren noch sehr ähnlich sind, verändern sich andere Tiere durch den Einfluss des Menschen relativ stark – sie werden *domestiziert*. Hausrinder werden seit gut 10 000 Jahren als Nutztiere gehalten und unterscheiden sich deutlich von ihren wilden Vorfahren, den Auerochsen. Haushunde gehen vermutlich vor noch längerer Zeit durch Domestikation aus Wölfen hervor, wobei dies vermutlich sogar mehrfach geschieht.

Die Verwandlung von einem Wildtier in ein Haus- oder Nutztier erfolgt also im Laufe nur einiger 1 000 bis 10 000 Jahre, also sehr schnell. Dabei bilden sich einige charakteristische Haustiereigenschaften heraus – das Gehirn schrumpft, Gebiss und Hörner werden reduziert und Scheu sowie Aggressivität nehmen ab. Bei Hunden kann man einige ihrer Haustiereigenschaften durch die Annahme erklären, dass sie gleichsam Wölfe sind, die in ihrer Jugendphase verharren und nie wirklich erwachsen werden. Wolfswelpen machen tatsächlich einen sehr hundeähnlichen Eindruck, und man kann sich gut vorstellen, wie kleine verwaiste Wolfswelpen von Menschen aufgenommen und aufgezogen werden.

Das Verlängern oder Verkürzen einzelner Entwicklungsstadien ist ein Mechanismus, der hinter sehr vielen evolutionären Veränderungen steckt. Ein Beispiel für eine lebenslange Jugendphase ist der *Axolotl*, ein in einigen Seen Mexikos lebender Verwandter des Salamanders. Er verharrt aufgrund eines angeborenen Schilddrüsendefekts im Larvenstadium, verliert also nie seine Kiemen, wird aber dennoch geschlechtsreif. Man spricht hier von *Neotenie*. Verabreicht man ihm die fehlenden Schilddrüsenhormone, so beendet er tatsächlich sein Larvenstadium, verliert die Kiemen und verwandelt sich in einen Landsalamander.

Auch bei manchen anderen Tieren vermutet man, dass sie zwar geschlechtsreif, aber nie wirklich erwachsen werden. Ein Strauß sieht mit seinen Stummelflügeln und Daunenfedern aus wie ein großes Küken, und auch die Eigenschaften vieler Haustiere erinnern an Merkmale von Jungtieren. Vielleicht sind sogar wir Menschen im Grunde Affen, die im Jugendstadium verharren, wie einige Biologen glauben – gleichsam ein Menschenaffen-Axolotl, wie Dawkins es ausdrückt. Zumindest haben wir eine sehr lange Kinder- und Jugendzeit, spielen auch als Erwachsene noch bis zu einem gewissen Grad gerne, und rein äußerlich erinnert das faltige Gesicht eines erwachsenen Schimpansen eher an das Gesicht eines Greises als an einen 30-jährigen Erwachsenen.

Die Veränderung von Wild- zu Haustieren innerhalb von nur maximal 20 000 Jahren ist ein schönes Beispiel dafür, wie schnell Evolution verlaufen kann, wenn entsprechende Selektionsbedingungen vorliegen. Man könnte zwar einwenden, die Bedingungen seien sehr künstlich, sodass man eher von Zucht als von Evolution sprechen sollte. Ich sehe hier aber keinen prinzipiellen Unterschied, zumal über lange Zeiten den Menschen kaum bewusst gewesen sein dürfte, dass eine gezielte Zucht überhaupt möglich ist. Und auch im Tierreich gibt es Nutztiere, -pflanzen und -pilze, wie z. B. die Pilzgärten der Blattschneiderameisen oder die von Ameisen gehüteten Blattlausherden. Hier würde man wohl eher von Koevolution und Symbiose als von Zucht sprechen. Auch die Evolution der Haustiere kann man als eine spezielle Art der Koevolution ansehen, nämlich als Zusammenspiel zwischen der biologischen Evolution dieser Tiere und der kulturellen Evolution unserer menschlichen Gesellschaft (speziell der landwirtschaftlichen Revolution).

Auch unsere eigene biologische Evolution ist mittlerweile eng mit der kulturellen Evolution verzahnt. So findet man auch bei uns Menschen genetische Anpassungen an die landwirtschaftliche Lebensweise. Bei einigen Völkern mit Milchwirtschaft entwickelt sich beispielsweise die Fähigkeit, auch noch als Erwachsene Milchzucker verdauen zu können. Normalerweise können dies nur Babys, denn Milch ist eigentlich nur für sie und nicht für Erwachsene gedacht. Heute können auch viele Europäer und manche anderen Völker als Erwachsene Milch als Nahrungsquelle nutzen, wobei diese Fähigkeit im Alter oft nachlässt und der Verzehr von Milch dann zu unangenehmen Verdauungsbeschwerden führt (Stichwort: Laktoseintoleranz). Andere Völker wie z. B. Chinesen und Japaner vertragen Milch dagegen grundsätzlich nur als Kinder.

Ein weiteres Beispiel für eine solche genetische Anpassung ist unsere Fähigkeit, die Stärke von Getreide und anderen Feldfrüchten besser verdauen zu können. Dazu vervielfältigt sich im Laufe der Zeit das Gen für das Enzym

Abb. 6.25   Skizze einer altägyptischen Darstellung eines Pharao auf einem Streitwagen. © Joseph Bonomi (1853).

Amylase, das Stärke in einzelne Zuckermoleküle zerlegen kann. Mit diesen zusätzlichen Genkopien kann Amylase nicht mehr nur von der Bauchspeicheldrüse produziert werden, sondern auch von den Speicheldrüsen. Menschlicher Speichel enthält ungefähr sechs- bis achtmal mehr Amylase als der Speichel unserer engsten tierischen Verwandten, den Schimpansen.

Die bäuerliche Lebensweise ist in der Lage, viel mehr Menschen zu ernähren, als dies bei einer Lebensweise als Jäger und Sammler möglich ist. Die menschliche Bevölkerung wächst, größere Siedlungen entstehen und es kommt zu einer Arbeitsteilung zwischen Bauern und anderen Berufsständen wie Handwerkern oder Händlern. Schließlich entstehen vor etwa 6 000 bis 5 000 Jahren die ersten Hochkulturen im Umland großer Flüsse, beispielsweise das Reich der Sumerer in Mesopotamien bei Euphrat und Tigris sowie das ägyptische Reich am Nil (Abb. 6.25). Die berühmten *Pyramiden von Gizeh* entstehen vor rund 4 500 Jahren, also nur 4,5 Meter vor dem Ende unseres Zeitpfades.

Nach und nach wächst die Zahl der Menschen auf der Erde immer weiter an, beflügelt von immer neuen Verbesserungen in der Landwirtschaft und neuen technischen Erfindungen. Das relativ warme Erdklima unserer Zwischen-Warmzeit begünstigt diese Entwicklung, wobei es allerdings auch immer wieder zu Klimaschwankungen kommt, die zu Rückschlägen führen. So könnte das Ende des weströmischen Reiches mit einer Klimaabkühlung etwa 350 bis 750 nach Christus zusammenhängen. Die letzte Klimaabkühlung ereignet sich ungefähr zwischen 1550 und 1850 und wird etwas übertrieben *kleine Eiszeit* genannt. In Mitteleuropa und Nordamerika fällt die mittlere Temperatur um bis zu ein Grad Celsius, was im Vergleich zu der etwa fünf bis sechs Grad niedrigeren mittleren Erdtemperatur auf dem Höhepunkt der letzten Vereisung vor rund 18 000 Jahren relativ wenig erscheint. Dennoch genügt es, um lang andauernde Winter und niederschlagsreiche kühle Sommer hervorzurufen. Missernten und Hungersnöte in Europa sind die Folge, und an den zuvor grünen Küsten Grönlands geben die Wikinger ihre Siedlungen auf.

Ungefähr ab dem Jahr 1750 kommt es schrittweise zu enormen Veränderungen in der menschlichen Gesellschaft, hervorgerufen durch eine Reihe bahnbrechender technischer Erfindungen. Man bezeichnet diese gesellschaftlichen Veränderungen als *Industrielle Revolution*. Sie beginnt in England und breitet sich von dort weltweit aus. In gewissem Sinne dauert die Industrielle Revolution bis heute an, wenn man an die rasante Entwicklung des Computers und die zunehmende Globalisierung und Vernetzung der Welt denkt.

Die Industrielle Revolution führt zu einem explosionsartigen Wachstum der Weltbevölkerung. Ungefähr im Jahr 1804 überschreitet die Weltbevölkerung erstmals die Grenze von einer Milliarde Menschen. In den nächsten 123 Jahren, also bis zum Jahr 1927, verdoppelt sie sich auf zwei Milliarden. Die nächste Verdopplung auf vier Milliarden erfolgt bis zum Jahr 1974, benötigt also weniger als 50 Jahre – ich kann mich noch gut an die beliebten Fernsehsendungen von Professor Heinz Haber aus dieser Zeit erinnern, in denen er bereits eindringlich vor der drohenden Überbevölkerung der Erde warnt. Während ich dieses Buch schreibe, überschreitet die Weltbevölkerung nach UN-Zahlen im Herbst 2011 erstmals die Marke von sieben Milliarden Menschen, und jedes Jahr wächst sie momentan um rund 80 Millionen weitere Menschen an.

Wir leben in einem Zeitalter der Menschenmassen, die immer mehr das Erscheinungsbild unserer Erde prägen (Abb. 6.26). Unser immer größerer Platzbedarf verdrängt viele Lebewesen, und es kommt zunehmend zu einem sechsten Massensterben in der Tier- und Pflanzenwelt. Der ansteigende Verbrauch fossiler Brennstoffe erzeugt einen globalen Treibhauseffekt, der die mittlere Erdtemperatur und mit ihr den Meeresspiegel ansteigen lässt. Insgesamt verändert sich unsere Erde mit rasanter Geschwindigkeit, und es ist schon heute klar, dass dies nicht mehr länger als vielleicht einige Jahrzehnte so weitergehen kann.

Zum Glück geht das jährliche Bevölkerungswachstum mittlerweile deutlich zurück, und aktuelle Prognosen gehen von einer Stabilisierung um das Jahr 2050 bei neun bis zehn Milliarden Menschen aus – immerhin ein erster Lichtblick! Hoffen wir, dass es uns tatsächlich gelingen wird, diese Phase mit konstanter oder leicht rückläufiger Weltbevölkerung auf kontrollierte Art zu erreichen, ohne dass unsere Zivilisation bis dahin an den Rand eines Zusammenbruchs gerät. Dafür brauchen wir eine nachhaltige Weltwirtschaft, die in der Lage ist, diese Menschenmassen längerfristig angemessen zu versorgen,

Abb. 6.26   Wir leben in einem Zeitalter der Menschenmassen. © Apeiron/Fotolia.com.

sodass wir als letzte noch lebende Hominini-Art auch die nächsten Zeitpfadmeter noch erleben und mitgestalten können. Wie dieser Zeitpfad der Zukunft – unabhängig von unserem eigenen Schicksal – nach heutigem Wissen aussehen wird, davon handelt das nächste Kapitel.

7

Die Zukunft

Mit dem Ende des vorherigen Kapitels sind wir am vorläufigen Endpunkt unserer Zeitpfad-Reise angekommen: der Gegenwart. Dabei hat uns unser Weg von unserem Startpunkt nahe der nordaustralischen Stadt Darwin bis zur Mitte des Kölner Doms geführt. Rund 13 700 Kilometer liegen seit dem Urknall hinter uns, wobei jeder dieser Kilometer für eine Million Jahre Vergangenheit steht. Doch der Zeitpfad ist mit der Gegenwart natürlich noch nicht an seinem Ende angekommen. Weitere Jahrmillionen werden kommen, und mit ihnen viele neue Zeitpfad-Kilometer.

Am meisten interessiert uns natürlich, wie es mit uns selbst in den nächsten Jahrtausenden und damit auf den nächsten Zeitpfad-Metern weitergehen wird. Doch genau darüber wissen wir am wenigsten. Ob es uns Menschen und besonders unsere Zivilisation in einigen Jahrtausenden oder gar Jahrmillionen noch in irgendeiner Form gibt, ist vollkommen unklar. Niemand hat irgendwelche Erfahrungswerte darüber, ob und wie eine Zivilisation wie die unsere über längere Zeiten fortbestehen kann. Falls sie überlebt, so ist es durchaus denkbar, dass eine solche erfolgreiche Zivilisation schließlich in der Lage sein wird, auch geologische oder bis zu einem gewissen Grad sogar astronomische Vorgänge zu beeinflussen. Das hängt natürlich davon ab, welche Energiemengen eine solche zukünftige Zivilisation kontrollieren kann. Der russische Astronom Nikolai Kardaschow hat dazu im Jahr 1964 die folgenden drei Zivilisationstypen vorgeschlagen:

Typ I umfasst Zivilisationen, die maximal die verfügbaren Energien ihres Planeten kontrollieren können. Unsere Zivilisation könnte man diesem Typ zuordnen, wobei wir allerdings bisher nur einen winzigen Bruchteil der verfügbaren Energie der Erde nutzen können.

Bei Typ II kann eine Zivilisation sogar die Gesamtleistung ihrer Sonne nutzen. Der Physiker Freeman Dyson hat dazu im Jahr 1960 die Konstruktion einer sogenannten *Dyson-Sphäre* vorgeschlagen, die den Stern vollständig umschließt und so seine gesamte abgestrahlte Energie nutzen könnte. Später hat er diesen Vorschlag allerdings als „Scherz" bezeichnet, und die technischen Herausforderungen liegen auch weit jenseits unserer heutigen Möglichkeiten.

In der Science-Fiction-Literatur ist diese Idee durchaus beliebt und kommt beispielsweise in der Episode *Besuch von der alten Enterprise* in der Serie *Star Trek – Das nächste Jahrhundert* vor.

Typ-III-Zivilisationen sind sogar in der Lage, die Energieleistung einer ganzen Galaxie zu nutzen. Sie könnten dazu die Typ-II-Technologien auf alle Sterne einer Galaxie anwenden oder ganz neue Wege beschreiten, beispielsweise indem sie das Gravitationsfeld von supermassiven schwarzen Löchern nutzen, wie sie in den Zentren der meisten Galaxien existieren.

Aus heutiger Sicht sind alle diese Ideen allerdings nicht mehr als phantasievolle Spekulationen. Niemand weiß, ob Zivilisationen lange genug existieren können, um solche hoch entwickelten Entwicklungsstufen jemals zu erreichen. Der Lauf der menschlichen Geschichte zeigt, dass praktisch alle bisherigen Hochkulturen nach einigen Jahrhunderten wieder verschwunden sind – oft, weil sie ihre eigenen Lebensgrundlagen zerstört haben. Auch wir befinden uns momentan auf diesem Weg, sodass abzuwarten bleibt, ob es uns unsere wachsenden technischen Möglichkeiten dieses Mal erlauben, den Niedergang zu vermeiden.

Gehen wir gar einige Jahrmillionen in die Zukunft, so stellt sich die Frage, ob es uns Menschen als biologische Art dann überhaupt noch gibt. Seit der Trennung unseres Entwicklungszweiges von dem der Schimpansen vor rund sechs Millionen Jahren sind alle Hominini-Arten nach einigen 100 000 Jahren entweder ausgestorben oder haben sich zu neuen Arten weiterentwickelt. Heute sind wir die einzige noch existierende Hominini-Art, und auch wir werden uns vermutlich innerhalb einiger 100 000 Jahre entweder weiterentwickeln oder aussterben. Menschen, wie es sie heute gibt, werden also wohl bereits in einigen 100 Zeitpfad-Metern nicht mehr existieren.

Falls wir und unsere Zivilisation die nächsten Jahrtausende nicht überstehen, was bliebe von uns dann nach zehn Millionen Jahren noch übrig? Die ernüchternde Antwort lautet: vermutlich sehr wenig! Menschliche Fossilien werden wohl selten sein, denn zur Bildung von Fossilien braucht man ganz spezielle Bedingungen, wie sie z. B. in Sümpfen oder im Bodenschlamm tiefer Seen herrschen. Der Stahlbeton unserer Städte wird sich in graue dünne Sandablagerungen verwandeln, versehen mit rötlichen Einlagerungen aus verrostetem Stahl. Metalle und organische Stoffe werden vollkommen oxidieren und zerfallen. Der Zahn der Zeit wird unsere Spuren unbarmherzig vernichten, egal wie eindrucksvoll sie momentan auch aussehen.

Da wir über unsere eigene Zukunft so wenig wissen, wollen wir sie in diesem Kapitel außen vor lassen und davon ausgehen, dass geologische und astronomische Vorgänge nicht durch uns Menschen beeinflusst werden können, sondern ihren natürlichen Lauf nehmen. Dabei wollen wir wie bisher wieder Zeiträume betrachten, wie sie für die Evolution, Geologie und Astronomie von Bedeutung sind. Es geht also nicht um die nächsten Jahrhunderte oder Jahrtausende, sondern um die Welt in vielen Millionen oder gar Milliarden Jahren. Im Zeitpfad-Bild bedeutet das: Wir interessieren uns nicht für die nächsten Meter, sondern für die kommenden Hunderte und Tausende von Kilometern.

7.1 Die Zukunft der Erde

Die heutige Drift der Kontinente kennt man recht genau, sodass man näherungsweise abschätzen kann, wie die Verteilung der Kontinente sich in den nächsten 250 Millionen Jahren verändern wird – präzise vorhersagen kann man es allerdings nicht. Wie in der Gegenwart wird auch in den nächsten Jahrmillionen an den Mittelozeanischen Rücken im Atlantik und im Indischen Ozean weiterhin neuer Meeresboden entstehen. An den Subduktionszonen wird dagegen Meeresboden in den Erdmantel abtauchen und verschwinden. Diesen Mechanismus der Plattentektonik hatten wir in Abschnitt 4.3 bereits kennengelernt.

Der Atlantik und der Indische Ozean werden sich also zunächst weiter vergrößern. Möglicherweise sind wir in der Gegenwart sogar Zeugen der Geburt eines neuen Ozeans im Osten Afrikas, wo unter dem *Großen Afrikanischen Grabenbruch* heißes Material aus den Tiefen des Erdmantels aufsteigt, die Erdkruste nach oben wölbt, aufreißt und im Begriff steht, den östlichen Teil der afrikanischen Kontinentalplatte innerhalb einiger Millionen Jahre vom restlichen Afrika abzutrennen. Wasser könnte schließlich in den breiter und tiefer werdenden Graben eindringen und Ostafrika würde zu einer großen Insel werden. Ob allerdings wirklich ein breiter Ozean aus dem heutigen Ostafrikanischen Grabenbruch entsteht, ist unsicher. In einem Szenario von Christopher Scotese (siehe sein *Paleomap Project* unter http://www.scotese.com) entsteht beispielsweise kein größerer Ozean, sondern die Lücke schließt sich eher wieder. Dabei wird Afrika innerhalb der nächsten rund 50 Millionen Jahre mit Europa kollidieren und Mittelmeer und Rotes Meer werden verschwinden. Mitteleuropa wird dadurch weiter in Richtung Norden geschoben und ein riesiges Gebirge, vergleichbar mit dem heutigen Himalaja, wird sich durch die Kollision von Spanien bis nach Asien hin auffalten. In ähnlicher Weise wird Australien mit Südostasien kollidieren und in der Kollisionszone ein gewaltiges Gebirge emporheben.

Nun kann ein Ozean wie der Atlantik nicht unbegrenzt wachsen, da sich die Kontinentalschollen an seinem Rand nicht beliebig weit verschieben lassen. In dem oben erwähnten Szenario von Christopher Scotese entstehen daher an den Ostküsten Nord- und Südamerikas neue Subduktionszonen, an

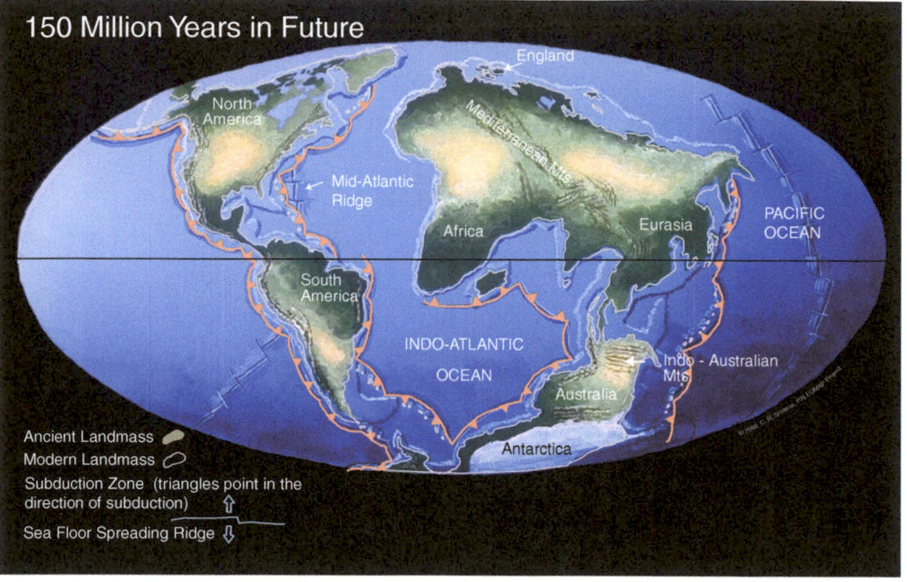

Abb. 7.1   Mögliche Lage der Kontinente in 150 Millionen Jahren. Afrika ist mit Eurasien kollidiert und an der Stelle des heutigen Mittelmeeres türmt sich ein Hochgebirge auf, hier *Mediterranean Mountains* (Mittelmeer-Gebirge) genannt. Der Mittelatlantische Rücken verschwindet in einer Subduktionszone im Osten Amerikas und der Atlantik beginnt zu schrumpfen. © Paleomap Project von C. R. Scotese, http://www.scotese.com.

denen der Meeresboden des Atlantischen Ozeans unter die amerikanischen Kontinentalplatten abtauchen kann. Der Meeresboden östlich des Mittelatlantischen Rückens wird demnach zunächst weiter anwachsen, während der Meeresboden westlich davon unter die amerikanischen Platten abtaucht. Als Folge davon wird der Mittelatlantische Rücken nach Westen wandern und in rund 100 bis 150 Millionen Jahren in der Subduktionszone im Osten Amerikas verschwinden, sodass ab diesem Moment kein neuer Meeresboden im Atlantik mehr entsteht. Der Atlantik wird dann nicht weiter wachsen, sondern schrumpfen (Abb. 7.1).

In etwa 250 Millionen Jahren werden nach Scotese Atlantischer und Indischer Ozean weitgehend verschwunden sein. Ein neuer Superkontinent – oft *Pangäa Ultima* oder *Pangäa II* genannt – wird entstehen, wobei ein letzter Rest der alten Ozeane eingeklemmt in seiner Mitte existieren könnte (Abb. 7.2). Den Rest der Erde bedeckt ein einziger riesiger Ozean. So ähnlich sah die Erde zuletzt im späten Perm und in der frühen Trias etwa 250 Millionen Jahre vor der Gegenwart aus (siehe Abschnitte 4.6 und 5.1). Zwischen dem alten und dem neuen Pangäa liegen also rund 500 Millionen Jahre. Eine ähnlich

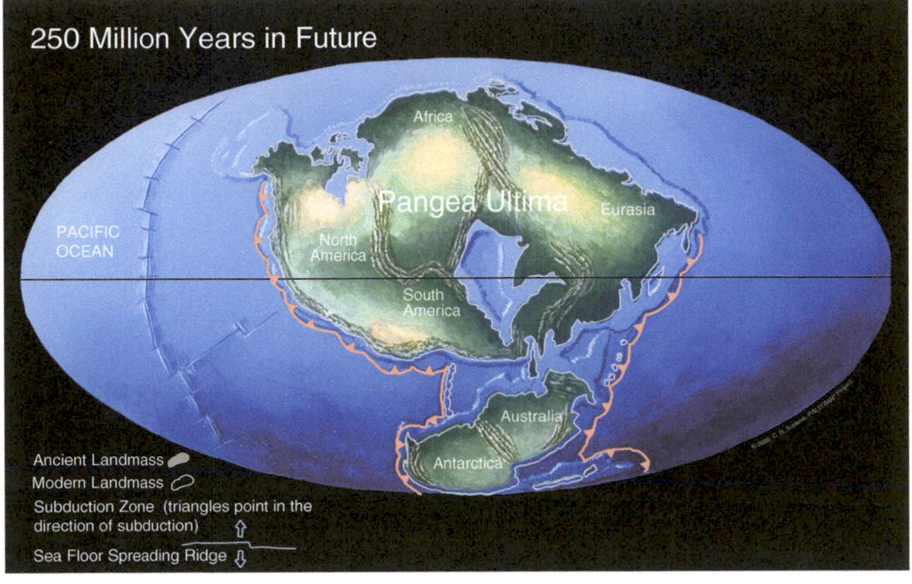

Abb. 7.2 Mögliche Lage der Kontinente in 250 Millionen Jahren. Alle Kontinente sind in einem einzigen Superkontinent (Pangäa II) vereint. © Paleomap Project von C. R. Scotese, http://www.scotese.com.

große Zeitspanne verstrich auch zwischen dem Superkontinent Rodinia und dem alten Pangäa (siehe Abschnitt 3.3).

Wie es danach weitergeht, kann man heute nicht sicher berechnen. Vermutlich wird auch Pangäa II wieder auseinanderbrechen, und nach weiteren 500 Millionen Jahren könnte sich wieder ein weiterer Superkontinent Pangäa III bilden, sofern sich der etwa eine halbe Milliarde Jahre dauernde Zyklus von Superkontinent zu Superkontinent wiederholt. Da das Erdinnere aber ständig weiter abkühlt, werden die Konvektionsströme im Erdmantel abnehmen, sodass sich die Drift der Kontinente verlangsamen wird. Es könnte also sein, dass die Drift der Kontinente für die Bildung von Pangäa III nicht mehr ausreicht.

Wie werden sich Erdklima und Lebenswelt weiterentwickeln? Kurzfristig, also in den nächsten 1 000 Jahren, wird das Klima aufgrund des von uns verursachten Treibhauseffektes deutlich wärmer werden. Prognosen gehen von einer Temperaturzunahme der mittleren Erdtemperatur um zwei bis fünf Grad Celsius zwischen den Jahren 2000 und 2100 aus, wobei der Meeresspiegel um 30 bis 60 Zentimeter ansteigen könnte (diese Zahlen sind relativ unsicher, und die Details hängen natürlich entscheidend davon ab, wie viel Treibhausgas wir noch in die Atmosphäre pusten werden). Sollte es sogar wieder so warm wie beispielsweise in der späten Kreidezeit und dem frühen Tertiär werden, dann entspräche das einer Temperaturzunahme von etwa 10 bis 15 Grad Celsius, wobei die Temperatur in den Polarregionen stärker zunimmt als in den Tropen. Die Polkappen würden abschmelzen und flache Ozeane würden die Ebenen vieler Kontinente überfluten – ein Blick auf die Abbildungen 5.21 und 6.1 zeigt, wie das aussehen könnte. Norddeutschland, die Niederlande und viele andere tiefer gelegene Bereiche würden in den Fluten versinken. Besonders stark betroffen wären die oft stark besiedelten Flussdeltas, beispielsweise das Nildelta in Ägypten, das Flussdelta der Flüsse Brahmaputra, Ganges und Meghna in Bangladesch oder das Mississippi-Delta bei New Orleans. Die verheerende Überflutung von New Orleans durch den Hurrikan Katrina Ende August 2005 hat gezeigt, was ein steigender Meeresspiegel für diese Regionen bedeuten könnte. Hoffen wir, dass es nicht so weit kommt.

Falls sich der Treibhauseffekt in Grenzen hält und der bisherige Zyklus von Kaltzeiten und Zwischen-Warmzeiten sich längerfristig fortsetzt, so müsste es in einigen Jahrtausenden wieder kälter werden und eine neue etwa 50 000 bis 100 000 Jahre andauernde Kaltzeit müsste beginnen. Letztlich befinden wir uns ja seit dem späten Tertiär in einer Eiszeit. Die letzte Eiszeit im späten Karbon und frühen Perm dauerte grob geschätzt etwa 30 bis 50 Millionen Jahre. So gesehen könnte es noch einige Zeit dauern, bis auf unserer Erde wieder eine langfristige Warmzeit ohne Eis an den Polkappen herrscht.

In der TV-Reihe *The Future is Wild* (siehe www.thefutureiswild.com) hat man versucht, einige Visionen davon zu entwerfen, wie unsere Erde in fünf, 100 und 200 Millionen Jahren aussehen könnte, falls unser menschlicher Einfluss dann keine Rolle mehr spielt. Demnach erreicht die momentane globale Eiszeit in etwa fünf Millionen Jahren ihren Höhepunkt. Große Eisschilde bedecken die nördlichen Kontinente, der Meeresspiegel liegt 150 Meter tiefer als heute, das Mittelmeer ist weitgehend zu einer Salzwüste ausgetrocknet, der tropische Regenwald Amazoniens ist einer Savanne gewichen und in Nordamerika befindet sich eine kalte trockene Wüste ähnlich der heutigen zentralasiatischen Wüste Gobi.

Nach dem Ende der Eiszeit beginnt in diesem Szenario wieder eine lang andauernde Warmzeit, wie sie auf der Erde in den letzten 500 Millionen Jahren die meiste Zeit über geherrscht hat. Große Vulkanausbrüche und die von ihnen ausgestoßenen Gase verwandeln demnach in 100 Millionen Jahren die Erde in ein feucht-warmes Treibhaus mit ausgedehnten Regenwäldern, in denen beispielsweise Rieseninsekten hausen. Die Polkappen werden verschwinden und flache warme Meere werden große Teile der Kontinente überfluten.

In 200 Millionen Jahren haben sich die Kontinente schon weitgehend zum neuen Superkontinent *Pangäa II* zusammengeschlossen, der von einem einzigen großen Ozean umgeben ist (Abb. 7.2). Ähnlich war es in der frühen Trias

Abb. 7.3   In etwa einer Milliarde Jahren wird die Sonne rund 10 % heller als heute scheinen und die Erde in eine weitgehend leblose Wüste verwandeln. Sie wird dann an vielen Orten ähnlich aussehen wie die Marsoberfläche auf diesem Bild der Marssonde Mars Pathfinder – nur sehr viel wärmer. © NASA/JPL.

vor etwa 250 Millionen Jahren. Damals begann nach dem größten Massensterben der Erdgeschichte am Ende des Perms die Blütezeit der Reptilien und Saurier. Wie in der Trias ist auch in 200 Millionen Jahren das Klima in Pangäa II zumeist kontinental, heiß und trocken. Nur an der Nordwestküste gibt es bei *The Future is Wild* gemäßigte Regenwälder, ähnlich wie im heutigen British Columbia Kanadas. Die Erdrotation hat sich aufgrund der Gezeiten verlangsamt: Ein Tag hat jetzt 25 Stunden.

Es ist nicht unwahrscheinlich, dass in dieser langen Zeitspanne von 200 Millionen Jahren große Naturkatastrophen wie Supervulkanausbrüche oder Asteroideneinschläge zu globalen Massensterben führen. In den 600 Millionen Jahren vor der Gegenwart gab es bereits fünf solcher Massensterben, wie wir wissen. Das Leben könnte nach einem solchen Massensterben vollkommen neue Wege einschlagen. Was würde etwa geschehen, wenn die meisten Amphibien, Reptilien, Säugetiere und Vögel sowie viele Fische aussterben? Wer würde an ihren Platz treten? In *The Future is Wild* sind es beispielsweise fliegende Fische (*Flische* genannt), die die Lüfte erobern und an die Stelle der Vögel treten, und an Land lebende Kalmare bevölkern die gemäßigten Regenwälder. Aus heutiger Sicht ist das sicher kaum vorstellbar, aber wir wissen ja, dass die Evolution in der Lage ist, brachliegende Lebensräume relativ schnell mit neuen Lebensformen zu füllen, wobei dann diejenigen Lebewesen zum Zug kommen, die das Massensterben überstehen.

Und wie wird es danach weitergehen? Wie wird das Leben in 500 Millionen Jahren oder in einer Milliarde Jahren aussehen?

Es mag überraschend klingen, aber in einer Milliarde Jahren wird es wohl kein höheres Leben auf der Erde mehr geben (Abb. 7.3). Der Grund dafür liegt darin, dass unsere Sonne langsam, aber sicher immer mehr Energie produziert. Hatte die Sonne vor vier Milliarden Jahren nur rund 80 % ihrer heutigen Leuchtkraft, so wird sie in der nächsten Jahrmilliarde rund 10 % an Leuchtkraft zulegen und in den nächsten vier Milliarden Jahren sogar rund 50 %.

Die Ursache für die zunehmende Leuchtkraft der Sonne kennen wir bereits aus Abschnitt 2.3: Da bei der Kernfusion im Sonnenzentrum aus vier Wasserstoffatomen ein Heliumatom entsteht, nimmt die Zahl der Atome dort mit der Zeit ab, und der Druck, den diese Atome der Gravitation entgegensetzen können, sinkt. Als Folge davon zieht sich das Sonnenzentrum so lange zusammen, bis Dichte und Temperatur darin wieder ausreichen, um die darüber liegenden äußeren Sonnenschichten gegen die Kraft der Gravitation zu tragen. Die höhere Dichte und Temperatur bewirken dabei eine schnellere Kernfusion. Die äußeren Schichten der Sonne werden dadurch vergrößert und die Sonnenleuchtkraft steigt an, noch lange bevor sich die Sonne in etwa sieben Milliarden Jahren zu einem roten Riesen aufbläht.

Wie reagiert die Erde auf diese zunehmende Sonneneinstrahlung? Ein gängiges Szenario sieht so aus:

Zunächst einmal wird bei zunehmender Erwärmung Kohlendioxid über den sogenannten *Karbonat-Silikat-Kreislauf* der Atmosphäre entzogen. In diesem Kreislauf verwittern die Silikatgesteine unserer Erde, indem das in Regenwasser gelöste Kohlendioxid der Luft das Kalzium aus den Gesteinen herauslöst und als Kalziumhydrogenkarbonat in die Ozeane befördert, wo es am Meeresboden Kalksedimente bildet. Diese Kalkschichten gelangen schließlich beim Abtauchen der Meeresböden an den Subduktionszonen in tiefere Schichten, wo das in ihnen gespeicherte Kohlendioxid wieder freigesetzt werden kann und durch vulkanische Aktivitäten zurück in die Erdatmosphäre gelangt. Wir kennen diese Vorgänge bereits aus Abschnitt 3.3 (Stichwort: *Schneeball Erde*).

Steigt die Temperatur, so beschleunigt sich die Verwitterung der Gesteine und das Treibhausgas Kohlendioxid wird dadurch schneller der Atmosphäre entzogen. Dadurch schwächt sich die Treibhauswirkung der Atmosphäre ab, was der Temperaturerhöhung entgegenwirkt. Der Karbonat-Silikat-Kreislauf wirkt auf diese Weise wie ein sehr träger Thermostat. Allerdings wird dieser Thermostat an seine Grenzen stoßen, sobald nur noch sehr wenig Kohlendioxid in der Atmosphäre übrig ist. Hinzu kommt, dass der Gegenprozess, also die Freisetzung des Kohlendioxids aus dem Kalkgestein, sich abschwächen wird, da die Konvektion im abkühlenden Erdmantel abnimmt und kaum noch Meeresboden an den Subduktionszonen in den Erdmantel abtaucht.

Modellrechnungen zeigen, dass in etwa 1,6 Milliarden Jahren der Kohlendioxidgehalt die Grenze von 10 ppm (ppm = *parts per million*, also Millionstel) unterschreiten könnte – das sind rund 2,6 % des heutigen Wertes von 380 ppm. Dann werden wir im Gegensatz zu heute einen Mangel an Kohlen-

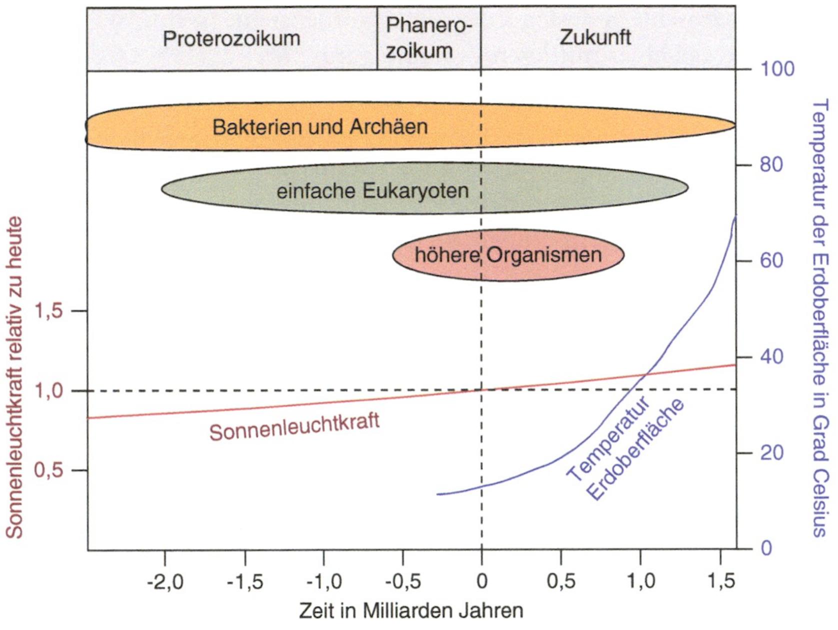

Abb. 7.4   Schematische Darstellung einer Modellrechnung zur Entwicklung des Lebens und der Erdtemperatur in Anlehnung an © C. Bounama, W. v. Bloh, S. Franck: Das Ende des Raumschiffs Erde, *Spektrum der Wissenschaft*, Oktober 2004.

dioxid in der Atmosphäre haben. Dies wirkt sich negativ auf die Photosynthese der Pflanzen aus, die auf dieses Kohlendioxid angewiesen sind. Unterhalb von 10 ppm ist Photosynthese nicht mehr möglich.

Während die Kohlendioxidkonzentration sinkt und die Temperatur an der Erdoberfläche steigt, wird die Vegetation also zunehmend spärlicher werden und sich in die kälteren Polargebiete und in andere Nischen zurückziehen. Die Erosion wird die immer kahler werdenden Landflächen zunehmend einebnen, während neue Gebirge kaum noch entstehen, da die Drift der Kontinente immer schwächer wird. Nach Modellrechnungen werden in knapp einer Milliarde Jahren die höheren Lebewesen inklusive aller Landpflanzen verschwinden, da die für sie kritische mittlere Erdtemperatur von rund 30 Grad Celsius überschritten wird (Abb. 7.4). Die Erdoberfläche verwandelt sich zu dieser Zeit endgültig in eine leblose Wüste. Bedenkt man, dass es höhere Pflanzen und Tiere erst seit dem Beginn des Karbons vor rund 540 Millionen Jahren gibt, dann sehen wir, dass das Zeitfenster für höhere Organismen auf unserer Erde gerade einmal ungefähr 1,5 Milliarden Jahre beträgt.

In rund 1,3 Milliarden Jahren überschreitet die mittlere Erdtemperatur die Marke von 45 Grad Celsius, sodass auch einzellige Eukaryoten an der Erdoberfläche aussterben. Leben gibt es dann wohl nur noch in den Ozeanen, wo es sich zunehmend in dessen kalte Tiefen zurückzieht. In rund 1,6 Milliarden Jahren wird bei einer mittleren Erdtemperatur von ungefähr 60 Grad Celsius das Leben auf unserer Erde dann weitgehend erlöschen – einerseits wegen der hohen Temperatur, andererseits aus Mangel an Kohlendioxid, was eine Fortführung der Photosynthese unmöglich macht. Die genauen Zahlenwerte hängen dabei natürlich von den Modellannahmen ab und sind Gegenstand der Forschung, dürfen also nicht allzu genau genommen werden.

Bald darauf verdunstet das Wasser der Ozeane in zunehmendem Maße. Der aufsteigende Wasserdampf wirkt als starkes Treibhausgas und lässt die Temperatur weiter steigen, sodass schließlich die Temperatur an der Erdoberfläche 100 Grad Celsius überschreitet und die Ozeane endgültig verdampfen, wobei in den Ozeanbecken große Salzebenen zurückbleiben. Zugleich ist das Erdinnere bis dahin so weit abgekühlt, dass die Drift der Kontinente und damit der Vulkanismus weitgehend zum Erliegen kommen.

In der oberen Atmosphäre spaltet die starke Sonnenstrahlung nach und nach die Wassermoleküle in Wasserstoff und Sauerstoff auf. Der leichte Wasserstoff diffundiert in den Weltraum hinaus und verschwindet, während Sauerstoff vom Eisen der Gesteine aufgenommen wird. Die Erde wird rostrot wie der Mars. Zusätzlich kann sich nun das wenige durch Vulkane frei werdende Kohlendioxid wieder in der Atmosphäre ansammeln, da es kein flüssiges Wasser mehr gibt, das es aufnehmen könnte. Die Erde verwandelt sich in einen trocken-heißen Planeten ähnlich der heutigen Venus.

Irgendwann in mehr als vier Milliarden Jahren wird es sogar so heiß, dass sich Magmaozeane bilden. Die Sonne wird immer leuchtkräftiger und bläht sich schließlich zu einem roten Riesen auf. Was dann geschieht, wollen wir uns im nächsten Abschnitt ansehen.

7.2   Das Ende der Sonne

Unsere Sonne gewinnt ihre Energie aus der Kernfusion von Wasserstoff zu Helium, wie wir wissen. Diese Kernfusion findet ausschließlich im Zentrum der Sonne statt, denn nur dort erreichen Temperatur und Dichte die dafür notwendigen Werte. Dabei wird im Sonnenzentrum langsam der Wasserstoff verbraucht und Helium reichert sich dort an. Da es bei Sternen wie der Sonne im Zentrum keine Konvektion (also keine Umwälzungen der Sternmaterie) gibt, wird aus den äußeren Sternbereichen kaum frischer Wasserstoff ins Zentrum nachgeliefert.

Als Folge der Heliumanreicherung im Zentrum steigt die Leuchtkraft der Sonne langsam, aber stetig an, wie wir oben gesehen haben. Was aber geschieht, wenn in etwa fünf Milliarden Jahren der Wasserstoffvorrat im Zent-

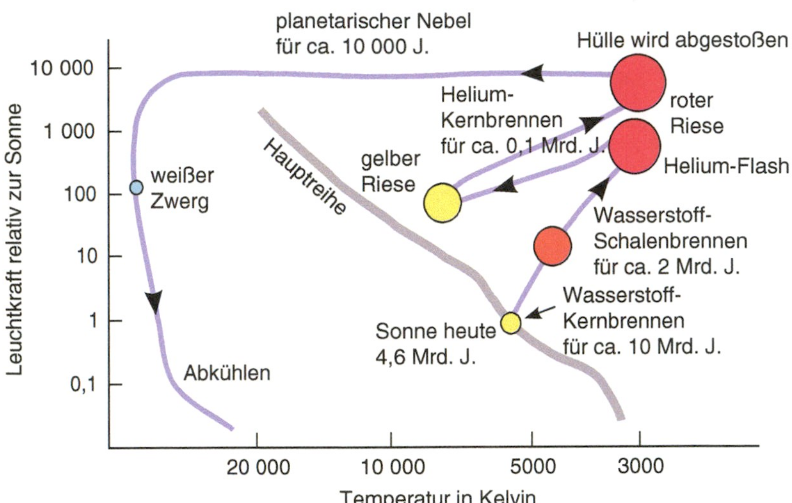

Abb. 7.5 Entwicklung der Sonne im Hertzsprung-Russell-Diagramm.

rum schließlich verbraucht ist? Die Antwort kennen wir bereits aus Abschnitt 2.3, und wir wollen diese Entwicklung hier noch einmal im Detail nachvollziehen:

Sobald die Kernfusion im Sonnenzentrum erlischt, gewinnen dort zunächst die sehr starken Gravitationskräfte die Oberhand. Das ausgebrannte Helium-Sonnenzentrum (der sogenannte Heliumkern) kontrahiert zunehmend und heizt sich dabei so lange auf, bis an seinem Rand die Kernfusion des dort noch reichlich vorhandenen Wasserstoffs zu Helium einsetzt. Man spricht vom *Wasserstoff-Schalenbrennen*. Dabei erzeugt die Sonne immer mehr Energie, je mehr das Heliumzentrum kontrahiert und je weiter sich die Wasserstoff-Fusionsschale nach außen frisst. In 6,4 Milliarden Jahren beträgt die Leuchtkraft bereits rund das Doppelte des heutigen Wertes, und der Sonnenradius ist um 60 % größer als heute. Die Sonne entwickelt sich so immer mehr zu einem roten Riesen.

In den folgenden 1,3 Milliarden Jahren wachsen Leuchtkraft und Sonnenradius weiter massiv an: Die Leuchtkraft erreicht in etwa 7,7 Milliarden Jahren mehr als den 1 000-fachen heutigen Wert und die äußeren Schichten blähen sich um mehr als das 100-fache auf. Trotz der größeren Leuchtkraft nimmt die Temperatur der Sonnenoberfläche aufgrund ihrer enormen Ausdehnung ab und das Sonnenlicht wird rötlich. Im Hertzsprung-Russell-Diagramm bedeutet das, dass die Sonne in die obere rechte Ecke wandert, denn dort befinden sich die leuchtstarken, aber relativ kühlen roten Riesen (Abb. 7.5). Zugleich entwickelt sich ein kräftiger Sonnenwind, denn die äußeren Schichten sind nun sehr weit vom Zentrum entfernt und nur noch relativ schwach

Abb. 7.6   Ungefähr so könnte die Sonne als roter Riese über dem Erdhorizont in gut sieben Milliarden Jahren aussehen. Eigene Grafik unter Verwendung eines Bildes der © NASA/SDO (AIA).

durch die Schwerkraft gebunden. Die riesige rot glühende Sonne verliert in dieser Phase bis zu 30 % ihrer Materie und verschluckt schließlich sogar den inneren Planeten Merkur und vermutlich auch die Venus. Am Himmel würde sie uns wie ein riesiger rot glühender Ball erscheinen, der einen großen Teil des Himmels ausfüllt (Abb. 7.6). Die Erde ist zu einem Glutofen geworden.

Während der Entwicklung der Sonne zum roten Riesen kontrahiert der ständig massiver werdende Heliumkern unter dem Einfluss der Schwerkraft immer weiter und wird dabei immer kompakter, dichter und heißer. Schließlich bilden die Elektronen des Kerns bei großer Dichte ein sogenanntes *entartetes Fermi-Gas*, das ähnlich wie flüssiges Metall zunächst nicht weiter zusammengedrückt werden kann (Details dazu siehe Abschnitt 2.3). Die Temperatur des mittlerweile nur noch etwa erdgroßen Heliumzentrums steigt jedoch weiter, je mehr sich die Wasserstoff-Fusionsschale nach außen frisst und je mehr Helium hinzukommt. In etwa 7,7 Milliarden Jahren wird die unglaublich hohe Temperatur von 100 Millionen Kelvin im Heliumzentrum überschritten, also fast das Siebenfache der heutigen Temperatur von etwa 15 Millionen Kelvin. Bei dieser Temperatur zündet die *Heliumfusion*, bei der Helium zu Kohlenstoff fusioniert.

Das entartete Heliumzentrum dehnt sich beim Zünden der Heliumfusion allerdings zunächst kaum aus, so wie auch eine wärmer werdende Flüssigkeit nur wenig an Volumen zunimmt. Seine Temperatur und damit seine Fusionsrate steigen daher rapide an, sodass ein Teil des Heliums darin explosionsartig in Kohlenstoff umgewandelt wird. Man spricht von einem *Helium-Flash*. Innerhalb einiger Minuten erreicht dabei die Energieerzeugung die Größenordnung einer kleinen Galaxie. Diese Energie erreicht allerdings nicht die Oberfläche der aufgeblähten Sonne, sondern sie wird dabei verbraucht, die Entartung des Heliumzentrums aufzuheben und das Zentrum auszudehnen – das flüssigkeitsähnliche entartete Fermi-Gas im Zentrum verdampft gewissermaßen und wandelt sich in normales Gas um. Anschließend fusioniert das restliche Helium im Zentrum langsam weiter zu Kohlenstoff, der zum Teil mit weiterem Helium zu Sauerstoff fusioniert. Wir erinnern uns: Dieser *Drei-Alpha-Prozess* ist der entscheidende Zwischenschritt auf dem Weg zu schwereren Elementen, und er läuft nur deswegen effektiv ab, weil der Kohlenstoffkern eine passende Schwingungsfrequenz besitzt (siehe Abb. 1.15 in Abschnitt 1.4 sowie Abschnitt 2.3).

Zugleich hält auch das Wasserstoff-Schalenbrennen um den nun ebenfalls brennenden Heliumkern an. Die Sonne schrumpft dabei vom 100-fachen auf nur noch den zehnfachen heutigen Sonnendurchmesser, ihre Leuchtkraft sinkt vom 1 000-fachen auf nur noch den 50-fachen heutigen Wert, und ihre Oberflächentemperatur erhöht sich wieder. Aus der roten Riesensonne wird eine kleinere gelbe Riesensonne (ein sogenannter *Horizontalast-Stern*). Für eine gewisse Zeit pulsiert sie dabei sogar mit einer Schwingungsperiode von mehreren Stunden (sie ist dann ein sogenannter *RR-Lyrae-Stern*).

Nach nur 100 Millionen Jahren ist auch das Helium im Zentrum verbraucht und in Kohlenstoff und Sauerstoff umgewandelt. Das Kohlenstoff-Sauerstoff-Zentrum kontrahiert bis auf Erdgröße und verwandelt sich erneut in ein flüssigkeitsähnliches entartetes Fermi-Gas, d. h. das quantenmechanische Pauli-Prinzip verhindert seine weitere Kontraktion. Gut die Hälfte der gesamten Sonnenmasse konzentriert sich in diesem sehr kompakten heißen Zentrum. In dem viel dünneren Gas darüber bildet sich eine Helium-Fusionsschale, und darüber brennt weiterhin die Wasserstoff-Fusionsschale. Die äußeren Schichten der Sonne blähen sich wieder stark auf und kühlen dabei ab. Es entsteht erneut für eine sehr kurze Zeit von nur etwa 20 Millionen Jahren ein roter Riese, der ähnlich groß und hell wie zuvor wird.

Die Wanderung der Helium-Fusionsschale nach außen lässt die Gashülle der roten Riesensonne schließlich instabil werden. Über einen Zeitraum von etwa 500 000 Jahren bläst die Sonne in mehreren heftigen Zuckungen die Reste der äußeren, nur noch schwach gravitativ gebundenen Sonnenschichten in den Weltraum hinaus und legt schließlich ihren inneren erdgroßen Kern frei.

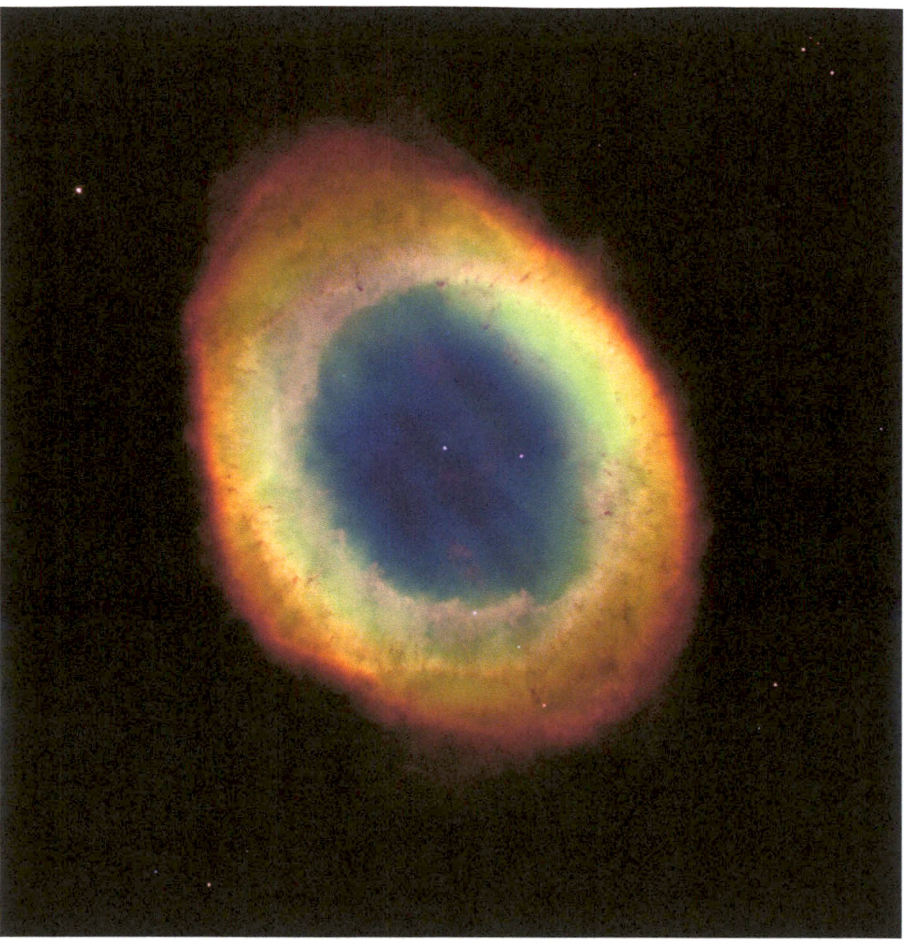

Abb. 7.7 Am Ende ihres Lebens bläst unsere Sonne ihre äußeren Schichten in mehreren Phasen in den Weltraum hinaus. Zurück bleibt ein nur erdgroßer kompakter weißer Zwerg, dessen gleißendes UV-Licht die expandierenden Gashüllen für einige 10 000 Jahre zum Leuchten bringt. Man spricht von einem planetarischen Nebel. Der hier gezeigte planetarische Nebel wird Ringnebel (M57) genannt. Er besitzt einen Durchmesser von etwa einem Lichtjahr und ist rund 2 000 Lichtjahre von uns entfernt. In seinem Zentrum kann man das zurückgebliebene kompakte Sternzentrum als weißen Zwerg erkennen. © The Hubble Heritage Team (AURA/STScI/NASA).

Dabei verliert sie praktisch das gesamte noch unverbrauchte Brennmaterial. Die sich ausdehnende Gas- und Staubwolke bezeichnet man als *planetarischen Nebel*, wobei dieser nichts mit *Planeten* zu tun hat – in den früheren einfachen Teleskopen sahen diese Nebel lediglich so ähnlich wie verschwommene Planeten aus. Erst die heutigen hochauflösenden Teleskope zeigen, was sie wirklich sind (Abb. 7.7).

Der Astronom *Bruce Balick* hat sehr eindrucksvoll beschrieben, wie dieses Ende der Sonne in etwa acht Milliarden Jahren von der Erde aus ungefähr aussehen wird (siehe *Planetary Nebulae and the Future of the Solar System*, http://www.astro.washington.edu/users/balick/WFPC2/; eigene freie Übersetzung aus dem Englischen):

„Hier auf der Erde fühlen wir den Wind der ausgestoßenen Gase vorbeifegen, zunächst nur langsam (mit bloß zehn Kilometern pro Sekunde), dann an Geschwindigkeit zulegend, während die Zuckungen der Sonne andauern, um schließlich mehr als 1 000 Kilometer pro Sekunde zu erreichen. Der Überrest der Sonne geht am Himmel auf wie ein Punkt intensiven Lichts, nicht größer als die Venus, aber heller als 100 heutige Sonnen, ein gleißendes blauweißes Licht aussendend, heißer als jeder Schneidbrenner. Das Licht dieses teuflischen blauen Nadelstichs lässt die Erde verschmoren und reißt die Moleküle ihrer Oberfläche auseinander. Eine neue, sehr dünne Atmosphäre freier Elektronen entsteht, während das Antlitz der Erde zu Staub zerfällt."

Ob es die Erde zu dieser Zeit überhaupt noch gibt, ist unklar. Vielleicht kann sie sich aufgrund des Massenverlustes der Sonne auf entferntere Umlaufbahnen retten. Vielleicht gerät sie aber auch vorher aufgrund von Gezeitenkräften und Reibungsverlusten in den Sog der Sonne und wird von ihr verschluckt. In jedem Fall wird die Erde in acht Milliarden Jahren nicht mehr der lebensfreundliche blaue Planet sein, den wir heute kennen.

Das freigelegte extrem heiße Sonnenzentrum aus Kohlenstoff und Sauerstoff nennt man einen *weißen Zwerg* (Abb. 7.8). Obwohl er nur so groß wie die Erde ist, umfasst er gut die Hälfte der ursprünglichen Sonnenmasse. Seine Materie ist entartet und verhält sich ähnlich wie eine sehr heiße Flüssigkeit, deren Dichte zwischen einer und zehn Tonnen pro Kubikzentimeter liegt und damit mehr als eine Million Mal größer als die Dichte von Wasser ist!

Ganz zu Anfang besitzt der weiße Zwerg noch eine sehr hohe Temperatur von bis zu 100 000 Kelvin, ist also gut 15-mal heißer als die heutige Sonnenoberfläche, deren Temperatur bei rund 6 000 Kelvin liegt. Seine Leuchtkraft beträgt in diesem frühen Stadium mehr als das 100-fache der heutigen Sonne. Er strahlt ein gleißendes bläuliches Licht sowie eine intensive ultraviolette Strahlung aus, welche die weggeblasenen äußeren Sternhüllen zum Leuchten bringt – der expandierende planetarische Nebel erstrahlt für einige 10 000 Jahre in bunten Farben, bevor er schließlich verblasst und im interstellaren Gas aufgeht.

Mit dem weißen Zwerg, der einst unsere Sonne war, geschieht nun nichts Spektakuläres mehr. Er kühlt einfach im Laufe der Zeit immer mehr ab. Da er relativ massereich und zugleich ziemlich klein ist, dauert diese Abkühlung

Abb. 7.8   Diese Aufnahme des Hubble Space-Teleskops zeigt in der Bildmitte den hellsten Stern am Nachthimmel, Sirius A, sowie als kleinen Lichtpunkt unten links den ihn begleitenden weißen Zwerg Sirius B (siehe auch Abschnitt 2.3). © NASA, ESA, H. Bond (STScI) und M. Barstow (University of Leicester).

sehr lange – viele Milliarden Jahre. Typische weiße Zwerge der Gegenwart haben Oberflächentemperaturen im Bereich zwischen 20 000 und 30 000 Kelvin. Nach einigen zehn Milliarden Jahren wird schließlich aus dem weißen Zwerg ein dunkler schwarzer Zwerg werden, der fast kein sichtbares Licht mehr aussendet und für uns damit weitgehend unsichtbar wird. Die Sonne verschwindet damit endgültig als leuchtender Stern vom Nachthimmel.

In unserer Milchstraße entsteht jedes Jahr im Mittel etwa ein neuer planetarischer Nebel, der das Ende eines Sterns mit maximal einigen wenigen Sonnenmassen kundtut. Da ein planetarischer Nebel für rund 10 000 Jahre leuchtet, enthält die Milchstraße zu jeder Zeit etwa 10 000 planetarische Nebel in unterschiedlichen Entwicklungsstadien. Supernovae, die das Ende der viel selteneren massereichen Sterne anzeigen, treten in unserer Milchstraße dagegen nur etwa ein bis zwei Mal pro Jahrhundert auf.

Wie würde unsere Milchstraße aus der Ferne aussehen, wenn wir den Zeitpfad mit etwa einem Meter pro Sekunde entlangspazieren, also pro Sekunde 1 000 Jahre vergehen? Wir würden einen flirrenden Funkenteppich aus etwa 1 000 aufleuchtenden Funken pro Sekunde sehen, und bei jedem Aufleuchten würde ein planetarischer Nebel entstehen, sich ausbreiten und nach rund zehn Sekunden wieder verblassen. Zusätzlich würden uns pro Sekunde etwa zehn bis 20 gleißende Supernovae blenden, deren intensives Licht aber nur für einen kurzen Moment aufblitzt. In diesem enormen Zeitraffer erschiene uns die Milchstraße wie ein sehr lebendiges und dynamisches Objekt, und von der scheinbaren Ewigkeit des Sternenhimmels wäre kaum noch etwas zu sehen.

7.3 Das beschleunigte Universum

In etwa acht Milliarden Jahren wird die Sonne also ihre äußeren Schichten absprengen und ein weißer Zwerg wird übrig bleiben, umgeben von einem expandierenden planetarischen Nebel. Auf unserem zukünftigen Zeitpfad jenseits von Köln wird dieser Moment in rund 8 000 Kilometern erreicht sein. Bereits in rund drei Milliarden Jahren, also noch zu Lebzeiten unserer Sonne, wird die benachbarte Andromeda-Spiralgalaxie mit unserer Milchstraße kollidieren (Abb. 7.9). Da zwischen den einzelnen Sternen dieser beiden Galaxien sehr viel leerer Raum liegt, werden dabei allerdings kaum Sterne direkt zusammenstoßen. Die Sterne „merken" von der Kollision also zunächst wenig. Das mitgeführte Gas in den beiden Galaxien wird dagegen deutlich von dieser Kollision beeinflusst: Stoßfronten bilden sich, Gas wird lokal komprimiert und es werden mit hoher Rate neue sehr helle massereiche Sterne gebildet, die bereits einige Millionen Jahre später wieder als Supernova explodieren. Auf lange Sicht werden Milchstraße und Andromeda-Galaxie vermutlich zu einer einzigen großen elliptischen Galaxie verschmelzen. Diese Galaxie wird dann keine Spiralstruktur mehr besitzen, sondern eher eine kugel- oder eiförmige Gestalt mit nach innen zunehmender Sternendichte aufweisen.

Wie sieht die fernere Zukunft unseres Universums aus? Wir wissen, dass sich das Universum seit dem Urknall ausdehnt, d. h. der Abstand zwischen weit voneinander entfernten Galaxienhaufen wächst umso schneller an, je weiter sie bereits voneinander entfernt sind (*Hubble-Gesetz*, siehe Abschnitt 1.5). Bei einem Abstand von einer Milliarde Lichtjahren beträgt diese Ent-

Abb. 7.9   Die beiden Spiralgalaxien NGC 2207 (links) und IC 2163 (rechts) stehen am Beginn ihrer Kollisionsphase. In etwa einer Milliarde Jahren werden sie vermutlich zu einer elliptischen Galaxie verschmelzen. In ähnlicher Weise wird sich voraussichtlich auch die Andromeda-Galaxie mit unserer Milchstraße vereinen. © NASA/ESA and The Hubble Heritage Team (STScI).

fernungszunahme in der Gegenwart rund 22 000 Kilometer pro Sekunde, bei doppeltem Abstand ist sie ebenfalls doppelt so groß und so fort. Als zweidimensionales Analogon zu unserem expandierenden Universum hatten wir uns die Gummihaut eines Luftballons vorgestellt, der aufgeblasen wird.

Wie wird die Ausdehnung des Universums fortschreiten? Wird das Universum ewig expandieren, oder wird es irgendwann wieder in sich zusammenfallen?

Vor dem Jahr 1998 hätte niemand diese Frage beantworten können. Das hat sich bis zu einem gewissen Grad geändert! Die Beobachtung vieler weit entfernter thermonuklearer Supernovae durch zwei unabhängige Wissenschaftlerteams zwischen 1988 und 1998 zeigte zur Überraschung der meisten Wissenschaftler, dass sich die Ausdehnung des Universums offenbar seit rund fünf Milliarden Jahren sogar beschleunigt hat (Abb. 7.10 und Abschnitt 1.5). Für diese Entdeckung gab es im Jahr 2011 den Physik-Nobelpreis. Waren es zunächst nur Indizien, die diese beschleunigte Expansion andeuteten, so haben die Untersuchungen dies immer präziser bestätigt. Je genauer man hinschaut, umso deutlicher sieht man es: Die Expansion wird langsam beschleunigt! Im Ballonmodell oben wächst also der Radius des Luftballons nicht mit konstanter Rate, sondern immer schneller an. Man spricht vom *beschleunigten Universum.*

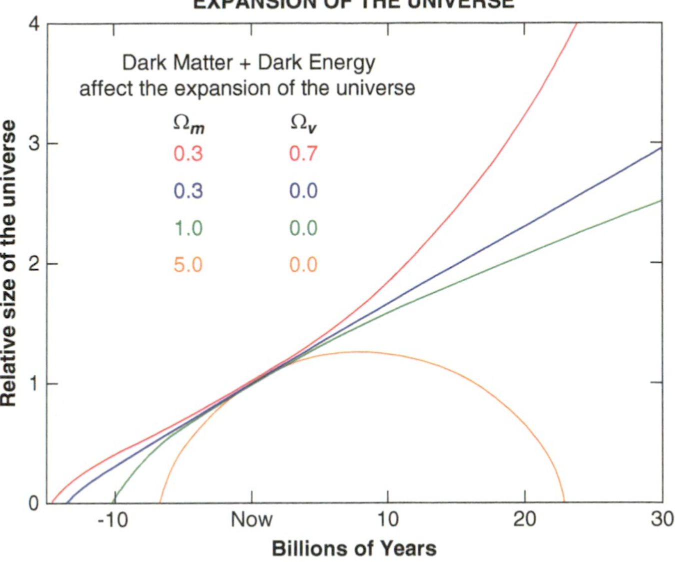

Abb. 7.10 Die Expansion des Universums, wie sie sich in verschiedenen Modellen ergibt. *Relative size of the universe* steht dabei für die Entwicklung des Abstands sehr weit voneinander entfernter Galaxien im Vergleich zu heute. Die Zeitskala auf der x-Achse ist in Milliarden Jahren angegeben, wobei heute (*Now*) bei null liegt. Ω_m ist die heutige Dichte der gravitativ anziehenden Materie (normale plus dunkle Materie), und Ω_v ist die heutige Dichte der gravitativ abstoßenden dunklen Energie, beides als Bruchteil der kritischen Dichte angegeben. Bei sehr viel anziehender Materie ($\Omega_m = 5$) wird die Expansion stark abgebremst und das Universum kollabiert wieder (orangefarbene Kurve). Ist die Dichte der anziehenden Materie gleich der kritischen Dichte ($\Omega_m = 1$), so wird die Expansion immer langsamer, aber das Universum entgeht knapp dem Kollaps (grüne Kurve). Bei noch weniger anziehender Materie ($\Omega_m = 0{,}3$) fällt die Abbremsung noch schwächer aus (blaue Kurve) – dies entspricht dem Verhalten, das unser Universum bei der beobachteten Materiedichte ohne dunkle Energie hätte. Kommt abstoßende dunkle Energie hinzu, sodass sich insgesamt die kritische Dichte ergibt ($\Omega_m = 0{,}3$ und $\Omega_v = 0{,}7$), so überwiegt anfangs der Einfluss der gravitativ anziehenden Materie und verlangsamt die Expansion (rote Kurve). Seit etwa fünf Milliarden Jahren gewinnt dann aber die abstoßende dunkle Energie die Oberhand und beschleunigt die Expansion zunehmend. Man geht heute davon aus, dass unser Universum dieser roten Kurve folgt. © NASA.

Wie aber ist das möglich, obwohl sich doch die Galaxien im Universum gegenseitig gravitativ anziehen, sodass es eigentlich zu einer Abbremsung der Expansion kommen müsste?

In Abschnitt 1.2 haben wir den Mechanismus für eine beschleunigte Expansion bereits kennengelernt: Nicht nur Massen und Energien erzeugen eine Gravitationswirkung, sondern auch Druck (Einsteins Gravitationsgesetz). Positiver Druck wie bei einem Gas, das sich ausdehnen möchte, erzeugt dabei eine anziehende Gravitationswirkung. Negativer Druck wie bei einem

Gummi, das sich zusammenziehen möchte, erzeugt dagegen eine abstoßende Gravitationswirkung.

Bei der inflationären Expansion während des Urknalls war es vermutlich das unterkühlte Inflatonfeld oder etwas Ähnliches, das einen extrem starken negativen Druck ausübte und so zu einer exponentiell anwachsenden Ausdehnung des frühen Universums führte. Einen solchen starken negativen Druck gibt es im heutigen Universum nicht.

Es scheint aber eine mysteriöse dunkle Energiedichte im Universum zu geben, die den Raum gleichmäßig ausfüllt und einen kleinen negativen Druck ausübt. Wiederholen wir kurz, was wir bereits aus Abschnitt 1.5 wissen: Die Untersuchung der kosmischen Hintergrundstrahlung zeigt, dass heute nur etwa 5 % der Materie im Universum aus uns bekannten Teilchen und den daraus gebildeten Atomen besteht. Weitere rund 25 % bestehen aus sogenannter *kalter dunkler Materie*, deren Natur bis heute unbekannt ist – eventuell besteht sie aus schweren supersymmetrischen Teilchen, die man momentan beispielsweise am LHC-Beschleuniger nachzuweisen versucht. Die restlichen rund 70 % sind die sogenannte *dunkle Energie* – über sie weiß man noch weniger als über die dunkle Materie. Vielleicht handelt es sich bei ihr um eine Art sehr dünne Vakuumenergie, die durch virtuelle Teilchen (Quantenfluktuationen im Vakuum) hervorgerufen wird.

Man nimmt meist an, dass die dunkle Energie den Raum gleichmäßig durchdringt und dass sich ihre räumliche Energiedichte im Laufe der Zeit trotz der Expansion des Universums nicht ändert, wobei das heute noch niemand sicher sagen kann. Falls das so ist, so muss die dunkle Energie einen negativen Druck und damit eine abstoßende Gravitationswirkung besitzen, denn nur so kann sie bei der Expansion gleichsam das Energiereservoir der Gravitation anzapfen und ihre eigene dunkle Energiedichte aufrechterhalten.

Die Dichte der übrigen Materie nimmt dagegen wegen der Expansion des Universums ständig ab. Obwohl die räumliche Dichte der dunklen Energie sehr gering ist, muss sie, wenn sie zeitlich konstant ist, irgendwann die abnehmende Dichte der sonstigen Materie überwiegen. Geht man von einer konstanten dunklen Energiedichte aus, so kann man diesen Zeitpunkt leicht abschätzen. Dies haben wir in Abschnitt 1.5 bereits getan und herausgefunden, dass vor etwa fünf Milliarden Jahren die Energiedichte der dunklen Materie die Summe aller anderen Materiedichten (Atome und dunkle Materie) überrundet hat. Sonne und Erde gab es da noch nicht. Die Expansion des Universums wird demnach seit etwa fünf Milliarden Jahren durch die Gravitation nicht mehr abgebremst, sondern beschleunigt. Genau das sehen wir im heutigen Universum.

Ob die dunkle Energie wirklich immer dieselbe räumliche Dichte besitzt, kann heute mit Sicherheit niemand sagen. Da dies jedoch nach heutigem

Stand des Wissens eine einigermaßen gute Annahme zu sein scheint, wollen wir uns ansehen, wie die weitere Entwicklung des Universums in diesem Fall aussieht:

Das Universum wird im Laufe der kommenden Jahrmilliarden zunehmend exponentiell expandieren, d. h. die Abstände zwischen weit entfernten Objekten werden sich schließlich in ungefähr gleichen Zeitabständen immer wieder verdoppeln. Dabei wird die mittlere Dichte der sonstigen Materie im Universum immer geringer. Das bedeutet nicht, dass unsere Milchstraße sich ausdehnt, sondern es bedeutet, dass die weit auseinanderliegenden Filamente aus Tausenden von Galaxien sich ausdehnen (siehe Abschnitt 2.1). Die Abstände zwischen den Galaxien-Superhaufen werden immer größer, denn diese sind so weit voneinander entfernt, dass die Gravitationsanziehung zwischen ihnen keine große Rolle mehr spielt. Dort, wo die Gravitationsanziehung ausreichend groß ist, wird sich die Materie dagegen weiterhin verdichten. Die riesigen netzartigen Filamente aus Galaxien und Galaxienhaufen werden daher weiterhin an Schärfe gewinnen.

Auch die Galaxien selbst verändern sich dabei. Sie neigen dazu, sich nach und nach zu größeren Galaxien zu vereinigen, wobei bei der Kollision galaktischer Gaswolken vorübergehend viele massereiche kurzlebige Sterne entstehen können. Besonders im Zentrum der großen Galaxienhaufen entstehen so große elliptische Galaxien, während Spiralgalaxien wie unsere Milchstraße seltener werden (Abb. 7.11).

Insgesamt wird das Gas in den Galaxien bei der Sternentstehung zunehmend verbraucht, und es werden schließlich immer weniger neue Sterne gebildet. Die Sterne werden ihren Brennstoff nach und nach aufbrauchen – je heller und massereicher sie sind, umso schneller geschieht dies. Schließlich sprengen sie ihre äußeren Hüllen ab und enden als weißer Zwerg, als Neutronenstern oder als schwarzes Loch. Da massereiche Sterne nur kurz leben, werden sie sehr schnell aussterben, sobald die Neubildung von Sternen mangels interstellaren Gases zum Erliegen kommt. Und weil ein großer Teil des Lichts im heutigen Weltall von massereichen Sternen stammt, wird es dann im Weltall deutlich dunkler werden.

Massearme Sterne werden dagegen noch recht lange durchhalten, da sie sehr sparsam mit ihrem Brennstoff umgehen. In spätestens 1 000 Milliarden Jahren werden jedoch auch die letzten heutigen Sterne ihren Brennstoff verbraucht haben. Das entspricht einer Million Zeitpfad-Kilometern, liegt also ungefähr bei der zweieinhalbfachen Entfernung zwischen Erde und Mond. Praktisch alle Sterne werden dann ihr Endstadium erreicht haben, d. h. es gibt keine Sterne wie heute mehr, sondern nur noch abkühlende weiße Zwerge, Neutronensterne und schwarze Löcher. Am Himmel wird es dann sehr dunkel sein.

Abb. 7.11 Aufnahme des rund 65 Millionen Lichtjahre entfernten Virgo-Galaxienhaufens (siehe auch Abb. 2.5). Die schwarzen Punkte sind durch das Herausschneiden störender heller Vordergrundsterne aus dem Bild entstanden. Unten links sieht man die elliptische Riesengalaxie M87, in deren Zentrum sich ein supermassives schwarzes Loch mit einer Masse von mehreren Milliarden Sonnenmassen befindet. © Chris Mihos (Case Western Reserve University)/ESO.

So wie Sterne nicht ewig leben, so überdauern auch Sternsysteme und Galaxien keine Ewigkeiten. Berechnungen zeigen, dass sie sich im Laufe von etwa 10^{23} Jahren nach und nach auflösen sollten, da es in solchen Systemen immer einige Sterne gibt, die zufällig schnell genug sind, die Gravitation des Systems zu überwinden und in den leeren expandierenden Raum zu entschwinden. Vergleicht man die Sterne mit den Teilchen einer Flüssigkeit, so kann man sagen, dass die Sterne wie Flüssigkeitsteilchen verdampfen, also das Sternsystem (die Flüssigkeit) verlassen. Das Universum wird schließlich aus vielen weitgehend voneinander isolierten Objekten (weißen Zwergen, schwarzen Löchern etc.) bestehen. Zugleich wird es sehr kalt geworden sein: nur noch etwa 10^{-13} Kelvin.

Durch die zunehmende Expansion des Universums werden die Abstände zwischen diesen einsamen Objekten immer größer, und irgendwann überschreiten sie den kritischen Abstand, bei dem die Objekte den Kontakt zueinander verlieren, da das Licht die exponentiell anwachsende Strecke zwischen ihnen nicht mehr überwinden kann. Um jedes schwarze Loch, jeden übrig gebliebenen Planeten oder weißen Zwerg wird es sehr einsam werden, da jedes andere Objekt hinter dem Ereignishorizont verschwindet und das jeweilige für das Objekt sichtbare Universum verlässt. Zugleich nimmt die Temperatur der kosmischen Hintergrundstrahlung immer weiter ab.

Man vermutet allerdings, dass in einem exponentiell expandierenden Universum eine minimale Temperatur von rund 10^{-30} Kelvin niemals unterschritten wird. Der Grund dafür ist, dass jedes für ein Objekt sichtbare Universum von einem Ereignishorizont begrenzt wird, d. h. die Entfernung zu anderen Objekten hinter diesem Horizont wächst zu schnell, als dass Licht sie überwinden könnte (siehe oben). Wie der Ereignishorizont eines schwarzen Lochs strahlt auch dieser Ereignishorizont vermutlich eine sehr schwache Wärmestrahlung ab, die eine weitere Abkühlung des Universums verhindert.

Anschaulich kann man sich die Entstehung dieser Wärmestrahlung ungefähr so vorstellen: Gemäß der Quantentheorie ist der leere Raum nicht wirklich leer, sondern es entstehen in ihm ständig für sehr kurze Zeiten sogenannte virtuelle Teilchenpaare bzw. Teilchen-Antiteilchen-Paare, die aber sofort wieder verschwinden. Ein Ereignishorizont kann solche Teilchenpaare jedoch trennen und ihnen so eine langfristige Existenz ermöglichen. Ein Teilchen fällt beispielsweise am Horizont in das schwarze Loch, während das Partnerteilchen entkommt. In ähnlicher Weise können auch in einem exponentiell expandierenden Universum Teilchenpaare getrennt werden, und zwar umso effektiver, je stärker die Expansion ist.

Diese extrem schwache Wärmestrahlung ist nun im Prinzip in der Lage, jedes beliebige Objekt im Universum außer schwarzen Löchern in seine elementaren Bestandteile zu zerlegen. Auch bei 10^{-30} Kelvin gibt es nämlich immer einige wenige Photonen, die genügend Energie aufweisen, um beispielsweise selbst Atomkerne zu zertrümmern. Allerdings sind solche Photonen extrem selten, sodass dieser Prozess unglaublich langsam abläuft. Wenn wir aber davon ausgehen, dass die Expansion ewig weitergeht, haben wir andererseits Zeit genug. Jeder noch so langsame Prozess wird irgendwann relevant werden!

Möglicherweise zerstrahlt atomare Materie auch über einen anderen Prozess, denn wir wissen aus Abschnitt 1.2, dass das Proton auf sehr lange Sicht instabil sein könnte – zumindest deuten viele moderne physikalische Theorien in diese Richtung. Allerdings muss seine Halbwertszeit im Bereich oberhalb von 10^{32} Jahren liegen, denn man hat bisher vergeblich nach Zerfällen des Protons gesucht.

Auch schwarze Löcher leben nach heutigem Wissen nicht ewig, denn sie sind von einem Ereignishorizont umgeben, und wir wissen ja von oben, dass ein solcher Ereignishorizont eine schwache Wärmestrahlung abgibt (man spricht von *Hawking-Strahlung*, siehe auch Abschnitte 1.1 und 1.2). Sobald diese Wärmestrahlung stärker ist als die sich verdünnende kosmische Hintergrundstrahlung, zerstrahlt ein schwarzes Loch ganz langsam. Die Temperatur der ausgesandten Wärmestrahlung ist dabei umgekehrt proportional zur Masse des schwarzen Lochs: Je kleiner ein schwarzes Loch ist, umso höher ist seine Temperatur und umso schneller wird es schließlich komplett zerstrahlen. Die Temperatur eines schwarzen Lochs von einer Sonnenmasse liegt dabei bei etwa einem millionstel Kelvin, ist also sehr viel geringer als die Temperatur der heutigen kosmischen Hintergrundstrahlung von knapp drei Kelvin. Es würde also momentan nicht zerstrahlen. Andererseits wird die kosmische Hintergrundstrahlung bei der exponentiellen Expansion immer kälter, sodass sie schließlich unter die Temperatur praktisch aller schwarzen Löcher fällt.

Die Lebensdauer eines schwarzen Lochs, das wärmer als seine Umgebung ist, wächst proportional zu seiner Masse hoch drei. Ein schwarzes Loch von einer Sonnenmasse lebt dabei etwa 10^{66} Jahre, bevor es zerstrahlt ist – der entsprechende Zeitpfad wäre um viele Größenordnungen länger als der Durchmesser des heute beobachtbaren Universums. In diesem Sinne sind 10^{66} Jahre gleichsam eine Ewigkeit.

Die schwersten schwarzen Löcher werden wohl erst nach vielleicht 10^{100} Jahren zerstrahlt sein – eine vollkommen unvorstellbar lange Zeit. Theoretisch wäre es sogar denkbar, dass es extrem schwere schwarze Löcher geben könnte, deren Temperatur kleiner als die minimale Temperatur des Universums ist. Solche schwarzen Löcher würden nie zerstrahlen, sondern sogar langsam wachsen. Sie müssten allerdings wesentlich schwerer als ganze Galaxien-Superhaufen sein, und es erscheint eher unwahrscheinlich, dass sich solche Monsterlöcher jemals bilden können.

Es sieht also so aus, als ob in einem ewig exponentiell expandierenden Universum auf Dauer weder Materie noch schwarze Löcher Bestand haben – sie sind offenbar nicht für die Ewigkeit geschaffen. Am Ende würde unser expandierendes Universum nur noch aus extrem dünner Wärmestrahlung mit der Minimaltemperatur von 10^{-30} Kelvin bestehen, angereichert mit einem Hauch anderer leichter stabiler Teilchen wie beispielsweise Neutrinos. Materie und Energie wären damit gleichsam strukturlos geworden und verlören sich in den Weiten des Raumes.

In einer solchen strukturlosen Welt verliert auch die Zeit ihre gewohnte Bedeutung, denn es gibt keine makroskopischen Strukturen mehr, an denen man den Ablauf der Zeit noch erkennen und messen könnte. Es gibt zwar noch so etwas wie eine mikroskopische Zeit, da sich ja immer noch Teilchen durch den fast leeren Raum bewegen, aber diese mikroskopische Zeit besitzt keine Richtung mehr, da sich die Entropie nicht mehr ändert (wir hatten die Entropie und ihre Bedeutung für die Richtung der Zeit in Abschnitt 1.2 diskutiert). Die Welt ist im thermischen Gleichgewicht angekommen, und es gibt nichts mehr, mit dem sich Zukunft und Vergangenheit unterscheiden ließen. Man spricht vom Wärmetod der Welt, wobei der Begriff Kältetod wohl treffender wäre.

Man kann spekulieren, ob thermische Zufallsfluktuationen einem solchen Universum wieder Leben einhauchen könnten. Wenn man unendlich viel Zeit zur Verfügung hat, so werden diese thermischen Fluktuationen auch bei der extrem geringen Temperatur von 10^{-30} Kelvin irgendwann jeden beliebigen Quantenzustand erzeugen, der prinzipiell erreichbar ist, mag er auch noch so unwahrscheinlich sein. So könnte womöglich sogar die Keimzelle eines neuen Universums entstehen. Ein faszinierender Gedanke!

Letztlich weiß aber heute niemand, ob das alles wirklich so kommen wird. Zu viele Unwägbarkeiten gibt es, und wir müssen uns eingestehen, dass wir trotz aller Fortschritte die Physik unserer Welt noch lange nicht gut genug verstehen, um sichere Vorhersagen über das langfristige Schicksal unseres Universums zu machen. Wir haben immer noch keine geschlossene physikalische Theorie über die Gesetze der Natur. So passen Gravitation und Quantentheorie im Rahmen der heute gesicherten Theorien nicht gut zusammen, und wir kennen bisher nur knapp 5 % der Materie im Universum. Weder bei der dunklen Materie noch bei der dunklen Energie wissen wir, worum es sich dabei wirklich handelt.

Es gibt andererseits durchaus Hoffnung, dass wir viele dieser Geheimnisse im Laufe der Zeit lüften können. Gerade in den letzten Jahren hat die Kosmologie einen enormen Aufschwung genommen. Viele kosmologische Parameter kennen wir heute mit einer früher undenkbaren Präzision, und hier sind auch in Zukunft noch weitere Erkenntnisse zu erwarten. Es lohnt sich also, das Thema *Kosmologie* gerade in den nächsten Jahren zu beobachten, denn hier wird sich sicher noch einiges tun. Vielleicht gelingt es sogar, beispielsweise am Large Hadron Collider (LHC) die Natur der dunklen Materie zu enträtseln und so besser zu verstehen, woraus unser Universum eigentlich besteht.

Auch bei der Erforschung der Geschichte unserer Erde und ihrer Lebewesen gibt es ständig weitere Fortschritte. Geologen können die Vergangenheit der Erde immer besser rekonstruieren, und Biologen und Paläontologen gelingt es, die Mechanismen der Evolution zunehmend genauer zu verstehen und die Stammbäume des Lebens mithilfe neuer Fossilfunde und molekulargenetischer Methoden mit früher undenkbarer Präzision zu entschlüsseln. Was früher nur vermutet werden konnte, kann jetzt anhand genetischer Verwandtschaftsanalysen schlüssig belegt werden. Heute wissen wir, dass die engsten lebenden Verwandten der Schimpansen wir Menschen sind. Hoffen wir, dass es uns gelingt, diese wunderbare Welt für uns selbst und kommende Generationen zu erhalten und das Fortbestehen unserer Zivilisation noch für viele weitere Zeitpfad-Meter zu sichern.

Literatur

In den folgenden Büchern und Internetquellen kann man weiterführende Informationen zu den Themen des vorliegenden Buches finden. Diese Auswahl ist natürlich sehr subjektiv und keineswegs umfassend. Weitere Literaturangaben und Zusatzinformationen befinden sich auf den Webseiten zu diesem Buch unter *www.joerg-resag.de*.

Baez, John: *This Week's Finds*. http://math.ucr.edu/home/baez/TWF.html – eine meiner Lieblings-Webseiten zu naturwissenschaftlichen Themen im Internet. Neben mathematisch-physikalischen Themen finden sich hier auch viele Beiträge zur Astronomie, zur Erdgeschichte und zur Entwicklung des Erdklimas.

Dawkins, Richard: *Geschichten vom Ursprung des Lebens*. Ullstein Verlag, 2008 – mein absoluter Favorit unter den Büchern zur Evolution des Lebens. Sehr gut lesbar, spannend geschrieben und zugleich umfassend und präzise.

Goeke, Klaus: *Einführung in die Kosmologie*. Vorlesungsskript Ruhr-Universität Bochum SS 2006. Im Internet unter http://www.tp2.ruhr-uni-bochum.de/lehre/skripte/

Greene, Brian: *Der Stoff, aus dem der Kosmos ist*. Siedler Verlag (München), 2004 – ein sehr lesenswertes Buch über viele Gebiete der modernen Physik, in dem man beispielsweise Details zum Mechanismus der inflationären Expansion und zur Entropie des Universums findet.

Pauldrach, Adalbert W. A.: *Dunkle kosmische Energie*. Spektrum Akademischer Verlag, 2010 – ein sehr gut lesbares und verständliches Buch über die Entdeckung und die physikalischen Grundlagen der dunklen Energie und der beschleunigten kosmischen Expansion.

Powell, Richard: *An Atlas of The Universe*. http://www.atlasoftheuniverse.com/ – zeigt auf mehreren Sternenkarten die räumliche Verteilung der Sterne und Galaxien im Universum, angefangen von der stellaren Umgebung unserer Sonne im Umkreis von 12,5 Lichtjahren bis zur großräumigen Verteilung der Filamente und Voids über viele Milliarden Lichtjahre. Diese wunderbare Webseite hat mich zum Schreiben von Abschnitt 2.2 angeregt.

Resag, Jörg: *Die Entdeckung des Unteilbaren*. Spektrum Akademischer Verlag, 2010 – mein eigenes populärwissenschaftliches Buch zur modernen Physik: Atome, Quantenwelt, Atomkerne und spezielle Relativitätstheorie, Teilchenzoo, Quarks und Wechselwirkungen, Quanten und Relativität, das Standardmodell der Teilchenphysik, Gravitation, Aufbruch in neue Welten (LHC, Higgs, Supersymmetrie, Stringtheorie etc.).

Rothe, Peter: *Die Erde.* Primus Verlag, 2009 – stellt die Entwicklung unserer Erde aus geologischer Sicht für interessierte Laien dar; mit vielen Grafiken und Fotos sowie Ausflugshinweisen.

Schneider, Peter: *Einführung in die Extragalaktische Astronomie und Kosmologie.* Springer Verlag, 2005 – ein gut lesbares Lehrbuch zur Astronomie und Kosmologie.

Scotese, Christopher R.: *Paleomap Project.* http://www.scotese.com – mit vielen schönen Grafiken zur Kontinentaldrift, die teilweise auch in diesem Buch mit Erlaubnis des Autors abgebildet sind.

Tamura, Nobu: *Palaeocritti.* http://www.palaeocritti.com/ – eine Fundgrube grafischer Rekonstruktionen ausgestorbener Tiere, in diesem Buch mit Erlaubnis des Künstlers zum Teil verwendet.

Weinberg, Steven: *Die ersten drei Minuten.* dtv 1977 – der populärwissenschaftliche Klassiker zur Entwicklung des frühen Universums; auch heute immer noch recht aktuell und lesenswert.

Weinberg, Steven: *Cosmology.* Oxford University Press, 2008 – ein modernes Lehrbuch zur Kosmologie, in dem man fast alles zu diesem Thema finden kann; allerdings wohl eher etwas für Experten.

Weinberg, Steven: *Lake Views – This World and the Universe.* Harvard University Press, 2010 – eine Sammlung von Aufsätzen dieses großen Physikers zu verschiedenen Themen, beispielsweise *Waiting for a Final Theory, Dark Energy, Einstein's Mistakes, Living in the Multiverse.*

Zeit Wissen Edition: *Planet Erde, Faszination Kosmos* und *Triebkraft Evolution.* Spektrum Akademischer Verlag/ZEIT Verlag, 2008 – drei Bücher mit vielen interessanten Beiträgen verschiedener Autoren und schönen Grafiken zu diesen Themen.

Abbildungsverzeichnis

Copyrights und Bildquellen

Die Karten des Paleomap Project von C. R. Scotese, http://www.scotese.com sind alle im Text ausgewiesen und wurden mit freundlicher Genehmigung von Christopher R. Scotese verwendet.

Die Illustrationen von Nobu Tamura, http://ntamura.deviantart.com/, sind alle im Text ausgewiesen und wurden mit freundlicher Genehmigung von Nobu Tamura verwendet.

Abb. 1.18: NASA/WMAP Science Team; http://map.gsfc.nasa.gov/media/060915/index.html

Abb. 1.22: NASA/WMAP Science Team; http://map.gsfc.nasa.gov/media/080997/index.html

Abb. 1.23: NASA/WMAP Science Team; http://map.gsfc.nasa.gov/media/030658/index.html

Abb. 1.24: NASA/WMAP Science Team; http://map.gsfc.nasa.gov/media/111133/index.html

Abb. 2.1: Verwendet mit freundlicher Genehmigung von Andrey Kravtsov: http://cosmicweb.uchicago.edu/filaments.html

Abb. 2.2: Springel et al. (2005); verwendet mit freundlicher Genehmigung von Volker Springel; http://www.mpa-garching.mpg.de/galform/presse/

Abb. 2.3: The 2dF Galaxy Redshift Survey, Colless et al., 2001, MNRAS, 328, 1039; verwendet mit freundlicher Genehmigung von Matthew Colless; http://www2.aao.gov.au/2dFGRS/

Abb. 2.4: NASA, ESA, G. Illingworth (University of California, Santa Cruz), R. Bouwens (University of California, Santa Cruz, and Leiden University), and the HUDF09 Team; http://www.nasa.gov/mission_pages/hubble/science/farthest-galaxy.html

Abb. 2.5, Abb. 2.6 und Abb. 2.7: In Anlehnung an Richard Powell, http://www.atlasoftheuniverse.com/virgo.html. Creative Commons Attribution-ShareAlike 2.5 License, http://creativecommons.org/licenses/by-sa/2.5/

Abb. 2.8: NASA / JPL-Caltech / R. Hurt; http://www.spitzer.caltech.edu/images/1925-ssc2008-10b-A-Roadmap-to-the-Milky-Way-Annotated-

Abb. 2.9: NASA/ESA and The Hubble Heritage Team (STScI/AURA) http://www.spacetelescope.org/images/opo0328a/

Abb. 2.10: NASA, ESA and AURA/Caltech; http://hubblesite.org/newscenter/archive/releases/2004/20/image/b/

Abb. 2.11: Marc Layer; Wikimedia Commons File:Orion-Sternkarte.png; Creative Commons Namensnennung-Weitergabe unter gleichen Bedingungen Unported"-Lizenz (abgekürzt „cc-by-sa") in der Version 3.0

Abb. 2.12: Image courtesy of Howard McCallon, Infrared: NASA/IRAS; http://wise.ssl.berkeley.edu/orion.html

Abb. 2.13: NASA; http://www.nasa.gov/images/content/138785main_image_feature_460_ys_full.jpg

Abb. 2.14 Richard Powell/ESO, Creative Commons Attribution-ShareAlike 2.5 License, http://www.atlasoftheuniverse.com/12lys.html und http://www.eso.org/public/images/eso0611c/

Abb. 2.17: ESO; http://www.eso.org/public/images/eso0728c/

Abb. 2.18: Jon Morse (University of Colorado), NASA, STScI (Aufnahme des Hubble-Weltraumteleskops vom September 1995); http://hubblesite.org/newscenter/archive/releases/1996/23/image/a/

Abb. 2.19: C.R. O'Dell/Rice University; NASA; http://hubblesite.org/newscenter/archive/releases/1994/24/image/b/

Abb. 2.22: NASA, ESA, HEIC, and The Hubble Heritage Team (STScI/AURA): http://www.nasa.gov/multimedia/imagegallery/image_feature_211.html

Abb. 2.23: NASA/ESA, The Hubble Key Project Team and The High-Z Supernova Search Team; Creative Commons-Lizenz Namensnennung 3.0 Unported; http://www.spacetelescope.org/images/html/opo9919i.html

Abb. 2.24: ESA, NASA, and Felix Mirabel (French Atomic Energy Commission and Institute for Astronomy and Space Physics/Conicet of Argentina); http://hubblesite.org/newscenter/archive/releases/2002/30/image/a/

Abb. 3.1: ESO/L. Calçada; http://www.eso.org/public/images/eso0942a/

Abb. 3.2: NASA/JPL, Our Solar System; http://solarsystem.nasa.gov/multimedia/display.cfm?IM_ID=10164

Abb. 3.3: NASA/Caltech. Abgeleitet von NASA photojournal: PIA05569: Sedna Orbit Comparisons; http://photojournal.jpl.nasa.gov/catalog/PIA05569

Abb. 3.5: Planetary Smash-Up, NASA/JPL-Caltech; http://www.nasa.gov/mission_pages/spitzer/multimedia/spitzer-20090810.html

Abb. 3.6: Robin M. Canup. Simulations of a late lunar-forming impact. Icarus, 2004. Verwendet mit freundlicher Genehmigung von Robin M. Canup.

Abb. 3.7: Messer Woland, Roland Mattern, Sponk/Wikimedia Commons File:Difference DNA RNA-DE.svg; Creative Commons-Lizenz Namensnennung-Weitergabe unter gleichen Bedingungen 3.0 Unported

Abb. 3.8: Nach RCSB Protein Data Bank. Wikimedia Commons File:Myoglobin.png

Abb. 3.9: Mariana Ruiz Villarreal, Matthias M./Wikimedia Commons File:Ribosom mRNA translation de.svg. Mit freundlicher Genehmigung.

Abb. 3.10: Paul Harrison. Wikimedia Commons File:Stromatolites in Sharkbay.jpg; Lizenz: Creative Commons „Namensnennung-Weitergabe unter gleichen Bedingungen 3.0 Unported

Abb. 3.12: Mariana Ruiz Villarreal. Wikimedia Commons File:Average prokaryote cell-de.svg. Mit freundlicher Genehmigung.

Abb. 3.13: Mit freundlicher Genehmigung von Mark A. Wilson, Department of Geology, The College of Wooster, Ohio.

Abb. 3.14: Wikipedia-User Lord Toran (Dennis)/Wikimedia Commons File:Sauerstoffgehalt-1000mj.svg

Abb. 3.15: Mariana Ruiz Villarreal. Wikimedia Commons File:Animal cell structure de.svg. Mit freundlicher Genehmigung.

Abb. 3.16: Mariana Ruiz Villarreal. Wikimedia Commons File:Animal mitochondrion diagram de.svg. Mit freundlicher Genehmigung.

Abb. 3.18: Oliver Voigt. Wikimedia Commons File:Trichoplax mic.jpg. Creative Commons-Lizenz Namensnennung-Weitergabe unter gleichen Bedingungen 2.0 Deutschland.

Abb. 3.19: Yassine Mrabet. Abgeleitet von Wikimedia Commons File:Protovsdeuterostomes.svg. Lizenz: Creative Commons Attribution-Share Alike 3.0 Unported

Abb. 4.3 und Abb. 4.5: Mit freundlicher Genehmigung von Mark A. Wilson, The College of Wooster, Ohio.

Abb. 4.8: Hans Hillewaert / Wikipedia. CC-BY-SA-3.0; http://en.wikipedia.org/wiki/File:Nautilus_pompilius_3.jpg

Abb. 4.9: Mit freundlicher Genehmigung von Mark A. Wilson, Department of Geology, The College of Wooster, Ohio.

Abb. 4.11: Abgeleitet von Original work by Esculapio, Spanish version by Mario Modesto, this work by Frédéric MICHEL. Wikimedia Commons File:Larva ascidia-key.svg. Creative Commons-Lizenz Namensnennung-Weitergabe unter gleichen Bedingungen 3.0 nicht portiert

Abb. 4.12: Hans Hillewaert / Wikipedia. CC-BY-SA-3.0. http://en.wikipedia.org/wiki/File:Branchiostoma_lanceolatum.jpg

Abb. 4.14: links: Mit freundlicher Genehmigung von Mark A. Wilson, Department of Geology, The College of Wooster, Ohio. Rechts: Philcha at en.wikipedia; http://en.wikipedia.org/wiki/File:Rhabdopleura_normani_01.png

Abb. 4.20: Robbie Cada for FishBase (www.fishbase.org); http://de.m.wikipedia.org/wiki/Datei:Coelacanth.png

Abb. 4.21: Ville Koistinen. Wikimedia Commons File:Cooksonia.png. Creative Commons-Lizenz Namensnennung-Weitergabe unter gleichen Bedingungen 3.0 Unported

Abb. 4.23: Thomas Robert (Grafik mit leichten Anpassungen: deutsche Übersetzung). Wikimedia Commons File:Laurussia fr.svg. Creative Commons-Lizenz Namensnennung-Weitergabe unter gleichen Bedingungen 3.0 Unported

Abb. 4.24: Jose F. Vigil, This Dynamic Planet -- a wall map produced jointly by the U.S. Geological Survey, the Smithsonian Institution, and the U.S. Naval Research Laboratory U.S., geändert von Eurico Zimbres, http://pubs.usgs.gov/gip/earthq1/plate.html

Abb. 4.28: Bjørn Christian Tørrissen, www.bjornfree.com. Mit freundlicher Genehmigung.

Abb. 4.29: Piotr Jaworski, Wikimedia Commons File:Insect anatomy diagram.svg (Beschriftung geändert); Creative Commons-Lizenz Namensnennung-Weitergabe unter gleichen Bedingungen 3.0 Unported

Abb. 4.31: © cmfotoworks/Fotolia.com

Abb. 4.41: Richard P. Hoblitt, U.S. Geological Survey

Abb. 5.4: Tim Vickers, Wikimedia Commons; http://commons.wikimedia.org/wiki/File:Sphenodon_punctatus_(5).jpg?uselang=fr

Abb. 5.8: Edgar Dacqué (1930) Die Erdzeitalter, Verlag von R. Oldenbourg, München und Berlin, 565 pp., nach einem schwarzweiß-Bild von E. Fraas, gemalt von Erik Jaeger

Abb. 5.18: Dr. Philip Bethge. www.bethge.org. Mit freundlicher Genehmigung.

Abb. 5.31: Caspar David Friedrich, gemalt um 1818. Mit freundlicher Genehmigung von © Museum Oskar Reinhart am Stadtgarten, Winterthur

Abb. 5.32: Don Davis/NASA; http://solarsystem.jpl.nasa.gov/multimedia/display.cfm?IM_ID=2306

Abb. 6.4: C. Michael Hogan, Wikimedia Commons: File:Diademed ready to push off.jpg

Abb. 6.5: Wikipedia-User Magalhães/Wikipedia; http://nl.wikipedia.org/wiki/Bestand:Philippine_Tarsier.jpg

Abb. 6.6a: Deutsche Bundespost; Wikimedia Commons; http://de.wikipedia.org/wiki/Datei:DBP_1978_975_Fossilien,_Urpferdchen.jpg

Abb. 6.8: José Reynaldo da Fonseca. http://commons.wikimedia.org/?title=File:Macaco-prego_Manduri_151207_15.JPG. Diese Datei ist unter der Creative Commons-Lizenz Namensnennung-Weitergabe unter gleichen Bedingungen 3.0 Unported lizenziert.

Abb. 6.13: Ikiwaner/Wikipedia: GNU-Lizenz für freie Dokumentation, Version 1.2; http://commons.wikimedia.org/wiki/File:Gombe_Stream_NP_Mutter_und_Kind.jpg

Abb. 6.15: Hessisches Landesmuseum Darmstadt. Mit freundlicher Genehmigung

Abb. 6.19: Robert Simmon, NASA. Mit kleinen Änderungen durch Robert A. Rohde

Abb. 6.22: Rekonstruktionen: Atelier WILDLIFE ART, W. Schnaubelt & N. Kieser für Hessisches Landesmuseum Darmstadt. Foto: Wolfgang Fuhrmannek (Hessisches Landesmuseum Darmstadt)

Abb. 6.24: Ramessos/Wikimedia; http://en.wikipedia.org/wiki/File:AltamiraBison.jpg

Abb. 6.25: Credit: Joseph Bonomi, 1853. Wikimedia Commons. http://en.wikipedia.org/wiki/File:Egyptian-Chariot.png

Abb. 6.26: © Apeiron/Fotolia.com

Abb. 7.3: NASA/JPL; http://photojournal.jpl.nasa.gov/catalog/PIA02406

Abb. 7.6: Verwendet wurde als Hintergrundbild eine Aufnahme der Sonne vom Atmospheric Imaging Assembly (AIA 304), NASA Solar Dynamics Observatory (SDO).

Abb. 7.7: The Hubble Heritage Team (AURA/STScI/NASA); http://hubblesite.org/newscenter/archive/releases/1999/01/image/a/

Abb. 7.8: NASA, ESA, H. Bond (STScI), and M. Barstow (University of Leicester). http://www.spacetelescope.org/images/heic0516a/

Abb. 7.9: NASA/ESA and The Hubble Heritage Team (STScI); http://hubblesite.org/newscenter/archive/releases/1999/41/image/a/

Abb. 7.10: NASA; http://map.gsfc.nasa.gov/universe/uni_fate.html

Abb. 7.11: Chris Mihos (Case Western Reserve University)/ESO; http://www.eso.org/public/images/eso0919a/

Anhang: Zeittafel

Hinweis: Die folgenden Zeitangaben sind zum Teil mit einigen Unsicherheiten behaftet und können sich durch neuere Forschungsergebnisse entsprechend ändern.

Zeit nach dem Urknall	Ereignis
0 s	Wir befinden uns etwa 13,7 Milliarden Jahre vor der Gegenwart.
$5{,}4 \cdot 10^{-44}$ s	Das ist die *Planck-Zeit*. Kleinere Zeitintervalle sind vermutlich physikalisch bedeutungslos. Licht legt in dieser Zeit eine Planck-Länge zurück, also rund $1{,}6 \cdot 10^{-20}$ fm. Die Physik bei diesen Größenskalen ist noch unbekannt, da Gravitation und Quantenmechanik hier gleichermaßen relevant werden und eine entsprechende Quantengravitationstheorie noch fehlt. Man spricht allgemein von einem Raumzeit-Quantenschaum.
10^{-35} s	Bei der *Inflationären Expansion* dehnt sich vermutlich ein winziger Raumbereich von vielleicht einem Hundertmilliardstel des Protondurchmessers blitzartig um einen Faktor zwischen 10^{30} und 10^{50} aus. Ursache könnte die abstoßende Gravitation eines Inflatonfeldes mit stark negativem Druck sein. Diese blitzartige Expansion ist wahrscheinlich der eigentliche *Urknall*. Das heute sichtbare Universum ist vermutlich nur ein winziger Teil des expandierten Raumbereichs. Am Ende der inflationären Expansion zerfällt das Inflatonfeld und es entsteht ein sehr heißes Teilchengemisch mit Temperaturen, die bei rund 10^{29} Kelvin liegen könnten.
10^{-12} s	Temperatur: 10^{16} Kelvin. Elektromagnetische und schwache Wechselwirkung trennen sich.
10^{-10} s	Temperatur: 10^{15} Kelvin. Ungefähr hier liegt die Grenze der heute gesicherten Physik.
10^{-6} s	Temperatur: 10^{13} Kelvin. Das Quark-Gluon-Plasma kondensiert zu einzelnen *Hadronen* und ihren Antiteilchen.
10^{-4} s	Temperatur: 10^{12} Kelvin. Von den Hadronen und Antihadronen bleibt nur der geringe Hadronenüberschuss aus *Protonen* und *Neutronen* übrig.

Zeit nach dem Urknall	Ereignis
1 s	Temperatur: 10^{10} Kelvin. Die *Neutrinos* entkoppeln. Kurz darauf vernichten sich Elektronen und Positronen gegenseitig und heizen das Teilchengemisch dadurch auf. Ein winziger Überschuss an Elektronen bleibt übrig.
170 s	Temperatur: 10^9 Kelvin. Viele Neutronen haben sich mittlerweile zu Protonen umgewandelt, sodass auf sieben Protonen nur noch ein Neutron kommt. Diese Neutronen beginnen nun, innerhalb der nächsten Minuten mit Protonen zu Deuterium und dann weiter zu Helium zu fusionieren (*primordiale Nucleosynthese*). Am Ende liegt rund ein Viertel aller Nukleonen in Form von Heliumkernen vor.
1 h	Das Universum ist zu dieser Zeit mit einem 200 Millionen Kelvin heißen Plasma aus Elektronen, Photonen, Protonen, Heliumkernen sowie Spuren anderer leichter Atomkerne angefüllt. Hinzu kommen die entkoppelten Neutrinos und die Teilchen der dunklen Materie.
60 000 Jahre	Temperatur: 10 000 Kelvin. Die Energiedichte der Strahlung (Photonen, Neutrinos) fällt unter die Energiedichte der langsamen Teilchen (Atombausteine, dunkle Materie). Damit endet das strahlungsdominierte Zeitalter.
380 000 Jahre	Elektronen und Protonen verbinden sich zu Wasserstoffatomen (*Rekombination*), sodass das Universum für Licht durchlässig wird. Seitdem durchqueren die Photonen das Universum fast ungehindert. Wir messen sie heute als *kosmische Hintergrundstrahlung* am Himmel.
300 Mio. Jahre	Erste Sterne und Galaxien entstehen.

Zeit vor der Gegenwart	Ereignis
5 Mrd. Jahre	Die *dunkle Energie* gewinnt die Oberhand über die sonstige Materie und beginnt, die Expansion des Universums wieder langsam zu beschleunigen.
4,6 Mrd. Jahre	Bildung des *Sonnensystems*. Vermutlich entsteht einige zehn Millionen Jahre später der Mond aufgrund der Kollision eines Kleinplaneten mit der Erde.
4,4 Mrd. Jahre	Aus dieser Epoche stammen die ältesten bekannten winzigen Zirkonkristalle der Erde und des Mondes. *Zirkon* ist ein häufig vorkommendes Gesteinsmineral.
4,1–3,8 Mrd. Jahre	Viele Meteoriten schlagen auf Erde und Mond ein (*Großes Bombardement*).
4 Mrd. Jahre	Aus dieser Zeit stammt das älteste bekannte heute noch erhaltene Gestein der Erdkruste, der sogenannte *Acasta-Gneis* im Kanadischen Schild.

Zeit vor der Gegenwart	Ereignis
3,8 Mrd. Jahre	Spätestens jetzt existiert eine feste Erdkruste und erste Ozeane bilden sich, in denen sich das Kohlendioxid der Atmosphäre löst und als Kalk ablagert.
3,5 Mrd. Jahre	Die ältesten bekannten *Stromatolithen* stammen aus dieser Zeit. Sie werden von Mikroorganismen (vermutlich Cyanobakterien) gebildet. Man vermutet, dass das erste mikrobiologische Leben vor etwa 3,6 bis vier Milliarden Jahren entsteht.
3,4 Mrd. Jahre	Die Erde besitzt jetzt eine Stickstoffatmosphäre.
3,5–3,0 Mrd. Jahre	Der erste Sauerstoff wird von Cyanobakterien durch Photosynthese erzeugt, aber auch gleich zur Oxidation von Eisenmineralien wieder verbraucht. Bändererze bilden sich.
2,5 Mrd. Jahre	Sauerstoff kann sich in der Erdatmosphäre erstmals zu einigen Prozent anreichern (*Sauerstoffkatastrophe*).
1,8 Mrd. Jahre	Die ältesten bekannten fossilen *eukaryotischen Zellen* (Zellen mit Zellkern) stammen aus dieser Zeit.
1,5 Mrd. Jahre	Erste einzellige *Pflanzen* entstehen.
1,1 Mrd. Jahre	Erste einzellige *Tiere* und *Pilze* entstehen.
900 Mio. Jahre	Erste *mehrzellige Tiere* erscheinen.
800 Mio. Jahre	Die meisten Kontinente sind noch im Superkontinent *Rodinia* vereint. Dieser Superkontinent beginnt, auseinanderzubrechen.
750–580 Mio. Jahre	*Schneeball Erde*: Die Erde friert mehrfach weitgehend zu, unterbrochen von sehr warmen Zwischenperioden (mehrere Wechsel zwischen Schneeball und Treibhaus).
600 Mio. Jahre	Erste mikroskopisch kleine fossile Spuren mehrzelligen Lebens.
590 Mio. Jahre	Trennung von Mund und Anus: Die *Protostomier* (Urmünder) und *Deuterostomier* (Neumünder) entstehen.
575–542 Mio. Jahre	*Ediacara-Fauna*: Größere Vielzeller ohne Hartteile besiedeln die Meere (*Charnia, Dickinsonia, Kimberella, Spriggina, …*).
550–520 Mio. Jahre	Im Meer findet man zum ersten Mal Schalen verschiedener Organismen (*Small Shelly Fauna*).
542 Mio. Jahre	Übergang Ediacarium → Kambrium.
540–530 Mio. Jahre	*Kambrische Explosion*: Fast alle modernen Tierstämme werden in den Fossilien sichtbar.
505 Mio. Jahre	Aus dieser Zeit stammen die kambrischen Fossilien des *Burgess-Schiefers* in British Columbia (Kanada).
488 Mio. Jahre	Übergang Kambrium → Ordovizium.
460 Mio. Jahre	Die ersten *Knochenfische* entstehen.
450 Mio. Jahre	Moose besiedeln als erste Pflanzen das Festland.

Zeit vor der Gegenwart	Ereignis
444 Mio. Jahre	Übergang Ordovizium → Silur; erstes *Massensterben*; *Eiszeit* zum Ende des Ordoviziums. Gletscher bedecken die heutige Sahara, die als Teil Gondwanas in der Nähe des Südpols liegt. Die *kaledonische Gebirgsbildung* hat bereits begonnen, bei der Laurussia durch die Kollision von Laurentia und Baltica entsteht.
440 Mio. Jahre	Aus den Knochenfischen gehen die *Fleischflosser* und *Strahlenflosser* hervor.
423 Mio. Jahre	Älteste Fossilien von *Cooksonia*, einer urtümlichen Gefäßlandpflanze.
419 Mio. Jahre	Erste *Panzerfische* (Plattenhäuter, Placodermi).
416 Mio. Jahre	Übergang Silur → Devon.
407 Mio. Jahre	Älteste bekannte Fossilien von *Insekten*.
375 Mio. Jahre	Zweites *Massensterben*, besonders in den Ozeanen.
370 Mio. Jahre	*Ichthyostega* ist einer der ersten Tetrapoden an Land.
360 Mio. Jahre	Übergang Devon → Karbon. Die *variszische Gebirgsbildung* hat begonnen, bei der Gondwana und Laurussia miteinander kollidieren und den Superkontinent *Pangäa* formen. In den Tropen des Karbons bilden sich Sumpfwälder, aus denen viele heutige Kohleflöze hervorgehen. Eine neue Eiszeit zieht herauf.
340 Mio. Jahre	Aus den Tetrapoden gehen die *Amphibien* und die reptilienartigen *Amnioten* hervor.
310 Mio. Jahre	Aus den Amnioten entstehen die *Sauropsiden* und die *Synapsiden*.
300 Mio. Jahre	Übergang Karbon → Perm. Die *Eiszeit* des Karbons erreicht ihren Höhepunkt und die Bildung *Pangäas* ist weitgehend abgeschlossen.
310–270 Mio. Jahre	Die *Pelycosaurier* bilden die erste große Synapsidengruppe des Perms.
280 Mio. Jahre	Die *Therapsiden* gehen aus den Pelycosauriern hervor, während aus den Sauropsiden u. a. die *Archosaurier* und die *echsenähnlichen Reptilien* entstehen.
270 Mio. Jahre	Aus den Therapsiden gehen die säugetierähnlichen *Cynodonten* hervor.
250 Mio. Jahre	Übergang Perm → Trias. Drittes und zugleich schlimmstes *Massensterben* der Erdgeschichte. Bei heftigen Supervulkanausbrüchen entstehen die *Sibirischen Trapps*.
245–237 Mio. Jahre	*Cynognathus*, ein Cynodont, ist in der frühen Trias eines der dominierenden Raubtiere.

Zeit vor der Gegenwart	Ereignis
235 Mio. Jahre	Die ersten *Dinosaurier* gehen aus den Archosauriern hervor. Etwas später entstehen auch die ersten *Flugsaurier*.
225 Mio. Jahre	*Adelobasileus cromptoni* ist eines der ersten Säugetiere oder zumindest ein säugetierähnliches Tier. Diese Tiere stammen von den Cynodonten ab.
200 Mio. Jahre	Übergang Trias → Jura. Viertes *Massensterben*. Pangäa zeigt erste Risse und beginnt, auseinanderzubrechen. Die Dinosaurier entwickeln sich im Jura zu den vorherrschenden Landtieren.
180 Mio. Jahre	Die Säugetiere spalten sich in mindestens zwei Hauptlinien auf, aus denen die heute noch lebenden Gruppen der *Theria* und *Kloakentiere* entstehen.
170 Mio. Jahre	Der Zentralatlantik öffnet sich zwischen Laurasien und Gondwana. Pangäa zerfällt.
150 Mio. Jahre	*Archaeopteryx* ist einer der ersten urtümlichen Vögel, die im späten Jura aus kleinen Dinosauriern (Theropoden) hervorgehen.
145 Mio. Jahre	Übergang Jura → Kreide. Die Blütezeit der Dinosaurier beginnt.
140 Mio. Jahre	Gondwana beginnt zu zerbrechen, wobei sich der Südindische Ozean öffnet. Aus den Theria gehen die *Beuteltiere* und die *Plazentatiere* hervor.
110 Mio. Jahre	Blütenpflanzen werden von ersten Bienen bestäubt.
105 Mio. Jahre	Aus den Plazentatieren Afrikas entstehen die *Afrotheren*.
100 Mio. Jahre	Gondwana zerfällt weiter: Der Südatlantik öffnet sich und trennt Südamerika von Afrika. Madagaskar und Indien driften nach Norden. Die Cynodonten sterben bis auf eine Linie (die Säugetiere) aus.
95 Mio. Jahre	Aus den Plazentatieren im isolierten Südamerika entstehen die *Nebengelenktiere*.
85 Mio. Jahre	Aus den Plazentatieren Laurasiens gehen die *Laurasiatheren* und die *Euarchontoglires* hervor.
75 Mio. Jahre	*Nagetiere* entstehen.
70 Mio. Jahre	Erste Spitzhörnchen-ähnliche *Primaten* treten auf. Sie gehören zu den *Euarchontoglires*.
65 Mio. Jahre	Übergang Kreide → Tertiär. Fünftes *Massensterben*, bei dem u. a. die Dinosaurier, Flugsaurier, Meeresreptilien und Ammoniten aussterben. Auslöser könnte ein etwa zehn Kilometer großer Asteroid sein, der auf der Yukatan-Halbinsel im heutigen Mexiko einschlägt. Ungefähr zeitgleich entstehen bei gigantischen Vulkanausbrüchen in Indien die *Dekkan-Trapps*.

Zeit vor der Gegenwart	Ereignis
63 Mio. Jahre	Aus den frühen Primaten gehen die *Feuchtnasenaffen* und die *Trockennasenaffen* hervor.
60 Mio. Jahre	Laurasien teilt sich in Nordamerika und Eurasien auf, wobei der Nordatlantik entsteht. Australien trennt sich von der Antarktis und driftet nach Norden.
58 Mio. Jahre	Die Trockennasenaffen bringen die beiden Linien der *Koboldmakis* und der *Affen* hervor. Koboldmakis und Feuchtnasenaffen bezeichnet man oft auch zusammen als *Halbaffen*.
56 Mio. Jahre	Paläozän/Eozän-Temperaturmaximum (*PETM*): Die globale Temperatur steigt aufgrund von Treibhausgasen recht schnell für rund 100 000 Jahre um rund fünf Grad Celsius an.
50 Mio. Jahre	Indien kollidiert mit Asien. Die globale Temperatur erreicht ein Maximum und beginnt, unter Schwankungen langfristig zu sinken.
47 Mio. Jahre	Viele Tiere aus dieser Zeit (z. B. Urpferdchen) findet man als Fossilien heute in der *Grube Messel* bei Darmstadt. Damals ist diese Grube ein tiefer Vulkansee.
40 Mio. Jahre	Die *Drake-Straße* zwischen Südamerika und der Antarktis öffnet sich zunehmend und ermöglicht eine kreisförmige Meeresströmung um die Antarktis. Die *Neuweltaffen* entstehen in Afrika und gelangen spätestens vor 26 Millionen Jahren nach Südamerika, wo es sie heute noch gibt. Erste große Walarten wie *Basilosaurus* bevölkern den offenen Ozean.
34 Mio. Jahre	In der *Antarktis* bildet sich ein Eispanzer, der aber später teilweise wieder auftaut.
30 Mio. Jahre	Die Nagetiere überwinden analog zu den Neuweltaffen den Südatlantik und besiedeln Südamerika.
25 Mio. Jahre	Aus den Primaten Afrikas gehen die beiden Zweige der *Altweltaffen* und *Menschenaffen* hervor.
14,6 Mio. Jahre	In Süddeutschland schlägt ein rund 1,5 Kilometer großer Meteorit ein und erzeugt einen Krater von etwa 25 Kilometern Durchmesser: das *Nördlinger Ries*.
12 Mio. Jahre	Seit dieser Zeit ist die Antarktis bis heute permanent von einem Eispanzer bedeckt. Graslandschaften breiten sich auf vielen anderen Kontinenten zunehmend aus. Weidetiere entwickeln und verbreiten sich.
6 Mio. Jahre	Die Entwicklungslinien von *Hominini* (oft auch *Hominiden* genannt) und Schimpansen trennen sich. Bei den Hominini entsteht der aufrechte Gang.
3,2 Mio. Jahre	*Lucy*, ein Australopithecine (*Australopithecus afarensis*) lebt in Ostafrika.
3 Mio. Jahre	Bei *Panama* entsteht eine Landbrücke zwischen Nord- und Südamerika, sodass sich Landtiere zwischen beiden Kontinenten ausbreiten können (*Großer Amerikanischer Faunenaustausch*).

Zeit vor der Gegenwart	Ereignis
2,6 Mio. Jahre	Übergang Tertiär → Quartär. Auch in der *Arktis* bildet sich nun ein permanenter Eispanzer.
2,5 Mio. Jahre	Die Hominini bringen die Gattung *Homo* hervor. Zunächst entstehen verschiedene Habilinen (*Homo habilis, Homo rudolfensis, …*).
1,8 Mio. Jahre	Die Erekten (*Homo erectus, Homo ergaster, …*) entwickeln sich in Afrika und breiten sich nach und nach über große Teile der Erde aus.
900 000 Jahre	Aus den Erekten entstehen in verschiedenen Teilen der Erde unterschiedliche archaische Menschenarten, u. a. der *Heidelbergmensch* (*Homo heidelbergensis*) in Europa oder der *Rhodesiamensch* (*Homo rhodesiensis*) in Afrika.
160 000 Jahre	In Europa entwickelt sich aus archaischen Menschenarten der *Neandertaler* (*Homo neanderthalensis*), während in Afrika unsere eigene Menschenart *Homo sapiens* entsteht.
100 000 Jahre	*Homo sapiens* beginnt, sich auch außerhalb Afrikas zu verbreiten.
50 000 Jahre	*Homo sapiens* besiedelt Australien.
40 000 Jahre	*Homo sapiens* besiedelt Europa. Erste Anzeichen für die Entwicklung einer menschlichen Kultur.
30 000 Jahre	Der Neandertaler stirbt aus.
18 000 Jahre	Maximum der letzten Eisausbreitung.
15 000 Jahre	*Homo sapiens* besiedelt Amerika.
12 000 Jahre	*Homo floresiensis*, ein möglicher Nachfahre von *Homo erectus*, stirbt auf der indonesischen Insel Flores aus.
11 700 Jahre	Beginn der aktuellen Warmzeit (*Holozän*). Im Vorderen Orient entwickelt sich die bäuerliche Lebensweise (*neolithische Revolution*).
7 000 Jahre	Durch den steigenden Meeresspiegel werden die Britischen Inseln vom europäischen Festland getrennt.
5 000 Jahre	Erste Hochkulturen entstehen.
4 500 Jahre	Die *Pyramiden von Gizeh* entstehen in Ägypten.
450–200 Jahre	*Kleine Eiszeit*: In Mitteleuropa und Nordamerika treten gehäuft lang andauernde Winter und niederschlagsreiche kühle Sommer auf und führen zu Missernten und Hungersnöten.
250 Jahre	Beginn der *Industriellen Revolution*. Ein exponentielles Bevölkerungswachstum setzt ein, das sich erst in der Gegenwart langsam abschwächt.
0 Jahre	Die Gegenwart. Der Urknall liegt rund 13,7 Milliarden Jahre zurück. Über sieben Milliarden Menschen bevölkern die Erde. Ressourcenknappheit und globale Erwärmung bedrohen unsere Zivilisation. Zugleich wachsen unsere technischen Fähigkeiten rasant. Ob das genügen wird, um unsere Zivilisation zu stabilisieren, bleibt abzuwarten.

Zeit nach der Gegenwart	Ereignis
5 Mio. Jahre	Im Szenario *The Future is Wild* (www.thefutureiswild.com) erreicht die momentane globale Eiszeit ihren Höhepunkt.
50 Mio. Jahre	Afrika kollidiert mit Europa. Mittelmeer und rotes Meer verschwinden. Australien kollidiert mit Südostasien. In den Kollisionszonen entstehen ausgedehnte Hochgebirge.
100 Mio. Jahre	In *The Future is Wild* verwandeln die Treibhausgase großer Vulkanausbrüche die Erde in ein feuchtwarmes Treibhaus mit ausgedehnten Regenwäldern.
150 Mio. Jahre	Der Atlantische Ozean beginnt, sich zu schließen (nach C. R. Scotese).
200 Mio. Jahre	Ein neuer Superkontinent bildet sich: Pangäa II. In *The Future is Wild* löscht ein großes Massensterben Vögel und Säugetiere aus. Fliegende Fische (*Flische*) und an Land lebende Kalmare treten an ihre Stelle.
1 Mrd. Jahre	Die Sonne ist rund 10 % heller als heute. Nach Modellrechnungen verschwinden daher die höheren Lebewesen inklusive aller Landpflanzen, da die für sie kritische mittlere Erdtemperatur von rund 30 Grad Celsius überschritten wird.
1,3 Mrd. Jahre	Die mittlere Erdtemperatur überschreitet die Marke von 45 Grad Celsius, sodass auch einzellige Eukaryoten an der Erdoberfläche aussterben.
1,6 Mrd. Jahre	Die mittlere Erdtemperatur überschreitet 60 Grad Celsius und der Kohlendioxidgehalt unterschreitet die Grenze von 10 ppm, sodass Photosynthese unmöglich wird. Das Leben auf unserer Erde erlischt weitgehend.
2 Mrd. Jahre	Die Ozeane verdampfen. Der aufsteigende Wasserdampf erzeugt einen starken Treibhauseffekt. Zugleich ist das Erdinnere soweit abgekühlt, dass die Drift der Kontinente und damit der Vulkanismus weitgehend zum Erliegen kommen. Die starke Sonnenstrahlung zerlegt die Wassermoleküle in Wasserstoff und Sauerstoff. Der leichte Wasserstoff diffundiert in den Weltraum hinaus, während der Sauerstoff vom Eisen der Gesteine aufgenommen wird. Die Erde verwandelt sich in einen trocken-heißen Planeten ähnlich der heutigen Venus.
3 Mrd. Jahre	Die benachbarte Andromeda-Spiralgalaxie kollidiert mit unserer Milchstraße.
5 Mrd. Jahre	Der Wasserstoffvorrat im Sonnenzentrum geht zur Neige. Das Sonnenzentrum kontrahiert und Wasserstoff-Schalenbrennen setzt ein. Die Sonne bläht sich im Laufe der nächsten zwei Milliarden Jahre zu einem roten Riesen auf.
6,4 Mrd. Jahre	Die Leuchtkraft der Sonne beträgt bereits rund das Doppelte ihres heutigen Wertes und ihr Radius ist um 60 % größer als heute.

Zeit nach der Gegenwart	Ereignis
7,7 Mrd. Jahre	Die Sonnenleuchtkraft erreicht mehr als den 1 000-fachen heutigen Wert und ihre äußeren Schichten blähen sich um mehr als das 100-fache auf. Im erdgroßen kontrahierten Helium-Sonnenzentrum zündet fast explosionsartig die Fusion von Helium zu Kohlenstoff (*Heliumflash*).
7,8 Mrd. Jahre	Der Helium-Brennstoff ist erschöpft, und die Sonne bläst ihre äußeren Hüllen in mehreren Zuckungen in den Weltraum hinaus. Zurück bleibt ein erdgroßer *weißer Zwerg*, umgeben von einem expandierenden *planetarischen Nebel*.
1 000 Mrd. Jahre	Auch die letzten Sterne haben ihren Fusionsbrennstoff verbraucht. Es wird dunkel am Himmel.
10^{23} Jahre	Sternsysteme und Galaxien lösen sich auf, da die schnellen Sterne diese Systeme nach und nach verlassen. Die Temperatur der Hintergrundstrahlung ist auf rund 10^{-13} Kelvin gefallen. Es ist kalt und dunkel im Universum.
10^{100} Jahre	Alle Materie, auch schwarze Löcher, sind vermutlich zerstrahlt. Das expandierende Universum enthält nur noch eine sehr schwache Wärmestrahlung von 10^{-30} Kelvin, angereichert mit einem Hauch anderer leichter stabiler Teilchen wie z. B. Neutrinos. Materie und Energie sind strukturlos geworden und verlieren sich in den Weiten des Raumes. Die Zeit verliert ihre makroskopische Bedeutung.

Index

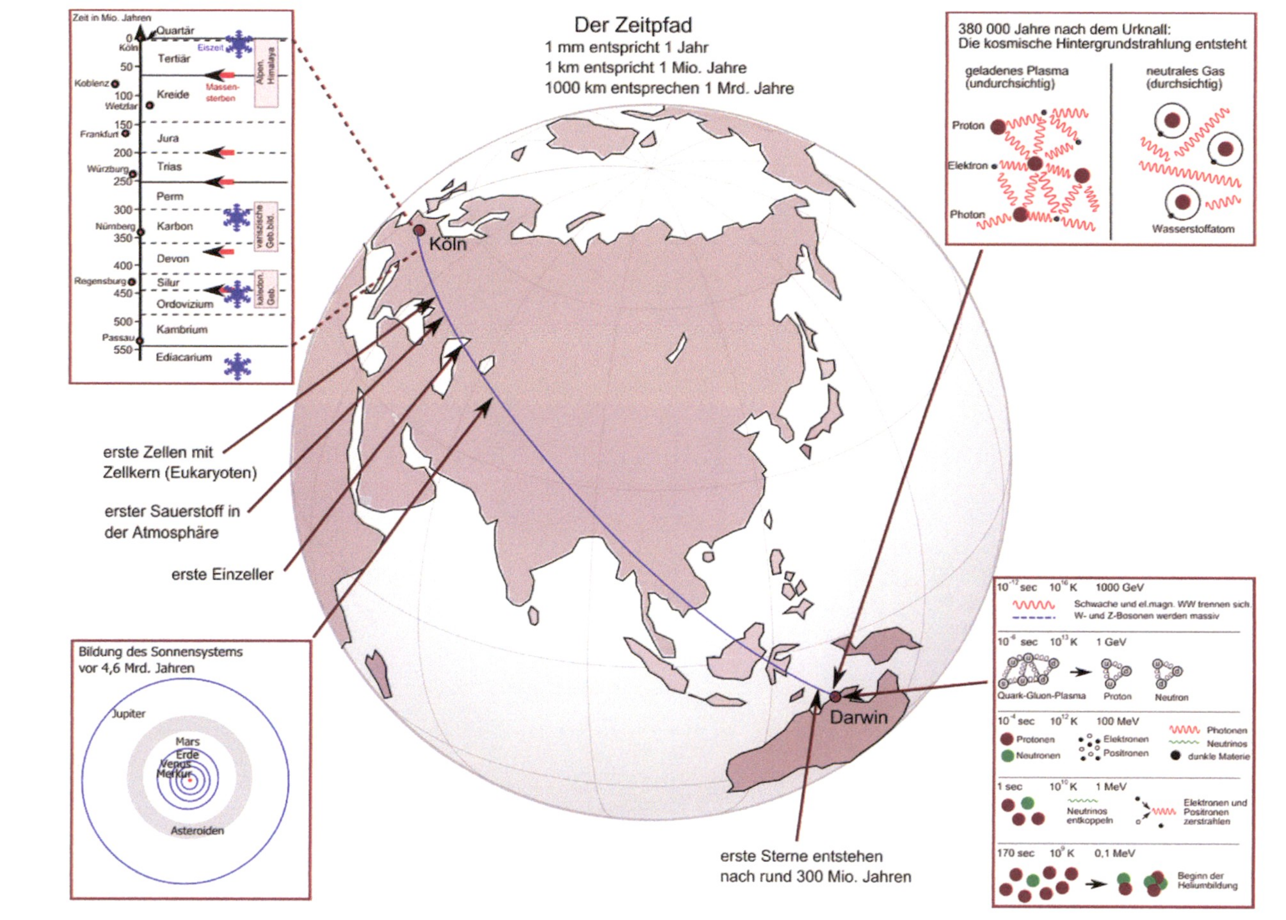

Der Zeitpfad
1 mm entspricht 1 Jahr
1 km entspricht 1 Mio. Jahre
1000 km entsprechen 1 Mrd. Jahre

Bildung des Sonnensystems
vor 4,6 Mrd. Jahren

Jupiter
Mars
Asteroiden
Erde
Venus
Merkur

erste Einzeller

erster Sauerstoff in
der Atmosphäre

erste Zellen mit
Zellkern (Eukaryoten)

erste Sterne entstehen
nach rund 300 Mio. Jahren

Köln
Darwin

Zeit in Mio. Jahren
Koblenz
Passau
Regensburg
Frankfurt
Würzburg
Nürnberg
Koblenz

0
50
100
150
200
250
300
350
400
450
500
550

Quartär
Tertiär
Kreide
Jura
Trias
Perm
Karbon
Devon
Silur
Ordovizium
Kambrium
Ediacarium

Eiszeit
Massen-
sterben

kaledon. Geb.
variszische Geb.bild.
Alpen, Himalaya

380 000 Jahre nach dem Urknall:
Die kosmische Hintergrundstrahlung entsteht

geladenes Plasma
(undurchsichtig)

Proton
Elektron
Photon

neutrales Gas
(durchsichtig)

Wasserstoffatom

10⁻³² sec   10⁻⁶ K   1000 GeV
Schwache und el.magn. WW trennen sich
W- und Z-Bosonen werden massiv

Quark-Gluon-Plasma
Protonen
Neutronen

10⁻⁶ sec   10¹³ K   100 MeV
Elektronen
Positronen
Proton
Neutron

1 sec   10¹⁰ K   1 MeV
Neutrinos
Protonen
Neutronen
Neutrinos entkoppeln
Elektronen und Positronen zerstrahlen
Photonen
Neutrinos
dunkle Materie

170 sec   10⁹ K   0,1 MeV
Beginn der Heliumbildung